AF500511

HISTOIRE NATURELLE

DES

COLÉOPTÈRES

DE FRANCE

PAR

E. MULSANT

Sous-Bibliothécaire de la ville de Lyon,
Professeur d'histoire naturelle au Lycée,
Correspondant du Ministère de l'instruction publique, etc.

ET CL. REY.

TÉRÉDILES

PARIS
F. SAVY, LIBRAIRE-ÉDITEUR
Rue Hautefeuille, 24

1864

HISTOIRE NATURELLE

DES

COLÉOPTÈRES

DE FRANCE

PAR

E. MULSANT

Sous-Bibliothécaire de la ville de Lyon,
Professeur d'histoire naturelle au Lycée,
Correspondant du Ministère de l'Instruction publique, etc.

ET Cl. REY.

TÉRÉDILES

PARIS

F. SAVY, LIBRAIRE-ÉDITEUR

Rue Hautefeuille, 24

1864

COLÉOPTÈRES

DE FRANCE

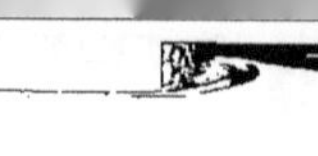

A MONSIEUR

LOUIS REDTENBACHER

Docteur en Médecine,
Directeur du Muséum d'histoire naturelle
à Vienne (Autriche), etc., etc.

MONSIEUR

L'entomologie vous est redevable d'utiles et beaux travaux. Votre *Faune d'Autriche* parvenue, en peu d'années à sa seconde édition, vous a prouvé combien cet ouvrage était apprécié des naturalistes. Puissent ces pages que nous nous plaisons à vous offrir, vous assurer de notre estime et des sentiments de respect avec lesquels

Nous avons l'honneur d'être

Vos dévoués

MULSANT, REY.

Lyon, le 25 Juillet 1864.

TABLEAU MÉTHODIQUE

DES

COLÉOPTÈRES TÉRÉDILES (1)

1re FAMILLE. **ANOBIENS.**

1re BRANCHE. **ANOBIAIRES.**

Dryophilus, Chevrolat.

pusillus, GYLLENHAL.
anobioïdes, CHEVROLAT.
longicollis, MULSANT et REY.
rugicollis, MULSANT et REY.
raphaëlensis, MULSANT et REY.

Priobium, Motschulsky.

castaneum, FABRICIUS.
tricolor, OLIVIER.
planum, FABRICIUS.

Anobium, Fabricius.

(s.-g. *Dendrobium.*)

denticolle, PANZER.
pertinax, LINNÉ.
domesticum, FOURCROY.

---

(1) C'est la dénomination si expressive de *Térédiles* que nous voulons, en la réhabilitant, appliquer et restreindre aux seuls *Anobides*, c'est-à-dire aux insectes qui nous occupent, auxquels elle convient sous tous les rapports, et dont elle rappelle à la fois et les mœurs et les formes. En effet, Ovide avait désigné du nom de *Teredo*, le *ver qui carie le bois*, et si l'on veut lui chercher une autre origine, on trouve que toute étymologie, soit latine, soit grecque, lui est parfaitement applicable. Ainsi le mot *teredo* vient lui-même de *terere*, *tero*, *broyer*, *moudre*, et ce dernier vient du grec τείρω, futur τερῶ, qui a la même signification. Veut-on le faire dériver du mot grec τερέω, *je troue, je perce*, ou du latin *teres*, *teretis*, *cylindrique*, nous ne pouvons rencontrer une origine qui exprime mieux et la manière de vivre et la forme de ces petits artisans, connus autrefois sous le nom si bien approprié de *Vrillettes*, parce qu'ils font dans le bois des trous cylindriques qu'on pourrait croire pratiqués par le fer d'une petite vrille.

caelatum, MULSANT et REY.
fulvicorne, STURM.
fagicola (CHEVROLAT).
nitidum, HERBST.
emarginatum, DUFTSCHMIDT.
rufipes, FABRICIUS.

(s.-g. *Neobium.*)

hirtum, ILLIGER.
tomentosum (DEJEAN).

(s.-g. *Artobium.*)

paniceum, LINNÉ.

Xestobium, Motschulsky.

tessellatum, FABRICIUS.
velutinum, MULSANT et REY.

(s.-g. *Hyperisus.*)

plumbeum, ILLIGER.

Liozoüm, Mulsant et Rey.

reflexum, MULSANT et REY.
abietinum, GYLLENHAL.
pruinosum, MULSANT et REY.
angusticolle, RATZEBURG.
abietis, FABRICIUS.
lucidum, MULSANT et REY.
sulcatulum, MULSANT et REY.
gigas, MULSANT et REY.
molle, LINNÉ.
consimile, MULSANT et REY.
parens, MULSANT et REY.
crassiusculum, MULSANT et REY.
parvicolle, MULSANT et REY.
pini, STURM.
longicorne, STURM.
densicorne, MULSANT et REY.
fuscum (PERROUD).
nigrinum, STURM.

Oligomerus, Redtenbacher.

brunneus, OLIVIER.

Amphibolus, Mulsant et Rey.

gentilis, ROSENHAUER.
striatellus, BRISOUT.

Gastrallus, Jacquelin Du Val.

laevigatus, OLIVIER.
sericatus, LAPORTE.

2e BRANCHE. **XYLÉTINAIRES.**

† FAUX XYLÉTINAIRES.

Ptilinus, Geoffroy.

pectinicornis, LINNÉ.
costatus, GYLLENHAL.

Ochina, Stephens.

Latreillei, BONNELLI.

(s.-g. *Cittobium.*)

hederae, MUELLER.

Trypopytis, Redtenbacher.

carpini, HERBST.

†† VRAIS XYLÉTINAIRES.

Metholcus, Jacquelin Du Val.

cylindricus, GERMAR.

Calypterus, Mulsant et Rey.

bucephalus, ILLIGER.

Xyletinus, Latreille.

(s.-g. *Sternoplus.*)

ater, PANZER.

ruficollis, GEBLER.
pectinatus, FABRICIUS.
sanguineo-cinctus, FAIRMAIRE.
ornatus, GERMAR.
subroduntatus, LAREYNIE.
oblongulus, MULSANT et REY.
flavipes, LAPORTE.
laticollis, DUFTSCHMIDT.
perigrinus, CHEVROLAT.
pallens, GERMAR.

Pseudochina, Jacquelin Du Val

apicata, MULSANT et REY.
haemorrhoïdalis, ILLIGER.
fulvescens, MULSANT et REY.
laevis, ILLIGER.

(s.-g. *Hypora*.)

serricornis, FABRICIUS.
bubalus, FAIRMAIRE.

2e FAMILLE.

DORCATOMIENS.

1re BRANCHE. MÉSOCOELOPAIRES.

Mesothes, Mulsant et Rey.

ferrugineus, MULSANT et REY.

Mesocœlopus, Jacq. Du Val.

niger, MUELLER.
collaris (CHEVROLAT).

2e BRANCHE. DORCATOMAIRES.

Theca, Mulsant et Rey.

byrrhoides, MULSANT et REY.
pilula, AUBÉ.
elongata, MULSANT et REY.

Dorcatoma, Herbst.

dresdensis, HERBST.
punctulata, MULSANT et REY.
serra, PANZER.
dommeri, ROSENHAUSER.
setosella (GUILLEBEAU).
chrysomelina, STURM.
flavicornis, FABRICIUS.

Enneatoma, Mulsant et Rey.

subalpina, BONNELLI.
affinis, STURM.
subglobosa, MULSANT et REY.

Amblytoma.

rubens, ENT. HEFTE.
cognata, MULSANT et REY.

TRIBU

DES

TÉRÉDILES [1]

CARACTÈRES. *Corps* de forme variable, ordinairement épais, plus ou moins allongé ou cylindrique, quelquefois ovalaire ou subhémisphérique.

Tête verticale ou infléchie, plus ou moins transversale, plus ou moins engagée dans le prothorax, le plus souvent invisible vue de dessus, brusquement rétrécie au devant des yeux, creusée entre ceux-ci et les mandibules, sur *les joues*, d'une fossette plus ou moins profonde, destinée à recevoir le premier article des antennes à leur état d'inflexion et empiétant quelquefois sur la base même des mandibules. *Front* le plus souvent large, rarement assez étroit, séparé des joues par une *arête* latérale, oblique, partant du côté inféro-interne des yeux. *Epistome* transversal. *Mandibules* robustes, assez saillantes, plus ou moins coudées sur leurs côtés, bidentées intérieurement vers leur extrémité. *Labre* petit, très-court, transversal, rarement subsinué à son bord antérieur. *Mâchoires* bilobées, à lobes densement ciliés à leur extrémité.

---

(1) Duméril, *Zologogie analytique*, p. 209.

Palpes maxillaires de 4 articles : *les labiaux* de 3 : le dernier plus grand, de forme variable. *Menton* trapéziforme, largement tronqué au sommet, toujours séparé de la *pièce basilaire* par une arête transversale, plus ou moins saillante. *Yeux* grands, plus ou moins saillants, entiers, quelquefois sinués ou échancrés.

Antennes de 8 à 11 articles; dentées en scie, pectinées ou quelquefois flabellées, ou bien à articles simples avec les trois derniers très-grands, formant une massue lâche; insérées près des yeux, sous l'arête latérale du front; se repliant sous le corps à l'état de repos et pouvant même se loger dans les cavités sous-prothoraciques et pectorales lorsque celles-ci existent.

Prothorax plus ou moins transversal; obliquement coupé et plus ou moins en forme de capuchon en avant : souvent gibbeux sur son disque; généralement muni sur les côtés d'une tranche plus ou moins saillante; souvent creusé en dessous d'une excavation plus ou moins profonde pour recevoir la tête à l'état d'inflexion.

Ecusson ordinairement petit, de forme variable.

Elytres allongées, ovalaires ou raccourcies, plus ou moins finement rebordées dans leur pourtour, surtout au sommet et sur les côtés; à *calus* plus ou moins saillant, à *lobe inférieur* souvent peu marqué, d'autres fois bien prononcé.

Poitrine ordinairement très-développée, avec sa partie antérieure et médiane souvent plus ou moins excavée et refoulée pour faciliter l'inflexion de la tête. *Epimères postérieures* cachées, quelquefois mais rarement très-apparentes.

Hanches antérieures et intermédiaires plus ou moins déclives ou subverticales, plus ou moins creusées en dehors pour faciliter le retrait des cuisses : *les antérieures* oblongues : *les intermédiaires* plus courtes : *les postérieures* en forme de lame transversale, creusée en dessous d'une fossette transverse, à fond vertical, destinée à loger les pieds postérieurs à l'état de repos.

Ventre ordinairement de 5 segments, rarement de 6, mais ce dernier très-petit et peu saillant; généralement tous libres, rarement plus ou moins soudés.

Pieds plus ou moins robustes, quelquefois assez grêles; souvent

libres, d'autres fois reçus, à l'état de repos, dans des fossettes respectives qui leur sont destinées; les *antérieures* susceptibles quelquefois de se contracter et de se cacher presque entièrement sous le prothorax et sous la tête à l'état d'inflexion. *Cuisses* plus ou moins rainurées en dessous, au moins à leur sommet, pour recevoir les tibias à l'état de repos. *Tarses* de 5 articles : le 1er et quelquefois le 2e plus développés : le dernier à crochets simples.

ÉTUDES DES PARTIES EXTÉRIEURES DU CORPS.

Il est peu de tribus qui présentent autant de variations dans la forme que celle des *Térédiles*, même à l'état où nous l'avons réduite. Aussi, les différentes parties extérieures du corps subissent-elles des modifications importantes suivant que la forme générale, ordinairement allongée, devient de plus en plus raccourcie, modifications du reste toujours en harmonie avec une fonction quelconque de relation, et aussi avec quelques-unes de ces habitudes ou manières de vivre que la nature se plaît à cacher le plus souvent à notre curiosité.

La Tête, toujours plus ou moins verticale, est parfois susceptible de s'infléchir plus ou moins fortement sous le prothorax, où elle est reçue dans une cavité plus ou moins profonde qui lui est destinée; suivant que cette opération est plus complète, sa forme ordinairement transversale (les yeux compris) devient presque oblongue, et en même temps les parties inférieures du corps semblent céder pour lui faire place, en s'enfonçant ou s'annihilant à son passage. Ainsi, tantôt le dessous du prothorax est profondément excavé à cet effet, et le prosternum par conséquent est forcé de subir la même modification; et alors le bord antérieur du prothorax se prolonge en dessous jusqu'aux hanches pour servir latéralement de limite à cette cavité sous-prothoracique : de cette manière la tête, tout-à-fait libre dans ses mouvements, vient appuyer ses mandibules contre les hanches antérieures. Tantôt le mésosternum lui-même est plus ou moins excavé, quelquefois même refoulé jusque sous le bord antérieur du métasternum, contre lequel la tête alors peut venir se reposer librement, après avoir forcé les hanches, soit à se refouler au dessous du niveau du postpectus qui est souvent déclive en avant, comme dans les *Xyletinus* et les *Pseudochina*, soit à s'échancrer, soit à se replier avec elle sous le prothorax, comme dans la plupart des *Dorcatomiens*.

Le Front varie d'étendue. Le plus souvent large, il est rarement plus ou moins resserré en son milieu ou à sa partie antérieure. Il est généralement peu convexe, d'autres fois subgibbeux en avant, surtout chez les *Anobium* proprement dits qui se distinguent par les élévations de leur prothorax.

L'Epistome est presque toujours court, fortement transverse ; ordinairement séparé du front par une ligne fine ou par un sillon ou dépression transversale, il se confond quelquefois avec lui à sa partie postérieure. Il est souvent obliquement coupé sur les côtés et visiblement rebordé à son bord antérieur.

Les Joues, peu développées, ne forment sur les côtés de la tête qu'une surface assez faible qui s'étend depuis le bord inférieur des yeux jusqu'à la base des mandibules, qu'elles n'excèdent pas en largeur. Séparées du front par une suture ou *arête* plus ou moins arquée ou sinueuse, elles sont inférieurement creusées au devant des yeux, le long de la base des mandibules, d'une *fossette* ou *cavité* plus ou moins profonde, destinée à recevoir le 1er article des antennes à l'état d'inflexion.

Le Labre est petit, mais toujours visible, transversal, souvent très-court, entier et quelquefois subsinué à son bord antérieur qui est ordinairement cilié.

Les Mandibules, larges et robustes, sont généralement assez saillantes, brusquement coudées et souvent presque à angle droit sur leurs côtés. Leur tranche interne, distinctement bidentée vers l'extrémité, offre quelquefois au dessous de la dent inférieure une dilatation subangulée qui simule une troisième dent rudimentaire. Parfois envahies à leur base par les fossettes génales, elles en sont d'autres fois séparées par une arête anguleuse ou même par un relief saillant.

Les Mâchoires sont divisées en deux lobes médiocres, densement ciliés à leur extrémité, dont l'externe, plus gros, est ordinairement élargi au sommet.

Les Palpes maxillaires sont composés de 4 articles, dont le 1er est remarquable par sa petitesse et surtout par son exiguité. Les 2e et 3e sont obconiques, avec le 3e généralement un peu plus court. Le 4e se distingue par son développement, mais il est très-variable dans sa forme : il est tantôt oblong, ovalaire ou subfusiforme, tantôt élargi ou subsécuriforme.

Les Palpes labiaux, beaucoup plus courts que les maxillaires, sont composés de 3 articles seulement, et sont insérés sur une espèce de saillie assez sensible. Le 1er est ordinairement étroit : le 2e obconique, un peu plus long : le 3e assez grand, de forme variable, souvent triangulaire ou sécuriforme, est généralement plus court et proportionnellement plus élargi que le dernier des maxillaires.

La Languette, rarement entière, est assez grande ou communément plus ou moins bilobée, avec les lobes divergents.

Le Menton, toujours plus ou moins transversal, est trapéziforme, plus ou moins largement tronqué au sommet, plan ou quelquefois concave, toujours séparé de la *pièce basilaire* par une arète transversale plus ou moins saillante.

La Pièce basilaire, ordinairement lisse, est plane, convexe ou même relevée en carène ou en tubercule au devant du *trou occipital*.

Les Tempes, lisses ou ponctuées, sont le plus souvent légèrement convexes, d'autres fois concaves, comme dans les vrais *Xylétinaires*.

Les Yeux sont toujours au dessus de la grosseur moyenne. Ils sont situés sur les côtés de la tête. Ils sont plus ou moins saillants et le plus souvent entiers chez les *Anobiens ;* peu saillants, sinués, plus ou moins échancrés ou même subbilobés chez les *Dorcatomiens*.

Les Antennes semblent jouer un rôle important dans cette tribu par la diversité remarquable de leur structure. Elles sont insérées au dessous des *arêtes génales*, entre les yeux et la base des mandibules. Elles sont plus ou moins susceptibles de s'infléchir et de se replier en dessous et même de se cacher entièrement, comme chez certains *Dorcatomiens*, dans la cavité sous-prothoracique ou mésosternale, et pour satisfaire à cette disposition, leur 1er article devient déprimé ou même concave à sa surface inférieure et vient se loger dans les *cavités* ou *fossettes génales* dont nous avons parlé plus haut. Elles sont plus ou moins allongées, mais jamais plus longues que le corps. Leur 1er article, ordinairement gros, est toujours plus ou moins épaissi : le 2e beaucoup plus court, est plus ou moins renflé, quoique souvent faiblement : le troisième est plus ou moins oblong, obconique, souvent angulé en dedans comme dans les *Xylétinaires* : les quatrième à huitième, variables dans leur forme, ordinairement plus ou moins transversaux, sont souvent oblongs, et d'autres fois plus ou moins allongés comme dans la plupart des espèces du genre *Liozoüm*. Elles sont simples dans les *Anobiaires*, avec leurs *trois derniers articles* très-grands, souvent linéaires, d'autres fois un peu élargis ou comprimés, mais formant toujours une massue lâche, ordinairement peu tranchée. Elles sont dentées en scie, pectinées ou flabellées (♂) intérieurement chez les *Xylétinaires*, avec leurs *trois derniers articles* non sensiblement plus grands que les précédents. Dans la plupart des *Dorcatomiens* elles ont leurs articles intermédiaires très-petits et fortement contigus, avec les 3 *derniers* très-grands, fortement comprimés, fortement dilatés ou prolongés intérieurement, formant une massue très-tranchée, plus longue que le reste de l'antenne. Dans cette dernière famille, leur 1er article est toujours très-gros et notablement dilaté en dedans en forme d'oreillette. Enfin, le dernier est toujours plus ou moins allongé, fusiforme, elliptique ou obovalaire.

Le Prothorax, ordinairement transversal, offre des différences remarquables suivant les genres et même suivant les espèces. Il est obliquement coupé en avant, où il présente une ouverture antérieure circulaire ou sémi-circulaire. De forme très-variée, il est souvent rétréci antérieurement, rarement plus étroit en arrière, et quelquefois presque carré. Ses côtés, tantôt flexueux, tantôt régulièrement arrondis, tantôt subrectilignes, sont toujours plus ou moins infléchis d'arrière en avant, quelquefois obtus, mais le plus souvent munis d'une tranche plus ou moins saillante, quelquefois finement rebordée, d'autres fois largement réfléchie ou explanée. Les angles antérieurs, plus ou moins infléchis, généralement droits ou aigus, sont quelquefois plus ou moins arrondis. Les postérieurs, plus ou moins marqués chez les *Anobiaires*, s'oblitèrent parfois complétement chez certains *Xylétinaires* ; et alors le prothorax, réduit sur ses côtés à un seul angle ou prolongement aigu plus ou moins infléchi, devient susceptible de s'infléchir lui-même en même temps que la tête. Sa surface, plus ou moins convexe, est souvent élevée en arrière ou en son milieu en forme de gibbosité quelquefois arrondie, d'autres fois transversale, anguleuse ou sinueuse. Sa base est le plus souvent bissinuée, et généralement finement rebordée surtout en son milieu. Enfin, son bord apical, ordinairement plus ou moins prolongé ou arrondi, s'avance souvent sur la tête en forme de capuchon. En dessous il est, ainsi que nous l'avons dit en parlant de la tête, souvent excavé plus ou moins profondément pour recevoir celle-ci à l'état d'inflexion.

L'Ecusson, toujours distinct, n'est pas très-grand; il affecte le plus souvent la forme transverse ou sémi-circulaire, et n'a de valeur que par sa plus ou moins forte pubescence pour la séparation de quelques espèces.

Les Elytres, jamais soudées, embrassent les côtés du corps, au moyen d'un *lobe huméral* faible dans les premiers genres, et qui devient de plus en plus développé chez les espèces à forme raccourcie, et, dans ce dernier cas, ce même lobe, pour ne point gêner les pieds dans leurs mouvements, est obliquement tronqué ou même échancré en avant pour recevoir les genoux intermédiaires, et plus ou moins sinué ou même fovéolé en arrière pour loger les genoux postérieurs. Leur forme, très-variable, passe de la forme allongée à la forme courtement ovalaire : dans le premier cas, elles sont peu convexes et subparallèles, et, dans le second, elles sont plus fortement convexes et plus ou moins arrondies sur les côtés. En général elles sont arrondies ou bien, exceptionnellement, tronquées ou obtusément tronquées au sommet. Leur surface, toujours plus ou moins ponctuée, est souvent marquée de stries, quelquefois fortes et formées de gros points carrés, d'autres fois fines ou obsolètes, et qui plus rarement n'existent que sur les côtés. Leur repli latéral, peu visible en dessus n'offre rien d'important, si ce n'est qu'à l'endroit même du sinus que forme en arrière le lobe huméral, il se double distinctement, dans le genre *Theca*, et se creuse en fossette longitudinale, dans laquelle se logent et se meuvent librement les genoux postérieurs.

Les Ailes sont assez développées, bien que les insectes de cette tribu en fassent rarement usage.

Le Dessous du corps a pour nous une importance principale. D'abord, ainsi que nous l'avons dit plus haut, le dessous du prothorax, le prosternum et le mésosternum même se creusent et se refoulent souvent pour recevoir la tête à l'état d'inflexion. Plus rarement, la poitrine est longitudinalement excavée entre les hanches jusque sur le milieu du métasternum.

Le Prosternum est de forme très-variable : tantôt il se prolonge entre les hanches antérieures en une lame, soit courte, large, échancrée ou tronquée au sommet, soit étroite et subparallèle, soit enfin plus ou moins triangulaire ou en pointe; tantôt il se rétrécit brusquement en lame courte, angulée, souvent aciculée, sans dépasser les hanches qu'elle ne sépare pas sensiblement.

Le Mésosternum, suivant généralement les mêmes modifications que le prosternum, affecte aussi les mêmes variations, quant à sa forme; mais il est souvent proportionnellement plus large. Ainsi que lui, ordinairement plus ou moins déclive, rarement horizontal, il se relève quelquefois brusquement en arrière par son milieu pour former une lame courte, plane et de structure variable. Chez les *Dorcatoma*, il est vertical et refoulé sous le bord antérieur du métasternum.

Le Métasternum, assez grand, devient de plus en plus court chez les espèces raccourcies. Il offre par son milieu, en arrière surtout, un sillon plus ou moins profond, quelquefois obsolète ou réduit à une simple fossette, et se prolonge entre les hanches postérieures en deux dilatations ou lobes plus ou moins divergents, plus ou moins arrondis ou aigus, quelquefois très-peu saillants, ou même presque nuls comme dans le genre *Gastrallus*. Sa partie antérieure joue un rôle encore plus important : souvent déclive, elle est, comme dans les *Pseudochina*, transversalement surmontée d'une arête arquée, fine et saillante, au devant de laquelle viennent se loger les cuisses intermédiaires à l'état de repos; d'autres fois, comme dans *les Dorcatomiens*, pour recevoir les mêmes organes, elle est creusée sur les côtés d'une large fossette transverse, un peu déclive, limitée en avant et en arrière par une arête fine et saillante, dont la postérieure traverse souvent les épisternums; enfin très-rarement cette même partie antérieure est armée sur son milieu d'une carène longitudinale plus ou moins tranchante. Le bord antérieur lui-même présente aussi quelques singularités remarquables : ordinairement plus ou moins anguleusement et obsolètement prolongé entre les hanches intermédiaires, il projète parfois en avant, entre celles-ci, une lame horizontale en forme d'enclume (genre *Dorcatoma*), à tige courte et plus ou moins étranglée.

Les Episternums, tantôt larges, tantôt assez étroits, sont toujours dilatés en avant et graduellement rétrécis en arrière, où ils sont rarement et brusquement un peu élargis au sommet.

Les Epimères postérieures, le plus souvent cachées, sont quelquefois distinctes, et empêchent alors les hanches postérieures d'arriver jusqu'au *repli* des élytres.

Les Hanches, tantôt écartées, tantôt rapprochées l'une de l'autre, tantôt plus ou moins contiguës, sont forcées de suivre, quant à cette disposition, le plus ou moins de développement transversal des prosternum et mésosternum. *Les antérieures*, ordinairement oblongues, toujours déclives ou verticales, sont quelquefois susceptibles de se replier sous la tête et le prothorax, et alors elles sont plus ou moins refoulées au dessous du niveau du métasternum. D'autres fois, assez saillantes comme dans les *Anobium*, elles sont plus ou moins dilatées sur leurs côtés, légèrement convexes, planes ou même subconcaves à leur face antérieure, tandis qu'elles sont déprimées et peu proéminentes dans la plupart des *Xilétinaires*. Enfin elles sont presque toujours plus ou moins creusées latéralement en dessous pour faciliter le retrait des cuisses. *Les intermédiaires*, ordinairement moins développées que les précédentes, également plus ou moins déclives, légèrement convexes, planes ou déprimées à leur face antérieure, un peu moins fortement creusées latéralement en dessous, sont chez les *Dorcatomiens*, tout à fait verticales, largement échancrées intérieurement en dessous pour recevoir la tête à l'état d'inflexion, et réduites en dessus à une faible fraction de surface horizontale, généralement en fer à cheval dont l'échancrure sert à recevoir les trochanters.

Les postérieures, presque toujours plus écartées l'une de l'autre que les antérieures et que les intermédiaires, sont néanmoins quelquefois très-rapprochées et même subcontiguës comme dans les *Mesocœlopus*, chez lesquels elles sont dilatées au côté interne en forme de large oreillette. Elles sont toujours en *lame transversale*, et, celle-ci, plus ou moins sinuée ou échancrée à l'endroit de l'insertion des trochanters, affecte dans le reste de son développement, parfois dans le même genre, des formes très-variables, souvent utiles à la distinction des espèces. En outre elles sont creusées sous toute la largeur de leur lame d'une fossette destinée à loger les pieds postérieurs.

Le Ventre offre généralement 5 segments, et quelquefois un 6e petit et peu saillant, sans importance, souvent fendu au sommet. Ils sont ordinairement libres, rarement plus ou moins soudés en leur milieu, de grandeur variable, souvent plus ou moins sinués ou bissinués à leur bord apical. Les 3e et 4e sont presque toujours plus courts que les autres. Le 1er, généralement grand, rarement plus court que le suivant, mérite une attention toute spéciale, dans les Dorcatomiens. En effet, il est ici presque entièrement caché : réduit en avant dans son milieu, à une faible lame plus ou moins étroite, plus ou moins triangulaire ou transversale, qui s'avance entre les expansions internes des hanches postérieures, il est entièrement ou presque entièrement occupé sur ses côtés par une fossette transverse, destinée à loger les cuisses à l'état de repos, et limitée en arrière par une arête fine et saillante qui le sépare du 2e segment. Le 5e est plus ou moins développé, de forme plus ou moins sémi-lunaire.

Les Pieds, assez allongés, sont plus ou moins épais ou robustes, et quelquefois assez grêles. Ils sont libres ou rétractiles.

Les Trochanters, de forme variable et assez développés, ne se prolongent pas le long et en dedans des cuisses. Les antérieurs et les intermédiaires sont ordinairement obconiques ; les postérieurs, un peu plus grands et proportionnellement plus larges, sont déprimés et presque carrés chez certains Dorcatomiens, subrectangulaires ou rectangulaires en dessous à leur insertion avec les cuisses.

Les Cuisses, en général peu renflées, plus ou moins rétrécies à leur base, quelquefois (Dorcatomiens) angulées en dessous à leur naissance, sont presque toujours, sur une plus ou moins grande longueur, rainurées en dessous pour recevoir les tibias à l'état d'inflexion. De longueur variable, elles dépassent ordinairement les côtés du corps chez les espèces allongées ; mais dans les espèces raccourcies, elles ne le débordent jamais, même dans l'état le plus complet de leur développement transversal. Souvent libres, elles sont reçues d'autres fois dans la cavité sous-prothoracique et dans des fossettes sternales et ventrales.

Les Tibias souvent plus ou moins grêles, quelquefois assez robustes, sont un peu plus longs ou au moins aussi longs que les cuisses. Leur tranche externe souvent simple, est d'autres fois plus ou moins doublée et même rainurée, au moins à son sommet. Habituellement droits et sublinéaires, ils sont quelquefois faiblement arqués en dehors, ou bien légèrement recourbés extérieurement à leur extrémité, ou plus ou moins et graduellement élargis à partir de la base. Leur angle apical interne est armé d'une ou de deux petites épines, plus ou moins visibles et sans importance.

Les Tarses plus ou moins développés, sont souvent plus courts, d'autres fois aussi longs que les tibias. Tantôt épais, tantôt grêles, ils sont dans plusieurs genres plus ou moins comprimés latéralement, plus ou moins épaissis vers leur extrémité. Ordinairement libres, ils se logent à l'état de repos, chez les *Dorcatoma*, les intermédiaires, dans l'échancrure du prolongement antérieur du métasternum, les postérieurs, dans la même fossette que le reste des pieds, au dessous des expansions internes des lames des hanches. Ils sont composés de 5 articles dont la longueur relative varie un peu. Le 1er est ordinairement plus grand, souvent allongé : le 2e est généralement un peu plus, quelquefois beaucoup plus court que le 1er : les 3e et 4e sont toujours courts, obconiques, triangulaires ou transversaux, souvent même, le 4e surtout, plus ou moins profondément bilobés : le dernier est plus long que le précédent, et plus ou moins épaissi, au moins à son extrémité.

Les Ongles n'offrent rien de remarquable. Ils sont petits, plus ou moins écartés à leur naissance, divergents, recourbés en dessous et un peu en arrière.

VIE ÉVOLUTIVE.

Les larves connues de nos Térédiles ont beaucoup d'analogie avec celles des Bostrichides (1), dont elles ont à peu près la manière de vivre.

Leur *corps* assez court, recourbé, sensiblement plus épais en devant, revêtu d'une enveloppe membraneuse, molle et blanchâtre, est composé de 12 segments et pourvu de 6 pieds écailleux. La *tête* est cornée, verticale ou inclinée ; la *bouche* est armée de 2 mandibules fortes et tranchantes (2).

A peine sont-elles écloses, qu'elles se vouent aux œuvres de destruction qui leur sont dévolues. Elles ont généralement pour mission d'attaquer les substances végétales. Les unes réduisent en poussière l'aubier de nos bois de charpente, ou criblent de petits trous cylindriques nos boiseries et nos meubles les plus solides, leur font ainsi subir de nombreux outrages, ou occasionnent parfois leur ruine.

D'autres se rencontrent particulièrement sur les arbres malades, dont elles hâtent la décrépitude ou la mort, en continuant les travaux destructeurs commencés par les Bostriches et autres races nuisibles.

Quelques espèces de Liozoüms déposent leurs œufs dans les bourgeons de nos arbres verts déjà languissants, et leurs larves pénètrent dans la moëlle des rameaux dont elles occasionnent la dessiccation en morcellant cette substance cellulaire (3).

Plusieurs autres larves à mandibules plus robustes sans doute, se logent sous les écorces ou même dans les cônes des mêmes arbres.

Les derniers Xylétinaires peu connus encore dans leur jeune âge, semblent s'adresser à des végétaux d'une consistance moins solide, à certains arbrisseaux ou à des plantes herbacées, et celles des Pseudochines, par exemple, semblent vivre aux dépens des têtes des cynarocéphales, dont l'insecte parfait se plait à fréquenter les fleurs.

Les Dorcatomiens, moins nuisibles encore, se plaisent sous toutes

---

(1) Malgré la différence du nombre des articles des tarses, la tribu des Bostrichides semble devoir se placer naturellement près de celle des Térédiles, à la suite des Apatides.

(2) Voyez les travaux publiés sur ces larves, principalement par MM. Ratzeburg, Perris et Rouget.

(3) Le *Liozoüm molle*, suivant les belles observations de M. Perris ; le *Liozoüm pini* d'après celles de M. Ratzeburg.

leurs formes dans les branches mortes, ou dans les vieilles écorces envahies par des substances cryptogamiques, se logent dans les bolets desséchés, ou dans les lycoperdons, dont ils contribuent à hâter la décomposition.

Les Mésocœlopes se contentent des tiges flétries des lierres qui cachent sous un rideau de verdure les murailles en ruine de nos vieux châteaux.

Mais plus dommageable peut-être que toutes les autres espèces de cette famille, une sorte d'Anobie (1) se nourrit de nos substances alimentaires les plus précieuses, dévore nos pains ou autres substances farineuses laissées trop longtemps sans emploi, les pâtes employées dans la confection des jouets d'enfant, la colle fabriquée avec le gluten de nos céréales et très-imprudemment utilisée par nos relieurs; elle ose même perforer les feuilles des livres abandonnés à la poussière des bibliothèques, ou les vieux papiers, les cartons et les parchemins trop rarement visités.

Quand les larves de nos Térédiles ont subi leurs diverses mues et pris tout leur accroissement, elles songent à passer à l'état de nymphe. Celles qui vivent dans des dédales obscurs, dans des écorces plus ou moins épaisses, songent à se rapprocher de l'extérieur pour n'avoir dans leur dernier état qu'un faible obstacle à soulever pour arriver à la lumière.

MOEURS ET HABITUDES DES INSECTES PARFAITS.

Après avoir rejeté la pellicule membraneuse qui les enveloppait comme un linceul, durant leurs jours de repos ou de mort apparente, nos Térédiles, parvenus à leur forme dernière, semblent encore condamnés à une existence peu brillante. En général, ils s'éloignent peu des lieux qui les ont vus naître, et semblent fuir la lumière.

Pendant les heures diurnes, les uns se blottissent sous les écorces ou se cachent dans la poussière, ou dans la carie des troncs des arbres.

(1) *Anobium paniceum.*

Plusieurs (1) après être sorti des galeries dans lesquelles s'est traîné leur jeune âge, reviennent quelquefois s'y retirer. Quelques-uns, comme certains Oligomères (2), semblent y chercher un refuge suivant les circonstances atmosphériques. D'autres (3), moins ennemis des feux du soleil, s'abritent sous les rameaux touffus des arbres verts, auxquels ils avaient demandé la nourriture de leurs premiers jours, ou même, comme les Xylétines et quelques autres, viennent butiner sur les fleurs.

Dans cette dernière phase de leur existence leur vie est ordinairement assez bornée.

A part quelques Anobies (4), qui ne craignent pas de continuer les dégâts auxquels ils se livraient dans leur première condition, les autres songent peu à nous nuire : un soin plus important les préoccupe, celui d'assurer la perpétuité de leur race. Ceux même qui reviennent passagèrement chercher un abri dans les galeries ténébreuses creusées par eux dans leur état vermiforme, oublieux de leurs premiers penchants, ne s'occupent plus à continuer ces travaux destructeurs.

Destinés à remplir dans le monde un rôle obscur, la nature n'a donné à nos Térédiles ni l'élégance des formes, ni la grâce des mouvements, ni la richesse et ni la beauté de la robe. Toutefois, malgré la petitesse de leur taille et l'indigence de leur parure, ils méritent de nous intéresser par leurs ruses et par leurs sentiments instinctifs de conservation. Dès qu'on les approche ou qu'on cherche à les saisir, ils replient leurs antennes et leurs pattes, et restent dans une immobilité complète jusqu'à l'absence de toute apparence de danger. Quelques espèces poussent même l'obstination jusqu'à se laisser brûler sans donner signe de vie. On ne peut pas mieux justifier l'épithète d'*opiniâtre* donnés à l'un de ces petits têtus.

Quand ils simulent ainsi l'état de mort, tous ne donnent pas à leurs

(1) Les Ptilins, les Anobies.
(2) *Oligomerus brunneus.*
(3) Les Liozoüms, les Amphiboles.
(4) *A. paniceum.*

organes de la marche les mêmes dispositions. Les Anobies rapprochent les genoux de la ligne médiane du dessous du corps, et les cuisses conservent ainsi plus de liberté; chez les Dorcatomes et les Xylétines, au contraire, les pieds sont collés contre la poitrine; les cuisses ont une direction transversale et leur extrémité est ordinairement reçue dans une fossette.

Plusieurs de ces petits animaux possèdent une faculté dont les ressorts nous sont peu connus : celle de produire un petit bruit sec, semblable au tac-tac d'une montre (1). Dans les siècles d'ignorance, quand on entendait ces sons insolites dans l'horreur des ténèbres, on supposait que l'une des personnes de la maison devait voir, dans l'année, la fin de son existence. De là, le nom d'*Horloge de la mort* (2), donné à l'*Anobie domestique*, si commun dans nos habitations. Mais ce bruit singulier a un but moins sinistre : il est le joyeux signal mis en usage par ces petits êtres pour s'appeler dans l'obscurité. La nature a mis ce ce moyen à leur disposition pour favoriser leurs rencontres mystérieuses (3).

Malgré la vie cachée de nos Térédiles, la Providence leur a donné de nombreux ennemis, chargés de mettre des obstacles à leur trop grande multiplication. Dans les sombres dédales où leurs larves aiment à se cacher, celles des Ips, des Rhizophages, de divers Colydies et Hypophlées, et d'un certain nombre d'Angusticolles (4), guidées par leur appétit insecticide, viennent en faire de sanglantes boucheries. Et ce ne sont pas là les seuls êtres carnivores dont elles aient à redouter les attaques. Une foule d'Hyménoptères, dont plusieurs ont une petitesse

(1) Divers auteurs ont attribué ce bruit soit à quelque araignée, soit au *Termes pulsatorius* de Linné; mais il est bien l'œuvre des Anobiens.

(2) Les Allemands ont appelé les Anobies *Pochwalzenkæfer*, c'est-à-dire *coléoptère cylindrique faisant du bruit*.

(3) Suivant Olivier ce bruit serait produit par la larve des Vrillettes; d'après Geoffroy, au contraire, il serait dû aux coups frappés par l'insecte parfait.

(4) La larve du *Tillus elongatus* attaque celle des Anobies; celle de l'*Opilus mollis* exerce de grands ravages parmi celles des *Liozoüm* qui vivent sur les pins; celles de l'*Opilus domesticus* et peut-être du *Tarsostenus univittatus* sont les ennemies acharnées de l'*Anobium domesticum*.

lilipulienne, leur font une guerre non moins cruelle, en déposant dans leur sein des germes d'où naîtront des vers rongeurs chargés de les dévorer (1).

L'étude de ces harmonies admirables à l'aide desquelles les espèces animales, sans être anéanties, sont maintenues dans des limites raisonnables, n'est pas seulement capable de nous porter à admirer la sagesse du souverain ordonnateur de l'univers, elle offre à l'homme qui se plaît à suivre la nature dans ses œuvres, les délassements les plus attrayants et des sujets d'observation toujours nouveaux.

---

(1) Nous allons rapporter en forme de tableau, d'après M. Ratzeburg, la nomenclature des *Ptéromalines* ou Hyménoptères puppivores ennemis de nos Terédiles :

DRYOPHILUS PUSILLUS	*Brachistes interstitialis.* *Bothriothorax fumipennis.*
ANOBIUM	*Entedon confinis.* — *longiventris.*
— DOMESTICUM. Fourcr.	*Brachon spathiiformis.* *Rogas collaris.* *Spathius clavatus.* *Hemiteles modestus.*
— RUFIPES. Fabr.	*Sigalphus aciculatus.*
— PANICEUM. Lin.	*Entedon longiventris.*
LIOZOUM ABIETIS. Fabr.	*Aspigonus abietis.* *Brachistes punctatus.* *Brachon scutellaris.* *Pimpla strabilorum.* *Pteromalus hohenheimensis.* — *strobilobius.*
PTILINUS PECTINICORNIS. Lin.	*Hemiteles completus.* *Lissonota arvicola.* *Polysphincta elegans.* *Xorides cryptiformis.* *Eupelmus inermis.*
— COSTATUS. Gyll.	*Bracon sulcatus.* *Pteromalus distinguendus.*

HISTORIQUE.

Il nous reste à faire connaître les modifications successives par lesquelles a passé jusqu'à ce jour la classification de ces petits animaux :

1858. Linné, dans la 10e édition de son *Systema naturæ*, et dans la seconde de sa *Fauna Suecica* (1761), comprit dans ses genres *Dermestes* et *Ptinus*, ceux de nos Térédiles dont il a donné la description.

1762. Geoffroy, dans son *Histoire abrégée des insectes*, donna le nom de *Byrrhus* à la plupart des insectes de cette tribu, et en sépara une espèce sous le nom de *Ptilinus*.

1767. Linné, dans la 12e édition de son *Systema naturæ*, transporta dans le genre *Ptinus* quelques-uns de nos insectes disséminés auparavant par lui parmi ses *Dermestes*.

1775. De Geer, dans ses *Mémoires pour servir à l'Histoire des insectes*, suivit les traces de son illustre maître.

1775. La même année, parut le premier ouvrage d'un homme appelé à tenir pendant d'assez longues années le sceptre de l'Entomologie. Fabricius, dans son *Systema entomologiæ*, sépara des *Dermestes* et *Ptinus* de Linné, sous le nom d'*Anobium*, les espèces se rattachant à nos TÉRÉDILES, et réunit aux *Hispa* l'espèce qui avait servi à Geoffroy à créer le genre *Ptilinus*.

Il ne changea rien à ses dispositions, ni dans son *Species insectorum* (1781), ni dans sa *Mantissa insectorum* (1787).

Linné, Geoffroy et Fabricius, par des méthodes différentes et par leurs travaux remarquables pour l'époque, étaient devenus des guides ou des

---

OCHINA HEDERAE. Müll.	*Sigalphus aciculatus.* — *facialis.* *Spathius clavatus.* — *erythrocephalus.* *Pteromalus elongatus.*
TRYPOPITYS CARPINI. Herbst.	*Microgaster rufilabris.*
MESOCOELOPUS NIGER. Müll.	*Pteromalus ophistotonos.*

chefs, dont la plupart des entomologistes allaient, pendant un certain temps, suivre de plus ou moins près les traces.

Ainsi, sans mentionner les écrits de P.-L.-S. Müller (1), de Gmelin (2) et de De Villers (3), qui se sont bornés à reproduire le travail du Pline du nord, en y ajoutant d'une manière plus ou moins intelligente et souvent indigeste les découvertes nouvelles; sans parler de l'*Entomologia parisiensis*, de Fourcroy (1785), traduction abrégée de l'ouvrage de Geoffroy, Sultzer, dans son Histoire abrégée des insectes (4) (1776), O. F. Müller, dans son *Zoologiae Daniæ Prodromus* (1776); Schrank, dans son *Enumeratio insectorum Austriae* (1781); Laicharting, dans son *Catalogue et description* des insectes du Tyrol (5) (1781); Schaller dans le 1er volume des *Ecrits* de la Société des *Naturalistes de Halle* (6) (1783); Herbst, dans le 4e cahier des *Archives d'histoire naturelle* (1784) (7), éditées par Gaspard Fuessly; Petagna, dans son *Spécimen des insectes de la Calabre Ultérieure* (1789); Scriba, dans son *Catalogue des insectes de la contrée de Darmstadt* (8), publié dans son *Journal pour les amateurs de l'Entomologie* (9), colloquèrent, suivant leur manière de voir, nos Térédiles dans les genres *Dermestes*, *Ptinus*, *Ptilinus*, *Byrrhus* et *Anobium*.

1790 Olivier, dans le 2e volume de son *Entomologie*, adopta cette dernière coupe générique; mais il replaça parmi les *Ptilinus* l'espèce décrite par Geoffroy, et égarée par Fabricius parmi les *Hispa*, et par Laichartaing parmi les *Bostrichus*.

---

(1) Des Ritter's Carl von Linné Natursystem, Nürnberg, t. V, 1774, in-8°, fig.

(2) *C. Linnaei Systema Naturæ*, édit. 13e, cura C. F. Gmelin, *Lipsiae*. 1788 et suivantes.

(3) *C. Linnaei Entomologia* curante, C. de Villers, *Lugd.* t. I, 1789, in-8°.

(4) *Abgekurtzte Geschichte der Insecten*, *Winthertthur*, 1776, in-4°.

(5) *Verzeichniss und Beschreibung der Tyroler Insecten*. *Zurich*, t. 1, 1781, in-8°.

(6) *Schriften d. Naturforsch.*, *Gesellschaft, zu Halle*. *Halle*, 1783, in-8°.

(7) *Archiv der Naturgeschichte*. *Zurich* et *Winterthur*, 1781-1786, in-8°.

(8) *Verzeichniss der Insecten der Darmstadter Gegend*.

(9) *Journal für die Liebhaber der Entomologie*. *Frankfurt am Main*, 1790, in-8°.

1790. Rossi, dans sa *Fauna etrusca*, suivit dans sa méthode le professeur de Kiel.

1797. Les insectes jusqu'alors avaient été classés d'une manière systématique ou arbitraire : la science allait bientôt prendre une marche plus rationnelle. Antoine-Laurent de Jussieu, dans son admirable *Genera plantarum*, avait disposé les végétaux d'après un ordre naturel : Latreille, dans son *Précis des caractères génériques des insectes*, imprimé à Brives, en l'an V, essaya d'établir des *familles* parmi ces petits animaux. La 17e eut pour caractères :

Antennes filiformes, ou terminées par trois articles légèrement plus gros, de la longueur du corps. *Antennules* renflées à leur extrémité, courtes ou peu avancées. *Mandibules* courtes, renflées. *Mâchoires* à deux lobes presque égaux, larges, tronqués. *Tarses* courts, ayant tous cinq articles.

Elle comprit les genres *Anobium*, *Ptilinus* et *Ptinus*, tels que Fabricius les avait limités.

1792. Fabricius, dans son *Entomologia systematica*, sentit la nécessité d'adopter le genre *Ptilinus ;* il y plaça les Térédiles égarés mal à propos parmi ses *Hispa*.

1792. Petagna, dans ses *Institutiones entomologiæ*, suivit l'exemple de ce maître.

1792. La même année, Kugelann, dans son *Catalogue des insectes de Prusse* (1), inséré dans le 4e cahier du *Magasin le plus nouveau pour les amateurs de l'Entomologie* (2), créait le genre *Serrocerus*, que Herbst indiquait en même temps sous le nom de *Dorcatoma*, dans son *Système de la nature de tous les insectes connus* (3), sur un insecte laissé parmi les *Dermestes*, par Panzer.

1793. L'année suivante, Herbst, dans l'ouvrage précité, établissait le genre *Ligniperda*, dans lequel il colloquait avec une partie des *Apates*

(1) *Verzeichnis preussicher Insecten.*

(2) *Neuestes Magazin für die Liebhaber der Entomologie. Stralsund*, 1791-1794, in-8°.

(3) *Natursystem aller bekannten Insekten* (Kaefer). *Berlin*, 1785-1806, in-8°. fig. (Ouvrage commencé par Jablonski et continué par Herbst.)

de Fabricius, l'insecte dont Geoffroy avait fait un *Ptilinus*. Les autres *Terédiles* se virent compris dans le genre *Anobium*.

L'entomologie venait d'entrer dans une voie méthodique nouvelle. Si en Allemagne et dans le nord de l'Europe on subissait encore l'influence du génie de Fabricius, si Illiger (*Verzeichniss der Kæfer Preussens*) (1798) et divers autres n'osaient s'écarter de la route ouverte par cet homme illustre, le génie français essayait de montrer d'autres voies.

1800. Duméril, dans le tome Ier de l'*Anatomie* de G. Cuvier, dont il avait recueilli les leçons, donnait une *classification des insectes*, dans laquelle ces invertébrés étaient répartis en familles. Ceux qui nous occupent furent compris dans celle des *Perce-bois*, ayant pour caractères :

Quatre *Palpes*. *Tarses* de cinq articles. *Antennes* filiformes. *Elytres* dures.

Ils y formaient les genres *Anobium* et *Ptilinus*.

1801. Lamarck, dans son *Système des animaux sans vertèbres*, faisait entrer nos Térédiles dans le 3e groupe des Coléoptères ayant cinq articles à tous les tarses, et les antennes filiformes ou moniliformes, et il admettait les deux genres *Anobium* et *Ptilinus*.

1801. Fabricius, dans son *Systema Eleutheratorum*, renfermait dans les mêmes limites les insectes qui nous occupent.

1802. Marsham, dans son *Entomologia britannica*, publication restée en arrière du progrès des sciences, fit entrer nos insectes dans son genre *Ptinus*.

1804. Latreille, dans son *Histoire naturelle des crustacés et des insectes*, l'un de ses ouvrages les plus remarquables, renfermait nos *Térédiles* dans sa famille des *Ptiniores*, la huitième des Coléoptères, caractérisée de la manière suivante :

Tarses à cinq articles. Quatre *palpes*. *Antennes* filiformes ou terminées par trois articles beaucoup plus allongés et un peu plus gros. *Tête* arrondie, presque globuleuse, s'enfonçant dans le corselet. *Corselet* renflé.

Ils y formaient, comme dans le dernier ouvrage de Fabricius, les genres *Ptilinus* et *Anobium*, et s'y trouvaient réunis avec les Coléoptères rapprochés d'eux, mais réunis aujourd'hui dans une tribu particulière, sous le nom de PTINIDES.

1804. Il ne changea rien à cet arrangement, dans son *Genera crustaceorum et insectorum.*

1806. Duméril, dans sa zoologie analytique indiquait, le premier, sous les noms de *Pentamérés, Hétéromérés, Tétramérés* et *Trimérés*, les sections établies parmi les Coléoptères, d'après les variations que présentent les tarses dans le nombre de leurs articles.

Les insectes dont il est ici question prirent place parmi les *Pentamérés*, dans la famille des PERCE-BOIS ou TÉRÉDILES, conjointement avec divers Coléoptères, qui depuis ces auteurs ont été exclus. Ils eurent pour caractères :

Elytres dures, couvrant tout le ventre. *Antennes* filiformes. *Corps* arrondi, allongé, convexe.

1809. Latreille, dans ses *Considérations générales sur l'ordre naturel des animaux*, admit, dans sa famille des PTINIORES, le genre *Dorcatoma*, créé par Herbst, et fonda le genre *Xyletinus*. Il divisa cette famille de la manière suivante :

I. Antennes uniformes, point terminées par trois articles beaucoup plus grands.
Ptinus, Gibbium, Ptilinus, Xyletinus..

II. Antennes terminées par trois articles beaucoup plus grands.
Anobium, Dorcatoma.

1813. De Lamarck, dans son cours professé au Muséum d'Histoire naturelle de Paris, et publié sous le titre de *Extrait du cours de zoologie sur les animaux sans vertèbres*, comprit nos Térédiles dans ses *Pentamères filicornes*, et les fit entrer dans la famille des PTINIENS, ayant

Quatre palpes. Elytres dures recouvrant l'abdomen en totalité. Sternum antérieur ne s'avançant pas sous le menton.

Ils y forment les genres *Ptilin* et *Vrillette*.

1817. Le même écrivain, dans ses *Animaux sans vertèbres*, fit entrer nos TÉRÉDILES dans sa section des *Pentamères filicornes*, où ils y constituent la famille des *Ptiniens*, ayant pour caractères :

Quatre *palpes*. *Elytres* recouvrant l'abdomen en totalité ou en majeure partie. *Sternum antérieur* ne s'avançant pas sous la tête. *Mandibules* fendues à leur pointe ou munies d'une dent au dessous. *Corps* dur.

Ils furent divisés de la manière suivante :

α Antennes beaucoup plus courtes que le corps.

β Antennes pectinées dans les ♂, en scie dans les ♀.

Ptilinus.

ββ Antennes simples, non pectinées ni en scie.

Anobium.

αα Antennes presque aussi longues que le corps, très-peu en scie. Corselet plus étroit que l'abdomen.

Ptinus. — *Gibbium*.

1815. Leach, dans le tome IX de *l'Encyclopédie d'Edimbourg*, éditée par Brevester, adopta les divisions génériques établies dans les *Considérations générales sur l'ordre des animaux*, par Latreille.

1817. Ce dernier, dans le tome III du *Règne animal*, par Cuvier, divisa les Coléoptères *Pentamères* en six familles : *Carnassiers*, *Brachélytres*, *Serricornes*, *Clavicornes*, *Palpicornes*, *Lamellicornes*. Nos Térédiles furent compris dans celle des *Serricornes*, ayant :

Quatre *palpes*. *Antennes* en forme de fil ou de soie et ordinairement dentées en scie, en peigne ou en panache, du moins dans les ♂.

Cette famille fut divisée en sept tribus. Ils en composèrent la sixième, pouvant être réduite à un seul genre linnéen, celui de *Ptinus* subdivisé en cinq coupes.

α Tête et corselet ou moitié antérieure du corps plus étroite que l'abdomen. Antennes toujours terminées d'une manière uniforme, simples ou très-peu en scie et presque aussi longues au moins que le corps.

β Antennes insérées entre les yeux, qui sont saillants ou convexes. Corps oblong. *Ptinus*.

ββ Antennes insérées au devant des yeux, qui sont aplatis et très-petits. Corps court, abdomen renflé. *Gibbium*.

αα Corselet de la largeur de l'abdomen, du moins à la base. Antennes tantôt uniformes, en scie ou pectinées, tantôt terminées par trois articles beaucoup plus grands que les précédents ; plus courtes que le corps.

γ Antennes en scie à partir du 3e article ; quelquefois pectinées dans les ♂. *Ptilinus*.

(Auquel il associait les *Xyletinus*, Latr.)

γγ Antennes terminées par trois articles beaucoup plus grands.
- δ Antennes de neuf articles : les deux avant-derniers en dent de scie. *Dorcatoma.*
- δδ Antennes de onze articles : les deux avant-derniers en cône renversé. *Anobium.*

1821. Dejean, dans son *Catalogue des Coléoptères*, comprit les insectes de cette tribu parmi ses Térédiles. Ils y formèrent les genres *Ptilinus*, *Xyletinus*, *Dorcatoma*, *Ochina*, *Anobium*, *Hedobia*, *Ptinus*, signalé mais non décrit par Ziegler. Pour la première fois se trouvait indiqué le genre *Ochina*.

1822. Sahlberg, dans ses *Insecta fennica*, fit entrer nos insectes dans la neuvième famille des Coléoptères, celle des *Ptinides*. Ils y constituèrent les genres *Anobium*, *Dorcatoma* et *Ptilinus*.

1825. Duftschmitdt, dans le tome 3e de sa *Fauna Austriae*, distribua nos Térédiles dans ses genres *Ptilinus*, *Serrocerus* et *Anobium*, constituant la dixième section de ses Coléoptères avec les *Dermestes*, *Ips* et *Ptinus*.

1825. Latreille, dans ses *Familles naturelles du règne animal*, divisa sa famille des SERRICORNES en huit tribus : les PTINIORES constituèrent la dernière. Ils furent divisés de la manière suivante :

- α Antennes terminées brusquement par trois articles plus grands. *Dorcatome. — Vrillette.*
- αα Antennes filiformes, sont flabellées ou pectinées, du moins dans les ♂, soit en scie. *Xyletine. — Ptilin.*
- ααα Antennes filiformes ou sétacées et simples. *Ptine. — Gibbie.*

1829. Dans la seconde édition du *Règne animal* de Cuvier, il n'apporta d'autre changement à ce travail que de renverser l'ordre de ces divers genres.

1829. Curtis, soit dans son *Entomologie britannique* (1), soit dans son *Guide pour un arrangement des insectes de la Grande-Bretagne* (2), comprit nos Térédiles dans les genres *Dorcatoma*, *Serrocerus*, *Ptilinus* et *Anobium*.

---

(1) *British Entomology*, etc. *London*, 1825-1840, 16 vol. in-8°.

(2) A *Guide to an Arrangement of british Insects*, *London*, 1829, in-8°.

1830. Stephens, dans le 3e volume de ses *Illustrations* (1), fit entrer nos Térédiles dans sa famille des *Ptinides*, comprenant divers autres genres étrangers à notre tribu. Ceux qui s'y rattachent sont les suivants : *Xyletinus*, *Ptilinus*, *Dorcatoma*, *Anobium*, *Ochina*. Il donnait dans ce travail les caractères de ce dernier genre, indiqué, d'après Ziegler, par le comte Dejean, et fondé sur une espèce décrite en 1809, par Bonelli (2), mais restée longtemps ignorée.

1832. M. Chevrolat, dans le *Magasin zoologique*, édité par M. Guérin, détacha du genre *Anobium* quelques espèces pour en constituer le genre *Dryophilus*.

1837. Sturm, dans sa *Faune d'Allemagne* (3), n'ajouta point de coupes nouvelles à celles déjà connues.

1839. M. Westwood dans son *Introduction à la classification moderne des insectes* (4), M. Blanchard dans son *Histoire naturelle des insectes* (1845), renferment nos Térédiles dans leur famille des *Ptinides*.

1845. M. L. Redtenbacher, dans son tableau analytique des *Genres de la Faune des Coléoptères d'Allemagne* (5), essaya le premier de constituer en dehors de celles des *Ptinides*, une famille des *Anobides ;* mais il y fit entrer divers genres étrangers à notre travail.

1845. La même année, M. V. de Motschulsky, dans les *Bulletins de la Société des naturalistes de Moscou*, établissait, aux dépens des Anobies, les genres *Priobium* et *Xestobium*.

1849. M. L. Redtenbacher, dans sa *Fauna Austriaca*, enrichit sa famille des *Anobides* de deux nouveaux genres : celui de *Oligomerus*, constituant un démembrement des *Anobies*, et celui de *Trypopitys* formé aux dépens de l'ancien genre *Ptilinus*.

---

(1) *Illustrations of british Entomology* (*Mandibulata*). *London*, 1828-1832, 5 vol, in-8°.

(2) *Mem. d. Soc. agr. di Turino*, p. 167, 12, pl. III (*Ptilinus*, Latreille).

(3) *Deutschland's Fauna*, etc. *Nürberg*, 1805-1856, 23 cahiers, petit in-8, fig.

(4) *Introduction to the modern classification of Insects*. *London*, 1839, 2 vol. gr. in-8°.

(5) Die *Gattungen der Deutschen Kaefer-fauna nach der analytischen Methode gearbeitet*. *Wien.*, 1845, in-8°.

1850. M. Guérin, dans la *Revue zoologique*, démembra cette dernière coupe pour constituer le genre *Catorama*, sur une espèce exotique.

1857. M. Lacordaire, dans son *Genera des Coléoptères*, divisa sa famille des PTINIORES en deux tribus : celles des *Ptinides*, ayant les antennes insérées sur le front, et celles des *Anobides*, ayant ces organes insérés aux bords antérieurs des yeux.

Ces derniers furent partagés de la manière suivante :

I. Antennes non terminées brusquement en massue, de onze articles chez presque tous.	
α Leurs trois derniers articles très-allongés.	
γ Leur tige formée de 8 articles.	*Anobium.*
γγ Leur tige formée de 7 articles.	*Oligomerus.*
αα Leurs articles 3-10 ou 4-10 dentés en scie.	
δ Mandibules non dilatées à leur base.	
ε Dernier article des palpes sécuriforme.	*Trypopitys.*
εε Dernier article des palpes non sécuriforme.	
ζ Antennes dentées dans les deux sexes.	*Ochina.*
ζζ Antennes flabellées (♂) ou dentées (♀).	*Ptilinus.*
δδ Mandibules dentées à la base.	*Xyletinus.*
II. Antennes de dix ou neuf articles : les trois derniers brusquement dilatés en massue.	
η Pronotum distinct des parapleures prothoraciques	
θ Yeux finement granulés.	*Dorcatoma*
θθ Yeux fortement granulés.	*Catorama.*

1858. M. L. Redtenbacher, dans la seconde édition de sa *Fauna austriaca*, n'apporte aucun changement à sa famille des *Anobides*, en ce qui concerne les genres rentrant dans les limites de notre tribu.

1859. Dans le 9e cahier des *Opuscules entomologiques*, M. Godart et l'un de nous, avons cru nécessaire de séparer des *Xyletinus* quelques espèces, pour en former le genre *Calypterus*.

1860. Jacquelin du Val, dans le 2e cahier de ses *Glanures entomologiques*, donna les diagnoses des genres *Gastralus*, *Metholcus*, *Pseudochina* et *Mesocœlopus*. La même année nous avons présenté à la Société Linnéenne de Lyon les caractères du genre *Theca*, adopté peu de temps après par M. le docteur Aubé.

1861. Jacquelin du Val, dans son *Genera*, donna le tableau méthodique suivant, de sa famille des *Anobides* :

I. Antennes avec leurs trois derniers articles allongés, formant une sorte de massue lâche plus ou moins longue. Point de fossette pour recevoir les cuisses.

A. Pronotum mousse sur les côtés : sa ligne latérale étant obtuse et indistincte.

B. Antennes de 11 articles distincts. *Dryophilus.*

BB. Antennes de 10 articles seulement. *Gastrallus.*

AA. Pronotum plus ou moins tranchant sur les côtés : sa ligne latérale toujours distincte.

c. Antennes de 11 articles. *Anobium.*

cc. Antennes de 10 articles. *Oligomerus.*

II. Antennes dentées en scie intérieurement et même parfois flabellées.

α Prosternum formant une lame échancrée au sommet. *Trypopitys.*

αα Prosternum petit, acuminé.

β Espace intermédiaire entre les angles antérieurs du pronotum et les hanches antérieures tout à fait mousse.

γ Antennes étroites, légèrement dentées en scie. *Ochina.*

γγ Antennes fortement dentées en scie chez les femelles, flabellées chez les mâles. *Ptilinus.*

ββ Espace intermédiaire entre les angles antérieurs du pronotum et les hanches antérieures notablement élevé et tranchant.

δ Dernier article des palpes en triangle, largement et notablement allongé, subcylindrique. *Metholcus.*

δδ Dernier article des palpes variable, mais point notablement échancré au sommet. Corps ovalaire ou ovale-oblong.

ε Métasternum simple antérieurement. Elytres striées. *Xyletinus.*

εε Métasternum offrant dans sa partie antérieure une ligne élevée, transverse, au devant de laquelle il est un peu déclive. Elytres très-finement pointillées. *Pseudochina.*

εεε Métasternum offrant dans sa partie antérieure une ligne élevée transversale, au devant de laquelle il présente de chaque côté une fossette transverse pour les cuisses. *Mesocœlopus.*

III. Antennes avec leurs trois derniers articles très-grands. *Dorcatoma.*

1863. Enfin, dans un essai sur les *Anobides* publié dans le 13e cahier des *Opuscules entomologiques* et dans les *Annales de la Société Linnéenne de Lyon*, nous avons ajouté les genres *Liozoüm* et *Amphibolus*, aux coupes établies jusqu'à ce jour dans cette famille.

Nous diviserons la tribu des Térédiles en deux familles principales :

Point de fossettes métasternales et ventrales pour recevoir les quatre pieds postérieurs.	ANOBIENS.
Des fossettes métasternales et ventrales pour recevoir les quatre pieds postérieurs.	DORCATOMIENS.

PREMIÈRE FAMILLE.

ANOBIENS.

Caractères. *Point de fossettes métasternales et ventrales* pour recevoir les quatre pieds postérieurs. *Ventre* de 5 segments distincts, le 1er plus ou moins développé et découvert. 1er *article des antennes* grand, oblong, assez épaissi, mais jamais en forme d'oreillette.

Yeux entiers ou subentiers, ou faiblement sinués à leur bord inféro-interne. *Epimères postérieures* le plus souvent cachées. *Tarses postérieurs* ordinairement plus développés que les autres, à 2e article triangulaire ou oblong, toujours sensiblement plus long que les suivants.

La famille des Anobiens se subdivise en deux branches :

Antennes non dentées en scie intérieurement, avec les 3 *derniers articles* très-grands, ordinairement allongés.	ANOBIAIRES.
Antennes dentées en scie, pectinées ou même (♂) flabellées intérieurement, avec les 3 *derniers articles* ordinairement pas plus grands ou à peine plus grands que les précédents.	XYLÉTINAIRES.

ca-

PREMIÈRE BRANCHE.

ANOBIAIRES.

Caractères. *Antennes* non visiblement dentées en scie intérieurement, avec les 3 derniers articles bien plus grands que les précédents, oblongs ou allongés, formant une massue lâche, ordinairement peu tranchée. *Prothorax* plus ou moins transversal, quelquefois obtus le plus souvent tranchant sur les côtés qui sont légèrement (*Dryophilus*, *Priobium*) ou plus ou moins fortement déclives d'arrière en avant (1); généralement plus ou moins capuchonné à son bord antérieur; souvent gibbeux ou inégal sur son disque; simple ou excavé en dessous; à ouverture antérieure circulaire ou subcirculaire.

Corps oblong, allongé ou cylindrique. *Tête* assez large. *Elytres* allongées ou oblongues, ordinairement peu convexes. *Poitrine* généralement simple, quelquefois excavée. *Tibias* à *tranche externe* presque toujours simple. *Tarses* rarement comprimés sur les côtés.

---

(1) Ce plus ou moins de déclivité des côtés du prothorax rend nécessairement les angles antérieurs plus ou moins infléchis.

Les *Anobiaires* peuvent se répartir dans les genres suivants :

Antennes

- de 11 articles. *Prothorax*
  - obtus sur les côtés; non excavé en dessous; à *bord antérieur* non prolongé inférieurement en *arête* saillante; plus étroit que les élytres et non gibbeux sur son disque. *Poitrine* simple. *Ventre* à segments libres. *Elytres* striées. *Les 3 derniers articles des Antennes* plus ou moins allongés. *Front*
    - fortement étranglé à sa partie antérieure par les insertions des antennes. *Hanches antérieures* rapprochées, séparées entre elles par une *lame* très-étroite du *prosternum*. 1er *segment ventral* fortement bissinué à son bord postérieur. *Elytres* assez convexes, fortement arrondies au sommet. *Antennes* suballongées . . . . DRYOPHILUS.
    - large non étranglé à sa partie antérieure par les insertions des antennes. *Hanches antérieures* plus ou moins distantes, séparées entre elles par une *lame* plus ou moins large du *prosternum*. 1er *segment ventral* légèrement sinué à son bord postérieur. *Elytres* subdéprimées, obtusément tronquées au sommet. *Antennes* assez courtes. . . . . PRIOBIUM.
  - muni sur les côtés d'une tranche plus ou moins saillante. *Prothorax*
    - plus ou moins excavé en dessous, ainsi que la partie antérieure de la *poitrine*, pour recevoir la tête à l'état d'inflexion; à *bord antérieur* prolongé inférieurement jusqu'aux hanches en *arête* plus ou moins saillante et servant latéralement de limite à la fois aux cavités sous-prothoracique et prosternale; plus ou moins gibbeux et inégal sur son disque. *Prosternum* et *Mésosternum* plus ou moins concaves et plus ou moins refoulés au dessous du niveau des hanches. *Elytres* toujours striées. *Les 3 derniers articles des antennes* grands, allongés. ANOBIUM.
    - simple, non excavé en dessous; à *bord antérieur* non prolongé inférieurement en *arête* saillante; non gibbeux sur son disque. *Poitrine* simple. *Prosternum* et *Mésosternum* plans, élevés ou presque élevés jusqu'au niveau des hanches. *Ventre* à segments libres. *Elytres* ponctuées, non striées. *Hanches antérieures* et *Hanches intermédiaires* . . . . .
      - plus ou moins distantes entre elles, séparées l'une de l'autre par une *lame* assez large des *Pro* et *Mésosternum*. *Lame des hanches postérieures* fortement et brusquement dilatée à sa moitié interne. *Les 3 derniers articles des antennes* grands, subaIlongés. *Tarses* ordinairement courts et assez épais. . . . . XESTOBIUM.
      - rapprochées, *les antérieures* contiguës, *les intermédiaires* séparées l'une de l'autre par une *lame* très-étroite du *Mésosternum*. *Lame des Hanches postérieures* étroite, faiblement dilatée à son milieu. *Les 3 derniers articles des antennes* très-grands, ordinairement sublinéaires. *Tarses* allongés, grêles . . . . . LIOZOUM.
- de 10 articles. *Les 3 derniers*
  - très-grands, allongés. *Les 2 premiers segments ventraux* assez grands, libres. *Prothorax*
    - aussi large que les élytres; gibbeux sur son disque; muni sur les côtés d'une tranche saillante; légèrement excavé en dessous, ainsi que le *Prosternum*, pour recevoir la tête à l'état d'inflexion; à *bord antérieur* prolongé inférieurement jusqu'aux hanches en *arête* saillante et servant latéralement de limite à la fois aux cavités sous-prothoracique et prosternale. *Prosternum* et *Mesosternum* concaves. *Hanches antérieures* et *Hanches intermédiaires* faiblement écartées l'une de l'autre. *Elytres* entièrement striées . . . . OLIGOMERUS.
    - plus étroit que les élytres; non gibbeux sur son disque; muni sur les côtés d'une tranche très-obtuse; simple et non excavé en dessous; à *bord antérieur* non prolongé inférieurement en *arête* saillante. *Prosternum* et *Mésosternum* plans. *Hanches antérieures* et *Hanches intermédiaires* très-rapprochées l'une de l'autre. *Elytres* striées sur les côtés seulement . . . . AMPHIBOLUS.
  - grands, comprimés, intérieurement dilatés. *Prothorax* subcylindrique, non gibbeux sur son disque; obtus sur les côtés; fortement excavé en dessous, ainsi que la partie antérieure de la *Poitrine*, pour recevoir la tête à l'état d'inflexion; à *bord antérieur* prolongé inférieurement jusqu'aux hanches en *arête* tranchante et servant latéralement de limite à la fois aux cavités sous-prothoracique et prosternale. *Prosternum* refoulé bien au dessous du niveau des hanches. *Mésosternum* antérieurement excavé à son milieu, réduit et relevé en arrière à une faible *lame* en forme de cœur bilobé. *Hanches antérieures* et *Hanches intermédiaires* assez écartées l'une de l'autre. *Les 2 premiers segments ventraux* très-grands, soudés à leur milieu. *Elytres* striées sur les côtés seulement. . . . . GASTRALLUS.

Genre *Dryophilus*, Chevrolat.

(Chevrolat, Mag. zool. Ins. 1832, pl. 3. — Redtenbacher, Faun. austr. 2e éd., p. 567, — Jacquelin du Val, Gen. Ins. Eur. t. 3, 2e part., p. 215, pl. 53, f. 261.)

Etymologie : δρῦς chêne, φίλος ami.

Caractères. *Front* fortement étranglé à sa partie antérieure. *Antennes* de 11 articles; suballongées, avec les 9e et 10e articles suballongés (♀) ou allongés (♂). *Prothorax* plus étroit que les élytres, simple en dessous ainsi que la poitrine, mutique sur les côtés, non gibbeux sur son disque. *Elytres* assez convexes, striées, fortement arrondies au sommet. *Hanches antérieures* rapprochées, les intermédiaires légèrement, les postérieures très-écartées l'une de l'autre; celles-ci à lame étroite, subangulée à son milieu. *Epimères postérieures* cachées. *Segments ventraux* libres, le 1er fortement bissinué à son bord apical. *Tibias* à tranche externe simple. *Tarses* suballongés, assez épaissis vers leur extrémité, avec le 1er article allongé.

Corps plus ou moins allongé, subcylindrique.

Tête médiocre, inclinée ou verticale, plus ou moins mais jamais fortement engagée dans le prothorax. *Front* fortement étranglé à sa partie antérieure par les cavités des insertions des antennes.

Arêtes génales divergeant en avant, se rapprochant en arrière et prolongées jusqu'au milieu du front où elles se recourbent en dehors pour embrasser l'insertion des antennes. *Epistome* peu distinct, transversal, largement tronqué au sommet. *Labre* petit, fortement transversal, tronqué à son bord antérieur. *Mandibules* assez robustes, assez saillantes, arcuément coudées sur les côtés (1). *Palpes* à dernier article oblong,

(1) On aperçoit sur les côtés, vers la base, un rudiment d'arête qui les sépare de la fossette génale.

atténué au sommet. *Menton* plan, légèrement transversal. *Yeux* grands, entiers, globuleux, plus ou moins saillants.

Antennes de 11 articles; assez allongées; insérées assez loin des yeux dans une cavité antérieure formée par l'arête génale qui empiète notablement sur le front : à 1er article gros, assez fortement épaissi, le 2e plus petit, peu ou point renflé; les 3e à 8e subcylindriques, plus ou moins courts; les 3 derniers, grands, plus ou moins allongés, sublinéaires, formant une massue très-lâche et peu tranchée.

Prothorax peu ou point transversal, plus étroit que les élytres; à ouverture antérieure subcirculaire; non excavé inférieurement; à bord antérieur non prolongé en dessous en arête saillante; obliquement tronqué ou subarrondi et non capuchonné à son bord apical; plus ou moins arrondi sur les côtés qui sont mutiques et complétement dépourvus de tranche marginale; subbissinueusement arrondi à la base, et non gibbeux sur son disque.

Ecusson petit, légèrement transversal, subsémicirculaire.

Elytres plus ou moins allongées, plus ou moins convexes, striées, fortement arrondies au sommet. *Epaules* à calus assez saillant, à lobe inférieur peu prononcé, à peine replié en dessous.

Poitrine simple, non excavée. *Prosternum* et *Mésosternum* plans, rétrécis à leur milieu, le premier en lame très-étroite et plus ou moins tranchante, le second en forme de triangle tronqué au sommet. *Métasternum* assez développé en longueur, fortement sillonné à son milieu sur sa moitié postérieure, terminé entre les hanches postérieures par deux expansions très-faibles, mais larges. *Postépisternums* assez larges, graduellement un peu plus élargis en avant. *Epimères postérieures* cachées (1).

Hanches antérieures et *intermédiaires* légèrement convexes à leur face antérieure; les *antérieures* rapprochées, les *intermédiaires* plus ou moins légèrement écartées, les *postérieures* très-distantes l'une de

(1) Cette pièce (les épimères) existe toujours, mais elle est plus ou moins cachée par le bord latéral des élytres, ou bien plus ou moins repliée en dessus et par conséquent invisible à la page inférieure du corps.

l'autre; celles-ci à *lame* étroite, subangulée à son milieu et graduellement rétrécie en dehors.

Ventre de 5 segments libres : les 1er et 2e grands; le 1er plus ou moins fortement bissinué à son bord apical, les 3e et 4e courts, le 5e un peu plus développé en longueur que le précédent.

Pieds médiocrement allongés, assez grêles. *Cuisses* atténuées à leur base, obsolètement rainurées en dessous à leur sommet. *Tibias* à tranche externe simple. *Tarses* assez allongés, assez épaissis vers leur extrémité : à 1er article allongé, les 2e à 4e graduellement plus courts, les 3e et 4e obcordiformes, le dernier assez court et très-épais.

Obs. Les espèces qui composent ce genre se trouvent sur différents bois morts ou malades.

Les espèces du genre *Dryophilus* peuvent se grouper de la manière suivante :

Gr. I. *Elytres* revêtues d'une pubescence fine et uniforme.

A. *Mésosternum* à *lame* médiane un peu moins étroite que celle du prosternum, rétrécie en pointe mousse au sommet.

b. *Premier segment ventral* faiblement prolongé au milieu de son bord apical. *Intervalles* des stries finement et densement pointillés. *Ecusson* non tomenteux. *Prothorax* transversal. — *Pusillus*.

bb. *Premier segment ventral* fortement prolongé au milieu de son bord apical. *Ecusson* tomenteux. *Prothorax* oblong.

c. *Intervalles* des stries finement et densement pointillés. *Les 3 derniers articles des antennes* sensiblement plus épais que les précédents : ceux-ci plus ou moins transversaux. — *Anobioïdes*.

cc. *Intervalles* des stries parcimonieusement et rugueusement pointillés. *Les 3 derniers articles des antennes* à peine plus épais que les précédents : ceux-ci aussi longs que larges. — *Longicollis*.

AA. *Mésosternum* à *lame* médiane deux fois plus large que celle du prosternum, largement tronquée au sommet. *Intervalles* des stries obsolètement écaillés. *Ecusson* non tomenteux. *Prothorax* transversal. — *Rugicollis*.

Gr. II. *Elytres* parées de bandes transversales de poils serrés et blanchâtres. (*Sous-genre* PTINODES.) — *Raphaëlensis*.

PREMIER GROUPE.

Elytres revêtues d'une pubescence fine et uniforme.

A. *Mésosternum* à *lame* médiane un peu moins étroite que celle du prosternum, rétrécie en pointe mousse au sommet.

b. *Premier segment ventral* faiblement prolongé au milieu de son bord apical. *Intervalles* des stries finement et densement pointillés. *Ecusson* non tomenteux. *Prothorax* transversal.

1. **Dryophilus pusillus**, GYLLENHAL.

Allongé, finement pubescent, densement et rugueusement pointillé, peu brillant, noir, avec la bouche, les antennes et les pieds d'un ferrugineux plus ou moins obscur. Front subconvexe; vertex finement canaliculé. Prothorax subtransversal, subbissinueusement arrondi à la base, obsolètement carinulé en arrière à son milieu. Elytres fortement arrondies au sommet, légèrement convexes, finement striées-ponctuées, avec les intervalles plans, densement, très-finement et rugueusement pointillés. Articles intermédiaires des antennes suboblongs; les trois derniers à peine plus épais que les précédents. Tarses assez allongés.

Anobium pusillum. GYLL., Ins. Suec. t. I. p. 294. 6. — STURM, Deuts Faun. t. XI. p. 138. 20. tab. 243. f. A. B.
Dryophilus pusillus. REDTENB., Faun. Austr. 2e éd. p. 568.

Var. A. *Dessous du corps* d'un châtain plus ou moins clair, avec l'extrémité du ventre roussâtre.

Long. 0m,0022 (1 l.). — Larg. 0m,0011 (1/2 l.).

♂ *Antennes* presque aussi longues que le corps: à 3 *derniers articles* très-grands, sublinéaires, pas plus épais que les précédents, beaucoup plus longs, pris ensemble, que le reste de l'antenne; le 9e à lui seul aussi long que les 3 précédents réunis; les 4e à 8e oblongs. *Yeux* très-saillants. *Tête*, y compris ceux-ci, sensiblement plus large que le prothorax. *Prothorax* subdéprimé, beaucoup plus étroit que les élytres sensiblement atténué à son sommet, aussi long que large, légèrement arrondi sur les côtés, obsolètement caréné à son milieu vers sa partie postérieure, et creusé de chaque côté sur son disque d'une impression oblique plus ou moins marquée. *Elytres* allongées, subparallèles, 4 fois plus longues que le prothorax. *Métasternum* fortement et longitudinalement sillonné à son milieu sur les deux tiers postérieurs de sa longueur.

♀ *Antennes* à peine de la longueur de la moitié du corps; à 3 derniers articles d'une moitié moins grands que dans le ♂, un peu plus épais que les précédents, sensiblement moins longs, pris ensemble, que le reste de l'antenne; le 9e seulement un peu plus long que les deux précédents réunis; les 4e à 8e à peine aussi longs que larges. *Yeux* médiocrement saillants. *Tête*, y compris ceux-ci, sensiblement plus étroite que le prothorax. *Prothorax* légèrement convexe, un peu plus étroit que les élytres, un peu moins large au sommet qu'à la base, un peu moins long que large, sensiblement arrondi sur les côtés surtout en arrière, égal ou presque égal sur son disque. *Elytres* en ovale allongé trois fois et demie plus longues que le prothorax. *Métasternum* creusé sur sa moitié postérieure d'une fossette allongée, fusiforme, assez profonde.

Corps allongé ou oblong, légèrement convexe, peu brillant, noir, revêtu d'une fine pubescence très-courte, cendrée et soyeuse.

Tête transversale, légèrement inclinée (♂) ou subverticale (♀), légèrement engagée dans le prothorax, densement et rugueusement pointillée, finement pubescente, d'un noir opaque (♀) ou peu brillant (♂). *Front* subconvexe. *Vertex* plus ou moins obsolètement et finement canaliculé à son milieu. *Epistome* à peine distinct du front. *Labre* peu distinct, finement rugueux, d'un ferrugineux obscur, légèrement cilié. *Mandibules* ferrugineuses, avec l'extrémité à peine rembrunie. *Palpes* ferrugineux, ainsi que les autres parties de la bouche. *Yeux* grands entiers, arrondis, noirs.

Antennes finement pubescentes et à peine ciliées intérieurement d'un ferrugineux obscur : à 1er article oblong, un peu épaissi; le 2 beaucoup plus petit, pas plus long que large, un peu renflé; le 3e un peu plus grêle, oblong; les 4e à 8e à peine ou un peu oblongs; les 3 derniers grands (♀) ou très-grands (♂), à peine comprimés, formant une massue lâche et très-peu tranchée; le dernier sensiblement plus long que le 10e, obtusément acuminé au sommet.

Prothorax non (♂) ou légèrement (♀) transversal, plus étroit que les élytres; obliquement tronqué à son bord apical; plus (♀) ou moins arrondi sur les côtés qui sont légèrement déclives d'arrière en avant, avec les angles antérieurs et postérieurs très-obtus, peu marqués et arrondis; largement arrondi et très-finement rebordé à la base, avec celle-ci à peine sinuée sur les côtés; plus (♀) ou moins (♂) convexe; à peine (♂) ou faiblement (♀) déclive à sa partie antérieure; égal (♂) ou obsolètement subcaréné en arrière à son milieu et subimpressionné sur les côtés de son disque (♂); densement et rugueusement pointillé; finement pubescent; d'un noir opaque (♀) ou peu brillant (♂).

Ecusson petit, transversal, très-finement et rugueusement pointillé, finement pubescent, d'un noir un peu brillant.

Elytres allongées (♂) ou oblongues (♀), fortement arrondies au sommet; légèrement convexes; finement pubescentes, d'un noir un peu brillant, creusées chacune de 11 stries fines, canaliculées et obsolètement ponctuées : la 1re juxta-scutellaire, oblique, faiblement arquée à peine prolongée jusqu'au 5e de la longueur : les internes légèrement flexueuses à leur base : les 2 internes postérieurement réunies une à une aux 2 externes et enclosant ainsi les intermédiaires qui sont plus ou moins raccourcies et réunies à leur extrémité. *Intervalles* plans, assez larges, très-finement, densement et rugueusement pointillés. *Epaules* saillantes (♀) ou subgibbeuses (♂), extérieurement arrondies.

Dessous du corps assez convexe, finement et rugueusement pointillé avec le dessous de la tête lisse et brillant sur son milieu, finement pubescent, d'un noir de poix un peu brillant. 1er *segment ventral* sensiblement bissinué à son bord apical avec le milieu de celui-ci faiblement prolongé et largement arrondi, le dernier assez largement arrondi au sommet.

Pieds médiocrement allongés, assez grêles, finement et obsolètement pointillés, finement pubescents, d'un ferrugineux quelquefois un peu obscur. *Cuisses* atténuées à leur base, légèrement renflées après leur milieu. *Tibias* grêles, presque droits, minces à leur base. *Tarses* assez allongés, graduellement épaissis vers leur extrémité, beaucoup plus courts que les tibias; les postérieurs sensiblement plus développés que les autres.

Patrie : Cette espèce se rencontre assez communément dans toute la France, principalement sur les chênes, quelquefois aussi sur les arbres verts. (Environs de Lyon, Bresse, Beaujolais, Alpes, Mont-Pilat, Provence, etc.)

Obs. Les élytres et quelquefois le dessus du corps en entier sont d'un châtain roussâtre, ainsi que l'extrémité du ventre.

bb. *Premier segment ventral* fortement prolongé au milieu de son bord apical. *Ecusson* tomenteux. *Prothorax* oblong.

c. *Intervalles* des stries finement et densement pointillés. *Les trois derniers articles des antennes* sensiblement plus épais que les précédents; ceux-ci plus ou moins transversaux.

2. **Dryophilus anobioïdes**, Chevrolat.

Allongé, finement pubescent, densement et rugueusement pointillé, opaque, noir avec le sommet du prothorax et des élytres, les épaules, la bouche, les antennes et les pieds ferrugineux. Front convexe; vertex finement canaliculé. Prothorax oblong, légèrement arrondi sur les côtés après le milieu, subbissinué à la base, carinulé (♂) en arrière. Ecusson tomenteux. Elytres arrondies au sommet, légèrement convexes, finement striées-ponctuées, avec les intervalles plans, densement, très-finement et rugueusement pointillés. Articles intermédiaires des antennes courts, fortement contigus : les trois derniers comprimés, sensiblement plus épais que les précédents. Tarses allongés.

Dryophilus anobioïdes. Chevrolat, Mag. zool. Ins. pl. 3. 1832.
Anobium compressicorne. Mulsant et Rey, Op. Ent. t. II. p. 17.
Dryophilus compressicornis. Redt., 2e édit. p. 568.

Var. a. *Elytres* entièrement d'un brun ferrugineux.

Long. 0m,0023 à 0m,0033 (1 l. à 1 1/2.). — Larg. 0m,0010 à 0m,0012 (1/2 à 3/5).

♂ *Antennes* un peu plus courtes que le corps, à *trois derniers articles* très-grands, sublinéaires, assez fortement comprimés. presque trois fois plus longs, pris ensemble, que le reste de l'antenne; le 9e aussi long que les 7 précédents réunis. *Yeux* très-saillants. *Tête*, y compris ceux-ci, aussi large que le prothorax dans la plus grande largeur de celui-ci. *Prothorax* faiblement convexe et légèrement étranglé antérieurement, muni à son tiers postérieur d'une carène courte et creusé de chaque côté de celui-ci d'une impression oblique, ovale, plus ou moins marquée *Elytres* très-allongées, subparallèles, quatre fois plus longues que le prothorax. *Métasternum* creusé à son milieu sur ses deux tiers postérieurs d'un fort sillon longitudinal.

♀ *Antennes* à peine de la longueur de la moitié du corps, à *trois derniers articles* d'une moitié moins grands que dans le ♂, médiocrement comprimés, à peine plus longs, pris ensemble, que le reste de l'antenne; le 9e de la longueur des 4 précédents réunis. *Yeux* médiocrement saillants. *Tête*, y compris ceux-ci, un peu moins large que le prothorax dans la plus grande largeur de celui-ci. *Prothorax* régulièrement convexe et égal. *Elytres* allongées, faiblement arrondies sur les côtés, 3 fois et demie plus longues que le prothorax. *Métasternum* creusé à son milieu sur sa moitié postérieure d'une fossette allongée, fusiforme, assez profonde.

Corps allongé, légèrement convexe, opaque, noir, revêtu d'une duvet court et blanchâtre.

Tête transversale, légèrement inclinée (♂) ou subverticale (♀), médiocrement engagée dans le prothorax, densement et rugueusement ponctuée, finement pubescente, d'un noir opaque. *Front* convexe; vertex finement canaliculé sur son milieu. *Epistome* à peine distinct du front. *Labre* peu distinct, rugueux, plus ou moins obscur, légèrement cilié. *Mandibules* ferrugineuses, avec l'extrémité rembrunie, lisse et brillante. *Palpes* d'un ferrugineux assez clair et souvent testacé. *Yeux* grands, entiers, arrondis, noirs.

Antennes finement pubescentes et à peine ciliées en dedans, ferrugineuses, avec les 1er, 9e, 10e et 11e articles quelquefois un peu plus obscurs : à 1er article oblong, un peu épaissi : le 2e beaucoup plus petit, un peu plus grêle, oblong, subcylindrique ou à peine renflé : le 3e pas plus long que large, à peine plus grêle mais beaucoup plus court que le précédent : les 4e à 8e fortement contigus, plus (♂) ou moins (♀) transversaux : les trois derniers très-grands, plus (♂) ou moins (♀) comprimés, sensiblement plus épais que les précédents, formant une massue lâche et un peu tranchée ; le 10e un peu plus court que le 9e : le dernier sensiblement plus long que le 10e, obtusément acuminé au sommet.

Prothorax oblong, un peu plus long que large, sensiblement plus étroit que les élytres, un peu plus étroit en avant qu'en arrière ; obliquement tronqué à son bord apical ; légèrement arrondi après son milieu sur ses côtés qui sont faiblement déclives d'arrière en avant, avec les angles antérieurs nuls et les postérieurs obtus et arrondis ; largement arrondi et finement rebordé au milieu de sa base, avec les côtés de celle-ci plus (♂) ou moins (♀), mais légèrement sinués ; plus (♀) ou moins (♂) convexe ; légèrement déclive à sa partie antérieure ; égal (♀) ou carinulé en arrière à son milieu et subimpressionné sur les côtés de son disque (♂) ; densement et rugueusement pointillé ; finement et légèrement pubescent ; d'un noir opaque, avec le bord antérieur plus ou moins ferrugineux.

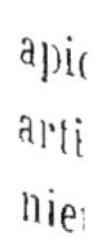

Ecusson transversal, garni d'une pubescence très-courte, blanchâtre et tomenteuse, tranchant notablement sur le fond des élytres.

Elytres plus (♂) ou moins (♀) allongées, arrondies au sommet ; légèrement convexes ; revêtues d'un duvet fin, court, serré et blanchâtre ; d'un noir brunâtre, avec le calus huméral et souvent toute la base, le rebord apical et quelquefois la partie postérieure du rebord latéral d'un ferrugineux plus ou moins obscur ; creusées chacune de 11 stries étroites, assez finement mais distinctement ponctuées : la 1re juxta-suturale, oblique, à peine arquée, prolongée seulement jusqu'au 6e de la longueur : les internes légèrement flexueuses à leur base : les deux suturales et les deux latérales plus profondes postérieurement et réunies une à une, enclosant ainsi les intermédiaires qui sont plus ou moins

raccourcies et réunies par paires à leur extrémité. *Intervalles* plans, très-finement et rugueusement pointillés. *Epaules* saillantes, extérieurement arrondies.

Dessous du corps assez convexe, finement, légèrement et rugueusement pointillé ; finement pubescent ; d'un noir peu brillant avec le milieu du *métasternum* plus glabre, plus lisse et plus brillant. *Premier segment ventral* fortement bissinué à son bord apical, avec le milieu de celui-ci notablement prolongé et plus (♂) ou moins (♀) étroitement arrondi ; les 2e, 3e et 4e densement ciliés à leur bord postérieur de poils soyeux et grisâtres ; le dernier largement arrondi au sommet.

Pieds médiocrement allongés, grêles, finement et obsolètement pointillés, finement pubescents, ferrugineux. *Cuisses* atténuées à leur base, légèrement renflées vers leur milieu. *Tibias* grêles, droits. *Tarses* allongés, graduellement épaissis vers leur extrémité, sensiblement plus courts que les tibias ; les postérieurs plus développés que les autres.

Patrie : Cette espèce est un peu moins commune que la précédente. Elle se trouve également dans toute la France, sur les chênes, les pins et les sapins. (Environs de Paris, de Lyon, Bresse, Beaujolais, Mont-Pilat, etc.)

Obs. Dans la *variété* a, les élytres sont en grande partie ou entièrement d'un ferrugineux plus ou moins obscur.

Cette espèce ressemble beaucoup au *D. pusillus*, Gyll. Elle en diffère par sa forme plus allongée, par son prothorax moins court, par son écusson tomenteux, par sa pubescence plus fine et plus serrée, par son 1er segment ventral plus fortement prolongé au milieu de son bord apical, et surtout par la conformation de ses antennes dont les 3e à 8e articles sont beaucoup plus courts et plus serrés, et dont les trois derniers sont plus épais et plus fortement comprimés.

cc. *Intervalles* des stries parcimonieusement et rugueusement pointillés. *Les 3 derniers articles* des antennes à peine plus épais que les précédents ; ceux-ci aussi ou presque aussi longs que larges.

3. **Dryophilus longicollis,** MULSANT ET REY.

Allongé, finement pubescent, densement et rugueusement pointillé, un peu brillant, brunâtre ou d'un brun de poix, avec le sommet du prothorax, la bouche, les antennes et les pieds ferrugineux. Front convexe ; vertex finement canaliculé. Prothorax oblong, légèrement arrondi sur les côtés après leur milieu, subbissinué à la base, obsolètement carinulé en arrière et subimpressionné de chaque côté sur son disque. Ecusson tomenteux. Elytres allongées, arrondies au sommet, légèrement convexes, finement striées-ponctuées, avec les intervalles plans, parcimonieusement et rugueusement ponctués. Articles intermédiaires des antennes oblongs ; les trois derniers subcomprimés, un peu plus épais que les précédents. Tarses allongés.

Anobium longicolle. MULSANT et REY, Op. Ent. t. II. p. 14.

Var. a. *Prothorax* entièrement ferrugineux.

Var. b. *Tout le dessus du corps* d'un châtain ferrugineux.

Long. 0m,0022 à 0m,0033 (1 l. à 1 l. 1/2). — Larg. 0m,0011 (1/2 l.).

♂ *Antennes* sensiblement plus longues que la moitié du corps, à 3 *derniers articles* très-grands, sublinéaires, une fois et trois quarts plus longs, pris ensemble, que le reste de l'antenne : le 9e seul aussi long que les cinq précédents réunis. *Yeux* très-saillants. *Tête*, y compris ceux-ci, sensiblement plus large que le prothorax. *Prothorax* subdéprimé, sensiblement étranglé à son tiers antérieur, muni au milieu sur son tiers postérieur d'un petit tubercule oblong ou carène courte, et creusé de chaque côté de celle-ci d'une impression assez large, oblique, plus ou moins profonde. *Elytres* très-allongées, subparallèles ou faiblement rétrécies à leur milieu, subdéprimées vers la région scutellaire ; 4 fois plus longues que le prothorax. *Métasternum* creusé à son milieu sur ses deux tiers postérieurs d'un fort sillon longitudinal.

♀ *Antennes* à peine aussi longues que la moitié du corps, à 3 *derniers articles* d'une moitié moins grands que dans le ♂, à peine plus longs, pris ensemble, que les 7 précédents réunis : le 9e un peu plus court que les 3 précédents réunis. *Yeux* médiocrement saillants. *Tête*, y compris ceux-ci, un peu plus étroite que le prothorax. *Prothorax* longitudinalement convexe, très-légèrement comprimé antérieurement sur les côtés, élevé en arrière en forme de carène très-obsolète, et marqué de chaque côté de celle-ci d'une impression ovale, très-faible et souvent peu apparente. *Elytres* allongées, très faiblement arrondies sur les côtés après leur milieu, régulièrement convexes, 3 fois et demie plus longues que le prothorax. *Métasternum* creusé à son milieu sur sa moitié postérieure d'une forte fossette longitudinale, allongée.

Corps allongé, légèrement convexe, un peu brillant, brun, revêtu d'une fine pubescence courte, brillante, d'un gris un peu jaunâtre.

Tête transversale, légèrement inclinée (♂) ou subverticale (♀), médiocrement engagée dans le prothorax, densement et rugueusement ponctuée, assez densement pubescente, d'un brun de poix peu brillant. *Front* convexe. *Vertex* finement et brièvement canaliculé. *Epistome* à peine distinct, très-petit, ferrugineux, légèrement cilié à son sommet. *Mandibules* ferrugineuses, avec l'extrémité rembrunie, lisse et brillante. *Palpes* d'un ferrugineux assez clair, souvent testacé. *Yeux* grands, entiers, arrondis, noirs.

Antennes finement pubescentes et sensiblement pilosellées intérieurement, ferrugineuses ; à 1er article oblong, un peu arqué, un peu épaissi : le 2e beaucoup plus petit, un peu plus grêle, oblong, à peine plus long et un peu plus épais que le suivant : le 3e un peu oblong : les 4e à 8e à peine plus longs que larges, subcylindriques : le 8e paraissant quelquefois légèrement transversal : les 3 derniers très-grands, faiblement comprimés, un peu plus épais que les précédents, formant une massue lâche et peu tranchée : le 10e à peine plus court que le 9e : le dernier sensiblement plus long que le précédent, obtusément acuminé au sommet.

Prothorax oblong, évidemment plus long que large, beaucoup plus étroit que les élytres, un peu plus étroit en avant qu'en arrière; obliquement tronqué à son bord apical; légèrement arrondi après le milieu sur les côtés qui sont légèrement déclives d'arrière en avant, avec les angles antérieurs nuls et les postérieurs un peu obtus; largement arrondi et très-finement et obscurément rebordé au milieu de sa base, avec les côtés de celle-ci très-faiblement sinués et subimpressionnés près des angles postérieurs; plus (♀) ou moins (♂) convexe; à peine (♂) ou légèrement (♀) déclive à sa partie antérieure; obsolètement carinulé en arrière et subimpressionné sur les côtés de son disque; densement et rugueusement pointillé; finement pubescent; d'un brun de poix un peu brillant avec le sommet plus pâle.

Ecusson subtransversal, garni d'un duvet serré, blanchâtre et tomenteux, tranchant sensiblement sur le fond des élytres.

Elytres plus (♂) ou moins (♀) allongées, arrondies au sommet; légèrement convexes; revêtues d'une pubescence assez courte, peu serrée, brillante et d'un gris jaunâtre; d'un brun de poix assez brillant, avec le calus huméral ferrugineux; creusées chacune de **11** stries assez fines et distinctement ponctuées : la **1**re juxta-scutellaire, oblique, à peine arquée, à peine prolongée jusqu'au 6e de la longueur; les internes légèrement flexueuses à leur base; le deux suturales et les deux latérales plus profondes postérieurement et réunies une à une, enclosant ainsi les intermédiaires qui sont plus ou moins raccourcies et réunies par paires à leur extrémité. *Intervalles* plans, parcimonieusement et rugueusement ponctués. *Epaules* saillantes, extérieurement arrondies.

Dessous du corps assez convexe, obsolètement et rugueusement ponctué; finement pubescent; d'un brun de poix assez brillant avec l'extrémité du ventre plus ou moins ferrugineuse, le milieu du métasternum plus glabre, plus lisse et plus brillant. 1er *segment ventral* fortement bissinué à son bord apical, avec le milieu de celui-ci notablement prolongé et assez étroitement arrondi : les 2e, 3e et 4e densement ciliés à leur bord postérieur de poils d'un gris jaunâtre : le dernier largement arrondi au sommet.

Pieds assez allongés, grêles, obsolètement et finement pointillés, ferrugineux. *Cuisses* atténuées à leur base, légèrement renflées vers leur milieu. *Tibias* assez grêles, droits. *Tarses* allongés, assez grêles, très-légèrement et graduellement épaissis vers leur extrémité, sensiblement plus courts que les tibias : les postérieurs plus développés que les autres.

Patrie : Cette espèce est assez commune en Provence, en février et mars, sur le pin pignon (*Pinus pinea*, Lin.) et sur le genévrier cade (*Juniperus oxycedrus*, Lin.).

Obs. Cette espèce diffère du *D. anobioïdes* par la structure de ses antennes et par les intervalles des stries beaucoup moins densement pointillés. Sa pubescence est aussi moins courte et moins blanche, et sa couleur moins obscure. Elle se distingue du *D. pusillus* par sa forme plus étroite et plus allongée ; par son prothorax plus inégal et plus long ; par les stries des élytres moins fines et plus fortement ponctuées, à intervalles bien moins densement pointillés ; par ses antennes dont le 2e article est proportionnellement plus allongé et dont les 3 derniers sont un peu plus épais que les précédents qui sont plus grêles ; et enfin par le 1er segment ventral plus fortement prolongé au milieu de son bord apical. En outre l'écusson est tomenteux, et tranche sur le fond des élytres.

AA. *Mésosternum* à *lame* médiane deux fois plus large que celle du prosternum, largement tronquée au sommet. *Intervalles* des stries obsolètement écaillés. *Écusson* non tomenteux. *Prothorax* transversal.

4. **Dryophilus rugicollis,** Mulsant et Rey.

Ovale-oblong, finement pubescent, un peu brillant, noir, avec le sommet du prothorax et des élytres et les épaules d'un roux de poix, les palpes testacés, les antennes et les pieds ferrugineux. Tête et prothorax assez fortement et rugueusement ponctués. Front assez convexe. Prothorax transversal, arrondi sur les côtés, subbissinué à la base, carinulé en arrière. Elytres oblongues, arrondies au sommet, légèrement convexes, finement striées-ponctuées, avec les intervalles subréticulés. Articles intermédiaires des antennes presque carrés, les trois derniers un peu plus épais que les précédents. Tarses assez allongés.

Anobium rugicolle. Mulsant et Rey. Op. Ent. t. II, p. 19.
Dryophilus rugicollis. Redt. Faun. 2e. éd. p. 568.

Var. a. *Elytres* ou tout le *dessus du corps* d'un châtain plus ou moins clair.

Long. 0m,0022 (1 l.). — Larg. 0m,0011 (1/2 l.).

♂ Inconnu.

♀ *Antennes* de la longueur de la moitié du corps, à 3 *derniers articles* allongés, un peu moins longs, pris ensemble, que le reste de l'antenne: le 9e à peine aussi long que les 3 précédents réunis. *Yeux* médiocrement saillants. *Tête*, y compris ceux-ci, un peu plus étroite que le prothorax. *Prothorax* régulièrement et longitudinalement convexe. *Elytres* en ovale allongé, 3 fois et demie plus longues que le prothorax. *Métasternum* creusé à son milieu sur sa moitié postérieure d'une fossette allongée, fusiforme, assez profonde.

Corps ovale-oblong, assez convexe, un peu brillant, noir, revêtu d'une fine pubescence, assez serrée, grisâtre.

Tête fortement transversale, subverticale (♀), sensiblement engagée dans le prothorax, assez fortement, densement et rugueusement ponctuée, légèrement pubescente, d'un noir opaque ou quelquefois d'un ferrugineux obscur. *Front* assez convexe. *Epistome* peu distinct du front, voilé d'assez longs poils, finement rebordé au sommet. *Labre* petit, d'un ferrugineux plus ou moins obscur, légèrement cilié à son bord antérieur. *Mandibules* d'un ferrugineux obscur, avec l'extrémité rembrunie, lisse et brillante. *Palpes* testacés. *Yeux* grands, entiers, arrondis, noirs.

Antennes de la longueur de la moitié du corps; finement pubescentes et assez longuement pilosellées intérieurement surtout à la base; entièrement ferrugineuses: à 1er article légèrement épaissi en massue un peu arquée et oblongue; le 2e beaucoup plus petit, à peine renflé, un peu plus long que le suivant; les 3e à 8e presque carrés, pas plus longs que larges, un peu serrés, subégaux; les 3 derniers grands, allongés, à peine comprimés, à peine ou un peu plus épais que les précédents, formant une massue lâche et très-peu tranchée; le 10e un peu plus court que le 9e; le dernier un peu plus long que celui-ci, allongé, elliptique, obtusément acuminé au sommet (♀).

Prothorax transversal, sensiblement moins long que large, un peu plus étroit que les élytres, à peine plus étroit en avant qu'en arrière; obliquement tronqué à son bord apical; sensiblement arrondi sur les côtés qui sont légèrement déclives d'arrière en avant, avec les angles antérieurs à peine marqués et les postérieurs très-obtus et arrondis; largement arrondi et à peine distinctement rebordé au milieu de sa base, avec celle-ci à peine sinuée mais sensiblement impressionnée en dedans des angles postérieurs; longitudinalement convexe (♀); légèrement déclive à sa partie antérieure; offrant en arrière une petite carène longitudinale occupant le tiers de la longueur; couvert de points assez forts et rugueux, souvent anastomosés de manière à former des rides longitudinales, légèrement pubescent; d'un noir peu brillant, avec le bord antérieur d'un roux de poix.

Ecusson subarrondi, éparsement et obsolètement ponctué, à peine pubescent, d'un noir un peu brillant.

Elytres oblongues, 3 fois et demie (♀) plus longues que le prothorax; légèrement arrondies sur les côtés après leur milieu, arrondies au sommet; légèrement convexes; revêtues d'une fine pubescence, assez longue, couchée, médiocrement serrée et grisâtre; d'un noir assez brillant, avec le calus huméral et souvent le bord apical d'un roux de poix ferrugineux; creusées chacune de 11 stries assez fines et légèrement ponctuées; la 1re juxta-scutellaire, oblique, non ou à peine arquée; seulement prolongée jusqu'au 6e de la longueur: les internes légèrement flexueuses à leur base: les deux suturales et les deux latérales, postérieurement réunies une à une et enclosant ainsi les intermédiaires qui sont plus ou moins raccourcies et réunies par paires à leur extrémité (1). *Intervalles* plans, couverts d'une ponctuation lâche et obso-

---

(1) La disposition des stries étant à peu près la même dans toutes les espèces du genre, devient sans importance pour la séparation de celles-ci et ne nécessite

lète, comme écaillée, ce qui les fait paraître un peu réticulés. *Epaules* assez saillantes, extérieurement arrondies.

Dessous du corps assez convexe, finement et rugueusement ponctué avec le milieu du métasternum plus lisse; finement pubescent; d'un noir de poix assez brillant, avec le bord apical des 2e, 3e et 4e segments ventraux un peu roussâtre et densement cilié de poils brillants et jaunâtres. 1er *segment ventral* sensiblement bissinué à son bord postérieur; le dernier obtusément arrondi au sommet.

Pieds assez allongés, assez grêles, obsolètement et très-finement pointillés, finement pubescents, d'un ferrugineux assez clair. *Cuisses* atténuées à leur base, légèrement renflées après leur milieu. *Tibias* assez grêles, les *antérieurs* à peine arqués. *Tarses* assez allongés, assez grèles, graduellement épaissis vers leur extrémité, sensiblement plus courts que les tibias; les postérieurs un peu plus développés que les autres.

Patrie : Cette espèce habite les parties méridionales de la France. On la prend assez communément en Provence sur divers arbres ou arbrisseaux. Elle est rare aux environs de Lyon.

Obs. Très-voisine du *D. pusillus*, Gyl. (♀), elle s'en distingue cependant par les intervalles des stries moins ponctués, par la tête et le prothorax plus fortement rugueux, par la carène de celui-ci plus distincte, par la pubescence moins courte des élytres, par la couleur un peu plus claire des pieds et des antennes, et surtout par la structure de celle-ci dont les articles intermédiaires sont un peu plus courts et plus serrés. Du reste, la *lame* médiane du *mésosternum* est dans cette espèce plus large que dans aucune de ses congénères.

Sur 15 à 20 individus, nous n'avons pu observer que des ♀. Le ♂ serait-il très-rare ? ou bien identique à l'autre sexe, ce dont l'analogie nous permet de douter ?

---

aucune définition rigoureuse. Nous ferons seulement observer que nous considérons comme *première strie* celle qui suit la *juxta-suturale* dont nous faisons abstraction; que les 3e et 4e, 5e et 6e, 7e et 8e sont graduellement plus raccourcies et généralement réunies par paires chacune avec sa voisine, et que les 1re et 2e sont le plus souvent réunies en avant près de la base.

Quelquefois les élytres ou même tout le dessus du corps sont d'un châtain plus ou moins clair.

DEUXIÈME GROUPE.

Sous-genre PTINODES.

Elytres parées de bandes transversales de poils serrés et blanchâtres.

5. **Dryophilus Raphaëlensis**, MULSANT et REY.

Oblong, convexe ; d'un noir de poix, avec les épaules, les antennes et les pieds, d'un roux ferrugineux. Tête et prothorax opaques, pubescents, densement, assez finement et rugueusement ponctués. Front subdéprimé, finement fovéolé sur son milieu. Prothorax beaucoup plus étroit que les élytres, assez fortement convexe, assez fortement arrondi sur les côtés, assez distinctement bissinué à la base, avec le lobe médian prolongé et tronqué au sommet. Elytres oblongues, brillantes, largement arrondies en arrière, subdéprimées à la base, assez fortement striées-ponctuées, parées de deux bandes transversales composées de poils blanchâtres, avec les intervalles presque lisses, ornés chacun d'une série de poils blanchâtres et redressés. Articles intermédiaires des antennes oblongs, les 3 derniers plus épais que les précédents. Tarses médiocrement allongés.

Dryophilus raphaëlensis. MULSANT et REY, Op. Ent. t. XII. p. 89.

Long. 0m,0022 (1 l.). — Larg. 0m,0010 (1/2 l.).

Corps oblong, convexe, d'un noir de poix mat sur la tête et le prothorax, brillant sur les élytres.

Tête transversale, inclinée, plus étroite que le prothorax, densement et rugueusement ponctuée, d'un noir brunâtre et mat; revêtue d'une pubescence blanchâtre, soyeuse, couchée et dirigée en avant; ciliée à son bord antérieur d'assez longs poils de même couleur, voilant en partie le labre et les mandibules. *Front* subdéprimé, creusé sur son milieu d'une petite fossette ponctiforme. *Epistome* peu distinct du front. *Par-*

ties de la bouche d'un ferrugineux obscur. *Yeux* grands, entiers, subarrondis, assez saillants, noirs.

Antennes aussi longues que la moitié du corps, finement pubescentes, entièrement d'un roux ferrugineux assez clair : à 1er article épaissi : le 2e beaucoup plus petit et plus étroit que le précédent, un peu plus long que large : les 3e à 8e oblongs, subégaux : les 3 derniers très-grands, allongés, subégaux, plus épais que les précédents, formant une massue lâche et un peu tranchée : les 9e et 10e subserriformes en dedans : le dernier subfusiforme, obtusément acuminé au sommet.

Prothorax aussi large que long, d'un tiers plus étroit que les élytres; largement arrondi à son bord apical qui est faiblement prolongé en forme de capuchon au dessus de la tête ; assez fortement arrondi sur les côtés, avec les angles postérieurs obtus et notablement arrondis ; assez fortement bissinué à la base, avec le lobe médian beaucoup plus prolongé en arrière que les latéraux et tronqué au devant de l'écusson ; fortement et longitudinalement convexe sur son milieu ; densement, assez finement et rugueusement ponctué ; d'un brun obscur et mat ; revêtu d'une pubescence blanchâtre, soyeuse, assez serrée, couchée et convergeant vers la ligne médiane.

Ecusson transversal, subcordiforme, très-finement chagriné, d'un brun obscur et mat.

Elytres oblongues, 3 fois aussi longues que le prothorax ; subparallèles sur les côtés jusqu'aux deux tiers de leur longueur et puis largement arrondies au sommet ; subdéprimées à la base vers la région scutellaire et assez convexes postérieurement ; d'un noir de poix brillant avec le calus huméral ferrugineux ; creusées chacune de 11 stries antérieurement flexueuses, formées de points enfoncés assez profonds, plus gros à la base et sur les côtés et affaiblis en arrière : la 1re juxta-scutellaire, oblique et très-raccourcie ; parées de deux bandes transversales blanchâtres, raccourcies en dedans et n'atteignant pas la suture, composées de poils assez courts, serrés et couchés en différents sens, principalement en arrière et en dehors : la 1re à la base et occupant la région humérale : la 2e vers les deux tiers de la longueur et offrant postérieurement une transparence ferrugineuse. *Intervalles* lisses ou presque lisses, ornés chacun d'une série régulière de poils soyeux, blanchâtres, assez longs, redressés ou légèrement inclinés en arrière. *Epaules* arrondies.

Dessous du corps assez convexe, rugueusement ponctué, obscur, revêtu d'une pubescence blanchâtre, beaucoup plus serrée sur les côtés de la poitrine (1). Dernier segment ventral obtusément arrondi au sommet.

Pieds assez allongés, finement pubescents, d'un roux ferrugineux. *Cuisses* faiblement renflées après leur milieu. *Tibias* assez grêles. *Tarses* médiocrement allongés.

Patrie : Cet intéressant insecte a été découvert à Saint-Raphaël (Var), par M. Raymond qui l'a capturé en battant des buissons de ronces. Il nous a été communiqué par M. Godart, de Lyon.

Cette espèce a un facies tout particulier et, si ce n'était la conformation des antennes, on le prendrait volontiers pour un *Ptinus*.

Genre *Priobium* Motschulsky.

(Motschulsky, Bull. Mosc., 1845, 1°, 35.)

(Etymologie : πρίω, je scie ; βιόω, je vis).

Caractères. *Front* large, simple. *Antennes* de 11 articles, assez courtes, avec les 9e et 10e articles oblongs (♀) ou suballongés (♂). *Prothorax* plus étroit que les élytres, simple en dessous ainsi que la poitrine, obtus sur les côtés, non gibbeux sur son disque. *Elytres* subdéprimées, striées, obtusément tronquées au sommet. *Hanches antérieures et intermédiaires* plus ou moins, les *postérieures* très-écartées l'une de l'autre : celles-ci à lame obtusément angulée à son milieu. *Epimères postérieures* à peine visibles. *Segments ventraux* libres : le 1er légère-

(1) Dans tous les *Dryophilus* le dessous de la tête est lisse et brillant sur son milieu, et rugueusement ponctué sur les côtés.

ment bissinué à son bord apical. *Tibias* à tranche externe simple. *Tarses* suballongés, assez épais, à 1er article oblong.

Corps allongé, subparallèle.

Tête médiocre, inclinée ou verticale, faiblement engagée dans le prothorax. *Front* large, non ou à peine étranglé à sa partie antérieure par les cavités des insertions des antennes. *Arêtes génales* courtes, subparallèles ou un peu rapprochées en avant, se recourbant postérieurement en dehors pour embrasser l'insertion des antennes. *Epistome* transversal, largement tronqué au sommet. *Labre* assez grand, transversal, obtusément tronqué à son bord antérieur. *Mandibules* robustes, assez saillantes, coudées presque à angle droit sur les côtés, séparées de la fossette génale par une arête angulée. *Palpes* à dernier article en cône renversé, atténué et un peu émoussé au sommet. *Menton* subconcave, trapézoïdal. *Yeux* assez grands, entiers, globuleux, saillants.

Antennes de 11 articles, assez courtes, insérées assez près des yeux à leur bord inféro-interne : à 1er article gros, assez fortement épaissi ; le 2e plus petit, assez renflé ; les 3e à 8e obconiques, un peu oblongs ; les 3 derniers grands, oblongs ou suballongés, formant une massue lâche et assez tranchée.

Prothorax transversal plus étroit que les élytres ; à ouverture antérieure circulaire ; non excavé inférieurement ; à bord antérieur non prolongé en dessous en arête saillante ; obliquement tronqué et à peine capuchonné à son bord apical ; arrondi sur les côtés qui sont obtus et complètement dépourvus de tranche marginale ; obtusément arrondi à la base, et non gibbeux sur son disque.

Ecusson petit, sémicirculaire.

Elytres allongées, subparallèles, subdéprimées, striées, obtusément tronquées au sommet. *Epaules* à calus saillant, à lobe inférieur à peine prononcé, faiblement replié en dessous.

Poitrine simple, non excavée. *Prosternum* et *Mésosternum* plans, rétrécis à leur milieu en lame subparallèle, tronquée au sommet ; celle du mésosternum plus large. *Métasternum* assez développé en longueur, plus ou moins sillonné sur son milieu, terminé entre les hanches postérieures par deux expansions assez larges, séparées par une entaille arrondie. *Postépisternums* assez larges, graduellement un peu plus élargis en avant. *Epimères postérieures* à peine apparentes, subtriangulaires (1).

Hanches antérieures et *Hanches intermédiaires* assez convexes à leur face antérieure, plus ou moins distantes, les *postérieures* très-écartées l'une de l'autre; celle-ci à *lame* médiocre, obtusément angulée à son milieu et graduellement rétrécie en dehors.

Ventre de 5 segments libres : le 1er grand, légèrement bissinué à son bord apical : le 2e assez grand : les 3e et 4e courts, subégaux : le 5e un peu plus développé en longueur que le précédent.

Pieds médiocrement allongés, assez grèles. *Cuisses* atténuées à leur base, à peine rainurées en dessous vers leur sommet. *Tibias* à tranche externe simple. *Tarses* assez allongés, assez épais; à 1er article oblong : les 2e à 4e graduellement plus courts : les 3e et 4e obcordiformes : le dernier oblong, assez épais.

Obs. Ce genre établi par M. de Motschulsky, rejeté par Jacquelin Du Val, mérite assurément d'être séparé des *Dryophilus*, dont il diffère de prime abord par un facies tout autre et par une taille beaucoup plus avantageuse. En outre les antennes sont proportionnellement plus courtes, avec leurs 3 derniers articles moins grands et moins linéaires, les élytres sont plus parallèles, moins convexes et presque tronquées au sommet; les hanches, surtout les antérieures, sont plus distantes l'une de l'autre; les 2 premiers segments ventraux sont proportionnellement moins grands, et le bord apical du 1er est beaucoup moins fortement bissinué; le 1er article des tarses est moins allongé, etc. Enfin le caractère le plus tranché est celui du front qui est large et non étranglé par les cavités des insertions des antennes.

Les espèces de ce genre se rencontrent principalement sur le hêtre ou sur le châtaignier.

Le genre *Priobium* renferme les espèces suivantes :

---

(1) Il s'agit seulement ici de la forme de la partie apparente, et non pas de la forme générale de cette pièce.

A. 3e *article des antennes* à peine plus long que le suivant. *Lame médiane du mésosternum* très-large. *Hanches postérieures* très-écartées l'une de l'autre. *Prothorax* fortement arrondi sur les côtés. *Intervalles* des stries convexes. *Castaneum*.

AA. 3e *article des antennes* beaucoup plus long que le suivant. *Hanches postérieures* assez écartées l'une de l'autre. *Prothorax* médiocrement arrondi sur les côtés.

b. *Ecusson* un peu oblong. *Lame médiane du mésosternum* assez large. *Intervalles* des stries convexes. *Elytres* châtaines. *Tricolor*.

bb. *Ecusson* transversal. *Lame médiane du mésosternum* assez étroite. *Intervalles* des stries subconvexes. *Elytres* concolores. *Planum*.

A. 3e *article des antennes* à peine plus long que le suivant. *Lame médiane du mésosternum* très-large. *Hanches postérieures* très-écartées l'une de l'autre. *Prothorax* fortement arrondi sur les côtés. *Intervalles* des stries convexes.

1. **Priobium castaneum,** Fabricius.

Allongé-oblong, densement pubescent, rugueusement ponctué, opaque, d'un châtain obscur, avec les palpes testacés, les antennes et les pieds ferrugineux. Tête beaucoup plus étroite que le prothorax. Front assez large, légèrement convexe, subcarinulé à son milieu. Prothorax transversal, un peu plus étroit que les élytres, assez fortement étranglé avant le sommet, beaucoup plus large en arrière, fortement arrondi sur les côtés après leur milieu, brièvement subsillonné sur sa ligne médiane. Ecusson tomenteux. Elytres suballongées, subparallèles, obtusément tronquées au sommet, subdéprimées, profondément striées, crénelées, avec les intervalles convexes. Antennes courtes, à 3e article à peine plus long que le suivant. Tarses suballongés. Lame du mésosternum très-large. Hanches postérieures très-écartées.

Anobium castaneum. Fab., Syst. Eleut. t. I. p. 322. 5.—Gyll., Ins. suec. t. I p. 290. 3. — Redtenb., Faun Austr. 2e éd. p. 564.

Anobium excavatum. Kugel., in Schneid. Mag. t. I. p. 488. 3.

Long. 0m,0072 (3 l. 1/4). — Larg. 0m,0033 (1 l. 1/2).

♂ *Antennes* à 3 *derniers articles* assez allongés, aussi longs, pris ensemble, que les 7 précédents réunis. *Elytres* évidemment tronquées au sommet. *Métasternum* creusé sur ses deux tiers postérieurs d'un fort sillon longitudinal.

♀ *Antennes* à 3 *derniers articles* oblongs, un peu plus épais que dans le ♂, pas plus longs, pris ensemble, que les 6 précédents réunis. *Elytres* largement arrondies au sommet. *Métasternum* creusé après son milieu d'une large fossette assez profonde.

Corps assez allongé, opaque, d'un châtain obscur, revêtu d'une pubescence courte, serrée, couchée, jaunâtre et assez brillante.

Tête transversale, inclinée, un peu engagée dans le prothorax, une fois moins large que celui-ci, densement et rugueusement ponctuée ; assez pubescente et ciliée de quelques longs poils à sa partie antérieure; d'un châtain obscur et opaque. *Front* assez large, légèrement convexe, surmonté sur son milieu d'une carène courte et obsolète. *Arêtes génales* assez épaisses et un peu élevées. *Epistome* peu distinct du front, plus glabre, plus lisse et plus brillant, légèrement rebordé au sommet. *Labre* finement et rugueusement pointillé, d'un ferrugineux obscur, pubescent, cilié à son bord antérieur. *Mandibules* déprimées, pilosellées, finement et rugueusement ponctuées, brunâtres, avec l'extrémité lisse et brillante. *Palpes* testacés. *Yeux* assez grands, entiers, globuleux, saillants, noirs.

Antennes courtes, atteignant à peine la base du prothorax, finement pubescentes et ciliées, ferrugineuses : à 1er article gros, subovalaire, rugueusement ponctué, assez fortement épaissi : le 2e plus petit, ovalaire, obsolètement ponctué, assez renflé : le 3e oblong, à peine plus long que le suivant : les 4e à 8e obconiques, à peine plus longs que larges, subégaux : les 3 derniers grands, faiblement comprimés, un peu épaissis, formant une massue lâche et peu tranchée; le dernier sensiblement plus long que le précédent, subacuminé au sommet.

Prothorax transversal, d'un tiers moins long que large, un peu plus étroit que les élytres dans sa plus grande largeur, d'une moitié plus étroit en avant qu'en arrière; obliquement tronqué ou à peine capuchonné à son bord apical et assez fortement étranglé derrière celui-ci; fortement arrondi ou dilaté après le milieu sur les côtés qui sont légèrement déclives d'arrière en avant, avec tous les angles très-obtus et à peine marqués; largement et subbissinueusement arrondi à la base; étroitement rebordé au milieu de celle-ci, avec le rebord quelquefois subinterrompu au devant de l'écusson; assez convexe postérieurement, sensiblement déclive antérieurement à partir du milieu; densement pubescent, opaque, brunâtre, densement et rugueusement ponctué, obsolètement ondulé sur son disque, et creusé sur son milieu d'un petit sillon longitudinal, obsolète et plus ou moins raccourci.

Ecusson sémicirculaire, assez élevé, subconvexe, garni d'une pubescence serrée, tomenteuse, d'un gris jaunâtre et tranchant sensiblement sur le fond des élytres.

Elytres suballongées, 3 fois plus longues que le prothorax, subparallèles sur les côtés jusqu'aux trois quarts environ de leur longueur, après lesquels elles se rétrécissent un peu; obtusément tronquées (♂) ou largement arrondies (♀) au sommet; offrant le rebord apical et l'extrémité des rebords sutural et marginal sensiblement épaissis en forme de bourrelet; subdéprimées; d'un châtain obscur; creusées chacune de 11 stries crénelées, formées de gros points profonds, carrés ou transverses : la 1re juxta-scutellaire, oblique, légèrement arquée, courte, à peine prolongée jusqu'au sixième de la longueur : les autres plus ou moins réunies et raccourcies à leur extrémité (1) : les internes sensiblement flexueuses en avant et légèrement en arrière. *Intervalles* convexes, densement, finement et rugueusement ponctués, opaques, revêtus d'une pubescence jaunâtre, courte, très-serrée et contrastant d'une manière tranchée avec le fond des stries qui est nu et brillant;

(1) Ordinairement dans ce genre, les 3e et 4e et les 6e et 7e stries sont raccourcies et réunies par paires, chacune avec sa voisine, bien avant l'extrémité, et les autres sont plus ou moins prolongées jusqu'au sommet. Les 1re et 2e sont le plus souvent réunies en avant près de la base. Il est bien convenu que nous faisons et ferons toujours abstraction de la strie juxta-scutellaire, et que nous nommons 1re *strie* celle qui la suit immédiatement.

les 3e et 7e plus élevés que les autres à leur base. *Epaules* saillantes, gibbeuses, arrondies.

Dessous du corps légèrement convexe, rugueusement ponctué, finement pubescent, d'un noir de poix assez brillant, avec le bord apical des 2e, 3e et 4e segments un peu roussâtre. *Dessous de la tête* lisse sur son milieu (1). *Lame médiane du mésosternum* courte, 2 fois et demie plus large que celle du prosternum. *1er segment ventral* légèrement bissinué à son bord apical : le dernier obtusément tronqué au sommet, et transversalement subimpressionné avant celui-ci.

Pieds médiocrement allongés, assez grêles, très-finement et rugueusement ponctués, très-pubescents, d'un ferrugineux plus ou moins obscur. *Cuisses* sensiblement atténuées à leur base, légèrement renflées après leur milieu. *Tibias* assez grêles, droits. *Tarses* assez allongés et assez épais, sensiblement plus courts que les tibias ; les postérieurs sensiblement plus longs que les intermédiaires, et ceux-ci un peu plus que les antérieurs.

Patrie : Cette espèce est rare. Elle se rencontre sur différents points de la France, sur le châtaignier. (Environs de Paris, montagnes du Lyonnais.)

AA. 3e *article des antennes* beaucoup plus long que le suivant. *Hanches postérieures* assez écartées l'une de l'autre. *Prothorax* médiocrement arrondi sur les côtés.

b. *Ecusson* un peu oblong. *Lame médiane du mésosternum* assez large. *Intervalles* des stries convexes. *Elytres* châtaines.

2. **Priobium tricolor**, Olivier.

Allongé, densement pubescent, rugueusement ponctué, opaque, brunâtre, avec les élytres châtaines, les palpes testacés, les antennes et les pieds

(1) Les côtés (ou tempes) sont assez grossièrement et rugueusement ponctués ainsi que dans les deux espèces suivantes. Nous omettrons souvent ces caractères du dessous de la tête, du reste sans importance.

ferrugineux. Tête un peu plus étroite que le prothorax. Front assez large, légèrement convexe. Prothorax beaucoup plus étroit que les élytres, un peu plus étroit antérieurement, légèrement étranglé avant le sommet, médiocrement arrondi sur les côtés, subbissinué à la base, légèrement convexe, obsolètement sillonné sur son milieu. Ecusson oblong, tomenteux. Elytres allongées, parallèles, obtusément tronquées au sommet, subdéprimées, profondément striées, crénelées, avec les intervalles convexes. Antennes assez courtes, à 3e article beaucoup plus long que le suivant. Tarses allongés. Lame du mésosternum assez large.

Anobium tricolor. Oliv., Ent. t. II. n° 16. p. 10. 7. pl. 2. f. 10.
Anobium castaneum. Sturm, Deuts. Faun. t. XI. p. 140. 21. tab. 243. f. c.

Var. a. *Tout le corps*, moins les yeux, d'un châtain plus ou moins clair.

Long. 0m,0051 (2 l. 1/4). — Larg. 0m,0018 (4/5).

♂ *Antennes* à 3 *derniers articles* assez allongés, aussi longs, pris ensemble, que les 7 précédents réunis : le dernier allongé, subrectiligne ou à peine arrondi à sa tranche interne, obtusément acuminé à l'extrémité. *Elytres* évidemment tronquées au sommet. *Métasternum* creusé sur ses deux tiers postérieurs d'un fort sillon longitudinal.

♀ *Antennes* à 3 *derniers articles* oblongs, pas plus longs, pris ensemble, que les 6 précédents réunis : le dernier elliptique, sensiblement arrondi à sa tranche interne, acuminé à son extrémité. *Elytres* obtusément arrondies au sommet. *Métasternum* creusé après son milieu d'une large fossette assez profonde.

Corps allongé, opaque, brunâtre, avec les élytres plus claires, revêtu d'une pubescence courte, serrée, couchée et jaunâtre.

Tête transversale, inclinée, faiblement engagée dans le prothorax, un peu moins large que celui-ci ; densement et rugueusement ponctuée, pubescente et ciliée en avant de poils plus longs ; opaque, brunâtre. *Front* assez large, légèrement convexe. *Arêtes génales* un peu épaissies en avant, peu saillantes. *Epistome* ne se distinguant du front que par sa surface plus lisse et un peu brillante, faiblement rebordé au sommet. *Labre* finement et rugueusement pointillé, ferrugineux, densement cilié à son bord antérieur. *Mandibules* subdéprimées, finement et rugueusement ponctuées, obscures, avec l'extrémité lisse et brillante. *Palpes* testacés. *Yeux* assez grands, entiers, globuleux, saillants, noirs.

Antennes assez courtes, dépassant sensiblement la base du prothorax, finement pubescentes et légèrement ciliées, ferrugineuses ; à 1er article gros, courtement subovalaire, distinctement ponctué, assez fortement épaissi : le 2e plus petit, ovalaire, pointillé, assez renflé : le 3e oblong, beaucoup plus long que le suivant : les 4e à 8e obconiques, un peu plus longs que larges, subégaux : les 3 derniers grands, faiblement comprimés, un peu épaissis, formant une massue lâche et peu tranchée : le dernier sensiblement plus long que le précédent.

Prothorax pas plus long que large, beaucoup plus étroit que les élytres dans sa plus grande largeur, un peu moins large en avant qu'en arrière, obliquement tronqué ou à peine capuchonné à son bord apical et légèrement étranglé derrière celui-ci, médiocrement arrondi vers le milieu sur les côtés qui sont légèrement déclives d'arrière en avant, avec tous les angles très-obtus et peu marqués, légèrement bissinué et étroitement rebordé à la base, légèrement convexe, sensiblement déclive antérieurement à partir du milieu, densement pubescent, opaque, brunâtre, densement et rugueusement ponctué, et creusé sur son milieu d'un sillon longitudinal court et plus ou moins obsolète, souvent peu visible.

Ecusson un peu oblong, arrondi au sommet, un peu élevé, subconvexe, garni d'une pubescence serrée, tomenteuse et jaunâtre, tranchant sensiblement sur le fond des élytres. *Elytres* allongées, 3 fois plus longues que le prothorax, parallèles sur les côtés jusqu'aux trois quarts de leur longueur, après lesquels elles se rétrécissent un peu ; obtusément tronquées (♂) ou obtusément arrondies (♀) au sommet, offrant le rebord apical et l'extrémité des rebords sutural et marginal sensiblement épaissis en forme de bourrelet ; subdéprimées ; d'un châtain plus ou moins clair ; creusées chacune de 11 stries crénelées, formées de gros points, profonds et carrés : la 1re juxta-scutellaire, oblique, légèrement arquée, seulement prolongée jusqu'au 6e de la longueur : les autres plus ou moins réunies et raccourcies à leur extrémité, les internes sensiblement flexueuses en avant. *Intervalles* convexes, densément, finement et rugueusement ponctués, opaques, revêtus d'une pubescence jaunâtre, courte, serrée et contrastant avec le fond des stries qui est nu : les 3e et 7e, un peu plus élevés que les autres à la base. *Epaules* saillantes, gibbeuses, extérieurement arrondies.

Dessous du corps légèrement convexe, rugueusement ponctué, avec les côtés de la poitrine plus densement; finement pubescent; d'un noir de poix brillant, avec le bord apical des 2e, 3e et 4e segments un peu roussâtre. *Dessous de la tête* lisse sur son milieu. *Lame médiane du mésosternum* à peine 2 fois plus large que celle du prosternum. 1er *segment ventral* légèrement bissinué à son bord apical : le dernier obtusément tronqué au sommet et transversalement subimpressionné avant celui-ci.

Pieds médiocrement allongés, assez grêles, finement et rugueusement pointillés, très-pubescents, ferrugineux. *Cuisses* atténuées à leur base, faiblement renflées vers leur milieu. *Tibias* assez grèles, droits. *Tarses* allongés et assez épais, sensiblement plus courts que les tibias : les postérieurs plus développés que les autres.

Patrie : Cette espèce, assez rare, se rencontre aux environs de Paris et dans les montagnes de Pilat.

Obs. Elle a beaucoup de rapports avec la précédente. Elle en diffère par une taille moindre, proportionnellement plus étroite; par son prothorax moins transversal, moins fortement arrondi sur les côtés ; par ses antennes moins courtes, à 3e article plus long ; par son mésosternum à lame médiane moins large; enfin par ses hanches postérieures moins écartées entre elles, la saillie antérieure du 1er segment ventral qui les sépare étant bien moins large.

Quelquefois tout le corps, moins les yeux, est d'un châtain plus ou moins clair.

bb. *Ecusson* transversal. *Lame médiane du Mésosternum* assez étroite. *Intervalles* des stries subconvexes. *Elytres* concolores.

3. **Priobium planum**, FABRICIUS.

Allongé, densement pubescent, assez finement et rugueusement ponctué, opaque, obscur, avec les palpes testacés, les antennes, les tibias et les tarses ferrugineux. Tête un peu plus étroite que le prothorax. Front assez large, légèrement convexe, à peine subcarinulé sur son milieu. Prothorax subtransversal, beaucoup plus étroit que les élytres, un peu plus étroit antérieurement, légèrement étranglé avant le sommet, médiocrement arrondi sur les côtés avant leur milieu, subbissinué à la base, légèrement convexe, obsolètement canaliculé sur sa ligne médiane. Ecusson transversal, tomenteux. Elytres allongées, parallèles, obtusément tronquées au sommet, subdéprimées, assez profondément striées-crénelées, avec les intervalles subconvexes. Antennes assez courtes, à 3e article beaucoup plus long que le suivant. Tarses allongés. Lame du mésosternum assez étroite.

Anobium planum. FABR., Ent. Syst. t. 1. p. 238. 10.

Var. a. *Pieds* entièrement ferrugineux.

Long. 0m,0051 (2 l. 1/4). — Larg. 0m,0017 (3/4).

♂ *Antennes* à 3 *derniers articles* assez allongés, aussi longs, pris ensemble, que les 7 précédents réunis : le dernier allongé, subrectiligne à sa tranche interne, obtusément acuminé à son extrémité. *Elytres* évidemment tronquées au sommet. *Métasternum* creusé sur ses deux tiers postérieurs d'un fort sillon longitudinal.

♀ *Antennes* à 3 *derniers articles* oblongs, un peu plus épais que dans le ♂, pas plus longs, pris ensemble, que les 6 précédents réunis : le dernier elliptique, sensiblement arrondi à sa tranche interne, acuminé à son extrémité. *Elytres* obtusément arrondies au sommet. *Métasternum* creusé après son milieu d'une large fossette peu profonde.

Corps allongé, opaque, obscur, revêtu d'une pubescence courte, assez serrée, couchée, d'un cendré jaunâtre.

Tête transversale, inclinée, faiblement engagée dans le prothorax, un peu moins large que celui-ci; assez finement, densement et rugueusement ponctuée; finement pubescente et ciliée en avant de poils plus longs; opaque; d'un brun obscur. *Front* assez large, légèrement convexe, offrant sur son milieu une étroite ligne lisse, subcarinulée, plus ou moins raccourcie ou obsolète, peu visible. *Arêtes génales* assez fines et peu saillantes. *Epistome* ne se distinguant du front que par sa surface plus lisse et un peu brillante; faiblement rebordé au sommet. *Labre* obsolètement et rugueusement pointillé, d'un ferrugineux obscur, densement cilié à son bord antérieur. *Mandibules* déprimées, ciliées, rugueusement ponctuées, brunâtres, avec l'extrémité lisse et brillante. *Palpes* testacés. *Yeux* assez grands, entiers, globuleux, saillants, noirs.

Antennes assez courtes, dépassant sensiblement la base du prothorax, finement pubescentes et légèrement ciliées, ferrugineuses; à 1er article gros, courtement subovalaire, distinctement ponctué, assez fortement épaissi : le 2e plus petit, ovalaire, légèrement ponctué, assez renflé : le 3e oblong, beaucoup plus long que le suivant : les 4e à 8e obconiques, un peu plus longs que larges, subégaux : les 3 derniers grands, faiblement comprimés, un peu épaissis, formant une massue lâche et peu tranchée : le dernier sensiblement plus long que le précédent.

Prothorax subtransversal, à peine moins long que large, beaucoup plus étroit que les élytres dans sa plus grande largeur, un peu moins large en avant qu'en arrière, obliquement tronqué ou à peine capuchonné à son bord apical et légèrement étranglé derrière celui-ci; médiocrement arrondi avant le milieu sur les côtés qui sont légèrement déclives d'arrière en avant, avec tous les angles très-obtus et peu marqués; légèrement bissinué et étroitement rebordé à la base; légèrement convexe, médiocrement déclive antérieurement à partir du milieu, finement pubescent, opaque, d'un brun obscur; densement et rugueusement ponctué, et creusé sur son milieu d'un sillon longitudinal fin, canaliculé, plus ou moins obsolète ou interrompu.

Ecusson transversal, obtusément arrondi au sommet, assez élevé, garni d'une pubescence serrée, tomenteuse, d'un gris jaunâtre, tranchant sensiblement sur le fond des élytres.

Elytres allongées, 3 fois et demie plus longues que le prothorax, parallèles sur les côtés jusqu'aux trois quarts de leur longueur après lesquels elles se rétrécissent un peu ; obtusément tronquées (♂) ou obtusément arrondies au sommet (♀); offrant le rebord apical et l'extrémité des rebords sutural et marginal épaissis en forme de bourrelet ; subdéprimées, obsolètement subimpressionnées vers la région scutellaire; d'un brun obscur; creusées chacune de 11 stries crénelées, formées d'assez gros points assez profonds, en carré long : la 1re juxta-scutellaire, oblique, à peine arquée; prolongée seulement jusqu'au 6e de la longueur; les autres plus ou moins réunies et raccourcies à leur extrémité; les internes plus ou moins flexueuses en avant. *Intervalles* subconvexes, densement, finement et rugueusement pointillés, opaques, revêtus d'une pubescence courte, assez serrée, d'un cendré jaunâtre. *Epaules* saillantes, gibbeuses, étroitement arrondies extérieurement.

Dessous du corps légèrement convexe, rugueusement et légèrement ponctué, avec les côtés de la poitrine plus fortement ; finement pubescent, d'un noir de poix assez brillant. *Lame médiane du mésosternum* un peu plus large que celle du prosternum. 1er *segment ventral* légèrement sinué à son bord apical ; le dernier obtusément tronqué au sommet et transversalement subimpressionné avant celui-ci.

Pieds médiocrement allongés, grêles ; finement et rugueusement pointillés, finement pubescents, d'un ferrugineux plus ou moins obscur avec les cuisses ordinairement plus rembrunies. *Cuisses* atténuées à leur base, faiblement renflées vers leur milieu. *Tibias* grêles, les postérieurs quelquefois recourbés en dehors à leur extrémité. *Tarses* allongés et assez épais, sensiblement plus courts que les tibias ; les postérieurs plus développés que les autres.

Patrie : Cette espèce se trouve sur le hêtre dans les Alpes, dans les montagnes du Bugey, du Lyonnais et du Forez.

Obs. Cette espèce est très-voisine de la précédente, dont on la prendrait aisément pour une variété obscure. Elle s'en distingue néanmoins par son écusson légèrement transversal, par les intervalles des stries moins convexes, et par la lame médiane de son mésosternum plus étroite. En outre la couleur est plus sombre, la pubescence moins serrée, plus fine et moins jaunâtre, la ponctuation un peu moins forte ; les stries sont moins grossièrement ponctuées et les articles intermédiaires des antennes sont proportionnellement un peu plus longs.

Les cuisses, généralement rembrunies, sont quelquefois ferrugineuses ; les tibias, ordinairement droits, sont accidentellement recourbés en dehors à leur extrémité.

Genre *Anobium*, Fabricius.

Fabricius, Syst. Ent. p. 62 ; Syst. El. t. 1, p. 321. — Olivier, Entom. t. 2, n° 16. — Gyllenhal, Ins. Suec. t. 1, p. 288. — Sturm, Deuts. Faun. t. 11, p. 98. — Redtenbacher, Faun. Austr. 2e éd., p. 564. — Jacquelin du Val, Gen. Col. Eur. t. 3, 2e partie, p. 216, pl. 53, f. 263).

(Etymologie : ἀναβιόω, je revis).

Caractères : *Front* large, simple. *Antennes* de 11 articles ; plus ou moins allongées ; variables. *Prothorax* variant de largeur, plus ou moins excavé en dessous ainsi que la partie antérieure de la poitrine, muni sur les côtés d'une tranche saillante, plus ou moins gibbeux et inégal sur son disque. *Elytres* toujours striées, arrondies ou tronquées au sommet. *Hanches antérieures* et *intermédiaires* plus ou moins, les *postérieures* médiocrement écartées l'une de l'autre : celles-ci à lame légèrement dilatée ou angulée à son milieu. *Epimères postérieures*, cachées, rarement apparentes et oblongues. *Segments ventraux* ou libres ou rarement soudées entre eux à leur milieu : le 1er plus ou moins bisinué à son bord apical. *Tibias* à tranche externe simple. *Tarses* variables, à 1er article oblong ou allongé.

Corps plus ou moins allongé, subcylindrique et subparallèle.

Tête assez large, verticale ou infléchie, plus ou moins fortement engagée dans le prothorax sous lequel elle peut plus ou moins se retirer en venant s'appuyer contre les hanches antérieures. *Front* assez large.

Arêtes génales courtes, plus ou moins obliques. *Epistome* fortement transversal, largement tronqué au sommet. *Labre* court, transversal, obtusément tronqué ou bien largement arrondi à son bord antérieur. *Mandibules* robustes, assez saillantes, plus ou moins arcuément coudées sur les côtés. *Palpes* à dernier article oblong, plus ou moins obtusément et obliquement tronqué au sommet (1). *Menton* plan, légèrement transversal, trapézoïdal. *Yeux* médiocres, subentiers ou faiblement sinués à leur côté inféro-interne, subarrondis, généralement assez saillants, ordinairement un peu voilés en arrière par le bord antérieur du prothorax (2).

Antennes de 11 articles; plus ou moins, mais médiocrement allongées; insérées près de l'angle inféro-interne des yeux; à 1er article oblong, plus ou moins épaissi : le 2e beaucoup moindre, faiblement renflé; le 3e obconique, souvent oblong : les 4e à 8e plus ou moins courts ou transversaux : les 3 derniers grands, plus ou moins allongés, formant une massue lâche, ordinairement peu, quelquefois assez tranchée.

Prothorax non ou faiblement transversal; à ouverture antérieure circulaire ou subcirculaire; plus ou moins excavé inférieurement pour recevoir la tête à l'état d'inflexion, à bord antérieur prolongé en dessous jusqu'aux hanches en arête (3) plus ou moins saillante et servant latéralement de limite à la cavité sous-prothoracique; plus ou moins fortement prolongé à son bord apical en forme de capuchon arrondi ; plus ou moins irrégulier ou flexueux, ou rarement, régulièrement arrondi sur les côtés qui sont munis d'une tranche saillante; ordinairement bissinué à la base, et plus ou moins gibbeux et inégal sur son disque.

---

(1) Le dernier article des palpes varie beaucoup suivant les espèces. Il est quelquefois largement tronqué au sommet ou subsécuriforme *(fagicola paniceum)*, d'autres fois presque fusiforme *(nitidum, emarginatum, rufipes)*.

(2) Ce dernier caractère n'est pas absolu, et varie suivant que la tête est plus ou moins contractée dans le prothorax.

(3) Cette arête offre postérieurement un lobe ou oreillette plus ou moins détaché et constituant les côtés eux-mêmes du prosternum.

Ecusson assez grand, oblong, quelquefois transversal.

Elytres plus ou moins allongées et subparallèles toujours distinctement striées, plus ou moins arrondies et quelquefois tronquées au sommet. *Epaules* à calus généralement assez saillant, à lobe inférieur ordinairement peu, quelquefois assez prononcé ; le plus souvent à peine, rarement sensiblement replié en dessous.

Poitrine plus ou moins excavée en avant, les *Prosternum* et *Mésosternum* étant plus ou moins refoulés au dessous du niveau des hanches, plus ou moins concaves et de forme variable. *Métasternum* assez développé en longueur, plus ou moins impressionné ou sillonné sur son milieu en arrière, terminé entre les hanches postérieures par deux expansions larges et très-courtes, séparées par une entaille étroite. *Postépisternums* plus ou moins larges, graduellement rétrécis en arrière. *Epimères postérieures* quelquefois bien apparentes et oblongues, le plus souvent cachées.

Hanches antérieures et *Hanches intermédiaires* plus ou moins, les *postérieures* assez écartées l'une de l'autre : celles-ci à *lame* de forme variable, quelquefois assez étroite, d'autres fois plus ou moins élargie ou angulée dans son milieu.

Ventre de 5 segments, quelquefois plus ou moins soudés entre eux, le plus souvent libres, de forme et de grandeur variables suivant les différents groupes : le 1er ordinairement bissinué à son bord apical.

Pieds médiocrement allongés, souvent grêles, quelquefois assez robustes. *Cuisses* distinctement rainurées en dessous au moins vers leur extrémité. *Tibias* à tranche externe simple. *Tarses* quelquefois assez courts et assez épais, d'autres fois plus grêles et assez allongés : à 1er article oblong ou allongé, les 2e à 4e graduellement plus courts, le 4e cordiforme ou subbilobé, le dernier plus ou moins épaissi.

Obs. Les espèces de ce genre habitent la plupart des provinces de la France. Elles vivent sur différentes sortes de bois morts dont elles hâtent la décomposition. Quelques autres attaquent nos substances alimentaires, telles que la farine ou les pâtes qui en sont formées.

Nous grouperons les espèces du genre *Anobium* de la manière suivante :

Gr. I. 2e à 5e *Segments ventraux* soudés entre eux à leur milieu : le 1er court, faiblement sinué au milieu de son bord apical : les 2e à 4e plus grands, subégaux. *Mésosternum* creusé sur son milieu d'une excavation très-profonde, latéralement limitée par des arêtes saillantes et prolongée jusqu'au milieu du *Métasternum*. *Lame médiane du prosternum* courte, assez large, échancrée au sommet, distinctement carénée sur son milieu ; celle du *Mésosternum* paraissant obtusément tronquée à son extrémité. *Mandibules* chargées vers leur milieu d'un relief ou arête transversale. *Tarses* courts et épais, à 1er article oblong. *Prothorax* paré à la base de deux taches de poils serrés et jaunâtres. (*Sous-genre* DENDROBIUM de δένδρον, arbre; βιόω, je vis.)

a. *Prothorax à angles postérieurs* droits, bien marqués, avec un épaississement triangulaire au devant des angles antérieurs. *Denticolle.*

aa. *Prothorax à angles postérieurs* obtus et arrondis, sans épaississement triangulaire au devant des angles antérieurs. *Pertinax.*

Gr. II. *Segments ventraux* libres. *Prothorax* à *côtés* plus ou moins tronqués, sinueux ou irréguliers. *Lame médiane du prosternum* non distinctement carénée sur son milieu. (*Sous-genre* ANOBIUM.)

A. *Lame médiane du prosternum* courte, assez large, plus ou moins échancrée au sommet : celle du *Mésosternum* plus ou moins largement tronquée à son extrémité. *Tarses* suballongés, légèrement ou à peine épaissis.

b. *Mésosternum* creusé sur son milieu d'une forte excavation, limitée latéralement par des arêtes saillantes. 1er et 2e *Segments ventraux* grands, subégaux. *Mandibules* chargées à leur base d'un relief ou arête oblique, située au bord des fossettes génales.

c. *Excavation du Mésosternum* très-profonde, prolongée jusqu'après le milieu du *Métasternum*. 1er *Segment ventral* fortement bissinué à son bord apical et prolongé à son milieu. *Lame des hanches postérieures* assez étroite, à peine élargie dans son milieu.

d. *Tubercule du prothorax* non enclos en arrière par une impression en fer à cheval. *Domesticum.*

dd. Tubercule du prothorax enclos en arrière par une impression en fer à cheval. *Cælatum.*

cc. *Excavation du Mésosternum* assez profonde, à peine prolongée sur la base du *Métasternum. Lame des hanches postérieures* assez étroite, faiblement et obtusément élargie à son milieu. 3e *article des Antennes* au moins aussi long que le précédent.

e. Elytres obtusément tronquées au sommet. 1er *Segment ventral* à peine bissinué à son bord apical. *Corps* obscur, jamais grisâtre par l'effet de la pubescence. *Fulvicorne.*

ee. Elytres distinctement tronquées au sommet. 1er *Segment ventral* fortement bissinué à son bord apical et prolongé à son milieu. *Corps* couvert d'une pubescence tomenteuse, cendrée, brillante, qui le fait paraître entièrement grisâtre. *Fagicola.*

bb. *Mésosternum* simple, faiblement excavé

f. 1er et 2e *Segments ventraux* grands, subégaux. *Lame des hanches postérieures* obtusément angulée à son milieu. *Mandibules* chargées à leur base d'un relief ou arête oblique, située au bord des fossettes génales. 3e *article des Antennes* sensiblement plus court que le 2e. *Elytres* distinctement tronquées au sommet. *Nitidum.*

ff. 1er *Segment ventral* court, très-faiblement bissinué à son bord apical: *les* 2e *et* 3e grands, subégaux. *Lame des hanches postérieures* distinctement angulée à son milieu. *Mandibules* non chargées à leur base d'un relief oblique. 3e *article des Antennes* un peu plus court que le 2e. *Elytres* assez largement arrondies au sommet. *Emarginatum.*

AA. *Lame médiane du Prosternum* prolongée et rétrécie en pointe mousse, ainsi que celle du *Mésosternum.* 1er *et* 2e *Segments ventraux* assez grands, subégaux. *Lame des hanches postérieures* obtusément subangulée à son milieu. *Mandibules* sans relief sensible à leur base. *Tarses* allongés. *Rufipes.*

Gr. III. *Segments ventraux* libres, mais *Prothorax* à *côtés* régulièrement arrondis. *Excavation de la poitrine* plus ou moins affaiblie. *Mandibules* sans relief à leur base. *Lame des hanches postérieures* subangulée à son milieu.

g. *Lames médianes des pro et Mésosternum* subparallèles, largement tronquées ou subéchancrées au sommet. *Prothorax* fortement rétréci en arrière sur les côtés, à base subrectiligne ou à peine bissinuée et non prolongée à son milieu. *Tarses* courts et épais, à 1er article oblong. *Elytres* fortement striées. (*Sous-genre* NEOBIUM).	*Hirtum tomentosum.*
gg. *Lames médianes des pro et Mésosternum* brusquement rétrécies en pointe mousse. *Prothorax* fortement élargi en arrière sur les côtés, à base sensiblement bissinuée et prolongée à son milieu. *Tarses* assez grèles, à 1er article allongé. *Elytres* finement et légèrement striées. (*Sous-genre* ARTOBIUM.)	*Paniceum.*

(1) On voit par le tableau précédent que les diverses espèces du genre *Anobium* diffèrent entre elles par des caractères souvent organiques et d'une plus ou moins grande importance. Ainsi le premier groupe (*An. denticolle* et *pertinax*) nous semble à lui seul assez caractérisé pour former un genre (*Dendrobium*). Les trois dernières espèces surtout, par leur facies tout autre, par leur prothorax moins irrégulier sur les côtés, sembleraient devoir être retranchées du genre et constituer deux coupes distinctes, dont nous donnons ci-dessous les principaux caractères. Mais le caractère commun et important *du dessous du prothorax et de la poitrine excavés*, nous engage à réunir ces divers sous-genres sous une même coupe générique.

(*Sous-genre* NEOBIUM, de νεως, nouvellement; βιόω, je vis.)

Tête infléchie. *Palpes* à dernier article oblong, très-obliquement tronqué en dedans. *Prothorax* légèrement capuchonné en avant; à côtés régulièrement arrondis et fortement rétrécis en arrière; subrectiligne ou à peine bissinué à la base. *Poitrine* légèrement excavée. *Prosternum* et *Mésosternum* à *lame médiane* large, subparallèle, tronquée ou subéchancrée au sommet. *Hanches antérieures* et *Hanches postérieures* notablement, *les intermédiaires* un peu moins écartées l'une de l'autre. *Le 4e segment ventral* le plus petit de tous : *le* 1er court, presque droit ou faiblement sinué au milieu de son bord apical. *Tarses* courts et épais. *Elytres* fortement striées. (*A. hirtum, tomentosum.*)

(*Sous-genre* ARTOBIUM, de αρτοσ, pain; βιοω, je vis.)

Tête très-infléchie. *Palpes* à dernier article assez fortement élargi et tronqué au sommet. *Prothorax* faiblement capuchonné en avant; à côtés régulièrement arrondis et fortement élargis en arrière; sensiblement bissinué à la base et nota-

PREMIER GROUPE.

Les 2e à 5e *Segments ventraux* soudés entre eux dans leur milieu. *Excavation d*
Mésosternum prolongée jusqu'au milieu du *Métasternum*. *Lame médiane d*
Prosternum carinulée sur son milieu. *Mandibules* avec un relief transvers
sur leur milieu. *Tarses* courts et épais. *Prothorax* paré à la base de deux
taches de poils serrés et jaunâtres (*Dendrobium*).

a. *Prothorax* à *angles postérieurs* droits, bien marqués ; avec un épaississement triangulaire au devant des angles antérieurs.

1. **Anobium** (*Dendrobium*) **denticolle**, Panzer.

Allongé, cylindrique, revêtu d'une pubescence obscure et tomenteuse opaque; brunâtre, avec les antennes et les pieds ferrugineux. Front large faiblement convexe. Prothorax presque carré, excavé près des angles antérieurs; antérieurement arrondi et postérieurement subsinué sur les côtés avec les angles antérieurs fortement arrondis et les postérieurs droits un peu prolongés en arrière; bissinué et transversalement déprimé à la base; obsolètement canaliculé sur son milieu; inégal et transversalement élevé sur son disque; orné de chaque côté à la base d'une grande tache tomenteuse, d'un cendré jaunâtre. Elytres allongées, parallèles, fortement arrondies au sommet, assez fortement striées-ponctuées, avec les intervalles subconvexes. Antennes courtes, à 2e et 3e articles subégaux. Tarses courts, épais, à 1er article oblong.

Anobium denticolle. Panzer, Faun. Germ. fasc. 35. tabl. 8. — Gyl., Ins. sue. t. IV. p. 823 3-4. — Sturm, Deut. Faun. t. XI. p. 106. 3. tabl. 240. fig. — Redt., Faun. Austr. 2e éd. p. 564.

---

blement prolongé au milieu de celle-ci. *Poitrine* très-faiblement ou à peine excavée. *Prosternum* et *Mésosternum* à *lame médiane* brusquement rétrécie en pointe mousse. *Hanches antérieures* et *Hanches intermédiaires* médiocrement, les postérieures un peu plus fortement écartées l'une de l'autre. *Les* 3e *et* 4e *segments ventraux* plus petits que les autres, subégaux : *le* 1er faiblement bissinué à son bord apical. *Tarses* assez grêles, à 1er article allongé. *Elytres* légèrement striées à lobe huméral prononcé et distinctement replié en dessous. (*A. paniceum.*)

Long. 0m,0050 à 0m,0061 (2 l. 1/4 à 2 l. 3/4). — Larg. 0m,0022 (1 l.).

Corps allongé, cylindrique, d'un brun opaque, revêtu d'une très-courte pubescence obscure, très-serrée, tomenteuse, avec une grande tache d'un gris jaunâtre vers les angles postérieurs du prothorax.

Tête transversale, verticale ou infléchie, fortement engagée dans le prothorax, sensiblement plus étroite que celui-ci; densement granulée; d'un brun obscur et opaque; revêtue d'une fine pubescence un peu jaunâtre et plus serrée antérieurement. Front large, faiblement convexe. *Arêtes génales* subflexueuses, assez saillantes. *Epistome* presque lisse et glabre, séparé du front par une ligne arquée, très-fine. *Labre* petit, obscur, densement cilié à son sommet de poils brillants et jaunâtres. *Mandibules* obscures, à relief transversal bien saillant, à extrémité lisse et brillante. *Palpes* d'un roux testacé. *Menton* et souvent tout le *dessous de la tête* ferrugineux. *Yeux* assez grands, arrondis en dehors, subsinués en dedans au devant de l'insertion des antennes, médiocrement saillants, noirs.

Antennes courtes, dépassant un peu la base du prothorax; finement pubescentes, avec les articles intermédiaires légèrement pilosellés intérieurement, ferrugineuses; à 1er article oblong, un peu arqué, sensiblement épaissi: les 2e et 3e beaucoup moindres, un peu plus longs que larges, subégaux: le 2e à peine renflé: le 3e obconique: les 4e à 8e transversaux, graduellement un peu plus courts et un peu plus épais: les trois derniers, grands, allongés, faiblement comprimés, un peu plus épais que les précédents, égalant, pris ensemble, le reste de l'antenne (♂), et formant une massue lâche et peu tranchée: le dernier subrectiligne à sa tranche interne (♂), un peu plus long et un peu plus étroit que le 10e, obtusément acuminé au sommet.

Prothorax pas plus long que large, de la largeur des élytres; à *arête inférieure* continue avec le lobe latéral du prosternum; assez fortement prolongé sur la tête en forme de capuchon largement arrondi; à bord apical étroitement et sensiblement sinué au dessus des yeux; paraissant, vu de dessus, presque carré, avec les côtés largement arrondis antérieurement et subsinués en arrière au devant des angles postérieurs qui sont droits, bien sentis, un peu prolongés en arrière et surmontés en dessus d'une carène obtuse; sensiblement rebordé et assez fortement réfléchi sur les côtés qui sont très-déclives d'arrière en avant, et qui paraissent, vus latéralement, brusquement et brièvement sinués ou recourbés au devant des angles postérieurs; comprimé et fortement excavé latéralement vers les angles antérieurs qui sont fortement arrondis et qui présentent en avant un épaississement ou surface triangulaire, subconcave, formée par la réunion du bord antérieur, du bord latéral et de l'arête inférieure; bissinué et transversalement déprimé à la base, avec la dépression plus forte vers les angles postérieurs ; très-fortement déclive à sa partie antérieure à partir du milieu ; transversalement convexe au milieu de son disque, avec la surface élevée irrégulière, presque plane ou légèrement subimpressionnée ou ondulée, offrant sur son milieu une ligne enfoncée très-fine, partant de la base, un peu plus forte sur la partie élevée où elle passe entre deux saillies ou tubercules assez sensibles, obsolète antérieurement et ne reparaissant que sur le bord apical même où elle forme comme une fente légère ; densement et rugueusement granulé ; d'un brun obscur et opaque ; revêtu d'une pubescence très-courte, assez obscure, et qui devient grisâtre et plus serrée vers la base où elle se condense de chaque côté, près des angles postérieurs, en une grande tache d'un cendré un peu jaunâtre.

Ecusson carré, rugueux, paraissant, vu de devant, entièrement garni d'une pubescence serrée et grisâtre ; et, vu de dessus, obscur sur son disque et densement cilié de poils grisâtres, dans son pourtour seulement.

Elytres allongées, trois fois et demie plus longues que le prothorax, parallèles sur les côtés, fortement arrondies au sommet ; légèrement convexes sur le dos ; d'un brun obscur et opaque ; revêtues d'une pubescence très-courte, serrée, tomenteuse, obscure mais devenant grisâtre sur les côtés, principalement au dessous des épaules ; creusées chacune de 11 stries peu profondes, subcrénelées, formées de points assez forts : la 1re juxta-scutellaire, oblique, à peine prolongée jusqu'au 6e de la longueur : les internes légèrement fléchies en dehors à leur base à partir environ du tiers ou du quart de leur longueur : les deux suturales et les deux latérales postérieurement réunies une à une et enclosant ainsi les intermédiaires qui sont plus ou moins raccourcies en arrière. *Intervalles* légèrement convexes, alternativement plus élevés à la base, sérialement granulés sur le bord même de chaque point des stries. *Epaules* peu saillantes, arrondies, à lobe inférieur assez prononcé et largement arrondi.

Dessous du corps assez convexe; densement et rugueusement granulé, avec les grains un peu aplatis; peu brillant; noirâtre avec le ventre quelquefois d'un ferrugineux obscur; revêtu d'une pubescence jaunâtre, serrée, couchée, un peu moins courte que celle du dessus du corps. *Prosternum* à carène fine. *Métasternum* fortement sillonné en arrière. *Hanches antérieures* concaves en devant à leur base, sensiblement rugueuses dans la concavité, longuement ciliées au sommet. *Lame des hanches postérieures* subangulée à son milieu. *Les 2e à 5e Segments ventraux* soudés dans leur milieu : le 1er court, faiblement sinué sur les côtés et au milieu de son bord apical : les 2e à 4e plus grands, subégaux : le 5e assez fortement impressionné et subéchancré à son sommet.

Pieds peu allongés, assez robustes, finement chagrinés, finement pubescents, d'un ferrugineux plus ou moins obscur. *Cuisses* légèrement renflées après leur milieu, profondément rainurées en dessous sur toute leur longueur. *Tibias* assez forts, faiblement arqués à leur base et à peine recourbés en dehors à leur extrémité. *Tarses* courts et épais, sensiblement moins longs que les tibias : à 1er article oblong; le 2e obconique; le 3e court, cordiforme; le 4e assez profondément bilobé; le dernier très-épaissi; les antérieurs un peu moins développés que les autres.

Patrie : Cette espèce est rare. Elle se prend dans les Alpes, et dans les parties orientales et sepentrionales de la France, sur les arbres morts ou malades, principalement sur le sapin et sur le tilleul.

Obs. Tous les exemplaires que nous avons eus sous les yeux nous ont paru appartenir au sexe masculin.

aa. Prothorax à angles postérieurs obtus et arrondis ; sans épaississement au devant des angles antérieurs.

2. **Anobium** *(Dendrobium)* **pertinax**, Linné.

Allongé, subcylindrique, revêtu d'une très-courte pubescence obscure ; d'un noir obscur et opaque, avec les palpes d'un roux testacé, les antennes et les pieds d'un ferrugineux obscur. Tête et prothorax densement granulés. Front large, subélevé au milieu de sa partie antérieure. Prothorax transversal, subsémicirculaire, plus étroit en avant, subréfléchi au sommet ; excavé près des angles antérieurs ; assez fortement et brièvement sinué en arrière sur les côtés, avec les angles antérieurs largement arrondis, les postérieurs obtus, courts et arrondis ; bissinué à la base et largement impressionné de chaque côté à celle-ci ; inégal et bissinueusement élevé sur son disque ; orné de chaque côté à la base d'une grande tache tomenteuse et jaunâtre. Elytres allongées, subparallèles, largement arrondies au sommet, fortement striées-ponctuées, avec les intervalles plans, subfuligineux. Antennes courtes, à 2e et 3e articles subégaux. Tarses courts, épais, à 1er article oblong.

Dermestes pertinax. Linné, Syst. Nat. t. II. p. 563. 2.
Anobium striatum. Fab., Syst. el. t. I. p. 321. 2. — Panz., Faun. Germ. fasc. 66. tab. 4.
Anobium pertinax. Oliv., Ent. t.II. n° 16. p. 6. 2. pl. I. fig. 4. — Gyll., Ins. suec. t. I. p. 283. 1. — Sturm, Deut. Faun. t. XI. p. 104. 2. — Redt., Faun. Aust. 2e éd. p. 55. 6.

Long. 0m,0061 (2 l. 3/4). — Larg. 0m,0022 (1 l.).

♂ *Les trois derniers articles des antennes* suballongés, aussi longs, pris ensemble, que le reste de l'antenne. *Dernier segment ventral* fortement impressionné et réfléchi à son sommet.

♀ *Les trois derniers articles des antennes* oblongs, sensiblement moins longs, pris ensemble, que le reste de l'antenne. *Dernier segment ventral* faiblement impressionné et légèrement réfléchi à son sommet.

Corps allongé, subcylindrique, d'un noir obscur et opaque, revêtu d'une pubescence obscure, très-courte et assez serrée, avec une grande tache de poils jaunâtres vers les angles postérieurs du prothorax.

Tête transversale, verticale ou infléchie, passablement engagée dans le prothorax, beaucoup plus étroite que celui-ci ; densement granulée; d'un noir obscur et opaque; légèrement pubescente. *Front* large, subdéprimé à sa partie supérieure, subélevé à son milieu à sa partie inférieure entre les yeux. *Arêtes génales* subflexueuses, peu saillantes. *Epistome* légèrement rugueux, séparé du front par une ligne enfoncée, légère et bissinuée. *Labre* obscur, densement cilié de poils jaunes à son sommet. *Mandibules* légèrement pilosellées, obscures, à relief transversal fin et peu saillant, à extrémité lisse et brillante. *Palpes* d'un roux testacé. *Yeux* médiocres, subarrondis ou légèrement sinués à leur côté inféro-interne au devant de l'insertion des antennes, peu saillants, noirs.

Antennes courtes, assez robustes, dépassant un peu la base du prothorax; finement pubescentes avec les articles intermédiaires à peine pilosellés intérieurement; ferrugineuses; à 1er article oblong, arqué, assez fortement épaissi : les 2e et 3e beaucoup moindres, subégaux : le 2e pas plus long que large, sensiblement renflé; le 3e plus étroit, oblong, obconique: les 4e à 8e transversaux, graduellement plus courts et plus épais : les trois derniers grands, plus (♂) ou moins (♀) allongés, faiblement comprimés, un peu plus épais que les précédents et formant une massue lâche et peu tranchée : le dernier un peu plus long que le 10e, obtus au sommet (1).

Prothorax très-légèrement transversal, presque aussi large à sa base que les élytres; à arête inférieure subinterrompue à sa rencontre avec le lobe latéral du prosternum; fortement prolongé sur la tête en forme de capuchon arrondi; à bord apical légèrement réfléchi, subsinué au dessus des yeux; paraissant, vu de dessus, en forme d'hémicycle un peu

(1) Dans ce genre, et en général dans la branche des *Anobiaires*, les trois derniers articles des antennes étant ordinairement plus dilatés intérieurement chez les ♀ que chez les ♂, sont aussi proportionnellement plus élargis que les articles intermédiaires. Ceux-ci, en outre, sont souvent un peu plus grêles et un peu moins saillants en dedans chez les ♀ que chez les ♂.

oblong, sensiblement rétréci en avant et flexueux sur les côtés qui sont fortement réfléchis et sensiblement déclives d'arrière en avant; latéralement comprimé et fortement excavé vers les angles antérieurs qui sont largement arrondis; bissinué à la base, avec le lobe médian très-largement et obtusément arrondi, le sinus court, brusque, assez profond, situé près des angles postérieurs qui sont obtus, arrondis et assez élevés; fortement déclive à sa partie antérieure à partir du milieu; transversalement et bissinueusement élevé sur son disque, avec la surface élevée, inégale, palmée, limitée en arrière par un arc dont les branches latérales se recourbent pour aller rejoindre les angles postérieurs, et dont le milieu émet postérieurement une arête dans la direction de l'écusson et en avant deux autres arêtes courtes, un peu divergentes, plus ou moins affaiblies, subtuberculées antérieurement, séparées entre elles par une impression ovalaire assez sensible, et des branches latérales par une autre impression un peu moins forte et arrondie; creusé de chaque côté de la base d'une large impression transversale occupant tout l'espace compris entre l'arête médiane et les angles postérieurs; offrant à son sommet une étroite et courte carène, plus ou moins obsolète, au devant de laquelle le bord apical est faiblement sinué; marqué sur son milieu, au fond de la fossette médiane, d'un petit sillon fin, canaliculé, le plus souvent indistinct; densement granulé; d'un noir obscur et peu brillant; finement pubescent, et paré de chaque côté vers les angles postérieurs d'une grande tache de poils jaunâtres, serrés et brillants.

Ecusson en carré long, un peu plus étroit en arrière, obscur, finement pubescent, rugueux.

Elytres allongées, subcylindriques; trois fois et demie plus longues que le prothorax, subparallèles sur les côtés, largement arrondies au sommet; assez convexes sur le dos; d'un noir obscur et opaque; creusées chacune de 11 stries fortement ponctuées, à points carrés, profonds, à fond brillant: la 1re juxta-scutellaire, oblique, quelquefois recourbée en crosse à la base du côté de l'écusson, seulement prolongée jusqu'au 6e de la longueur: les internes sensiblement flexueuses à leur base: les deux suturales et les deux latérales postérieurement réunies une à une et enclosant ainsi les intermédiaires: les 3e et 4e raccourcies et réunies au sommet : les 5e et 8e un peu plus prolongées, postérieurement réunies une à une et enclosant ainsi les 6e et 7e qui sont raccourcies et plus ou moins réunies à leur extrémité. *Intervalles* plans, très-finement chagrinés, obsolètement granulés à la base surtout vers la région humérale, revêtus d'une pubescence très-courte, très-serrée, obscure et comme fuligineuse. *Epaules* saillantes, extérieurement arrondies, à lobe inférieur assez prononcé et largement arrondi.

Dessous du corps légèrement convexe ; assez densement granulé, avec la granulation du ventre plus aplatie et obsolète ; obscur et peu brillant ; revêtu d'une très-fine et courte pubescence grisâtre, serrée et couchée. *Prosternum* à carène assez forte. *Métasternum* creusé en arrière d'une fossette oblongue terminée aux deux bouts par un trou profond. *Hanches antérieures* excavées et rugueusement ponctuées à leur base en devant, légèrement ciliées au sommet. *Lame des hanches postérieures* graduellement rétrécie de dedans en dehors. *Les 2e à 5e segments ventraux* soudés à leur milieu : le 1er court, faiblement sinué au milieu de son bord apical : les 2e à 4e un peu plus grands, subégaux : le dernier largement arrondi au sommet, plus (♂) ou moins (♀) impressionné et réfléchi à celui-ci.

Pieds peu allongés, assez robustes, finement pubescents, d'un ferrugineux plus ou moins obscur. *Cuisses* souvent un peu rembrunies, à peine renflées à leur milieu, fortement rainurées en dessous sur toute leur longueur. *Tibias* assez forts, faiblement arqués à leur base. *Tarses* courts et épais, sensiblement moins longs que les tibias ; à 1er article oblong : le 2e obconique : le 3e court, cordiforme : le 4e assez profondément bilobé ; le dernier assez fortement épaissi ; les postérieurs un peu moins courts que les antérieurs, ceux-ci à peine plus courts que les intermédiaires.

Patrie : Cette espèce vit principalement sur le hêtre et sur le sapin. On la trouve dans la France septentrionale et orientale, dans les Alpes, à la Grande-Chartreuse, et même dans les montagnes de la Provence.

Obs. La forme générale de cette espèce et la présence de la tache de poils jaunâtres vers les angles postérieurs du prothorax lui donnent un air de ressemblance avec l'*A. denticolle*, Panz., dont elle diffère outre les caractères constitutifs, par sa forme un peu plus allongée, un peu moins parallèle, par son prothorax moins carré, par les stries des élytres plus nues, plus fortement ponctuées et à intervalles moins convexes, par la forme des hanches postérieures toute différente, etc.

Sa larve a été décrite par M. Perris (*Ann. Soc. ent.*, 1852, p. 630).

GROUPE DEUXIÈME.

Segments ventraux libres. *Côtés du prothorax* plus ou moins tronqués, sinueux ou irréguliers. *Lame du prosternum* non distinctement carinulée (*Anobium*).

A. *Lame médiane du prosternum* courte, assez large, plus ou moins échancrée au sommet; celle du *mésosternum* plus ou moins tronquée à son extrémité. *Tarses* suballongés.

b. *Mésosternum* creusé à son milieu d'une forte excavation limitée latéralement par des arêtes saillantes. 1er et 2e *Segments ventraux* grands, subégaux. *Mandibules* avec un relief oblique à leur base.

c. *Excavation du Mésosternum* très-profonde, prolongée jusqu'après le milieu du *Métasternum*. 1er *Segment ventral* fortement bissinué à son bord apical. *Lame des hanches postérieures* assez étroite, à peine élargie à son milieu.

d. *Tubercule du prothorax* non enclos en arrière par une impression en fer à cheval.

3. **Anobium domesticum**, FOURCROY.

Allongé, subcylindrique, densement pubescent, opaque, d'un châtain obscur, avec les palpes d'un roux testacé, le sommet du prothorax, les épaules, les antennes et les pieds ferrugineux. Tête et prothorax densement et rugueusement ponctués. Front large, gibbeux à sa partie antérieure. Prothorax assez fortement rétréci en avant, comprimé près des angles antérieurs, subflexueux et légèrement réfléchi sur les côtés, avec les angles antérieurs droits ou subaigus, les postérieurs obliquement et subsinueusement tronqués; tronqué à la base et biimpressionné de chaque côté à celle-ci; élevé sur la partie postérieure de son disque en un tubercule triangulaire et finement canaliculé. Elytres allongées, suparallèles, obtusément arrondies au sommet, striées-ponctuées, avec les intervalles plans, obsolètement et parcimonieusement granulés. Antennes suballongées, à 2e et 3e articles subégaux. Tarses suballongés, très-légèrement épaissis vers leur extrémité, à 1er article assez allongé.

La Vrillette des Tables (Byrrhus). GEOFF., Hist. Inst. t. I. p. 111. 1. pl. 1. fig. 6.

Byrrhus domesticus. FOURC., Ent. Paris. Pars prima. p. 26. 1

Anobium pertinax. FABR., Syst. Eleuth. t. I. p. 322. 6. — PANZER. Faun. Germ. fasc. 66. tab. 5.

Anobium striatum. OLIV., Ent. t. II. no 16. p. 9. 6. pl. 2. fig. 7. a. b. — GYLL., Ins. suec. t. I. p. 291. 4. — STURM, Deut. Faun. t. XI. p. 110. 5. — REDT., Faun. Austr. 2e éd. p. 565.

Var. a. *Corps* entièrement d'un rouge ferrugineux.

Long. 0m,0033 à 0m,0051 (1 l. 1/2 à 2 l. 1/4). — Larg. 0m,0012 à 0m,0022 (2/5 à 1 l.).

♂ *Les trois derniers articles des Antennes* allongés, sensiblement plus longs, pris ensemble, que le reste de l'antenne : les 9e et 10e pris ensemble, aussi longs que tous les précédents réunis : le dernier étroit, subparallèle sur ses tranches, obtusément acuminé au sommet. 5e *Segment ventral* largement arrondi et sensiblement réfléchi à son sommet, transversalement impressionné avant celui-ci.

♀ *Les trois derniers articles des Antennes* médiocrement allongés, à peine plus longs, pris ensemble, que le reste de l'antenne : les 9e et 10e, pris ensemble, plus courts que tous les précédents réunis : le dernier faiblement arrondi à sa tranche interne, acuminé au sommet. 5e *Segment ventral* obtusément tronqué au sommet, muni avant celui-ci de deux petits tubercules obsolètes, souvent nuls, mais alors le segment faiblement impressionné de chaque côté le long du bord apical.

Corps allongé, subcylindrique, d'un châtain obscur et opaque, revêtu d'une fine pubescence courte, serrée, couchée, soyeuse, d'un cendré un peu jaunâtre.

Tête légèrement transversale, subverticale ou infléchie, assez fortement engagée dans le prothorax, sensiblement plus étroite que celui-ci, longitudinalement convexe, finement, densement et rugueusement ponctuée, d'un châtain obscur et opaque, finement et densement pubescente. *Front* large, brusquement gibbeux sur son milieu à sa partie antérieure : celle-ci séparée de la supérieure par une impression transversale, souvent assez sensible. *Arêtes génales* légèrement obliques, assez saillantes. *Epistome* peu distinct, presque glabre, lisse, un peu brillant, et légèrement rebordé à son bord antérieur, séparé du front par une ligne arquée très-fine et à peine visible. *Labre* obscur, densement cilié à son sommet. *Mandibules* ferrugineuses, avec l'extrémité rembrunie, lisse et brillante. *Palpes* d'un roux testacé. *Yeux* assez grands, subarrondis ou à peine sinués à leur côté inféro-interne au devant de l'insertion des antennes, peu saillants, noirs.

Antennes suballongées, dépassant de beaucoup la base du prothorax, finement pubescentes avec les articles intermédiaires légèrement pilosellés; d'un roux ferrugineux; à 1er article oblong, arqué, assez fortement épaissi : les 2e et 3e beaucoup moindres, subégaux : le 2e légèrement renflé, un peu plus long que large : le 3e plus grêle, oblong, obconique : les 4e à 8e subtransversaux, graduellement plus courts : les trois derniers plus (♂) ou moins (♀) allongés, légèrement comprimés, sensiblement plus épais que les précédents, formant une massue lâche et un peu tranchée : le dernier plus long que le 10e.

Prothorax pas plus long que large, un peu plus étroit à sa base que les élytres, à *arête inférieure* sensiblement interrompue à sa rencontre avec le lobe latéral du prosternum ; fortement prolongé sur la tête en forme de capuchon arrondi ; à bord apical à peine sinué au dessus des yeux ; paraissant, vu de dessus, assez fortement rétréci en avant, sensiblement dilaté en arrière et légèrement sinué sur les côtés qui sont faiblement réfléchis et très-fortement déclives d'arrière en avant, et qui paraissent, vus latéralement, un peu flexueux ; obliquement et assez fortement comprimé latéralement en avant et légèrement excavé vers les angles antérieurs qui sont droits ou un peu aigus et fortement infléchis, avec les postérieurs obliquement, largement et subsinueusement coupés ; tronqué et très-finement rebordé à la base ; fortement déclive à sa partie antérieure à partir du tiers postérieur ; élevé en arrière sur son disque en un tubercule triangulaire, latéralement comprimé, à surface supérieure presque plane et prolongée en arrière jusque vers l'écusson en carène déclive et plus ou moins obtuse, marquée à son milieu d'un sillon longitudinal, très-fin, canaliculé et quelquefois prolongé jusqu'au bord antérieur qu'il échancre un peu à sa rencontre; creusé de chaque côté vers la base de deux impressions plus ou moins profondes : l'une, large et arrondie le long de la carène : l'autre, transversale, moins grande et plus profonde, située au devant des épaules; finement, densement et rugueusement ponctué; opaque; d'un châtain obscur avec le sommet plus ou moins ferrugineux; revêtu d'une fine pubescence grisâtre et soyeuse, paraissant un peu plus fournie dans les impressions.

Ecusson carré, à peine plus étroit en arrière, obtusément arrondi au sommet, finement rugueux, obscur, opaque, finement pubescent.

Elytres allongées, trois fois et demie plus longues que le prothorax, subparallèles sur les côtés, largement ou obtusément arrondies au sommet; légèrement convexes sur le dos; opaques; d'un châtain obscur avec les épaules et quelquefois l'extrémité ferrugineuses; creusées chacune de 11 stries assez fortement ponctuées mais peu profondes, quelquefois un peu affaiblies en arrière : la 1re juxta-scutellaire, oblique, seulement prolongée jusqu'au 6e de la longueur : les internes plus ou moins flexueuses à leur base : les quatre externes se recourbant brusquement en dedans avant leur extrémité pour aller se réunir une à une vers l'angle sutural (les 7e et 10e enclosant les 8e et 9e), et refoulant ainsi toutes les autres qui s'arrêtent bien avant le sommet, les deux suturales pourtant plus prolongées que les suivantes (1). *Intervalles* plans, quelquefois faiblement et alternativement subconvexes à leur base, très-finement chagrinés et obsolètement et parcimonieusement granulés; revêtus d'une pubescence soyeuse, serrée, d'un gris jaunâtre. *Epaules* saillantes, légèrement arrondies, à lobe inférieur peu prononcé.

Dessous du corps assez convexe, finement et densement pubescent,

(1) Cette disposition des stries intermédiaires et internes n'est pas rigoureuse, mais la plus constante. Celle des quatre externes se reproduit et se retrouve plus ou moins distinctement chez toutes les espèces suivantes, à l'exception de l'*A. paniceum*, ce qui confirme la nécessité d'un sous-genre en faveur de cette dernière.

opaque, obscur, densement et aspèrement ponctué, avec le ventre souvent ferrugineux, un peu moins mat, plus finement et plus légèrement ponctué. *Prosternum* à lame médiane non carénée, échancrée au sommet. *Mésosternum* largement tronqué à son extrémité. *Métasternum* creusé en arrière d'une fossette cordiforme, profonde. *Hanches antérieures* subconcaves à leur face antérieure, angulées sur les côtés. *Lame des Hanches postérieures* assez étroite, à peine élargie à son milieu. *Les 1er et 2e Segments ventraux* grands, subégaux ; le 1er à bord apical sensiblement bissinué et assez fortement prolongé en arrière à son milieu : les 3e et 4e courts, subégaux : le dernier assez développé, largement arrondi (♂) ou obtusément tronqué (♀) au sommet.

Pieds peu allongés, assez grêles, finement pubescents; d'un ferrugineux quelquefois assez obscur, d'autres fois plus ou moins clair. *Cuisses* à peine renflées à leur milieu, assez fortement rainurées en dessous, au moins dans leur dernière moitié. *Tibias* assez grêles, presque droits ou à peine recourbés en dehors à leur extrémité. *Tarses* suballongés, très légèrement épaissis vers leur extrémité, sensiblement plus courts que les tibias; à 1er article assez allongé : le 2e un peu oblong, obconique : le 3e plus court, triangulaire ou cordiforme : le 4e assez profondément bilobé : le dernier assez épais : les postérieurs ne paraissant pas plus longs que les autres.

Patrie : Cette espèce se trouve dans toute la France, pendant l'été, à partir du mois de mai, dans les habitations, et quelquefois dans les champs, parmi les vieux fagots ou parmi les lierres qui tapissent les masures.

Obs. Elle varie beaucoup pour la taille et pour la couleur. Celle-ci est parfois d'un ferrugineux assez clair. Parmi ces dernières variétés nous avons reçu en communication de M. Chevrolat de petits individus à carène prothoracique plus saillante et plus fortement comprimée sur les côtés, mais qui, du reste, ne nous semblent pas devoir constituer une espèce distincte. L'impression interne de la base du prothorax, devenant souvent plus profonde, rend nécessairement la carène médiane plus saillante et moins obtuse.

Les exemplaires de la Provence sont ordinairement d'une couleur plus sombre tant en dessus qu'en dessous.

Sa larve vit dans le sapin, le peuplier, le saule, où elle se pratique des galeries longitudinales ou obliques, qu'elle recourbe brusquement et perpendiculairement à la surface, quand elle veut se changer en nymphe. Elle a été décrite par M. Rouzet (*Ann. Soc. ent.* 1849, p. 308, pl. IX, n° 1, 1-6).

dd. *Tubercule du Prothorax* enclos en arrière par une impression en fer à cheval.

4. Anobium caelatum.

Allongé, subcylindrique, densement pubescent, opaque, d'un châtain obscur, avec les palpes testacés, le sommet du prothorax, les épaules, les antennes et les pieds ferrugineux. Tête et prothorax densement et rugueusement ponctués. Front large, gibbeux à sa partie antérieure. Prothorax assez fortement rétréci en avant : comprimé près des angles antérieurs ; subflexueux et à peine réfléchi sur les côtés, avec les angles antérieurs droits ou un peu aigus, les postérieurs obliquement et subsinueusement tronqués ; tronqué à la base et uni-impressionné de chaque côté à celle-ci ; élevé à la partie postérieure de son disque en un tubercule triangulaire, obsolètement canaliculé sur son milieu et postérieurement enclos par une impression en fer à cheval. Elytres allongées, subparallèles, obtusément arrondies au sommet, striées-ponctuées, avec les intervalles plans, obsolètement et parcimonieusement granulés. Antennes suballongées, à 2e et 3e articles subégaux. Tarses suballongés, très-légèrement épaissis, à 1er article assez allongé.

Long. 0m,0025 à 0m,0045 (1 l. 1/8 à 2 l.). — Larg. 0m,0013 à 0m,0016 (3/5 à 3/4).

♂ *Les trois derniers articles des Antennes* beaucoup plus longs, pris ensemble, que le reste de l'antenne : les 9e et 10e, pris ensemble, presque aussi longs que tous les précédents réunis : le dernier étroit, subparallèle sur ses tranches, obtusément acuminé au sommet.

♀ *Les trois derniers articles des Antennes* à peine plus longs, pris ensemble, que le reste de l'antenne; les 9e et 10e, pris ensemble, plus courts que tous les précédents réunis : le dernier légèrement arrondi à sa tranche interne, subfusiforme, subacuminé au sommet.

Corps allongé, subcylindrique, d'un châtain plus ou moins obscur et opaque, revêtu d'une fine pubescence courte, serrée, couchée, soyeuse, d'un cendré un peu jaunâtre.

Tête légèrement transversale, infléchie, assez fortement engagée dans le prothorax, sensiblement plus étroite que celui-ci, longitudinalement convexe, finement, densement et rugueusement ponctuée, d'un châtain obscur et opaque, finement et assez densement pubescente. *Front* large, brusquement gibbuleux à sa partie antérieure : celle-ci quelquefois séparée de la supérieure par une faible impression transversale. *Arêtes génales* légèrement obliques, assez saillantes. *Epistome* assez lisse et assez brillant, presque glabre, séparé du front par une ligne arquée, très-fine et à peine sensible. *Labre* obscur, assez densement cilié à son sommet. *Mandibules* ferrugineuses, avec l'extrémité noire, lisse et brillante. *Palpes* testacés. *Yeux* assez grands, subarrondis ou à peine sinués à leur côté inféro-interne, peu saillants, noirâtres.

Antennes suballongées, dépassant de beaucoup la base du prothorax; finement pubescentes avec les articles intermédiaires légèrement pilosellés; d'un roux ferrugineux quelquefois assez clair; à 1er article oblong, arqué, assez fortement épaissi : les 2e et 3e beaucoup moindres, subégaux : le 2e légèrement renflé, un peu plus long que large : le 3e plus grêle, oblong, obconique : les 4e à 8e subtransversaux, graduellement plus courts : les 3 derniers plus (♂) ou moins (♀) allongés, légèrement comprimés, sensiblement plus épais que les précédents, formant une massue lâche et un peu tranchée : le dernier plus long que le 10e.

Prothorax pas plus long que large, un peu plus étroit à sa base que les élytres; à *arête inférieure* sensiblement interrompue à sa rencontre avec le lobe latéral du prosternum; fortement prolongé sur la tête en forme de capuchon arrondi; à bord apical à peine sinué au dessus des yeux; paraissant, vu de dessus, assez fortement rétréci en avant, sensiblement dilaté en arrière et faiblement sinué avant le milieu sur les côtés qui sont à peine réfléchis et très-fortement déclives d'arrière en avant, et qui paraissent, vus latéralement, très-faiblement flexueux à leur tranche; obliquement et fortement comprimé latéralement au dessus des angles antérieurs qui sont droits ou un peu aigus et fortement infléchis, avec les postérieurs obliquement, largement et subsinueusement coupés; tronqué et finement rebordé à la base; fortement déclive à sa partie antérieure à partir du tiers postérieur; élevé en arrière de son disque en un tubercule triangulaire, postérieurement enclos par une impression profonde en forme de fer à cheval, à surface supérieure plane en avant, fortement voûtée en arrière et creusée sur son milieu d'une fine ligne enfoncée, obsolètement prolongée jusque près du bord antérieur; creusé de chaque côté vers la base d'une impression transversale, profonde, située au devant des épaules, et latéralement vers son milieu d'une autre impression un peu moins forte, oblique, oblongue, subtriangulaire, située entre la gibbosité et les angles antérieurs; finement, assez densement et subrugueusement ponctué; opaque, d'un châtain obscur avec le sommet plus ou moins ferrugineux; revêtu d'une fine pubescence d'un gris jaunâtre, soyeuse, paraissant un peu plus fournie dans les impressions.

Ecusson trapéziforme, subarrondi au sommet, finement rugueux, obscur, opaque, assez densement pubescent.

Elytres allongées, trois fois et demie plus longues que le prothorax, subparallèles sur les côtés, largement ou obtusément arrondies au sommet; légèrement convexes sur le dos; opaques, d'un châtain obscur avec les épaules plus ou moins ferrugineuses; creusées chacune de 11 stries assez fortement ponctuées mais peu profondes: la 1re juxta-scutellaire, oblique, confusément recourbée en crosse en dedans à la base, seulement prolongée jusqu'au 6e de la longueur: les 1re et 2e sensiblement fléchies en dehors à partir du 5e de leur longueur: les 4 externes se recourbant brusquement en dedans avant leur extrémité pour aller se réunir une à une vers l'angle sutural (les 7e et 10e enclosant les 8e et 9e), et refoulant ainsi toutes les autres qui s'arrêtent bien avant le sommet. *Intervalles* plans, faiblement et alternativement subconvexes à leur base, finement chagrinés et obsolètement et éparsement granulés, revêtus d'une fine pubescence soyeuse, serrée, d'un gris jaunâtre. *Epaules* saillantes, légèrement arrondies, à lobe inférieur peu prononcé.

Dessous du corps assez convexe, finement et assez densement pubescent, opaque, obscur, densement et rugueusement ponctué, avec le ventre d'un châtain souvent assez clair, un peu moins mat, plus finement et plus légèrement ponctué. *Prosternum* non carinulé. *Mésosternum* largement tronqué au sommet. *Métasternum* creusé en arrière d'une fossette triangulaire, profonde. *Hanches antérieures* subconcaves en avant, angulées sur les côtés. *Lame des hanches postérieures* assez étroite, à peine élargie à son milieu. *Les 1er et 2e Segments ventraux* grands, subégaux : le 1er à bord apical sensiblement bissinué et assez fortement prolongé en arrière à son milieu : les 3e et 4e courts, subégaux : le dernier assez développé, largement ou obtusément arrondi au sommet.

Pieds peu allongés, assez grêles, finement pubescents, d'un ferrugineux plus ou moins obscur. *Cuisses* à peine renflées à leur milieu, assez fortement rainurées en dessous, au moins dans leur dernière moitié. *Tibias* assez grêles, faiblement recourbés en dehors à leur extrémité. *Tarses* suballongés, très-légèrement épaissis vers leur extrémité, sensiblement plus courts que les tibias; à 1er article assez allongé : le 2e un peu oblong : le 3e plus court, triangulaire ou cordiforme : le 4e assez profondément bilobé : le dernier assez épais : les postérieurs ne paraissant pas plus long que les autres.

Patrie : Lyon (M. Guillebeau), Sainte-Baume (Provence) (M. Raymond).

Obs. Cette espèce, qu'on prendrait volontiers pour une anomalie, se distingue de toute autre par son tubercule prothoracique postérieurement enclos par une compression profonde en forme de fer à cheval. Le prothorax n'offre que l'impression extérieure de la base, et présente sur les côtés vers son milieu une impression oblongue assez marquée. Pour tout le reste elle est conforme à l'*A. domesticum* et reproduit les mêmes variétés.

cc. *Excavation du Mésosternum* assez profonde, à peine prolongée sur la base du *Métasternum*. *Lame des hanches postérieures* assez étroite, faiblement et obtusément élargie dans son milieu. 3e *article des Antennes* au moins aussi long que le 2e.

c. *Elytres* obtusément tronquées au sommet. 1er *Segment ventral* à peine bissinué à son bord apical. *Corps* obscur; jamais grisâtre par l'effet de la pubescence.

5. **Anobium fulvicorne**; STURM.

Allongé, subcylindrique, à peine pubescent, densement et très-finement granulé, opaque, fuligineux, noir; avec les palpes testacés, les antennes, les tibias et les tarses ferrugineux. Front large, légèrement gibbeux à sa partie antérieure. Prothorax assez fortement rétréci en avant, comprimé près des angles antérieurs; subsinué et légèrement réfléchi sur les côtés, avec les angles antérieurs droits ou un peu aigus, les postérieurs obliquement et sinueusement tronqués; tronqué à la base et biimpressionné de chaque côté à celle-ci; élevé à la partie postérieure de son disque en un tubercule triangulaire et finement canaliculé. Elytres allongées, subparallèles, obtusément tronquées au sommet, striées-ponctuées, avec les intervalles presque plans, très-finement et obsolètement granulés. Antennes suballongées, à 2e et 3e articles subégaux. Tarses suballongés, légèrement épaissis vers l'extrémité; à 1er article assez allongé.

Anobium fulvicorne. STURM, Deuts. Faun. t. II. p. 114. 7. tab. 240. fig. c. — REDTENB., Faun. Austr. 2e éd. p. 565.

Var. a : *Pieds* entièrement ferrugineux.

Var. b : *Elytres* plus ou moins roussâtres.

Anobium rufipenne. DUFTS., Faun. Austr. t. III. p. 56. 16. — REDTENB., Faun. Austr. 2e éd. p. 565.

Long. 0m,003 à 0m,005; larg. 0m,001 à 0m,002.

♂ *Les trois derniers articles des Antennes* sensiblement plus longs, pris ensemble, que le reste de l'antenne : les 9e et 10e, pris ensemble, presque aussi longs que les précédents réunis : le dernier étroit, subparallèle sur ses tranches, obtusément acuminé au sommet. 5e *Segment ventral* transversalement impressionné avant son extrémité.

♀ *Les trois derniers articles des Antennes* à peine plus longs, pris ensemble, que le reste de l'antenne : les 9e et 10e, pris ensemble, sensiblement plus courts que tous les précédents réunis : le dernier très-faiblement arrondi à sa tranche interne, acuminé au sommet. 5e *Segment ventral* muni avant son extrémité de deux petits tubercules plus ou moins affaiblis, quelquefois reliés en arrière par une légère arête en forme de chevron.

Corps allongé, subcylindrique, d'un noir profond et opaque, revêtu d'une pubescence très-courte et fuligineuse.

Tête transversale, passablement infléchie, assez fortement engagée dans le prothorax, sensiblement plus étroite que celui-ci, longitudinalement convexe, très-finement et densement granulée, d'un noir opaque, très-finement et à peine pubescente. *Front* large, assez brusquement mais légèrement gibbeux à sa partie antérieure ; celle-ci souvent séparée de la supérieure par une légère impression transversale. *Arêtes génales* légèrement obliques et assez saillantes. *Epistome* peu distinct, assez brillant et presque lisse, finement rebordé à son bord antérieur, séparé du front par une ligne arquée, fine et à peine visible. *Labre* obscur, assez densement cilié au sommet. *Mandibules* d'un ferrugineux obscur, avec l'extrémité noire, lisse et brillante. *Palpes* testacés. *Yeux* assez grands, subarrondis ou faiblement sinués à leur côté inféro-interne au devant de l'insertion des antennes, assez saillants, noirs.

Antennes suballongées, dépassant de beaucoup la base du prothorax, finement pubescentes avec les articles intermédiaires légèrement pilosellés intérieurement ; d'un roux ferrugineux ; à 1er article oblong, arqué, assez fortement épaissi : les 2e et 3e beaucoup moindres, subégaux : le 2e sensiblement renflé, un peu plus long que large : le 3e plus grêle, oblong, obconique : les 4e à 8e subtransversaux, graduellement un peu plus courts : les trois derniers grands, plus (♂) ou moins (♀) allongés, légèrement comprimés, sensiblement plus épais que les précédents.

formant une massue lâche et un peu tranchée : le dernier plus long que le 10e.

Prothorax pas plus long que large, un peu plus étroit à sa base que les élytres; à *arête inférieure* continue ou à peine interrompue à la rencontre du lobe latéral du prosternum; fortement prolongé sur la tête en forme de capuchon arrondi; à bord apical à peine sinué au dessus des yeux; paraissant, vu de dessus, assez fortement rétréci en avant, sensiblement dilaté en arrière et légèrement sinué avant le milieu sur les côtés qui sont faiblement réfléchis, fortement déclives d'arrière en avant et subrectilignes, vus latéralement; subcomprimés vers les angles antérieurs qui sont droits ou un peu aigus et fortement infléchis, avec les postérieurs obliquement, largement et sinueusement coupés; tronqué et très-finement rebordé à la base; fortement déclive à sa partie antérieure à partir du tiers postérieur; élevé en arrière sur son disque en un tubercule triangulaire, prolongé postérieurement en carène courte et brusque, à surface supérieure étroite, un peu voûtée, marquée sur son milieu d'une ligne enfoncée, fine, quelquefois obsolète, souvent prolongée jusqu'au bord apical qu'il échancre parfois un peu à sa rencontre; creusé de chaque côté à la base de deux larges fossettes ou impressions bien marquées : l'une, ovalaire ou arrondie, le long de la carène, l'autre tranversale, un peu plus profonde, située au devant des épaules; très-finement et densement granulé; à peine pubescent; d'un noir profond et opaque, avec le sommet quelquefois un peu roussâtre.

Ecusson presque carré, subarrondi aux angles postérieurs, chagriné, noir, fuligineux, finement pubescent.

Elytres allongées, trois fois et demie plus longues que le prothorax, subparallèles sur les côtés, obtusément tronquées au sommet; légèrement convexes sur le dos; d'un noir profond et opaque; creusées chacune de 11 stries assez fortement ponctuées mais peu profondes : la 1re juxta-scutellaire, oblique, visiblement recourbée en crosse en dedans à sa base, seulement prolongée jusqu'au 6e de la longueur : les internes sensiblement flexueuses antérieurement : les quatre externes se recourbant assez brusquement en dedans avant leur extrémité pour aller obscurément se réunir une à une vers l'angle sutural (les 7e et

10e enclosant les 8e et 9e), et refoulant ainsi les internes qui s'arrêtent bien avant le sommet, et qui sont plus ou moins réunies par paires chacune avec sa voisine : les 1re et 2e plus prolongées que les suivantes, et la suturale plus profonde à son extrémité. *Intervalles* presque plans, très-finement, densement et obsolètement granulés, revêtus d'une pubescence très-courte, à peine apparente, obscure et comme fuligineuse. *Epaules* assez saillantes, arrondies, à lobe inférieur faiblement prononcé.

Dessous du corps assez convexe, très-finement pubescent ; d'un noir de poix assez brillant sur le ventre qui est très-finement, densement et légèrement ponctué ; assez opaque sur le postpectus qui est rugueux, obsolètement et éparsement granulé. *Prosternum* non carinulé. *Mésosternum* largement tronqué ou subéchancré au sommet. *Métasternum* déclive ou même légèrement excavé en avant ; creusé en arrière d'une fossette hastée, profonde, à fond brillant. *Hanches antérieures* rugueuses, planes ou à peine subconcaves en avant ; angulées sur les côtés. *Lame des hanches postérieures* légèrement dilatée à son milieu. 1er et 2e *Segments ventraux* grands, subégaux : le 1er presque droit ou faiblement bissinué à son bord apical : les 3e et 4e moins grands, subégaux : le dernier assez développé, obtusément tronqué au sommet.

Pieds peu allongés, assez grêles, finement pubescents, ferrugineux. *Cuisses* le plus souvent rembrunies, faiblement renflées à leur milieu, assez fortement rainurées en dessous, au moins dans leur moitié postérieure. *Tibias* assez grêles, presque droits ou faiblement recourbés en dehors à leur sommet. *Tarses* suballongés, légèrement et graduellement épaissis vers leur extrémité, sensiblement plus courts que les tibias ; à 1er article assez allongé : le 2e un peu oblong, obconique : le 3e plus court, cordiforme : le 4e assez profondément bilobé : le dernier épais ; les postérieurs ne paraissant pas plus longs que les autres.

Patrie : Cette espèce habite toute la France, les environs de Lyon, le Beaujolais, la Bourgogne, la Bresse, le Dauphiné, le Mont-Pilat, etc. On la prend en battant les chênes, les saules, les aubépines et divers autres arbres ou arbrisseaux.

Obs. Cette espèce diffère de l'*A. domesticum*, Fourc., par son métasternum seulement déclive à sa partie antérieure, au lieu d'être profondément excavé jusqu'au milieu de sa longueur. Elle s'en distingue en outre par sa couleur plus noire et fuligineuse; par ses antennes un peu moins longues; par son prothorax plus étroitement et plus brusquement gibbeux sur son disque, à bord apical le plus souvent sinué ou subentaillé à son milieu, à arête inférieure non ou à peine interrompue à la rencontre du lobe prosternal; par ses élytres moins arrondies au sommet; par les intervalles des stries jamais alternativement subconvexes à leur base; par ses cuisses ordinairement plus obscures; par ses tarses plus sensiblement épaissis vers leur extrémité, etc.

Les pieds sont quelquefois entièrement ferrugineux, et plus rarement les élytres sont aussi de cette dernière couleur (*A. rufipenne*, Dufts.).

C'est peut-être à cette espèce qu'on doit rapporter les *A. punctatum*, de Geer (Inst. t. IV, p. 230, 3), et *morio* Villa (Col. Eur. Cat., p. 48, 51, 1835)? Mais les descriptions, laissant beaucoup à désirer, ne permettent pas de reconnaître l'insecte, et peuvent aussi bien s'appliquer aux variétés obscures de l'*A. domesticum.*

Sa larve a été signalée par M. Perris (*Ann. Soc. ent.*, 1852, p. 632).

ee. *Elytres* distinctement tronquées au sommet. 1er *Segment ventral* fortement bissinué à son bord apical. *Corps* entièrement grisâtre par l'effet de la pubescence.

6. **Anobium fagicola.**

Très-allongé, subcylindrique, densement revêtu d'une pubescence grisâtre et tomenteuse; d'un noir brun, avec les palpes testacés, les antennes, le sommet du prothorax, le calus huméral et les pieds d'un roux-ferrugineux. Tête et prothorax densement et finement granulés. Front large, subgibbeux à sa partie antérieure. Prothorax suboblong, médiocrement rétréci en avant, comprimé près des angles antérieurs; flexueux et à peine réfléchi sur les côtés, avec les angles antérieurs subaigus, les postérieurs obliquement et subsinueusement tronqués; tronqué à la base et biimpressionné de chaque côté à celle-ci; élevé à la partie postérieure de son disque en un tubercule triangulaire et obsolètement canaliculé. Elytres allongées, subparallèles, distinctement tronquées au sommet, striées-ponctuées, avec les intervalles presque plans, obsolètement chagrinés. Antennes peu allongées, à 2e et 3e articles subégaux. Tarses allongés, légèrement épaissis vers leur extrémité, à 1er article suballongé.

Anobium fagi. Mulsant et Rey, Opusc. Ent. t. XIII. p. 72 (1863).
Anobium fagicola. (Chevrolat), *in* collect.

Var. a. *Dessus du corps* d'un châtain ferrugineux.

Long. 0m,0045 à 0m,0061 (2 l. à 2 l. 3/4). — Larg. 0m,0015 à 0m,0018 (2/3 4/5).

♂ *Les trois derniers articles des Antennes* aussi longs, pris ensemble, que le reste de l'antenne; les 9e et 10e allongés, très-faiblement arrondis et dilatés à leur tranche interne, égalant, pris ensemble, les 6 précédents réunis : le dernier étroit, sublinéaire, subacuminé au sommet. 5e *Segment ventral* transversalement impressionné avant son extrémité.

♀ *Les trois derniers articles des Antennes* un peu plus courts, pris ensemble, que le reste de l'antenne; les 9e et 10e oblongs, sensiblement dilatés et arrondis à leur tranche interne : le dernier légèrement arrondi en dedans, fusiforme, acuminé au sommet. 5e *Segment ventral* simple.

Corps très-allongé, subcylindrique, entièrement grisâtre par l'effet d'une pubescence très-serrée, brillante, tomenteuse et cendrée.

Tête transversale, passablement infléchie, fortement engagée dans le prothorax, plus étroite que celui-ci; longitudinalement assez convexe; finement granulée; d'un noir brunâtre et subopaque; finement et densement pubescente. *Arêtes génales* fines et peu saillantes. *Epistome* à peine distinct, ruguleux, un peu brillant, séparé du front par une ligne arquée, très-fine et à peine visible. *Labre* obscur, densement cilié à son sommet. *Mandibules* d'un ferrugineux obscur, avec l'extrémité noire, lisse et brillante. *Palpes* testacés (1), avec les autres *parties de la bouche* ferrugineuses. *Yeux* assez grands, subarrondis ou faiblement subsinués à leur côté inféro-interne, peu saillants, noirs.

Antennes peu allongées, dépassant sensiblement la base du prothorax; finement pubescentes avec les articles intermédiaires légèrement pilosellés en dedans; d'un roux ferrugineux; à 1er article oblong, arqué, sensiblement épaissi : le 2e beaucoup moindre, oblong, faiblement renflé : le 3e plus grêle, oblong, obconique, aussi long que le précédent : les 4e à 8e à peine transversaux, graduellement un peu plus courts : les 3 derniers grands, plus (♂) ou moins (♀) allongés, faiblement comprimés, sensiblement plus épais que les précédents, formant une massue lâche et un peu tranchée : le dernier plus long que le 10e.

Prothorax un peu plus long que large, un peu plus étroit que les élytres à sa base; à *arête inférieure* très-légèrement interrompue à la rencontre du lobe latéral du prosternum; assez fortement prolongé sur la tête en forme de capuchon arrondi; à bord apical légèrement sinué au dessus des yeux et obsolètement subéchancré à son milieu; paraissant, vu de dessus, sensiblement rétréci en avant, assez dilaté en arrière et faiblement sinué avant le milieu sur les côtés qui sont à peine réfléchis, fortement déclives d'arrière en avant et évidemment flexueux vus latéralement; comprimé au dessus des angles antérieurs qui sont aigus, un peu émoussés au sommet et fortement infléchis, avec les postérieurs obliquement, assez largement et à peine subsinueusement coupés; tronqué et obtusément rebordé à la base; fortement déclive à sa partie antérieure à partir du tiers postérieur; élevé en arrière sur son disque en un tubercule triangulaire, fortement comprimé latéralement, prolongé en arrière à son milieu jusque près de la base en carène déclive, à surface supérieure assez étroite, faiblement voûtée, marquée d'une fine ligne enfoncée, quelquefois obsolète, non prolongée jusqu'au bord apical; creusé de chaque côté vers la base de deux larges fossettes ou impressions assez profondes : l'une grande, subarrondie, le

---

(1) Dans cette espèce le dernier article des palpes est légèrement élargi et tronqué au sommet.

long de la carène : l'autre un peu moindre mais un peu plus forte, subtransversale, située au devant du calus huméral ; densement et finement granulé ; d'un noir brunâtre avec le sommet plus ou moins ferrugineux ; densement revêtu d'une pubescence soyeuse qui le fait paraître entièrement grisâtre.

Ecusson presque carré, un peu rétréci et subarrondi postérieurement, entièrement recouvert d'une pubescence grisâtre, très-serrée et tomenteuse.

Elytres très-allongées, quatre fois plus longues que le prothorax, subparallèles sur les côtés, distinctement tronquées au sommet où leur pourtour est sensiblement épaissi en forme de bourrelet ; légèrement convexes sur le dos ; d'un brun noirâtre avec le calus huméral plus ou moins ferrugineux ; densement revêtues d'une pubescence soyeuse qui les fait paraître entièrement d'un gris quelquefois un peu jaunâtre ; creusées chacune de 11 stries ponctuées, peu profondes : la 1re juxta-scutellaire, oblique, quelquefois confuse et comme géminée en avant, à peine prolongée jusqu'au 6e de la longueur : les autres un peu plus fortement ponctuées, très-confuses à leur extrémité (1) : les internes faiblement défléchies en dehors à leur base à partir du 5e de leur longueur. *Intervalles* presque plans, densement et obsolètement chagrinés ; le sutural, les 3e, 5e, 8e et 9e plus ou moins épaissis ou subcalleux à leur extrémité. *Epaules* assez saillantes, arrondies, à lobe inférieur à peine prononcé.

Dessous du corps assez convexe, très-finement et densement soyeux ; obscur ; opaque, rugueux et obsolètement granulé sur le postpectus : un peu brillant, très-finement et densement pointillé sur le ventre qui est, en outre, parsemé d'une granulation très-obsolète, très-aplatie ou réduite à des points lisses. *Prosternum* non carinulé. *Mésosternum* assez largement tronqué au sommet. *Métasternum* sensiblement déclive ou

(1) Quoique les stries soient confuses à leur sommet, on reconnaît toujours, au moyen des intervalles, la disposition des quatre externes qui se recourbent en dedans avant leur extrémité dans la direction de l'angle sutural, et refoulent ainsi les internes, qui s'arrêtent avant le sommet.

subconcave en avant, creusé en arrière d'un sillon profond ou fossette longitudinale, allongée. *Hanches antérieures* rugueuses, planes en avant, arrondies ou très-obtusément angulées sur les côtés. *Lame des Hanches postérieures* légèrement dilatée à son milieu. *1er et 2e Segments ventraux* grands, subégaux : le 1er sensiblement prolongé au milieu de son bord apical : les 3e et 4e moins grands, subégaux : le dernier assez développé, obtusément tronqué au sommet.

Pieds assez allongés, assez grêles, finement pubescents, d'un roux ferrugineux. *Cuisses* non ou à peine renflées à leur milieu, légèrement rainurées en dessous à leur sommet. *Tibias* assez grêles, faiblement recourbés en dehors à leur extrémité. *Tarses* allongés, légèrement et graduellement épaissis vers leur sommet, sensiblement plus courts que les tibias; à 1er article suballongé : le 2e obconique : le 3e plus court, subcordiforme : le 4e assez profondément bilobé : le dernier épais : les postérieurs un peu plus développés que les autres.

Patrie : Cette espèce se trouve sur le hêtre dans nos localités montueuses. Elle n'est pas bien rare au Mont-Pilat, en mai et juin.

Obs. Elle se distingue de toutes les autres par son aspect cendré, dû à une pubescence très-serrée et grisâtre. Elle est aussi proportionnellement plus allongée que ses voisines; les antennes sont un peu plus courtes, et les pieds un peu plus longs.

Les élytres sont quelquefois entièrement ferrugineuses sous le duvet qui les couvre.

bb. *Mésosternum* simple, faiblement excavé.

f. *1er et 2e Segments ventraux* grands, subégaux. *Lame des hanches postérieures* obtusément angulée à son milieu. *Mandibules* avec un relief oblique à leur base. 3e *article des Antennes* sensiblement plus court que le 2e. *Elytres* distinctement tronquées au sommet.

7. Anobium nitidum; Herbst.

Allongé, subcylindrique, à peine pubescent, densement et finement granulé, subopaque, subfuligineux, d'un noir brun avec les palpes testacés, le sommet du prothorax, les épaules, les antennes et les pieds ferrugineux. Front large, légèrement gibbeux à sa partie antérieure. Prothorax pas plus long que large, assez fortement rétréci en avant, subcomprimé près des angles antérieurs; flexueux et à peine réfléchi sur les côtés, avec les angles antérieurs aigus et les postérieurs obliquement et sinueusement tronqués; tronqué à la base et biimpressionné de chaque côté à celle-ci; élevé à la partie postérieure de son disque en un tubercule triangulaire et finement canaliculé. Elytres allongées, subparallèles, distinctement tronquées au sommet, striées-ponctuées, avec les intervalles presque plans, très-finement granulés. Antennes suballongées, à 3e article plus court que le 2e. Tarses suballongés, très-légèrement épaissis vers leur extrémité; à 1er article assez allongé.

Anobium nitidum. HERBST, Kæf. t. V. p. 62. 9. tab. 47. fig. 10. i. — STURM, Deuts. Faun. t. XI. p. 112. 6. tab. 240, fig. B. — REDTENB., Faun. Austr. 2e éd. p. 565.

Var. a. *Tête* et *Prothorax* obscurs. *Elytres* ferrugineuses.

Var. b. *Tout le corps*, moins les yeux, d'un roux ferrugineux.

Long. 0m,0033 à 0m,0051 (1 l. 1/2 à 2 l. 1/2). — Larg. 0m,0010 à 0m,0018 (1/2 à 4/5).

♂ *Les* 3 *derniers articles des Antennes* beaucoup plus longs, pris ensemble, que le reste de l'antenne : les 9e et 10e, pris ensemble, aussi longs au moins que tous les précédents réunis : le 9e seul égalant les 6 précédents réunis : le dernier étroit, subparallèle sur ses tranches obtusément acuminé au sommet.

♀ *Les* 3 *derniers articles des Antennes* un peu plus longs, pris ensemble, que le reste de l'antenne : les 9e et 10e, pris ensemble, égalant les 7 précédents réunis : le 9e seul à peine plus long que les 4 précédents réunis : le dernier légèrement arrondi à sa tranche interne, acuminé au sommet.

Corps allongé, subcylindrique, d'un noir brunâtre et subopaque.

avec les épaules ferrugineuses; revêtu d'une pubescence très-courte et subfuligineuse.

Tête transversale, passablement infléchie, assez fortement engagée dans le prothorax, sensiblement plus étroite que celui-ci, longitudinalement assez convexe, très-finement et densement granulée, d'un brun noirâtre et subopaque, très-finement et à peine pubescente. *Arêtes génales* obliques, peu saillantes. *Epistome* assez lisse et assez brillant, obliquement coupé sur les côtés, légèrement rebordé à son bord antérieur, séparé du front par une suture faiblement arquée, mais bien distincte. *Labre* ferrugineux assez densement cilié à son sommet. *Mandibules* ferrugineuses, avec l'extrémité noire, lisse et brillante. *Palpes* testacés, à dernier article oblong, très-obliquement et obtusément tronqué au sommet. *Yeux* grands, subarrondis ou à peine sinués à leur côté inféro-interne, assez saillants, noirs.

Antennes suballongées, dépassant de beaucoup la base du prothorax, finement pubescentes, avec les articles intermédiaires légèrement pilosellés intérieurement, d'un roux ferrugineux; à 1er article oblong, arqué, légèrement épaissi : le 2e beaucoup moindre, assez allongé, faiblement renflé : le 3e obconique, plus grêle et sensiblement plus court que le précédent : les 4e à 8e subtransversaux, graduellement un peu plus courts : les 3 derniers grands, plus (♂) ou moins (♀) allongés, légèrement comprimés, sensiblement plus épais que les précédents, formant une massue lâche et un peu tranchée : le dernier plus long que le 10e.

Prothorax pas plus long que large, un peu plus étroit que les élytres; à *arête inférieure* subinterrompue à la rencontre du lobe latéral du prosternum, médiocrement prolongé sur la tête en forme de capuchon largement arrondi, à bord apical faiblement sinué au-dessus des yeux, paraissant, vu de dessous, assez fortement rétréci en avant, notablement élargi en arrière et sensiblement sinué vers le milieu sur les côtés qui sont à peine réfléchis, fortement déclives d'arrière en avant et évidemment flexueux vus latéralement; subcomprimé vers les angles antérieurs qui sont aigus et fortement infléchis, avec les postérieurs obliquement, assez largement et sinueusement coupés; tronqué et finement rebordé à la base, fortement déclive à sa partie antérieure à partir du tiers postérieur; élevé en arrière sur son disque en un tubercule triangulaire, latéralement comprimé, prolongé en arrière à son milieu en carène courte et déclive, à surface supérieure assez étroite, presque plane, marquée d'une ligne enfoncée, assez profonde sur le tubercule même et prolongée antérieurement d'une manière plus ou moins obsolète jusqu'au bord apical qu'elle entaille quelquefois légèrement; creusé de chaque côté vers la base de deux larges fossettes ou impressions assez profondes : l'une oblique et oblongue, le long de la carène : l'autre transversale sur les côtés, le long du bord postérieur; finement et densement granulé, à peine pubescent; d'un noir brun, subopaque, avec le bord apical plus ou moins ferrugineux et un peu brillant.

Ecusson trapéziforme, subarrondi en arrière, finement chagriné, d'un brun obscur à peine pubescent.

Elytres allongées, trois fois et demie plus longues que le prothorax, subparallèles sur les côtés, distinctement tronquées au sommet, légèrement convexes sur le dos et subdéprimées derrière l'écusson; d'un brun obscur et subopaque, avec les épaules plus ou moins ferrugineuses, creusées chacune de 11 stries assez grossièrement et assez fortement ponctuées, mais peu profondes : la 1re juxta-scutellaire, oblique, souvent confuse et comme géminée en avant, prolongée seulement jusqu'au 6e environ de la longueur; les internes sensiblement flexueuses antérieurement : les 4 externes se recourbant assez brusquement en dedans avant leur extrémité pour aller obscurément se réunir une à une vers l'angle sutural (les 7e et 10e enclosant les 8e et 9e), et refoulant ainsi les internes qui s'arrêtent bien avant le sommet et sont plus ou moins réunies par paires, chacune avec sa voisine (1) : les 1re et 2e plus prolongées que les suivantes. *Intervalles* presque plans, très-finement et très-légèrement granulés, revêtus d'une pubescence très-courte, à peine visible, subfuligineuse. *Epaules* assez saillantes, arrondies, à lobe inférieur à peine prononcé.

(1) Quelquefois cependant la 1re ou suturale et la 4e sont réunies et enclosant ainsi les 2e et 3e. Mais, comme nous l'avons déjà dit, la disposition des stries internes n'est pas absolue.

Dessous du corps assez convexe, très-finement pubescent, d'un noir de poix assez brillant, avec le ventre souvent roussâtre à son extrémité. *Postpectus* densement et rugueusement ponctué, avec le milieu du métasternum un peu moins rugueux. *Ventre* très-finement, très-légèrement et densement ponctué et, en outre, obsolètement, éparsement et finement granulé sur les côtés. *Dessous de la tête* ferrugineux, fortement ponctué sur les côtés, lisse et brillant sur son milieu (1). *Prosternum* non carinulé. *Mésosternum* presque plan ou à peine concave, à lame médiane assez rétrécie et tronquée au sommet. *Métasternum* légèrement déclive en avant, creusé sur toute sa longueur d'un sillon très-léger, mais transformé postérieurement en une profonde fossette ovalaire ou oblongue. *Hanches antérieures* rugueuses et planes en avant, subangulées sur les côtés. *Lame des Hanches postérieures* obtusément angulée à son milieu. 1er et 2e *Segments ventraux* grands, subégaux : le 1er légèrement bissinué à son bord apical : les 3e et 4e assez courts, subégaux : le dernier assez développé, obsolètement tronqué ou largement arrondi au sommet.

Pieds peu allongés, assez grêles, finement pubescents, d'un rouge ferrugineux. *Cuisses* à peine renflées à leur milieu, légèrement rainurées en dessous dans leur moitié postérieure *Tibias* assez grêles, faiblement recourbés en dehors à leur sommet. *Tarses* suballongés, très-légèrement épaissis vers leur extrémité, un peu plus courts que les tibias; à 1er article assez allongé; le 2e un peu oblong, obconique; le 3e plus court, triangulaire ou cordiforme; le 4e assez profondément bilobé; le dernier assez épais; les postérieurs un peu plus longs que les autres.

Patrie : Cette espèce, assez rare en France, préfère les contrées sep-

(1) Dans toutes les espèces du genre les côtés du dessous de la tête (ou les tempes) sont assez grossièrement ponctués. Le milieu occupé par les pièces basilaires est toujours plus ou moins lisse et brillant chez tous les Térédiles. Ces caractères du dessous de la tête, n'étant visibles que lorsque celle-ci est relevée, ne sont du reste pas d'une grande importance pour la séparation des espèces; aussi négligerons-nous de les mentionner.

tentrionales et orientales (Montagnes du Lyonnais, du Beaujolais, environs de Cluny, etc.).

Obs. Elle est facile à confondre avec l'*A. fulvicorne*, Sturm. Outre le caractère du *mésosternum* qui est à peine excavé et presque plan, elle s'en distingue par le 3e article des antennes qui est sensiblement plus court que le 2e, par le prothorax moins distinctement canaliculé, à impressions plus profondes, à granulation un peu moins fine et un peu moins serrée sur les côtés, et à bord antérieur toujours ferrugineux, par ses élytres légèrement déprimées à la base, à stries un peu plus grossièrement ponctuées, à épaules ferrugineuses. Enfin le dessus du corps est un peu moins noir et moins opaque, et le dessous plus brillant, avec le métasternum moins déclive et non subexcavé antérieurement à son milieu.

Les élytres et quelquefois tout le corps sont plus ou moins ferrugineux.

L'*A. nitidum*, Gyll. (Ins. suec. t. IV, p. 325) nous paraît plutôt devoir se rapporter à l'*A. fulvicorne*, Sturm. Car le célèbre auteur suédois dit d'une part : « *Femora tamen interdùm obscuriora, subinfuscata* » ; et d'autre part : « *Nomen A. nitidum, per confusionem, ut videtur, ortum, minimè huic speciei competit, nam corpus totum opacum, obscurum.* » Les deux caractères, clairement exprimés par ces deux phrases, ne peuvent convenir à l'*A. nitidum*, mais bien au *fulvicorne*, Sturm.

ff. 1er *Segment ventral* court, très-faiblement bissinué à son bord apical, les 2e *et* 3e grands, subégaux. *Lame des hanches postérieures* distinctement angulée à son milieu. *Mandibules* sans relief oblique à leur base. 3e *article des Antennes* un peu plus court que le 2e. *Elytres* assez largement arrondies au sommet.

8. **Anobium emarginatum**. Duftschmidt.

Allongé, subcylindrique, assez densement et finement pubescent, opaque, d'un roux ferrugineux, avec les antennes un peu plus claires, les palpes testacés, et les yeux seuls noirs. Tête et prothorax finement granulés. Front large, légèrement convexe. Prothorax suboctogone, subcomprimé près des angles antérieurs; presque droit et médiocrement réfléchi sur les côtés, avec les angles antérieurs presque droits, et les postérieurs obliquement échancrés; tronqué à la base et largement impressionné de chaque côté à celle-ci; élevé à la partie postérieure du disque en un tubercule en losange transversal, excavé à son milieu et obsolètement sillonné en avant. Elytres allongées, subparallèles, assez largement arrondies au sommet, striées-ponctuées avec les intervalles subconvexes et finement chagrinés, et le lobe huméral strié. Antennes suballongées, à 3e article un peu plus court que le 2e. Tarses allongés, légèrement épaissis à leur extrémité, à 1er article allongé. Ventre largement impressionné à sa partie postérieure.

Anobium emarginatum. DUFTSCH., Faun. Austr. t. III. p. 54. 13. — STURM., Deuts. Faun. t. XI. p. 119. 10. tab. 241. fig. A. — REDTENB., Faun. Austr. 2e éd. p. 565.

Long. 0m,0051 (2 l. 1/4). — Larg. 0m,0015 (2/3).

♂ Les 3 *derniers articles des Antennes* sensiblement plus longs, pris ensemble, que le reste de l'antenne : les 9e et 10e suballongés, pris ensemble, aussi longs que les 7 précédents réunis : le dernier étroit, subrectiligne à sa tranche interne, obtusément acuminé au sommet.

♀ Les 3 *derniers articles des Antennes* beaucoup plus courts, pris ensemble, que le reste de l'antenne : les 9e et 10e oblongs, pris ensemble, plus courts que les 6 précédents réunis, sensiblement plus dilatés intérieurement que dans le ♂ : le dernier sensiblement arrondi sur ses tranches, fusiforme, acuminé au sommet.

Corps allongé, subcylindrique, d'un roux ferrugineux, souvent assez densement revêtu d'une pubescence soyeuse et d'un gris jaunâtre.

Tête transversale, infléchie, assez fortement engagée dans le prothorax, beaucoup plus étroite que celui-ci, finement granulée, opaque, d'un ferrugineux plus ou moins obscur; finement pubescente. *Front* large, légèrement convexe. *Arêtes génales* peu saillantes. *Epistome* obscur, un peu brillant, finement rugueux, séparé du front par une ligne arquée, très-fine et à peine visible. *Mandibules* d'un ferrugineux obscur, avec l'extrémité noire, lisse et brillante. *Palpes* testacés avec les autres *parties de la bouche* ferrugineuses. *Yeux* assez grands, subarrondis ou à peine sinués au devant de l'insertion des antennes, assez saillants, noirs.

Antennes suballongées, dépassant plus (♂) ou moins (♀) fortement la base du prothorax ; finement pubescentes avec les articles intermédiaires légèrement pilosellés en dedans, d'un roux ferrugineux quelquefois assez clair ; à 1er article en massue arquée, sensiblement épaissi au sommet : le 2e beaucoup moindre, suballongé, faiblement renflé : le 3e plus grêle, oblong, obconique, un peu plus court que le précédent : les 4e à 8e obconiques mais non transversaux : les 3 derniers grands, plus (♂) ou moins (♀) allongés, légèrement comprimés, plus épais que les précédents, formant une massue lâche et assez tranchée : le dernier plus long que le 10e.

Prothorax pas plus long que large, sensiblement plus étroit que les élytres; à *arête inférieure* distinctement interrompue à la rencontre du lobe latéral du prosternum; légèrement prolongé, sur la tête, en forme de capuchon largement arrondi; à bord apical légèrement sinué au dessus des yeux; paraissant, vu de dessus, presque octogone, avec la partie antérieure largement arrondie, les côtés tronqués, faiblement dilatés en avant, sensiblement réfléchis, fortement déclives d'arrière en avant et presque droits vus latéralement; subcomprimé vers les angles antérieurs qui sont droits, légèrement arrondis à leur sommet et infléchis, avec les postérieurs obliquement et largement échancrés; tronqué et très-finement rebordé à la base; assez fortement déclive à sa partie antérieure à partir du milieu; élevé à la partie postérieure de son disque en un tubercule en forme de losange transversal, peu saillant, prolongé en arrière en carène courte, à surface supérieure plus ou moins excavée, à arête postérieure bissinuée; très-obsolètement sillonné en avant; creusé de chaque côté vers la base d'une large impression s'étendant depuis le bord latéral jusqu'à la carène dorsale; finement et distinctement granulé; opaque; d'un ferrugineux plus ou moins obscur; revêtu d'une fine pubescence cendrée, assez serrée.

Ecusson presque carré, un peu rétréci postérieurement, rugueux, pubescent, d'un ferrugineux plus ou moins obscur.

Elytres allongées, plus de quatre fois plus longues que le prothorax, subparallèles sur les côtés, assez largement arrondies au sommet ; légèrement convexes sur le dos ; opaques ; d'un ferrugineux plus ou moins obscur ; densement revêtues d'une pubescence soyeuse, d'un cendré jaunâtre ; creusées chacune de 11 stries ponctuées, peu profondes : la 1re juxta-scutellaire, oblique, recourbée en crosse en dedans à la base, à peine prolongée jusqu'au 6e de la longueur : les autres plus fortement ponctuées et assez confuses à leur extrémité : les internes sensiblement fléchies en dehors antérieurement à partir du quart de leur longueur : les 4 externes se recourbant en arrière pour aller se réunir confusément une à une vers l'angle sutural (les 7e et 10e enclosant les 8e et 9e), et refoulant ainsi les internes qui sont plus ou moins raccourcies et réunies postérieurement par paires. *Intervalles* très-légèrement convexes et finement chagrinés. *Epaules* assez saillantes, arrondies, à lobe inférieur assez prononcé et creusé d'une 12e strie assez distinctement ponctuée.

Dessous du corps assez convexe, assez densement et finement pubescent, d'un ferrugineux plus ou moins obscur; opaque et rugueusement granulé sur le *Postpectus* ; assez brillant, très-finement et très-obsolètement ponctué sur le *Ventre* qui est, en outre, parsemé de points un peu plus gros et plus évidents, avec les 1er et dernier segments et les côtés du 4e plus mats, plus rugueux et plus ou moins granulés. *Prosternum* non carinulé, triangulairement échancré et cilié au sommet. *Mésosternum* presque plan ou à peine concave, légèrement granulé, à lame médiane assez rétrécie et tronquée à son extrémité. *Métasternum* déclive en avant, creusé en arrière d'un sillon ou fossette allongée et profonde. *Hanches antérieures* subconvexes en avant, non dilatées sur les côtés. *Lame des Hanches postérieures* sensiblement angulée à son milieu. *2e et 3e Segments ventraux* grands, subégaux : les 4e et 1er courts : celui-ci et le suivant légèrement sinués sur les côtés de leur bord apical : les 3e et 4e brusquement recourbés en arrière sur les côtés de leur bord postérieur : le 4e creusé à son milieu d'une large impression peu profonde, empiétant sur l'extrémité du 3e et la base du 5e : celui-ci assez développé, assez fortement arrondi au sommet.

Pieds peu allongés, un peu robustes, très-finement chagrinés, finement pubescents, d'un roux ferrugineux. *Cuisses* assez atténuées à leur base, légèrement renflées à leur milieu, distinctement rainurées en dessous sur presque toute leur longueur. *Tibias* assez robustes, sensiblement recourbés ou angulés en dehors à leur sommet, au moins les 4 antérieurs. *Tarses* allongés, très-légèrement épaissis vers leur extrémité, un peu plus courts que les tibias; à 1er article allongé : le 2e oblong, obconique : le 3e plus court, triangulaire : le 4e à peine bilobé : le dernier assez épais : les postérieurs un peu plus développés que les autres.

Patrie : Cette espèce rare se rencontre dans les Alpes, sur les sapins.

Obs. Elle est remarquable par la forme presque octogone de son prothorax dont les angles postérieurs sont plus largement et plus distinctement échancrés que dans toute autre; par son lobe huméral distinctement strié; par la lame des hanches postérieures sensiblement angulée à son milieu; par son ventre impressionné avant son extrémité, à 4e segment plus court que le 3e.

AA. *Lame médiane du Prosternum* prolongée et rétrécie en pointe mousse, ainsi que celle du *Mésosternum*. *1er et 2e Segments ventraux* assez grands, subégaux. *Lame des Hanches postérieures* obtusément subangulée à son milieu. *Mndibules* sans relief sensible à leur base. *Tarses* allongés.

9. **Anobium rufipes**. Fabricius.

Très-allongé, cylindrique, brièvement pubescent, finement granulé, opaque, d'un brun châtain, avec les palpes testacés, les antennes et les pieds d'un roux ferrugineux. Front large, légèrement convexe. Prothorax subtransversal, plus étroit en avant, subexcavé près des angles antérieurs, subflexueux et assez fortement réfléchi sur les côtés, avec les angles antérieurs subaigus et les postérieurs obliquement et obtusément tronqués; subtronqué à la base et transversalement impressionné de chaque côté de celle-ci; élevé à la partie postérieure du disque en un tubercule obtus, triangulaire et obsolètement canaliculé à son milieu. Ecusson oblong

Elytres allongées, parallèles, arrondies au sommet, striées-ponctuées, avec les intervalles subconvexes et finement chagrinés. Antennes peu allongées, à 2e et 3e articles subégaux. Tarses allongés, sublinéaires, à 1er article allongé.

Anobium rufipes. Fabricius, Syst. Eleut. t. I. p. 322. 4.
Anobium elongatum. Paykull, Faun. suec. t. I. p. 303. 1.
Anobium castaneum. Herbst, Kæf. t. V. p. 64. 11. pl. XLVII. fig. 11. 1. L.
Anobium rufipes. Gyllenhal, Ins. suec. t. I. p. 289. 2. — Sturm, Deuts. Faun. t. XI. p. 108. 4. — Redtenb., Faun. Austr. 2e éd. p. 564.

Var. a. *Tout le corps*, moins les yeux, d'un châtain clair.

Anobium cinnamomeum. Sturm, Deuts. Faun. t. XI. p. 115. pl. CCXL. fig. D. d.

♂ *Les deux avant-derniers articles des Antennes* allongés, subrectilignes à leur tranche interne, au moins aussi longs, pris ensemble, que le reste de l'antenne: le dernier étroit, rectiligne à sa tranche interne, subacuminé au sommet.

♀ *Les deux avant-derniers articles des Antennes* oblongs, sensiblement dilatés à leur tranche interne, un peu plus courts, pris ensemble, que le reste de l'antenne : le dernier légèrement arrondi à sa tranche interne, subfusiforme, acuminé au sommet.

Corps très-allongé, cylindrique, d'un châtain obscur, revêtu d'une pubescence très-courte, un peu jaunâtre.

Tête transversale, infléchie, passablement engagée dans le prothorax, sensiblement plus étroite que celui-ci ; finement granulée ; opaque, d'un châtain obscur ; finement et légèrement pubescente. *Arêtes génales* peu saillantes. *Epistome* lisse en avant, finement rugueux ou ridé en arrière, séparé du front par une ligne très-fine et faiblement biarquée. *Labre* ferrugineux, densement cilié à son sommet. *Mandibules* ferrugineuses, avec l'extrémité rembrunie, lisse et brillante. *Palpes* testacés, avec les autres *parties de la bouche* ferrugineuses. *Yeux* assez grands, subarrondis, assez saillants, noirs ou brunâtres.

Antennes peu allongées, dépassant plus (♂) ou moins (♀) sensiblement la base du prothorax ; finement pubescentes et légèrement pilosellées intérieurement ; d'un roux ferrugineux ; à 1er article en massue arquée et passablement épaissie : les 2e et 3e beaucoup moindres, subégaux : le 2e un peu plus long que large, passablement renflé : le 3e plus grêle, oblong, obconique : les 4e à 8e fortement contigus et transversaux, graduellement un peu plus courts : les 3 derniers plus (♂) ou moins (♀) allongés, sensiblement comprimés, bien plus épais que les précédents, formant une massue lâche et assez tranchée : le dernier plus long que le 10e.

Prothorax légèrement transversal, un peu plus étroit que les élytres; à *arête inférieure* subinterrompue à la rencontre du lobe latéral du prosternum ; légèrement prolongé sur la tête en forme de capuchon obtusément arrondi ; à bord apical à peine subsinué au dessus des yeux, quelquefois faiblement subéchancré à son milieu ; paraissant, vu de dessus, sensiblement rétréci en avant, passablement dilaté à la base et légèrement sinué avant le milieu sur les côtés qui sont assez fortement réfléchis, fortement déclives d'arrière en avant et légèrement flexueux vu latéralement ; comprimé ou même subexcavé au dessus des angles antérieurs qui sont droits ou un peu aigus, quelquefois légèrement émoussés au sommet et fortement infléchis, avec les postérieurs assez relevés, obliquement et obtusément coupés ; obtusément tronqué et à peine rebordé à la base ; assez fortement déclive à sa partie antérieure à partir du tiers postérieur ; élevé en arrière sur son disque en une gibbosité triangulaire, étroite, obtuse, prolongée en arrière en carène obsolète, à surface supérieure voûtée et marquée d'une ligne enfoncée très-fine plus ou moins obsolète, non prolongée jusqu'au bord apical ; creusé de chaque côté vers la base d'une large impression transversale, graduellement rétrécie et plus profonde de dedans en dehors et s'étendant depuis les bords latéraux jusqu'à la carène médiane ; finement et assez densement granulé ; opaque ; d'un châtain obscur ; revêtu d'une pubescence fine et assez distincte.

Ecusson oblong, plus ou moins rétréci et arrondi au sommet, finement chagriné, opaque, d'un châtain obscur, assez densement pubescent.

Elytres allongées, quatre fois plus longues que le prothorax, parallèles sur les côtés, assez fortement arrondies au sommet ; faiblement convexes sur le dos ; opaques ; d'un châtain plus ou moins obscur ; revêtues d'une fine et très-courte pubescence à peine visible ; creusées chacune de 11 stries ponctuées, assez fortes : la 1re juxta-scutellaire, oblique, confuse à la base, à peine prolongée jusqu'au 7e de la longueur : les autres plus ou moins confusément anastomosées à leur extrémité ; les internes légèrement fléchies en dehors à leur base à partir du quart de leur longueur : la suturale et la 2e un peu raccourcies et réunies antérieurement : les 5e et 6e fortement raccourcies et réunies en arrière, à moitié encloses par les 4e et 7e qui se dévient, l'une en dehors, l'autre en dedans, pour se rapprocher sans se réunir, et se continuent parallèlement pour aller se perdre dans les points confus de l'extrémité. *Intervalles* subconvexes, finement et distinctement chagrinés, quelquefois éparsement et obsolètement granulés. *Epaules* assez saillantes, largement arrondies, à lobe inférieur peu prononcé.

Dessous du corps assez convexe, densement et finement pubescent, d'un châtain plus ou moins obscur ; opaque ; rugueusement chagriné ; éparsement et obsolètement granulé sur le *Postpectus* ; assez brillant, très-finement et très-densement ponctué sur le *Ventre* qui est, en outre, éparsement et très-obsolètement granulé, avec les grains aplatis et souvent réduits à des points lisses. *Prosternum* à *lame médiane* obtusément carénée ou longitudinalement subélevée à son milieu. *Mésosternum* subconcave, terminé en pointe assez prolongée mais mousse au sommet. *Métasternum* légèrement déclive en avant, creusé en arrière d'une profonde fossette allongée, fusiforme. *Hanches antérieures* rugueuses, planes ou subdéprimées en devant, non dilatées sur les côtés. *Lame des Hanches postérieures* obtusément subangulée à son milieu. *1er et 2e Segment ventraux* grands, subégaux : le 1er très-faiblement bissinué à son bord apical : les 3e et 4e plus courts, subégaux : le dernier médiocrement développé, largement arrondi au sommet, quelquefois très-obsolètement sillonné à son milieu, au moins à la base.

Pieds médiocrement allongés, un peu robustes, finement pubescents, d'un roux ferrugineux. *Cuisses* non ou à peine renflées à leur milieu, assez distinctement rainurées en dessous à leur extrémité. *Tibias* assez robustes, légèrement recourbés en dehors à leur sommet. *Tarses* allongés, sublinéaires ou à peine plus épais à leur extrémité, un peu plus courts que les tibias, légèrement comprimés sur les côtés; les postérieurs plus développés que les autres, à 1er article notablement allongé : le 2e suballongé : les 3e et 4e non transversaux, un peu oblongs : le 3e échancré au sommet : le 4e subbilobé : le dernier légèrement épaissi à son extrémité.

Patrie : Cette espèce est assez rare en France. Elle vit principalement sur le chêne et préfère les contrées septentrionales et orientales (les Vosges), (collection Chevrolat, les Alpes, le Jura, la Bresse, etc.).

Obs. Cette espèce, qui ressemble un peu à l'*Oligomerus brunneus* d'Olivier, diffère de toutes les précédentes, outre la forme des lames médianes des pro et mésosternum, par sa forme plus allongée et plus cylindrique; par son prothorax moins fortement gibbeux, à angles postérieurs plus obtusément tronqués; par son prosternum obtusément caréné, et par ses tarses plus allongés et moins épais.

Elle semble conduire au groupe IIIe, par la forme du prothorax dont les angles postérieurs, moins distinctement tronqués, paraissent s'arrondir un peu et très-largement avec la base.

Quelquefois tout le corps est d'un ferrugineux assez clair. C'est à cette variété que nous rapportons l'*A. cinnamomeum* de Sturm.

GROUPE TROISIÈME.

Segments ventraux libres, mais *Prothorax* à côtés régulièrement arrondis. *Excavation de la poitrine* plus ou moins affaiblie. *Mandibules* sans relief à leur base. *Lame des Hanches postérieures* subangulée à son milieu.

g *Lames médianes des Pro et Mésosternum* subparallèles, largement tronquées ou subéchancrées au sommet. *Prothorax* fortement rétréci en arrière sur les côtés, à *base* subrectiligne ou à peine bissinuée et non prolongée à son milieu. *Tarses* courts et épais, à 1er article oblong. *Elytres* fortement striées (*Neobium*).

10. **Anobium** (*Neobium*) **hirtum**. Illiger.

Allongé-oblong, subparallèle, hérissé de poils gris, assez fortement granulé, subopaque, d'un roux brun, avec les palpes d'un roux testacé et les antennes ferrugineuses. Front large, assez convexe. Prothorax assez fortement transversal, beaucoup plus étroit en arrière, comprimé près des angles antérieurs; médiocrement réfléchi et fortement arrondi en avant sur les côtés, avec les angles antérieurs presque droits et les postérieurs obsolètes; obtusément tronqué à la base et transversalement impressionné de chaque côté à celle-ci: obtusément élevé et canaliculé vers le milieu de son disque. Ecusson transversal. Elytres suballongées, subdéprimées, arrondies au sommet, fortement striées-ponctuées, parées de trois bandes transversales composées de poils grisâtres, avec les intervalles légèrement convexes, finement et unisérialement granulés. Antennes assez courtes, à 3e article un peu plus court que le 2e. Tarses courts, épais, à 1er article à peine oblong.

Anobium hirtum. ILLIGER Mag. t. VI. p. 19.
Anobium villosum. BONELLI, DEJEAN, Cat. 3e éd. (1837) p. 130.

Long. 0m,0061 (2 l. 3/4). — Larg. 0m,0025 (1 l. 1/8).

♂ *Les trois derniers articles des Antennes* un peu plus ou au moins aussi longs, pris ensemble, que le reste de l'antenne : le dernier étroit, obtusément acuminé au sommet.

♀ *Les trois derniers articles des Antennes* un peu moins longs, pris ensemble, que le reste de l'antenne : le dernier fusiforme, fortement acuminé au sommet.

Corps allongé-oblong, d'un brun rougeâtre obscur, hérissé d'une villosité grisâtre, assez longue, assez serrée, légèrement inclinée en arrière, plus ou moins redressée sur les côtés.

Tête transversale, infléchie, passablement engagée dans le prothorax, beaucoup plus étroite que celui-ci, assez densement et rugueusement granulée; opaque; d'un brun rougeâtre très-obscur; densement pubescente et parée antérieurement de longs poils obscurs. *Front* large, assez convexe. *Arêtes génales* un peu saillantes. *Epistome* presque lisse, glabre et brillant, d'un brun de poix, légèrement relevé à son bord antérieur, séparé du front par une légère ligne faiblement arquée, quelquefois subinterrompue au milieu par une carène courte et obsolète. *Labre* obscur, finement cilié à son sommet. *Mandibules* longuement pilosellées, d'un ferrugineux obscur, avec l'extrémité rembrunie, lisse et brillante. *Palpes* d'un roux testacé. *Yeux* grands, subarrondis, peu saillants, noirs.

Antennes assez courtes, dépassant plus (♂) ou moins (♀) la base du prothorax; très-finement pubescentes et fortement pilosellées intérieurement; ferrugineuses avec les trois derniers articles quelquefois un peu plus obscurs; à 1er article épais, en massue arquée : le 2e beaucoup moindre, oblong, légèrement renflé : le 3e un peu plus étroit, oblong, obconique, un peu plus court que le précédent : les 4e à 8e assez épais, transversaux : les 5e et 7e paraissant un peu moins courts que ceux entre lesquels ils sont placés : les 3 derniers grands, plus (♂) ou moins (♀) allongés, faiblement comprimés, plus épais que les précédents, formant une massue lâche et un peu tranchée : le dernier un peu plus long que le 10e.

Prothorax assez fortement transversal, aussi large que les élytres à sa partie antérieure; à *arête inférieure* continue; à peine prolongé sur la tête en forme de capuchon très-obtusément et très-largement arrondi; à bord apical à peine sinué au dessus des yeux; paraissant, vu de dessus, subcyathiforme, c'est-à-dire fortement arrondi sur les côtés en avant et fortement rétréci en arrière, avec les angles postérieurs obtus, obsolètes et situés en dedans des épaules (1); assez sensiblement réfléchi sur les côtés qui sont très-fortement déclives d'arrière en avant, légèrement flexueux vus latéralement et recourbés vers la base; faiblement comprimé au dessus des angles antérieurs qui sont droits, un peu émoussés au sommet et fortement infléchis; obtusément tronqué et indistinctement rebordé à la base; très-fortement déclive à sa partie antérieure à partir du milieu; élevé vers le milieu de son disque en

(1) Cet angle, par le fait de sa situation intérieure, peut être considéré comme le bout d'une large troncature, dont l'extrémité antérieure, nullement prononcée, s'arrondit avec les côtés. Ce caractère des angles postérieurs plus ou moins largement tronqués appartient, du reste, exclusivement au genre *Anobium*, et nous a déterminés à y laisser subsister l'espèce en question ainsi que la suivante.

une gibbosité obtuse; creusé d'une ligne longitudinale enfoncée, quelquefois largement sulciforme sur la partie élevée, fine et obsolète sur le reste de sa longueur, ordinairement prolongée jusqu'au bord apical; transversalement impressionné de chaque côté à la base; assez densement et rugueusement granulé; d'un brun rougeâtre obscur et subopaque; recouvert d'une villosité grisâtre, assez longue, assez serrée, plus ou moins couchée, entremêlée, surtout sur les côtés, de poils obscurs plus ou moins redressés.

Ecusson transversal, plus ou moins arrondi en arrière, ruguleux, obscur, densement pubescent.

Elytres oblongues, un peu plus de trois fois plus longues que le prothorax, parallèles sur les côtés, arrondies au sommet; subdéprimées sur le dos; opaques; d'un brun rougeâtre obscur; hérissées d'une villosité grisâtre, assez longue, un peu inclinée, entremêlée de poils plus longs, plus raides, plus redressés et subsérialement disposés; revêtues, en outre, d'une fine pubescence couchée, condensée en trois larges bandes grisâtres, plus ou moins obsolètes: la 1re à la base: la 2e vers le milieu: la 3e à l'extrémité; creusées chacune de 11 stries assez profondes, fortement ponctuées, assez confuses en arrière: la 1re juxta-scutellaire, oblique, embrouillée à la base, à peine prolongée jusqu'au 6e de la longueur: les internes plus ou moins fléchies en dehors à leur base: les suturales et 2e un peu raccourcies et réunies en avant: les 5e et 6e fortement raccourcies et réunies en arrière, à moitié encloses par les 4e et 7e qui se dévient, l'une en dehors, l'autre en dedans, pour se rapprocher sans se réunir, et se continuent subparallèlement jusque près du sommet. *Intervalles* légèrement convexes, presque lisses, et ornés chacun d'une série régulière de grains élevés, très-petits. *Epaules* peu saillantes, arrondies, à lobe inférieur assez marqué, sensiblement replié en dessous.

Dessous du corps légèrement convexe, densement pubescent et légèrement velu, d'un brun ferrugineux obscur; opaque; densement et rugueusement granulé sur le *Postpectus*; un peu brillant, très-finement et densement ponctué sur le *ventre* qui est, en outre, éparsement et obsolètement granulé, surtout en arrière et sur les côtés. *Prosternum* non carinulé, lisse. *Mésosternum* rugueux, légèrement concave. *Métas-*

ternum à peine déclive en avant, obsolètement sillonné à sa base, fortement et profondément à sa partie postérieure. *Hanches antérieures* planes ou subdéprimées en devant, non dilatées sur les côtés. *Lame des hanches postérieures* obtusément angulée à son milieu. 2e *et* 3e *Segments ventraux* assez grands, subégaux : le 1er court, faiblement sinué au milieu de son bord apical : le 4e court : le dernier plus grand, obsolètement excavé au milieu de sa base, obtusément arrondi au sommet

Pieds peu allongés, assez robustes, très-finement chagrinés, très-finement pubescents et en outre hérissés de longs poils ; d'un brun rougeâtre obscur, avec le dernier article des tarses un peu plus clair. *Cuisses* passablement atténuées à leur base, sensiblement renflées après leur milieu, fortement rainurées en dessous sur toute leur longueur. *Tibias* robustes, faiblement arqués à leur base, longuement ciliés en dehors. *Tarses* courts et épais, beaucoup moins longs que les tibias ; à 1er article à peine oblong, obconique : le 2e un peu moins long : les 3e et 4e courts : le 4e subbilobé : le dernier très-épais ; les postérieurs à peine plus développés que les autres.

Patrie : Cette espèce se trouve dans les habitations dans presque toute la France.

Obs. Les bandes transversales de poils grisâtres, qui sont quelquefois tout à fait nulles, ne sont bien apparentes que dans les exemplaires bien frais. Ceux-ci répondent peut-être à l'*A. fasciatum*, Dufour (Exc. Ossau, 1843, p. 153).

Sa larve a été signalée par M. Perris (*Ann. Soc. ent.*, 1852, p. 632).

11. **Anobium** *(Neobium)* **tomentosum**; Mulsant et Rey.

Allongé-oblong, subparallèle, finement velu, assez finement granulé, subopaque, châtain, avec les palpes testacés, les antennes et les pieds ferrugineux. Front large, assez convexe. Prothorax assez fortement transversal, beaucoup plus étroit en arrière, subcomprimé près des angles anté-

rieurs, légèrement réfléchi sur les côtés et assez fortement arrondi en avant à ceux-ci, avec les angles antérieurs presque droits et les postérieurs obtus et subobsolètes; obtusément tronqué à la base et transversalement impressionné de chaque côté à celle-ci; obtusément élevé et obsolètement canaliculé vers le milieu de son disque. Ecusson transversal. Elytres suballongées subdéprimées, arrondies au sommet, assez fortement striées-ponctuées, simplement velues, avec les intervalles à peine subconvexes, finement et unisérialement granulés. Antennes assez courtes, à 3e article un peu plus court que le 2e. Tarses courts, assez épais, à 1er article à peine oblong.

Anobium castaneum. Oliv., Ent. t. II. n. 16. p. 7. 3. pl. I. fig. 2.
Anobium tomentosum. (Dejean) Muls. et Rey, Opusc. Ent. t. XIII p. 81 (1863).

Long. 0m,0045 (2 l.). — Larg. 0m,0018 (3/4).

♂ Les 3 *derniers articles des Antennes* un peu plus longs, pris ensemble, que le reste de l'antenne: le dernier étroit, obtusément acuminé au sommet.

♀ Les 3 *derniers articles des Antennes* un peu moins longs, pris ensemble, que le reste de l'antenne: le dernier fusiforme, fortement acuminé au sommet.

Corps allongé-oblong, d'un châtain plus ou moins clair, subopaque, revêtu d'une fine villosité grisâtre, assez couchée et à peine hérissée.

Tête transversale, infléchie, passablement engagée dans le prothorax, beaucoup plus étroite que celui-ci, assez finement granulée, d'un châtain subopaque, densement pubescente et garnie en avant de longs poils redressés et hérissés. *Front* large, assez convexe. *Arêtes génales* un peu saillantes. *Epistome* glabre, presque lisse, brillant, d'un roux de poix, séparé du front par une ligne peu sensible et légèrement arquée. *Labre* d'un ferrugineux obscur, densement cilié à son sommet. *Mandibules* longuement pilosellées, ferrugineuses, avec l'extrémité rembrunie, lisse et brillante. *Palpes* testacés. *Yeux* grands, subarrondis, peu saillants, brunâtres.

Antennes assez courtes, dépassant plus (♂) ou moins (♀) la base du prothorax, très-finement pubescentes et assez fortement pilosellées intérieurement, ferrugineuses : à 1er article épais, en massue arquée : le 2e beaucoup moindre, oblong, légèrement renflé : le 3e un peu plus étroit, oblong, obconique, un peu plus court que le précédent : les 4e à 8e assez épais, transversaux : les 5e et 7e paraissant un peu moins courts que ceux entre lesquels ils sont placés : les 3 derniers grands, plus (♂) ou moins (♀) allongés, faiblement comprimés, plus épais que les précédents, formant une massue lâche et un peu tranchée : le dernier un peu plus long que le 10e.

Prothorax assez fortement transversal, aussi large que les élytres à sa partie antérieure ; à arête inférieure subinterrompue à la rencontre du lobe latéral du prosternum ; à peine prolongé sur la tête en forme de capuchon très-obtusément et très-largement arrondi ; à bord apical à peine sinué au-dessus des yeux ; paraissant, vu de dessus, subcyathiforme, c'est-à-dire assez fortement arrondi sur les côtés en avant et fortement rétréci en arrière, avec les angles postérieurs obtus, subosolètes ou très-peu marqués, et situés en dedans des épaules ; légèrement réfléchi sur les côtés qui sont assez fortement déclives d'arrière en avant, faiblement flexueux vus latéralement et recourbés vers la base ; légèrement comprimé ou même subexcavé au-dessus des angles antérieurs qui sont droits, un peu émoussés au sommet et sensiblement infléchis ; obtusément tronqué et presque indistinctement rebordé à la base ; assez fortement déclive à sa partie antérieure à partir du milieu ; élevé vers le milieu de son disque en une gibbosité obtuse ; creusé d'une fine ligne longitudinale enfoncée, plus ou moins obsolète ; transversalement impressionnée de chaque côté à la base ; finement granulé ; d'un châtain opaque ; revêtu d'une fine pubescence d'un gris jaunâtre, couchée et serrée, entremêlée, surtout sur les côtés de poils plus longs et redressés.

Ecusson transversal, plus ou moins arrondi en arrière, rugueux, châtain, densement pubescent.

Elytres oblongues, un peu plus de trois fois plus longues que le prothorax, parallèles sur les côtés, arrondies au sommet ; subdéprimées sur le dos ; très-peu brillantes ; d'un châtain plus ou moins clair ; revêtues d'une villosité grisâtre, uniforme, assez longue et assez couchée, avec des séries régulières de poils un peu plus longs, un peu plus raides et un peu plus redressés; creusées chacune de 11 stries peu profondes, assez fortement ponctuées et plus ou moins confuses en arrière: la 1re juxta-scutellaire, oblique, confuse à la base, à peine prolongée jusqu'au 6e de la longueur: les internes plus ou moins fléchies en dehors à leur base: les suturales et 2e un peu raccourcies et réunies en avant: les 5e et 6e fortement raccourcies en arrière, à moitié encloses par les 4e et 7e qui se dévient, l'une en dehors, l'autre en dedans, pour se rapprocher sans se réunir, et se continuent subparallèlement jusque près du sommet.

Intervalles à peine subconvexes, presque lisses, et ornés chacun d'une série régulière de grains élevés, très-petits. *Epaules* peu saillantes, arrondies, à lobe inférieur assez marqué, sensiblement replié en dessous.

Dessous du corps légèrement convexe, assez velu, d'un châtain plus ou moins clair et un peu brillant: rugueusement et granuleusement ponctué sur le *Postpectus;* finement chagriné sur le *ventre* qui est en outre éparsement et très-obsolètement granulé, surtout en arrière et sur les côtés. *Prosternum* non carinulé, lisse. *Mésosternum* rugueux, légèrement concave. *Métasternum* à peine déclive en avant, obsolètement sillonné à sa base, le sillon postérieurement converti en fossette profonde, oblongue ou même courtement ovalaire. *Hanches antérieures* planes ou subconvexes en devant, non dilatées sur les côtés. *Lame des Hanches postérieures* obtusément angulée à son milieu. *2e et 3e Segments ventraux* assez grands, subégaux: le 1er court, à peine sinué au milieu de son bord apical: le 4e court: le dernier plus grand, obtusément arrondi au sommet.

Pieds peu allongés, assez robustes, très-finement chagrinés, finement pubescents et longuement pilosellés, d'un ferrugineux plus ou moins clair. *Cuisses* passablement atténuées à leur base, sensiblement renflées après leur milieu, fortement rainurées en dessous sur toute leur longueur. *Tibias* robustes, à peine arqués à leur base, longuement ciliés en dehors. *Tarses* courts et assez épais, beaucoup moins longs que les tibias: à 1er article à peine oblong, obconique: le 2e un peu moins long: les

3e et 4e courts : le 4e subbilobé : le dernier très-épais : les postérieurs un peu plus développés que les autres.

Patrie : Cette espèce se rencontre, mais un peu plus rarement, de la même manière et dans les mêmes localités que la précédente.

Obs. Cette espèce, pour nous très-douteuse, n'est peut-être qu'une variété de la précédente. Elle en diffère néanmoins par une taille un peu moins forte ; par sa couleur plus claire ; par son prothorax plus obsolètement et plus finement sillonné, moins fortement arrondi sur les côtés, à angles postérieurs un peu plus marqués ; par ses élytres sans bandes transversales distinctes, à stries moins fortement ponctuées, et à intervalles moins convexes.

gg. Lames médianes des Pro et Mésosternum brusquement rétrécies en pointe mousse. *Prothorax* fortement élargi en arrière sur les côtés, à *base* sensiblement bissinuée, prolongée à son milieu. *Tarses* assez grèles, à 1er article allongé. *Elytres* finement et légèrement striées (*Artobium*).

12. **Anobium** (*Artobium*) **paniceum** ; Linné.

Ovale-oblong, finement et densement pubescent, un peu brillant, ferrugineux, avec les palpes, les antennes et les pieds plus clairs, et les yeux seuls noirs. Tête et Prothorax finement granulés. Front large, très-légèrement convexe. Prothorax fortement transversal, beaucoup plus large à la base, à peine comprimé près des angles antérieurs ; légèrement réfléchi et assez fortement arrondi sur les côtés, avec les angles antérieurs fortement arrondis et les postérieurs subobsolètes et largement arrondis ; sensiblement bissinué à la base et largement subimpressionné de chaque côté à celle-ci, subgibbeux et obtusément carinulé à la partie postérieure de son disque. Ecusson subsémicirculaire. Elytres oblongues, légèrement convexes, arrondies au sommet, finement striées-ponctuées, avec les intervalles plans, obsolètement et unisérialement granulés. Antennes assez courtes, assez grèles, à 3e article beaucoup plus court que le 2e. Tarses peu allongés, assez grèles, à 1er article allongé.

Dermestes paniceus. LINNÉ, Syst. Nat. t. II. p. 564. 19.
Anobium paniceum. FABR., Syst. El. t. I. p. 323. 9. — OLIV., Ent. t. II. n° 16. p. 10. 8. pl. 2. fig. 9. — GYLL., Ins. suec. t. 1. p. 293. 5. — PANZER, Faun. Germ. fasc. 66. pl. VI. — STURM., Deuts. Faun. t. X. p. 135. 18. — REDTENB., Faun. Austr. 2ᵉ éd. p. 564.

Long. 0m,0022 à 0m,0042 (1 l. à 1 l. 7/8). — Larg. 0m,0011 à 0m,0022 (1/2 à 1 l.).

♂ *Les trois derniers articles des Antennes* sensiblement plus longs, pris ensemble, que le reste de l'antenne : les 9ᵉ et 10ᵉ, pris ensemble, presque aussi longs que tous les précédents réunis, légèrement dilatés intérieurement : le dernier allongé, étroit, subacuminé au sommet.

♀ *Les trois derniers articles des Antennes* un peu plus longs, pris ensemble, que le reste de l'antenne : les 9ᵉ et 10ᵉ, pris ensemble, plus courts que tous les précédents réunis, sensiblement dilatés intérieurement : le dernier fusiforme, acuminé au sommet.

Corps ovale-oblong, plus court que dans toutes les autres espèces, un peu brillant, d'un ferrugineux quelquefois assez clair, souvent assez obscur, revêtu d'une fine pubescence d'un gris fauve, plus ou moins couchée et assez serrée.

Tête transversale, très-infléchie, passablement engagée dans le prothorax, beaucoup plus étroite que celui-ci, finement et légèrement granulée, d'un roux ferrugineux assez brillant, finement pubescente. *Front* large, faiblement convexe. *Arêtes génales* légèrement arquées et un peu saillantes. *Epistome* glabre, lisse et brillant, séparé du front par une ligne à peine sensible et faiblement arquée. *Labre* d'un ferrugineux obscur, finement cilié au sommet. *Mandibules* rugueuses, ferrugineuses, avec l'extrémité noire, lisse et brillante. *Palpes* testacés avec les autres *parties de la bouche* d'un roux ferrugineux. *Yeux* médiocres, subarrondis, peu saillants, noirs.

Antennes assez grêles, assez courtes, dépassant plus (♂) ou moins (♀) la base du prothorax, très-finement pubescentes, finement pilosellées intérieurement, d'un roux testacé plus ou moins clair : à 1ᵉʳ article en massue oblongue, arquée, sensiblement épaissie : le 2e beaucoup moindre, oblong, passablement renflé : le 3e petit, à peine plus long que large, beaucoup plus grêle et plus court que le précédent : les 4e à 8e menus, sensiblement transversaux : les 5e et 7e paraissant un peu moins courts que ceux entre lesquels ils sont placés : les 3 derniers très-grands, assez comprimés, beaucoup plus épais que les précédents, formant une massue lâche et assez tranchée : le dernier à peine plus long que le 10e.

Prothorax fortement transversal, aussi large en arrière que les élytres : à *arêtes inférieures* peu saillantes et continues : légèrement prolongé sur la tête en forme de capuchon faiblement et largement arrondi, à bord apical non ou à peine sinué au dessus des yeux ; paraissant, vu de dessus, beaucoup plus large en arrière qu'en avant, et assez fortement arrondi latéralement, avec les angles postérieurs à peine sentis et très-largement arrondis ; faiblement réfléchi sur les côtés qui sont un peu explanés en arrière, fortement déclives d'arrière en avant et sensiblement arrondis, vus latéralement ; à peine comprimé près du bord apical au dessus des angles antérieurs qui sont bien prononcés, fortement arrondis à leur sommet et sensiblement infléchis ; très-finement rebordé et sensiblement bissinué à la base qui est fortement prolongée en arrière à son milieu ; sensiblement déclive à sa partie antérieure à partir du milieu ou du tiers postérieur ; convexe et faiblement gibbeux à la partie postérieure de son disque, qui offre une ligne longitudinale lisse, subélevée, souvent obsolète : creusé de chaque côté à la base d'une large impression transversale, plus ou moins marquée ; finement granulé ; d'un roux ferrugineux un peu brillant et plus ou moins clair ; revêtu d'une fine pubescence, d'un gris fauve et assez serré.

Ecusson subsémicirculaire, chagriné, peu brillant, ferrugineux, finement pubescent.

Elytres oblongues, à peine trois fois plus longues que le prothorax, subparallèles sur les côtés jusqu'aux deux tiers de leur longueur, arrondies au sommet ; légèrement convexes sur le dos ; un peu brillantes, d'un roux ferrugineux quelquefois assez clair ; revêtues d'une pubescence d'un gris fauve, couchée et assez fournie, avec des séries régulières de soies un peu plus longues et un peu plus redressées ; creusées chacune de 11 stries fines et légères, ponctuées, subcrénelées, un peu affaiblies en arrière : la 1re juxta-scutellaire, oblique, courte et prolongée seulement jusqu'au 6e de la longueur : les internes plus ou moins fléchies en dehors à leur base à partir environ du quart de leur longueur : les externes, surtout les deux latérales, sinueuses à leur milieu et se déviant pour suivre la courbure du lobe huméral : les suturale et marginale postérieurement réunies, enclosant les 2e et 9e aussi réunies et qui enclosent à leur tour les 3e et 8e postérieurement réunies : les 4e et 5e raccourcies et réunies à leur extrémité : les 6e et 7e encore plus raccourcies et également réunies en arrière (1). *Intervalles* plans, très-finement chagrinés, offrant quelques rides transversales, obsolètes, et chacun une série de petits points élevés, souvent peu visibles. *Epaules* peu saillantes, arrondies, à lobe inférieur bien prononcé, largement arrondi, offrant en dessous un repli sensible, assez large et séparé de la page supérieure par une arête distincte.

Dessous du corps faiblement convexe, très-finement et légèrement ponctué, finement pubescent, d'un roux ferrugineux plus ou moins clair et un peu brillant. *Prosternum* légèrement concave, à lame médiane très-courte, obtusément angulée. *Mésosternum* rugueux, presque plan ou à peine concave, prolongé en pointe mousse (2). *Métasternum* légèrement déclive à sa partie antérieure, creusé sur son milieu d'un léger sillon longitudinal, plus profond et subfovéolé postérieurement. *Hanches antérieures* assez couchées, légèrement convexes et chargées à leur face antérieure d'un relief arqué, plus ou moins obsolète. *Lame des Hanches postérieures* subanguléе à son milieu. *1er et 2e Segments ventraux* assez grands, subégaux : le 1er faiblement bissinué à son bord apical : les 3e et 4e plus courts, subégaux : le dernier assez développé, largement et obtusément arrondi au sommet.

Pieds peu allongés, assez grêles, obsolètement chagrinés, finement

(1) Comme on le voit, dans cette espèce, les stries ont une tout autre disposition que dans les précédentes.

(2) La région médiane du mésosternum est limitée latéralement par deux fines arêtes convergeant en avant, et simule un losange longitudinal, légèrement subexcavé, émoussé à ses deux pointes antérieure et postérieure.

pubescents, d'un roux ferrugineux assez clair. *Cuisses* sensiblement renflées à leur milieu, distinctement rainurées en dessous sur la majeure partie de leur longueur. *Tibias* assez grêles, légèrement arqués à leur base. *Tarses* assez grêles: les *antérieurs* courts, sublinéaires: à 1er article oblong; les *intermédiaires* un peu moins courts, sensiblement moins longs que les tibias, à peine comprimés latéralement à leur base et à peine plus épais vers l'extrémité; à 1er article suballongé: les *postérieurs* assez développés, un peu plus courts que les tibias, étroits et passablement comprimés latéralement à la base, légèrement mais sensiblement élargis à leur extrémité; à 1er article allongé.

Patrie : Toute la France, dans les habitations, parmi les vieux grains, dans les farines et les vieilles pâtes, dans les herbiers, etc.

Sa larve a été signalée par M. Perris (*Ann. Soc. Ent.*, 3e série, t. II, 1854, p. 632).

Les larves d'*Anobium*, comme l'a très-bien fait observer le célèbre naturaliste, ont entre elles beaucoup de ressemblance et presque une conformation identique.

Elles ont la tête plus étroite que le thorax; le front marqué à sa partie postérieure par un petit sillon, divisé en deux rameaux jusqu'à la base des mandibules; les mandibules courtes, dentées à l'extrémité: les mâchoires assez épaisses, leur lobe allongé, robuste et garni de poils; un œil de chaque côté de la tête; les antennes très-courtes et distinctes; le corps formé de douze segments rendus peu distincts par des plis transversaux, dont les trois premiers constituent le thorax, et les neuf autres l'abdomen; trois paires de pieds; neuf paires de stigmates : la 1re, située près du bord postérieur du prothorax.

Malgré les ressemblances qu'ont entre elles les larves d'*Anobium*, M. Perris a su trouver quelques caractères distinctifs, sinon des espèces, au moins des petits groupes caractérisés à l'état parfait, par une conformation extérieure un peu différente, et ces caractères résident dans les spinules de la région dorsale.

Ainsi pour les *Anobium* dont le prothorax est régulier, exempt d'inégalités bien marquées, et dont les élytres sont couvertes d'une fine ponctuation, comme les *A. tessellatum*, etc., les larves ont dégroupes de spinules depuis le troisième segment jusqu'au dixième inclusivement, et le onzième en est totalement dépourvu. Pour ceux dont le prothorax est régulier et les élytres striées-ponctuées, comme l'*A. paniceum*, etc., les groupes de spinules s'arrêtent au neuvième segment. Pour ceux dont le prothorax a des arêtes, des tubercules, de inégalités, et dont les élytres sont striées-ponctuées, comme les *A. pertinax* et *fulvicorne*, il n'y a qu'une seule ligne de spinules jusqu'au 9e segment.

Obs. L'*A. paniceum* varie beaucoup pour la taille et pour la couleur. Celle-ci passe du rouge testacé au châtain obscur. Le repli prononcé du lobe huméral, la forme des lames médianes des Pro et Mésosternum, et la conformation du prothorax éloignent cette espèce de toutes les autres et lui assignent une place à part dans une coupe distincte (*Artobium*). Mais la présence de l'arête inférieure du prothorax, les vestiges sur le disque de celui-ci, d'une gibbosité triangulaire ou en losange, l'excavation sous-prothoracique et son mésosternum subconcave, nous obligent à le maintenir dans le G. *anobium*, dans lequel il fait la transition au genre *Xestobium*.

L'*A. minutum*, Sturm. (Deuts. Faun., t. XI, p. 137, tab. 242, f. c.), ne nous paraît qu'une variété de l'*A. paniceum*, Linn.

Genre *Xestobium*; MOTSCHULSKY.

(Motschulsky, Bull. Mosc. 1845, 1o. 35).

(Etymologie ξεστος, raclé, de ξειν, racler ; βιόω, je vis).

CARACTÈRES. *Front* large, simple. *Antennes* de 11 articles, peu allongées, avec les trois derniers articles oblongs ou suballongés. *Prothorax* de la largeur des élytres; simple en dessous ainsi que la poitrine; muni sur les côtés d'un tranche distincte; non gibbeux sur son disque. *Elytres* ponctuées, non striées, fortement arrondies au sommet. *Hanches antérieures* et *intermédiaires* un peu, les postérieures assez fortement écartées l'une de l'autre : celles-ci à lame brusquement dilatée à sa moitié interne. *Epimères postérieures* cachées ou peu apparentes et étroites. *Segments ventraux* libres : le 1er à peine bissinué à son bord apical. *Tibias* à tranche externe obtusément doublée, plane ou subsillonné, ou presque simple. *Tarses* plus ou moins courts et plus ou moins épais, à 1er article oblong ou allongé.

Corps allongé, subcylindrique.

Tête assez large, infléchie, assez fortement engagée dans le prothorax. *Front* large. *Arêtes génales* courtes et très-obliques. *Epistome* fortement transversal, largement tronqué au sommet. *Labre* assez grand, très court, fortement transversal, subsinué ou obsolètement tronqué à son bord antérieur. *Mandibules* robustes, saillantes, brusquement coudées presque à angle droit sur les côtés. *Palpes* à dernier article oblong, très-obliquement et obtusément tronqué au sommet. *Menton* subconvexe, légèrement transversal, trapézoïdal. *Yeux* médiocres, entiers, subarrondis, assez saillants, en partie voilés en arrière par le bord antérieur du prothorax.

Antennes de 11 articles : ordinairement assez courtes ; insérées près de l'angle inféro-interne des yeux ; à 1er article ovalaire ou oblong, sensiblement épaissi : le 2e beaucoup moindre, à peine ou légèrement renflé : les 4e à 8e obconiques, non ou à peine transversaux : les trois derniers grands, suballongés, formant une massue lâche et perfoliée tranchée.

Prothorax transversal de la largeur des élytres : à ouverture antérieure circulaire ; non excavé inférieurement ; à bord antérieur non prolongé en dessous en arête saillante ; faiblement prolongé à son bord apical en forme de capuchon largement et obtusément arrondi, régulièrement arrondi sur les côtés qui sont munis d'une tranche saillante ; bissinué à la base, et non gibbeux sur son disque.

Ecusson subsemicirculaire ou légèrement transversal.

Elytres allongées, subparallèles, ponctuées, non striées, fortement arrondies au sommet. *Epaules* à calus ordinairement peu saillant, à lobe inférieur assez prononcé, distinctement replié en dessous, avec le repli séparé de la page supérieure par une arête assez sensible.

Poitrine simple, non excavée. *Prosternum* et *Mésosternum* plans, rétrécis à leur milieu, le premier en lame assez étroite et tronquée au sommet, le second en lame un peu plus large et également tronquée au sommet. *Métasternum* médiocrement développé en longueur, légèrement sillonné sur son milieu en arrière, terminé entre les hanches postérieures par deux expansions en forme de pointe aiguë séparées par une légère entaille. *Postépisternums* assez larges à la base, graduellement et légèrement rétrécis en arrière. *Epimères postérieures* cachées, ou bien un peu apparentes et étroites.

Hanches antérieures et *Hanches intermédiaires* assez convexes à leur face antérieure, légèrement, les *postérieures* assez fortement écartées l'une de l'autre : celles-ci à *lame* étroite en dehors et brusquement dilatée à sa moitié interne.

Ventre de 5 segments libres ; le 1er à peine bissinué à son bord apical : les 1er et 2e assez grands : les 3e et 4e plus courts : le 5e assez développé en longueur.

Pieds peu allongés, plus ou moins robustes. *Cuisses* plus ou moins distinctement rainurées en dessous à leur sommet. *Tibias* à tranche externe obtusément doublée, plane ou subsillonnée, ou presque simple. *Tarses* plus ou moins courts et plus ou moins épais ; à 1er article oblong ou allongé : les 2e à 4e graduellement plus courts : les 3e et 4e plus ou moins bilobés : le dernier plus ou moins épais.

Obs. Les espèces que renferme ce genre sont peu nombreuses, et se trouvent sur diverses natures d'arbres.

Ce genre, créé avec raison par M. Motschulsky, se distingue nettement du G. *Anobium* par sa poitrine non creusée antérieurement, par son prothorax non excavé en dessous et non gibbeux sur son disque, par ses élytres non striées, et surtout par la forme de la lame des hanches postérieures qui est toujours brusquement dilatée dans sa moitié interne.

Les trois espèces connues du G. *Xestobium* peuvent se grouper de la manière suivante :

A. 6e, 7e *et* 8e *articles des Antennes* oblongs, obconiques. *Dessus du corps* peu brillant, paré de taches grisâtres, formées de poils courts et couchés. *Prothorax*, vu par devant, non ou à peine plus étroit en avant qu'en arrière. *Tarses* épais, à 1er article oblong : le 4e médiocrement bilobé.

- b. *Elytres* tout à fait opaques, scabreuses ou densement et rugueusement granulées. — TESSELLATUM.
- bb. *Elytres* un peu brillantes, finement et légèrement ponctuées. — VELUTINUM.

AA. 6e, 7e *et* 8e *articles des Antennes* légèrement transversaux. *Dessus du corps* très-brillant, très-finement ponctué, hérissé de poils fins et redressés. *Prothorax*, vu par devant, sensiblement plus étroit en avant qu'en arrière. *Tarses* légèrement épaissis, à 1er article suballongé : le 4e profondément bilobé (*sous-genre* HYPERISUS, de ὑπερ, dessus, et ἴσος, égal, uni). — PLUMBEUM.

A. 6e, 7e *et* 8e *articles des Antennes* oblongs, obconiques. *Dessus du corps* peu brillant, paré de taches grisâtres, formées de poils courts et couchés. *Prothorax* non ou à peine plus étroit en avant qu'en arrière. *Tarses* épais, à 1er article oblong, le 4e médiocrement bilobé.

B. *Elytres* tout-à-fait opaques, scabreuses ou très-densement et rugueusement granulées.

1. Xestobium tessellatum; FABRICIUS.

Allongé, subcylindrique, moucheté de taches formées de poils fauves ou cendrés, densement et rugueusement granulé, opaque, d'un ferrugineux obscur, avec les palpes et les antennes plus clairs. Front large, subdéprimé. Prothorax court, fortement transversal, subréfléchi au sommet ; subexcavé près des angles antérieurs ; arrondi et assez largement rebordé sur les côtés, avec les angles antérieurs étroitement et les postérieurs largement arrondis ; médiocrement bissinué à la base ; convexe, obsolètement sillonné sur son milieu. Ecusson tomenteux. Elytres allongées, subparallèles, arron-

dies au sommet, munies à la base d'une côte obsolète. Antennes courtes, à 3e article un peu plus long que le 2e. Tarses courts, épais, à 1er article oblong.

Ptinus pulsator. SCHALLER. Act. Hall. t. I. p. 249.
Anobium tessellatum. FABR., syst. El. t. I. p. 321. 1. — OLIV., Ent. t. II. n. 16 p. 1. pl. fig. 1. — GYLL., Ins. suec. t. 1 p. 295. 7. — PANZER, Faun. Germ. fasc. 66, no. 3. — STURM., Deuts. Faun. t. XI. p. 102. 1. — REDTENB., Faun. Austr. 3e éd. p. 565.

Long. 0m,0061 à 0m,0090 (2 l. 3/4 à 4 l.). — Larg. 0m,0022 à 0m,0032 (1 l. à 1 l. 1/2).

♂ ♀ *Les trois derniers articles des Antennes* paraissant un peu plus longs dans le ♂ que dans la ♀ ; et le dernier plus obtusément acuminé au sommet.

Corps épais, allongé, subcylindrique, scabreux, d'un ferrugineux opaque et très-obscur, paré çà et là de taches d'un fauve cendré, composées de poils couchés.

Tête transversale, très-infléchie, passablement engagée dans le prothorax, beaucoup plus étroite que celui-ci, densement et rugueusement granulée, d'un ferrugineux obscur et opaque, médiocrement pubescente. *Front* large, subdéprimé. *Arêtes génales* un peu relevées. *Epistome* sensiblement réfléchi à son bord antérieur, glabre, brillant, d'un noir de poix, obsolètement et éparsement ponctué, séparé du front par une ligne arquée, très-fine et à peine sensible. *Labre* obscur, rugueux, fortement cilié au sommet. *Mandibules* longuement pilosellées, d'un brun de poix, opaques, rugueuses et subexcavées à leur milieu, avec leurs tranches et leur extrémité lisses et brillantes. *Palpes* d'un roux testacé. *Yeux* médiocres, assez saillants, arrondis, noirs. *Antennes* courtes, dépassant à peine la base du prothorax, finement pubescentes, d'un ferrugineux quelquefois assez clair ; à 1er article oblong, assez fortement épaissi : le 2e beaucoup moindre, à peine plus long que large, faiblement renflé : le 3e un peu plus grêle, suballongé, un peu plus long que le précédent: les 4e à 8e obconiques, graduellement un peu plus épais et un peu plus courts, mais tous un peu plus longs ou au moins aussi longs que larges : les trois derniers grands, faiblement comprimés, plus épais que les précédents, formant une massue lâche et un peu tranchée, aussi longue au moins que les 5 articles précédents réunis: le dernier plus long que le 10e.

Prothorax court, fortement transversal, aussi large que les élytres; à peine prolongé sur la tête en forme de capuchon très-largement et obtusément arrondi; à bord apical faiblement relevé, légèrement sinué au dessus des yeux; paraissant, vu de devant, presque aussi large en avant qu'en arrière, et vu de dessus, plus étroit en avant qu'en arrière; légèrement étranglé derrière le sommet et assez fortement arrondi sur les côtés, avec ceux-ci assez largement rebordés ou réfléchis, assez fortement déclives d'arrière en avant et légèrement flexueux vus latéralement; comprimé et comme excavé près des angles antérieurs qui sont assez saillants, étroitement subarrondis et passablement infléchis; largement arrondi au milieu de la base, avec celle-ci sensiblement sinuée sur les côtés au devant du calus huméral près des angles postérieurs qui sont largement arrondis et relevés; assez convexe; très-légèrement déclive à sa partie antérieure à partir du milieu; obsolètement et assez largement sillonné sur son milieu, avec le sillon souvent plus étroit et plus marqué en avant où il échancre quelquefois le bord apical à sa rencontre; scabreux ou densément et rugueusement granulé; d'un ferrugineux opaque, très-obscur, souvent noirâtre; cilié sur la tranche marginale de poils frisés, et paré çà et là sur le disque, de taches irrégulières, formées par des poils couchés et fauves ou un peu cendrés.

Ecusson subtransversal, subsémicirculaire, rugueux, obscur, densément revêtu d'une pubescence blonde et comme tomenteuse, tranchant assez fortement sur le fond des élytres.

Elytres allongées, trois fois et demie plus longues que le prothorax, subparallèles sur les côtés, arrondies au sommet ainsi qu'à l'angle sutural; assez convexes sur le dos; opaques; d'un ferrugineux plus ou moins obscur, souvent brunâtre; scabreuses ou fortement et densément granulées, avec les grains de la partie postérieure plus faibles et plus ou moins ombiliqués; parées çà et là de taches irrégulières formées par des poils couchés grisâtres ou d'un fauve doré; offrant chacune, au milieu de la base, une côte obsolète et raccourcie, hérissée de poils, et souvent, sur le reste de leur surface, deux ou trois côtes nues, à peine visibles et seulement à un certain jour. *Epaules* peu saillantes, arrondies, à lobe inférieur assez prononcé, sensiblement replié en dessous à la base. *Dessous du corps* faiblement convexe, densement et aspèrement granulé, pubescent, d'un ferrugineux obscur et assez brillant, avec le ventre souvent un peu plus clair. *Métasternum* assez fortement sillonné sur son milieu, au moins dans sa moitié postérieure. *Lame des Hanches postérieures* très-étroite en dehors, brusquement dilatée à sa moitié interne et sinuée au bord apical de la dilatation. *1er et 2e Segments ventraux* subégaux, un peu plus grands que les suivants : le 1er faiblement bissinué à son bord apical : le dernier assez développé, obtusément tronqué au sommet.

Pieds peu allongés, robustes, rugueusement ponctués, finement pubescents, d'un ferrugineux plus ou moins obscur. *Cuisses* épaisses, légèrement comprimées : légèrement renflées à leur milieu, fortement rainurées en dessous sur la majeure partie de leur longueur. *Tibias* épais, assez fortement comprimés : les *antérieurs* plus courts que les cuisses : les *intermédiaires* et les *postérieurs* légèrement fléchis en dehors vers leur extrémité. *Tarses* courts et épais, sensiblement moins longs que les tibias, un peu élargis vers leur sommet ; à 1er article oblong, obconique : le 2e un peu plus court, triangulaire : les 3e et 4e fortement transversaux, très-courts : le 4e médiocrement bilobé : le dernier fortement élargi à son sommet : les *postérieurs* un peu plus développés que les *intermédiaires*, et ceux-ci que les *antérieurs*.

Patrie : Cette espèce se trouve assez fréquemment dans toute la France dans le tan des vieux arbres, principalement des chênes, des saules, des peupliers. D'après les observations de M. Chevrolat, elle attaque aussi la réglisse en bâton. Sa larve a été décrite par M. Ratzeburg (Forstinsect. t. 1. 1839, Kaef. 45, pl. 2, fig. 19).

Obs. Sa couleur passe du ferrugineux très-obscur au ferrugineux clair. Le X. *vestitum*, Dejean, n'est qu'un exemplaire (♀) bien frais du X. *tessellatum*.

bb. *Elytres* un peu brillantes, finement et légèrement ponctuées.

2. **Xestobium velutinum**; Mulsant et Rey.

Allongé, subcylindrique, parsemé de taches foncées de poils d'un cendré un peu jaunâtre, un peu brillant, d'un brun de poix, avec les palpes d'un roux testacé et les antennes ferrugineuses. Tête et prothorax rugueusement granulés. Front large, subdéprimé. Prothorax court, fortement transversal, à peine comprimé près des angles antérieurs; médiocrement arrondi et légèrement rebordé sur les côtés, avec les angles antérieurs presque droits et les postérieurs fortement arrondis; bissinué à la base; légèrement convexe et obsolètement sillonné sur son milieu. Ecusson tomenteux. Elytres allongées, parallèles, arrondies au sommet, ornées chacune à la base de deux taches formées de poils grisâtres. Antennes asssez courtes, à 3e article beaucoup plus long que le 2e. Tarses médiocrement allongés, épais, à 1er article oblong.

Xestobium velutinum. Mulsant et Rey, *in* Muls. Opusc. Entom. t. XIII (1863), p. 88.

Long. 0m,0061 (2 l. 3/4). — Larg. 0m,0022 (1 l.).

Corps allongé, subcylindrique, un peu brillant, d'un brun de poix, inégalement parsemé de taches formées de poils d'un cendré un peu jaunâtre, avec deux taches plus distinctes, allongées, de même nature, à la base des élytres.

Tête transversale, infléchie, passablement engagée dans le prothorax, beaucoup plus étroite que celui-ci, rugueusement granulée, d'un brun de poix un peu brillant, densement pubescente et soyeuse. *Front* large, subdéprimé. *Arêtes génales* peu saillantes. *Epistome* brillant, glabre, obsolètement et rugueusement ponctué; pâle, lisse et nombreux à son bord antérieur, d'un brun de poix sur le reste de sa surface, séparé du front par une ligne fine et arquée. *Labre* obscur, rugueux, densement cilié au sommet. *Mandibules* pilosellées, rugueuses, d'un ferrugineux obscur, avec l'extrémité noire, lisse et brillante. *Palpes* d'un roux testacés. *Yeux* assez grands, assez saillants, arrondis, noirs.

Antennes assez courtes, dépassant un peu la base du prothorax, pubescentes, ferrugineuses, avec la base un peu plus obscure; à 1er article un peu plus long que large, assez fortement épaissi : le 2e un peu moindre, obconique, assez renflé : le 3e plus grêle, allongé, beaucoup plus long que le précédent : les 4e à 8e oblongs, obconiques : les 5e et 7e paraissant un peu plus longs que ceux entre lesquels ils sont placés : les 3 derniers grands, allongés, à peine comprimés, non ou à peine plus épais que les précédents, formant une massue lâche et à peine tranchée, aussi longue que les quatre articles précédents réunis : le dernier elliptique, un peu plus long que le 10e, subacuminé au sommet.

Prothorax court, fortement transversal, de la largeur des élytres, à peine prolongé sur la tête en forme de capuchon très-largement et obtusément arrondi; à bord apical à peine sinué derrière les yeux; paraissant, vu de dessus comme vu de devant, presque aussi large en avant qu'en arrière; médiocrement arrondi sur les côtés qui sont faiblement réfléchis, médiocrement déclives d'arrière en avant et légèrement flexueux vus latéralement; à peine comprimé vers les angles antérieurs qui sont presque droits ou un peu obtus, faiblement émoussés au sommet et légèrement infléchis; largement et obtusément arrondi au milieu de la base, avec celle-ci sensiblement sinuée sur les côtés au dessus du calus huméral près des angles postérieurs qui sont fortement arrondis et un peu relevés; régulièrement et légèrement convexe; obsolètement et longitudinalement sillonné sur son milieu, avec le sillon assez distinct sur le dos, effacé au sommet et à la base, à fond brillant et presque lisse; couvert d'une granulation assez serrée et ombiliquée; d'un brun de poix un peu brillant avec le sommet un peu plus clair; revêtu d'une pubescence irrégulière, d'un cendré un peu jaunâtre, formant çà et là des taches peu distinctes.

Ecusson subtransversal, subarrondi au sommet, ruguleux, d'un brun de poix, garni d'une pubescence serrée, grisâtre, tranchant sur le fond des élytres.

Elytres allongées, près de quatre fois plus longues que le prothorax, subparallèles sur les côtés, étroitement arrondies au sommet ainsi qu'à l'angle sutural; légèrement convexes sur le dos; couvertes d'une ponctuation fine et légère, médiocrement serrée, plus forte et subrugueuse à la base; d'un brun de poix un peu brillant; revêtues d'une pubescence irrégulière d'un cendré jaunâtre et brillante, formant çà là des taches obsolètes, et se condensant à la base en deux taches pâles et oblongues : l'une vers le milieu de celle-ci, l'autre plus étroite moins tranchée, sur le calus huméral même. *Epaules* peu saillantes, largement arrondies en dehors, à lobe inférieur peu prononcé, sensiblement replié en dessous à la base. *Dessus du corps* très-faiblement convexe, assez densement et subgranuleusement ponctué, pubescent, d'un brun de poix assez brillant avec l'extrémité du ventre plus ou moins ferrugineuse (1). *Métasternum* plus brillant et plus éparsement ponctué sur son milieu, fortement et longitudinalement sillonné sur sa moitié postérieure. *Lame des Hanches postérieures* très-étroite en dehors, brusquement dilatée à sa moitié interne, mais non sinuée au bord apical de la dilatation. 1er *et* 2e *Segments ventraux* subégaux, un peu plus grands, que les suivants : le 1er presque droit ou à peine bisinué à son bord apical : le dernier peu développé, largement et obtusément arrondi au sommet.

Pieds peu allongés, assez robustes, rugueusement ponctués, pubescents, brunâtres ou d'un ferrugineux très-obscur avec le sommet des tarses roussâtre. *Cuisses* assez épaisses, légèrement comprimées, légèrement renflées à leur milieu, faiblement rainurées en dessous vers leur extrémité. *Tibias* assez robustes, faiblement comprimés, droits ou presque droits : *les antérieurs* sensiblement plus courts que les cuisses. *Tarses* médiocrement allongés, épais, un peu plus courts que les tibias, à peine élargis vers leur extrémité : à 1er article oblong, obconique : le 2e plus court, obconique : les 3e et 4e courts, transversaux : le 4e médiocrement bilobé : le dernier assez fortement élargi à son sommet : *les postérieurs* un peu plus développés que *les intermédiaires*, et ceux-ci que *les antérieurs*.

(1) Dans les trois espèces de ce genre le dessous de la tête offre, sur sa partie lisse et brillante, des rides transversales, obsolètes; les tempes sont rugueusement ponctuées.

Patrie : Cette espèce se prend à la Grande-Chartreuse, en juillet, sur sapin carié. Elle est très-rare.

Peut-être doit-on rapporter à cette espèce l'*Anobium declive*, Léon Dufour (*Excursions entomologiques dans la vallée d'Ossau*, page 47, 255).

Obs. Avec le facies du *X. tessellatum*, cette espèce s'en éloigne beaucoup par sa couleur moins mate, par la ponctuation fine et légère de ses élytres, et par le défaut de sinuosité au bord apical de la partie dilatée des hanches postérieures. La forme est proportionnellement un peu plus étroite ; le prothorax est un peu moins convexe, un peu moins rétréci antérieurement, moins fortement arrondi et moins réfléchi sur les côtés, avec ceux-ci non ciliés de poils frisés ; les taches des élytres, moins les deux basilaires, sont plus obsolètes. Enfin, les trois derniers articles des antennes sont moins épaisses, et les tarses un peu plus développés.

AA. 6e 7e *et* 8e *articles des antennes* légèrement transversaux. *Dessus du corps* très-brillant, très-finement ponctué, hérissé de poils fins et redressés. *Prothorax* sensiblement plus étroit en avant qu'en arrière. *Tarses* légèrement épaissis, à 1er article suballongé : le 4e profondément bilobé. (*Hyperisus*).

3. **Xestobium** (*Hyperisus*) **plumbeum** ; Illiger.

Allongé, subcylindrique, hérissé de poils mous et cendrés ; très-brillants, légèrement ponctué, d'un noir métallique, avec les palpes, les antennes, les tibias et les tarses d'un roux ferrugineux. Front très-large, subdéprimé. Prothorax transversal, plus étroit en avant, subcomprimé près des angles antérieurs ; légèrement arrondi et assez largement réfléchi sur les côtés, avec les angles antérieurs passablement et les postérieurs légèrement arrondis ; bissinué à la base ; légèrement convexe. Ecusson subtomenteux. Elytres allongées, subparallèles, arrondies au sommet et subexplanées à celui-ci. Antennes assez courtes, à 2e et 3e articles subégaux ; les 6e à 8e subtransversaux. Tarses assez allongés, sensiblement épaissis vers leur extrémité ; à 1er article allongé.

Anobium plumbeum. ILLIG., Mag t. I. p. 87. — STURM., Deuts. faun. t. XI. p. 129. 15. tab. 242, fig. B. — REDTENB., Faun. austr. 2e éd. p. 566.
Anobium politum. DUFTSCHM., Faun. austr. t. III. p. 53, 11.

Var a. Élytres entièrement d'un roux ferrugineux.

Anobium variabile (DEJEAN). Cat. 3e éd. 1837. p. 130.

♂ *Prothorax* un peu plus étroit en avant qu'en arrière, presque droit sur les côtés. 5e *Segment ventral* simplement pubescent. 1er *article des Antennes* rembruni.

♀ *Prothorax* beaucoup plus étroit en avant qu'en arrière, sensiblement arrondi sur les côtés. 5e *Segment ventral* paré avant son sommet de deux fascicules de poils fauves, disposés sur une ligne transversale. 1er *article des Antennes* concolore.

Corps allongé, subcylindrique, très-brillant, légèrement ponctué, d'un noir métallique, hérissé de poils mous, cendrés, assez longs, plus ou moins redressés.

Tête transversale, subverticale ou infléchie, passablement engagée dans le prothorax, beaucoup plus étroite que celui-ci, densement et finement ponctuée, d'un noir métallique brillant, finement pubescente. *Front* très-large, subdéprimé. *Arêtes génales* saillantes. *Epistome* un peu enfoncé, légèrement et éparsement ponctué, submembraneux, lisse et réfléchi à son bord antérieur, séparé du front par un sillon faible et arqué. *Labre* linéaire, obscur, densement et fortement cilié au sommet. *Mandibules* pilosellées, d'un noir de poix, rugueuses à la base, avec l'extrémité lisse et brillante. *Palpes* d'un roux testacé. *Yeux* assez grands, assez saillants, arrondis, noirs.

Antennes assez courtes, dépassant assez sensiblement la base du prothorax, finement pubescentes, légèrement et éparsement ciliées inférieurement, d'un roux ferrugineux quelquefois assez clair, avec le 1er article rembruni chez le ♂ : celui-ci oblong, arqué, assez épaissi : le 2e un peu moindre, oblong, faiblement renflé : le 3e plus grêle, oblong.

obconique, pas plus long que le précédent : les 4e à 8e graduellement un peu plus épais, faiblement en scie intérieurement : les 4e et 5e oblongs : le 5e paraissant un peu plus long que le 4e : les 6e, 7e et 8e légèrement transversaux : les trois derniers grands, faiblement comprimés : un peu plus épais que les précédents, non sensiblement plus allongés dans le ♂ que dans la ♀, formant une massue lâche et peu tranchée, aussi longue au moins que les 6 articles précédents réunis : le dernier à peine plus long que le 10e, subacuminé au sommet.

Prothorax transversal, aussi large que les élytres à sa base ; à peine prolongé sur la tête en forme de capuchon très-largement et obtusément arrondi ; à bord apical sensiblement sinué derrière les yeux ; paraissant, vu de dessus, plus (♀) ou moins (♂) arrondi sur les côtés qui sont largement réfléchis et médiocrement déclives d'arrière en avant ; faiblement comprimé latéralement près des angles antérieurs qui sont passablement arrondis et légèrement fléchis ; largement et obtusément arrondis au milieu de la base, avec celle-ci sinuée sur les côtés au dessus du calus huméral près des angles postérieurs qui sont obtus, légèrement arrondis et assez fortement relevés ; faiblement et régulièrement convexe sur son disque, faiblement déclive à sa partie antérieure à partir du tiers postérieur ; finement, légèrement et assez densement ponctué ; d'un noir métallique brillant ; hérissé de poils mous, grisâtres, assez longs, plus ou moins redressés.

Ecusson subsémicirculaire, rugueux, obscur, garni d'une pubescence serrée et subtomenteuse, ne tranchant que très-peu sur le fonds des élytres.

Elytres allongées, trois fois et demie plus longues que le prothorax, subparallèles sur les côtés, arrondies au sommet ainsi qu'à l'angle sutural ; légèrement convexes sur le dos, subgibbeuses à leur extrémité avec le bord apical plus ou moins explané ; couvertes d'une ponctuation fine, légère et passablement serrée ; d'un noir métallique très-brillant avec le rebord postérieur souvent ferrugineux ; entièrement hérissée de poils mous, d'un cendré obscur, assez longs et plus ou moins redressés. *Epaules* un peu saillantes, arrondies, à lobe inférieur légèrement prononcé, visiblement replié en dessous, avec le repli séparé de la page supérieure par une arête sensible, au dessus de laquelle on observe une impression longitudinale et plus ou moins marquée.

Dessous du corps faiblement convexe, densement, finement et subrugueusement ponctué, pubescent, d'un noir de poix un peu brillant. *Métasternum* finement sillonné ou canaliculé sur son milieu sur toute sa longueur avec le sillon quelquefois plus profond en arrière; offrant de chaque côté à sa partie postérieure une place plus lisse et plus éparsement ponctuée, limitée en arrière par un relief subtransversal, subparallèle au bord apical. *Lame des Hanches postérieures* très-étroite en dehors, brusquement dilatée à sa moitié interne et non sinuée au bord apical de la dilatation. 1er *et* 2e *Segments ventraux* subégaux, un peu plus grands que les suivants : le 1er très-faiblement bissinué à son bord postérieur : le dernier peu développé, subimpressionné sur les côtés obtusément tronqué au sommet.

Pieds médiocrement allongés, un peu robustes, obsolètement ponctués, velus, d'un noir de poix, avec les tibias et les tarses et quelquefois le sommet des cuisses d'un roux ferrugineux. *Cuisses* sensiblement atténuées à leur base, sensiblement renflées à leur milieu, distinctement rainurées en dessous au moins sur leur moitié postérieure. *Tibias* assez grêles, presque tous égaux, à peine recourbés en dehors à leur extrémité. *Tarses* assez allongés, sensiblement épaissis vers leur extrémité, à 1er article allongé, plus long que les deux suivants réunis : le 2e oblong, obconique : le 3e plus court, le 4e profondément bilobé : le dernier assez fortement élargi à son sommet : les *postérieurs* à peine plus développés que les *intermédiaires*, et ceux-ci un peu plus que les *intérieurs*.

Patrie. Cette espèce se rencontre assez rarement dans les Alpes, au mont Pilat, dans le Bourbonnais, aux environs de Paris, etc., sur les hêtres et sur les sapins.

Obs. Elle est, par son facies, comme étrangère dans le genre et même dans la tribu, et simule assez bien certaines espèces du genre *Haplocnemus* de la tribu des *Dasytides*.

Les élytres sont quelquefois plus ou moins roussâtres vers leur extrémité, et d'autres fois entièrement d'un roux ferrugineux ou testacé.

Genre *Liozoüm*; Mulsant et Rey.

(*Liozoüm, in* Mulsant, Opusc. Ent. t. XIII. p. 92. (1863.)

(Etymologie : λεῖον, lisse ; ζῶον, animal.)

Caractères. *Front* large, simple.

Antennes de 11 articles, allongées avec les 3 derniers articles très-allongés, souvent linéaires.

Prothorax simple en dessous ainsi que la poitrine ; muni sur les côtés d'une tranche saillante ; non gibbeux sur son disque.

Elytres ponctuées, non striées, arrondies au sommet.

Hanches antérieures contiguës : les intermédiaires rapprochées : les postérieures légèrement écartées l'une de l'autre : celles-ci à lame très-étroite.

Epimères postérieures cachées, ou à peine apparentes, subtriangulaires.

Segments ventraux libres : le 1er subsinué au milieu de son bord apical : le 6e le plus souvent apparent.

Tibias à tranche externe simple.

Tarses allongés, grêles ou assez grêles, à 1er article allongé : le 2e suballongé

Corps plus ou moins allongé, subparallèle.

Tête assez large, légèrement infléchie, ordinairement assez dégagée du prothorax. *Front* large. *Arêtes génales* courtes et plus ou moins obliques. *Epistome* fortement transversal, largement tronqué au sommet. *Labre* très-court, fortement transversal, obtusément tronqué ou très-largement arrondi à son bord antérieur. *Mandibules* assez robustes, assez saillantes, arcuément coudées sur les côtés. *Palpes* à dernier article oblong, plus ou moins élargi et plus ou moins obliquement et obtusément tronqué au sommet. *Menton* plan, légèrement transversal, trapézoïdal. *Yeux* assez gros, entiers, globuleux, saillants.

Antennes de 11 articles ; plus ou moins allongées, ordinairement filiformes ; insérées vers l'angle inféro-interne des yeux ; à 1er article oblong, légèrement arqué, assez épaissi : le 2e beaucoup moindre, légèrement renflé : les 4e à 8e de longueur variable : les trois derniers très-grands, souvent très-allongés et linéaires, formant une massue très-lâche et ordinairement à peine tranchée.

Prothorax fortement transversal, ordinairement presque de la largeur des élytres ; à ouverture antérieure subcirculaire ; non excavé inférieurement ; à bord antérieur non prolongé en dessous en arête saillante ; obliquement tronqué ou à peine subarrondi à son bord apical ; plus ou moins ou quelquefois à peine arrondi sur les côtés qui sont munis d'une tranche saillante ; subarrondi ou obtusément bissinué à la base, et non gibbeux sur son disque.

Ecusson ordinairement subsémicirculaire.

Elytres allongées ou oblongues, subparallèles, non striées, assez fortement arrondies au sommet. *Epaules* à calus généralement peu saillant, à lobe inférieur peu prononcé, mais sensiblement replié en dessous ; avec le repli séparé de la page supérieure par une arête plus ou moins distincte.

Poitrine simple, non excavée. *Prosternum* et *Mésosternum* plans, brusquement rétrécis à leur milieu : le 1er en pointe souvent aciculée : le 2e en lame plus ou moins étroite, subparallèle, souvent tranchante. *Métasternum* assez développé en longueur, sillonné sur son milieu en arrière, terminé entre les hanches postérieures par deux pointes courtes et larges, séparées par une entaille plus ou moins profonde. *Postépisternums* larges, graduellement rétrécis en arrière. *Epimères postérieures* cachées ou à peine apparentes, subtriangulaires.

Hanches antérieures et *intermédiaires* assez convexes sur leur face antérieure : les *antérieures* contiguës à leur sommet : les *intermédiaires* très-rapprochées : les *postérieures* légèrement écartées l'une de l'autre : celles-ci à *lame* très-étroite, sublinéaire ou à peine dilatée à son milieu.

Ventre avec un 6e segment petit et plus ou moins apparent : le 1er court, subsinué au milieu de son bord apical : le 2e assez grand : les 3e et 4e assez courts, subégaux : le 5e plus développé en longueur que le précédent.

Pieds allongés, assez grêles. *Cuisses* à peine ou obsolètement rainurées en dessous à leur sommet. *Tibias* à tranche externe simple. *Tarses* allongés, assez grêles, souvent aussi longs ou presque aussi longs que les tibias; à 1er à 4e articles graduellement plus courts : le 1er allongé : le 2e suballongé : le 3e oblong : le 4e plus ou moins profondément bilobé : le dernier assez grêle, plus ou moins allongé.

Obs. Les espèces de ce genre se trouvent toutes sur les arbres verts, les pins et les sapins.

Cette coupe se distingue des G. *Anobium* et *Xestobium* par ses antennes ordinairement plus longues et plus grêles; par les lames médianes des prosternum et mésosternum toujours rétrécies en pointe; par les hanches antérieures et intermédiaires beaucoup plus rapprochées l'une de l'autre; par le ventre souvent muni d'un 6e segment plus ou moins saillant, et enfin par ses tarses toujours plus allongés, plus grêles et jamais à articles transversaux.

Le prothorax non gibbeux en dessus, non excavé en dessous, et la poitrine simple sont des caractères qui le séparent amplement du G. *Anobium*. La forme étroite des hanches postérieures suffit pour le distinguer du G. *Xestobium*.

Nous grouperons les diverses espèces du genre *Liozoüm* de la manière suivante :

Gr. I. *Prothorax* très-inégal sur son disque, offrant avant sa base un tubercule oblong et deux éminences obsolètes, le tout disposé sur une même ligne transversale. *Ecusson* tomenteux.

A. *Les 5e à 8e articles des Antennes*, lâches, allongés, subégaux.

a. *Prothorax* largement explané sur ses côtés.

α. *Le 8e article des Antennes* beaucoup moins long que le suivant. *Côtés du Prothorax* assez fortement arrondis. — *Reflexum.*

αα. *Le 8e article des Antennes* un peu moins long que le suivant. *Côtés du Prothorax* presque droits ou à peine arrondis. — *Abietinum.*

aa. *Prothorax* étroitement explané et à peine arrondi sur ses côtés. — *Pruinosum.*

AA. *Les 5e à 8e articles des Antennes* lâches, allongés, oblongs, inégaux : le 5e évidemment, le 7e à peine plus grand que ceux entre lesquels ils se trouvent placés.

b. *Le* 8e oblong, beaucoup plus long que large. *Angles antérieurs du Prothorax* obtus, assez sensiblement arrondis. — *Angusticolle.*

bb. *Le* 8e court, à peine aussi long que large. *Angles antérieurs du Prothorax* presque droits, à peine émoussés. — *Abietis.*

Gr. II. *Prothorax* presque égal, sans ou avec un seul tubercule obsolète vers la base.

B. *Les* 3e *et* 8e *articles des Antennes* lâches, allongés, subégaux. *Ecusson* non tomenteux.

b. *Prothorax* à angles antérieurs très-obtus et fortement arrondis. — *Lucidum.*

bb. *Prothorax à angles antérieurs* un peu obtus et légèrement arrondis.

c. Avec un petit sillon en arrière sur son disque. — *Sulcatulum.*

cc. Sans sillon sur son disque. — *Gigas.*

BB. *Les* 3e *à* 8e *articles des Antennes* lâches, plus ou moins allongés ou oblongs, inégaux.

c. *Le* 3e seul, plus grand que ceux entre lesquels il se trouve placé.

Les 6e *à* 8e allongés ou suballongés. *Ecusson* tomenteux. — *Molle.*

cc. *Les* 3e *et* 7e, tous deux évidemment plus grands que ceux entre lesquels ils se trouvent placés.

d. *Les* 6e *et* 8e *articles* oblongs, obconiques. *Ecusson* subtomenteux. — *Consimile.*

dd. *Les* 6e, 7e *et* 8e *articles* oblongs, obconiques.

d. *Prothorax* contigu aux élytres sur toute sa base, égal sur son disque. *Ecusson* non tomenteux. — *Parens.*

dd. *Prothorax* contigu aux élytres sur toute sa base, transversalement subimpressionné ou subétranglé derrière son tiers antérieur, obsolètement sillonné au milieu de sa partie postérieure. *Ecusson* tomenteux. — *Crassiusculum.*

ddd. *Prothorax* détaché des élytres sur les côtés de sa base. *Ecusson* non tomenteux. — *Parvicolle.*

BBB. *Les* 3e *à* 8e *articles des Antennes* plus ou moins fortement contigus, courts et souvent transversaux. *Ecusson* non tomenteux.

e. *Prothorax* à côtés assez largement explanés, à angles antérieurs obtus et légèrement arrondis. *Pini.*

ee. *Prothorax* à côtés faiblement explanés.

f. *A angles antérieurs* presque droits, legèrement émoussés.

e. *Les trois derniers articles des Antennes,* linéaires, pas plus épais que les précédents. *Longicorne.*

ee. *Les trois derniers articles des Antennes* plus épais que les précédents. *Densicorne.*

ff. *Prothorax à angles antérieurs* obtus et assez fortement arrondis. *Les trois derniers articles des Antennes* plus épais que les précédents.

f. *Prothorax* non canaliculé. *Corps* d'un brun de poix ou d'un ferrugineux obscur. *Fuscum.*

ff. *Prothorax* obsolètement canaliculé sur son milieu *Corps* noir. *Nigrinum.*

GROUPE PREMIER.

Prothorax très-inégal sur son disque, offrant avant sa base un tubercule oblong et deux éminences obsolètes. *Ecusson* tomenteux.

A. *Les 3e à 8e articles des antennes* lâches, allongés, subégaux.

a. *Prothorax* largement explané sur ses côtés.

a. *Le 8e article des Antennes* beaucoup moins long que le suivant. *Côtés du prothorax* assez fortement arrondis.

1. Liozoüm reflexum; Mulsant et Rey.

Allongé, revêtu d'une pubescence flave assez serrée et assez longue; un peu brillant; d'un roux ferrugineux avec les antennes et les pieds un peu plus clairs, et les yeux brunâtres; tête et prothorax densement granulés. Elytres légèrement et subaspèrement ponctuées. Front très-faiblement convexe. Prothorax fortement transversal; assez fortement arrondi et largement réfléchi sur ses côtés; subdéprimé et inégal sur son disque: à peine bissinué et largement impressionné de chaque côté à la base, avec les angles antérieurs légèrement et les postérieurs largement arrondis. Ecusson tomenteux. Elytres allongées, subparallèles, légèrement convexes, fortement arrondies au sommet. Antennes très-allongées, subfiliformes, à 3e article sensiblement plus long que le 2e : le 8e beaucoup moins long que le suivant. Tarses allongés, assez grêles.

Liozoüm reflexum, in MULS., Opusc. ent. t. XIII. p. 96 (1863).

Long. 0m0033 à 0m,0061 (1 l. 1/2 à 2 l. 3/4). —Larg. 0m,0022 à 0m,0028 (1 l. à 1 l. 1/4).

♂ *Antennes* presque aussi longues que le corps, avec leurs 3 derniers articles linéaires, égalant, pris ensemble, le reste de l'antenne : le 9e au moins aussi long que les deux précédents réunis : le dernier rectiligne à sa tranche interne, obtusément acuminé au sommet. 5e *Segment ventral* obtusément arrondi à son bord apical : le 6e profondément incisé au sommet à son milieu.

♀ *Antennes* de la longueur de la moitié du corps, avec leurs 3 derniers articles sublinéaires, un peu plus épais que dans le ♂ : le 9e à peine aussi long que les deux précédents réunis : le dernier très-faiblement arrondi à sa tranche interne, subacuminé au sommet. 5e *Segment ventral* légèrement prolongé en pointe mousse au milieu de son bord apical : le 6e légèrement sinué à son sommet.

Corps allongé, assez brillant sur les élytres, d'un roux testacé; garni d'une pubescence blonde, couchée, assez longue et assez serrée.

Tête transversale, légèrement inclinée, assez ressortie du prothorax, presque une fois plus étroite que celui-ci ; couverte d'une granulation serrée, légère, aplatie et ombiliquée ; d'un roux ferrugineux assez brillant; garnie d'une pubescence assez longue et convergeant au milieu. *Front* très-faiblement convexe, offrant quelquefois sur son milieu un espace longitudinal lisse, peu apparent. *Arêtes génales* fines, peu saillantes. *Epistome* roux, brillant, légèrement rebordé à son bord antérieur, finement et légèrement ponctué, séparé du front par une ligne fine et légèrement arquée. *Labre* roux, assez brillant, transversalement convexe, légèrement ponctué, densement cilié à son bord apical. *Mandibules* pilosellées, rousses, rugueusement ponctuées, avec leur extrémité rembrunie, lisse et brillante. *Palpes* d'un roux testacé, avec les autres *parties de la bouche* d'un roux ferrugineux. *Yeux* grands, très-saillants, arrondis, brunâtres.

Antennes allongées, filiformes, finement pubescentes, légèrement ciliées intérieurement, d'un roux un peu testacé; à 1er article en massue sensiblement épaissie : le 2e beaucoup moindre, un peu plus long que large, faiblement renflé : le 3e plus grêle, oblong, obconique, visiblement plus long que le précédent: le 4e suballongé, obconique, un peu plus long que le 3e: les 5e à 8e lâches, plus ou moins allongés, subégaux: le 8e beaucoup moins long que le 9e: les 3 derniers très-allongés, plus (♂) ou moins (♀) linéaires, faiblement comprimés: le dernier un peu plus long que le 10e.

Prothorax fortement transversal, une fois environ moins long que large, obliquement tronqué à son bord apical, avec celui-ci légèrement sinué derrière les yeux et sensiblement déjeté en arrière à partir de ceux-ci; faiblement comprimé latéralement en avant; paraissant, vu de dessus, un peu plus étroit en avant qu'en arrière; assez fortement arrondi et largement réfléchi ou explané sur les côtés qui sont légèrement déclives d'arrière en avant, avec les angles antérieurs obtus, légèrement arrondis et infléchis; subtronqué et étroitement rebordé au milieu de la base, à peine sinué sur les côtés de celle-ci, avec les angles postérieurs largement arrondis et relevés; subdéprimé, faiblement déclive d'arrière en avant, très-inégal et ondulé sur son disque offrant sur son tiers postérieur un tubercule oblong et deux éminences obsolètes, le tout disposé sur une même ligne transversale : celui-là assez saillant, subcaréné : celles-ci beaucoup plus faibles, obtuses; creusé de chaque côté vers la base d'une large impression arrondie, plus ou moins marquée, située à l'endroit même des légers sinus; densement et rugueusement granulé; d'un roux ferrugineux peu brillant, quelquefois assez clair, d'autres fois un peu obscurci sur le milieu du disque; revêtu d'une pubescence blonde, longue et assez fournie, couchée, dirigée en arrière et plus ou moins divergente; cilié en outre à sa tranche latérale d'assez longs poils inclinés en arrière.

Ecusson subsémicirculaire, obtus au sommet, roux, ruguleux; densement revêtu d'une pubescence blonde, courte et tomenteuse, tranchant sensiblement sur le fond des élytres.

Elytres allongées, quatre fois plus longues que le prothorax, subparallèles sur les côtés sur les trois quarts de leur longueur, faiblement rétrécies ou subsinuées derrière les épaules vers leur tiers antérieur, fortement arrondies au sommet; légèrement convexes sur le dos, et quelquefois obsolètement biimpressionnées à la base; finement, subaspèrement et assez densement ponctuées; d'un roux ferrugineux avec l'extrémité un peu plus claire; revêtues d'une pubescence blonde, couchée, assez longue et assez serrée. *Epaules* assez saillantes, arrondies, à lobe inférieur peu prononcé, largement replié en dessous à la base, à repli séparé de la page supérieure par une arête fine et peu sentie.

Dessous du corps légèrement convexe, finement pubescent; d'un roux ferrugineux assez brillant; finement et subaspèrement ponctué, plus densement et plus rugueusement sur les côtés de la poitrine qui sont aussi plus mats. *Dessous de la tête* d'un roux testacé brillant, presque entièrement lisse ou à peine et obsolètement ponctué sur les côtés. *Lame médiane du Mésosternum* très-étroite, subparallèle. *Métasternum* à sillon postérieur s'affaiblissant en s'élargissant en avant, obhastiforme. *Lame des Hanches postérieures* réduite à un liseré très-étroit, à peine élargi à son milieu. *Ventre* à 1er segment sinué au milieu (1) de son bord apical: le 6e assez saillant.

Pieds allongés, finement pubescents, obsolètement et subrugueusement ponctués, d'un roux assez clair et brillant. *Cuisses* sensiblement renflées à leur milieu. *Tibias* grêles, les *antérieurs* légèrement arqués. *Tarses* allongés, assez grêles, à 1er article très-allongé: le 2e assez allongé: le 3e oblong, obconique: le 4e plus élargi, assez profondément bilobé: le dernier allongé, bien plus étroit que le précédent: les *postérieurs* non ou à peine plus développés que les *intermédiaires*, et ceux-ci que les *antérieurs*.

Patrie: Cette espèce se trouve, de janvier à juin, aux environs d'Hyères en Provence, sur le pin pignon.

(1) Rarement et accidentellement, le 1er segment ventral est subimpressionné sur son milieu.

Obs. Elle ressemble au premier abord au *Liozoüm molle*, Lin. Mais elle est plus grande, plus parallèle, proportionnellement plus étroite. Elle a le prothorax moins convexe, beaucoup plus inégal et bien plus largement réfléchi ou explané sur les côtés; les antennes sont plus longues et les élytres moins convexes. Enfin sa longue pubescence suffit pour la distinguer de toutes ses congénères.

aa. 8e *article des Antennes* un peu moins long que le suivant. *Côtés du Prothorax* presque droits ou à peine arrondis.

2. **Liozoüm abietinum**; Gyllenhal.

Allongé, revêtu d'une pubescence cendrée et assez courte; un peu brillant, d'un roux ferrugineux avec les palpes, les antennes et les pieds un peu plus clairs, le disque du prothorax légèrement rembruni et les yeux noirs. Tête et prothorax finement granulés; élytres légèrement et subaspèrement ponctuées. Front légèrement convexe. Prothorax fortement transversal, à peine arrondi et assez largement réfléchi sur les côtés, inégal sur son disque, très-légèrement bissinué et impressionné de chaque côté à la base, avec tous les angles obtus et légèrement arrondis. Ecusson tomenteux. Elytres allongées, légèrement convexes, arrondies au sommet. Antennes très-allongées, subfiliformes, à 3e article un peu plus long que le 2e; le 8e un peu moins long que le suivant. Tarses allongés, grêles.

Anobium abietinum. Gyll., Ins. suec. t. I. p. 298. 10. — Sturm, Deuts. Faun. t. XI. p. 122. 12. pl. CLXCI. fig. c. — Redtenb., Faun. Austr. 2e éd. p. 566.

Var. a. *Dessous du corps* entièrement d'un roux testacé.

Long. 0m,0033 à 0m,0045 (1 l. 1/2 à 2 l.). — Larg. 0m,0011 à 0m,0013 (1/2 à 3/5).

♂ *Antennes* presque aussi longues que le corps: leurs *trois derniers articles* très-allongés, linéaires, pas plus épais que les précédents, le dernier subrectiligne à sa tranche interne, obtusément acuminé au sommet. *Yeux* très-saillants. *Tête*, y compris ceux-ci, un peu plus large que le prothorax. *Prothorax* sensiblement plus étroit que les élytres, presque droit ou à peine arrondi sur les côtés. *Elytres* linéaires, de 4 à 5 fois plus longues que le prothorax. *Métasternum* marqué en arrière d'une impression lisse, finement et longitudinalement sillonnée sur son milieu. *Dessous du corps* d'un brun de poix avec le bord apical de chaque segment ventral testacé : le 6e triangulairement incisé à son sommet.

♀ *Antennes* de la longueur de la moitié du corps, à articles beaucoup moins allongés que chez le ♂ : les trois derniers allongés mais non linéaires, un peu plus épais que les précédents : le dernier légèrement arrondi sur ses tranches, subfusiforme, subacuminé au sommet. *Yeux* médiocrement saillants. *Tête*, y compris ceux-ci, bien plus étroite que le prothorax. *Prothorax* presque de la largeur des élytres, légèrement convexe, faiblement arrondi sur les côtés. *Métasternum* marqué en arrière d'une impression lisse et non sillonnée sur son milieu. *Dessous du corps* d'un ferrugineux obscur, assez uniforme. 6e *Segment ventral* peu saillant, sinué à son sommet.

Corps allongé, d'un roux ferrugineux assez clair et assez brillant, revêtu d'une pubescence cendrée, couchée, assez courte et peu serrée.

Tête transversale, légèrement inclinée ou verticale, assez ressortie du prothorax ; couverte d'une granulation serrée, légère, aplatie et ombiliquée ; d'un roux ferrugineux assez clair et assez brillant ; revêtue d'une fine pubescence peu serrée et convergeant au milieu. *Front* légèrement convexe, offrant sur son milieu un léger espace lisse. *Arêtes génales* fines, peu saillantes. *Epistome* un peu enfoncé, ferrugineux, faiblement rebordé au sommet, obsolètement ponctué, séparé du front par une ligne fine et arquée. *Labre* ferrugineux, légèrement cilié à son bord apical. *Mandibules* légèrement pilosellées, rousses, avec leur extrémité rembrunie, lisse et brillante. *Palpes* d'un roux testacé clair, avec les autres *parties de la bouche* d'un roux ferrugineux. *Yeux* saillants, globuleux, noirs.

Antennes allongées, filiformes (♂) ou subfiliformes (♀), très-finement pubescentes, à peine ciliées intérieurement, d'un roux testacé à 1er article en massue arquée et sensiblement épaissie : le 2e beaucoup moindre, à peine plus long que large, faiblement renflé : le 3e plus grêle, oblong, obconique, un peu plus long que le précédent : le 4e oblong, obconique, égal au 3e : les 5e à 8e lâches, plus (♂) ou moins (♀) allongés, subégaux, subcylindriques (♂) ou obconiques (♀) : le 8e seulement un peu moins long que le suivant : les trois derniers allongés, plus (♂) ou moins (♀) linéaires, à peine comprimés : le dernier un peu plus long que le 10e.

Prothorax fortement transversal, presque une fois moins long que large ; obliquement tronqué à son bord apical ; faiblement comprimé latéralement en avant ; paraissant, vu de dessus, pas plus étroit en avant qu'en arrière ; plus (♂) ou moins (♀) faiblement arrondi et assez largement réfléchi ou explané sur les côtés qui sont médiocrement déclives d'arrière en avant, avec tous les angles obtus et légèrement arrondis, les antérieurs un peu infléchis, les postérieurs un peu relevés ; subtronqué et très-étroitement rebordé au milieu de la base, légèrement sinué sur les côtés de celle-ci ; subdéprimé (♂) ou légèrement convexe (♀) (1), légèrement déclive d'arrière en avant ; inégal sur son disque, offrant sur son tiers postérieur un tubercule oblong et deux éminences principales, le tout disposé sur une même ligne transversale : celui-là saillant, subcaréné : celles-ci obsolètes, obtuses ; creusé de chaque côté vers la base d'une légère impression située au devant des sinus qui sont peu sentis ; légèrement et assez densement granulé ; d'un roux ferrugineux assez brillant, avec tout le disque souvent un peu obscurci ; revêtu d'une pubescence cendrée, couchée et peu serrée.

Ecusson subcordiforme, un peu en pointe arrondie au sommet ; ferrugineux, subrugueux ; densement revêtu d'une pubescence cendrée, tomenteuse, tranchant sur le fond des élytres.

Elytres plus (♂) ou moins (♀) allongées, arrondies au sommet ; légèrement convexes sur le dos ; très-légèrement, aspèrement et assez

---

(1) Dans le genre *Liozoüm* le prothorax est généralement moins convexe chez le ♂ que chez la ♀.

densement ponctuées ; d'un roux ferrugineux assez brillant et souvent (♂) assez clair ; revêtues d'une pubescence cendrée, couchée, assez courte et peu serrée. *Epaules* peu saillantes, arrondies, à lobe inférieur très-peu prononcé, à repli séparé de la page supérieure par une arête assez sensible.

Dessous du corps légèrement convexe, finement et légèrement pubescent, obsolètement et aspèrement ponctué, avec les côtés de la poitrine plus densement et plus fortement ; d'un roux ferrugineux plus ou moins foncé (♀), souvent rembruni (♂), avec les intersections du ventre plus pâles. *Dessous de la tête* d'un roux testacé très-brillant, lisse ou obsolètement et éparsement ponctué sur les côtés. *Lame médiane* du *Mésosternum* très-fine, tranchante. *Lame des hanches postérieures* réduite à un liséré très-étroit. *Ventre* à 1er article faiblement sinué au milieu de son bord apical : le 6e plus ou moins saillant.

Pieds allongés, finement pubescents, obsolètement ponctués, d'un roux testacé et transparent. *Cuisses* légèrement renflées à leur milieu (1). *Tibias* très-grêles, à peine arqués à leur base. *Tarses* allongés, grêles, à 1er et 2e articles allongés : le 2e moins long que le 1er : le 3e oblong, triangulaire : le 4e plus élargi, assez profondément bilobé : le dernier suballongé, bien plus étroit que le précédent : les *postérieurs* sensiblement plus développés que les *intermédiaires*, ceux-ci un peu plus que les *antérieurs*.

Patrie : Cette espèce habite sur les pins et les sapins, dans les parties montueuses de la France, les Alpes, la Grande-Chartreuse, les montagnes du Lyonnais, le Bugey, etc.

Obs. Le prothorax est souvent entièrement d'un roux testacé, ainsi que les élytres.

---

(1) Les cuisses sont aussi, dans ce genre, souvent un peu plus allongées et moins renflées chez le ♂ que chez la ♀.

aa. *Prothorax* étroitement explané et à peine arrondi sur ses côtés.

3. **Liozoüm pruinosum**; Mulsant et Rey.

Allongé, revêtu d'une fine pubescence, courte, blanchâtre et comme pruineuse, d'un roux ferrugineux avec les palpes et le sommet des élytres un peu plus clair, et les yeux noirs. Tête et prothorax subopaques, finement et légèrement granulés; élytres assez brillantes, légèrement et aspèrement ponctués. Front légèrement convexe. Prothorax transversal; à peine arrondi et étroitement réfléchi sur les côtés; légèrement convexe, inégal sur son disque; très-légèrement bissinué et distinctement impressionné de chaque côté à la base, avec tous les angles obtus et arrondis. Ecusson tomenteux. Elytres allongées, légèrement convexes, arrondies au sommet. Antennes suballongées, subfiliformes, à 3e article plus long que le 2e. Tarses allongés, grêles.

Liozoüm pruinosum. in Muls., Opusc. ent. t. XIII. p 101 (1863).

Long. 0m,0033 (1 l. 1/2). — Larg. 0m.0012 (1/2).

♂ ♀ *Les trois derniers articles des Antennes* et *les intermédiaires* seulement un peu plus allongés dans le ♂ que dans la ♀.

Corps allongé, peu brillant, d'un roux ferrugineux, revêtu d'une fine pubescence blanchâtre, courte, assez serrée et comme pruineuse.

Tête légèrement transversale, inclinée ou verticale, assez ressortie du prothorax, un peu plus étroite que celui-ci; couverte d'une granulation serrée, très-légère, aplatie, obsolètement ombiliquée; d'un rougeâtre peu brillant; à peine pubescente. *Front* légèrement convexe. *Arêtes génales* fines, à peine saillantes. *Epistome* d'un ferrugineux obscur, légèrement rebordé en avant, rugueux, séparé du front par une ligne arquée, assez marquée. *Labre* ferrugineux, rugueusement ponctué, légèrement cilié à son sommet. *Mandibules* légèrement pilosellées, d'un roux ferrugineux, avec l'extrémité rembrunie, lisse et brillante. *Palpes* testacés ou d'un roux testacé, avec les autres *parties de la bouche* d'un roux ferrugineux. *Yeux* saillants, globuleux, très-noirs.

Antennes suballongées, de la longueur de la moitié du corps, subfiliformes, finement pubescentes, à peine pilosellées intérieurement, d'un roux ferrugineux assez clair ; à 1er article en massue arquée, sensiblement épaissie : le 2e beaucoup moindre, pas plus long que large, assez renflé : le 3e plus grêle, oblong, sensiblement plus long que le précédent : le 4e oblong, égal au 3e : les 5e à 8e plus (♂) ou moins (♀) allongés, subcylindriques, subégaux : les trois derniers grands, sublinéaires, à peine comprimés, à peine plus épais que les précédents, aussi longs, pris ensemble, que les 5 précédents réunis : le dernier à peine plus long que le 10e, subacuminé au sommet.

Prothorax transversal, d'un tiers moins long que large, un peu plus étroit que les élytres ; obliquement tronqué à son bord apical, avec les côtés de celui-ci légèrement déjetés en arrière à partir de l'angle interne des yeux ; faiblement comprimé latéralement en avant ; paraissant, vu de dessus, pas plus étroit en avant qu'en arrière, à peine arrondi et étroitement réfléchi ou explané sur les côtés qui sont médiocrement déclives d'arrière en avant, avec tous les angles obtus : les antérieurs légèrement arrondis et infléchis : les postérieurs assez largement arrondis et un peu relevés, subtronqué et très-finement rebordé au milieu de la base, très-légèrement sinué sur les côtés de celle-ci : légèrement convexe, légèrement déclive d'arrière en avant, inégal sur son disque, offrant sur son tiers postérieur un tubercule oblong, subcarène, et deux principales éminences obtuses, le tout disposé sur une même ligne transversale, creusé de chaque côté de la base, au devant des légers sinus, d'une impression oblongue, assez marquée ; légèrement, finement et densement granulé ; d'un rouge de brique très-peu brillant ; revêtu d'une fine et courte pubescence blanchâtre, comme pruineuse, un peu plus fournie sur les côtés.

Ecusson subsémicirculaire, un peu en pointe arrondie au sommet, rougeâtre, rugueux, revêtu d'une fine et courte pubescence blanchâtre, tomenteuse, tranchant un peu sur le fond des élytres.

Elytres allongées, quatre fois plus longues que le prothorax, subparallèle sur les côtés jusqu'aux deux tiers de leur longueur, arrondies au sommet; légèrement convexes sur le dos; légèrement, aspèrement et densement ponctuées; d'un roux ferrugineux assez brillant avec l'extrémité plus claire; revêtues d'une fine et courte pubescence blanchâtre, assez serrée et comme pruineuse. *Epaules* peu saillantes, arrondies, à lobe inférieur peu prononcé, à repli séparé de la page supérieure par une arête fine, souvent peu sensible.

Dessous du corps légèrement convexe, finement pubescent, très-légèrement et subruguseмent ponctué, avec les côtés de la poitrine un peu plus fortement et plus densement; d'un roux ferrugineux assez brillant. *Dessous de la tête* convexe, lisse, brillant, d'un roux testacé. *Lame médiane du Mésosternum* fine et tranchante. *Métasternum* creusé à sa partie postérieure d'une fossette oblongue, lisse et peu profonde. *Lame des Hanches postérieures* réduite à un liseré étroit. *Ventre* à 1er segment très-faiblement sinué au milieu de son bord apical : le 6e à peine saillant, souvent caché.

Pieds assez allongés, très-obsolètement pointillés, finement pubescents d'un roux à peine testacé. *Cuisses* assez renflées dans leur milieu. *Tibias* grêles, faiblement arqués à leur base : les *antérieurs* plus courts et un peu plus élargis vers leur extrémité. *Tarses* allongés, grêles, à 1er et 2e article allongés : le 2e sensiblement moins long que le 1er : le 3e triangulaire : le 4e plus élargi, profondément bilobé : le 5e oblong, bien plus étroit que le précédent : les *postérieurs* un peu plus développés que les *intermédiaires*, ceux-ci à peine plus que les *antérieurs*.

Patrie : Cette espèce se prend, au premier printemps, sur les pins, dans les montagnes du Lyonnais et dans les collines de la Provence aux environs d'Hyères.

Obs. Elle est facile à confondre avec le *Liozoüm abietinum* (♀). Elle s'en distingue néanmoins par plusieurs caractères constants. D'abord le prothorax moins largement réfléchi sur les côtés, est toujours moins brillant, constamment plus rouge que les élytres et n'est jamais obscurci sur son disque; ensuite les ♂ ne diffèrent guère des ♀ quant à la forme des antennes, de la tête, du prothorax et des élytres. Enfin la pubescence est plus courte et plus blanchâtre, et le bord apical du prothorax est légèrement mais sensiblement déjeté en arrière sur ses côtés derrière les yeux.

AA. *Les 5e à 8e articles des Antennes* lâches, peu allongés, oblongs, inégaux, *le 5e* évidemment, *le 7e* à peine plus grand que ceux entre lesquels ils se trouvent placés.

b. *Le* 8e oblong, beaucoup plus long que large. *Angles antérieurs du prothorax* obtus, assez sensiblement arrondis.

1. Liozoum angusticolle; RATZEBURG.

Très-allongé, revêtu d'une pubescence assez longue et grisâtre, brillant, d'un brun de poix avec les élytres graduellement plus claires vers leur extrémité, le sommet du prothorax, les genoux et les tibias roussâtres, les palpes et les tarses plus pâles. Tête et prothorax légèrement et finement granulés; élytres légèrement et aspèrement ponctuées. Front légèrement convexe. Prothorax fortement transversal, un peu plus étroit en arrière, légèrement arrondi et assez largement réfléchi sur les côtés; inégal sur son disque; très-légèrement bissinué et légèrement impressionné de chaque côté à la base, avec tous les angles obtus, les antérieurs assez légèrement, les postérieurs assez fortement arrondis. Ecusson tomenteux. Elytres allongées, légèrement convexes, arrondies au sommet. Antennes allongées, subfiliformes, à 3e article beaucoup plus long que le 2e. Tarses très-allongés, grêles.

Anobium angusticolle. RATZEB., Forstins. t. I. p. 48. 5. — REDTENB., Faun. Austr. 2 éd. p. 567.

Var. a. *Dessus du corps* entièrement d'un roux testacé, ainsi que les antennes et les pieds.

Long. 0m,0033 à 0m,0051 (1 l. 1/2 à 2 l. 1/4.). — Larg. 0m,0012 à 0m,0022 (1/2 à 1 l.)

♂ *Antennes* beaucoup plus longues que la moitié du corps: *leurs trois derniers articles* aussi longs, pris ensemble, que les 7 précédents réunis, sublinéaires, pas plus épais que les précédents: le dernier obtus à son sommet. *Yeux* très-saillants. *Tête*, y compris ceux-ci, aussi large que le prothorax. *Prothorax* subdéprimé, un peu plus étroit que les élytres. *Métasternum* creusé à sa partie postérieure d'un sillon ou fossette allongée, assez profonde.

♀ *Antennes* de la longueur de la moitié du corps: *leurs trois derniers articles* à peine aussi longs, pris ensemble, que les 6 précédents réunis, très-légèrement arrondis à leur tranche interne, un peu plus épais que les précédents: le dernier subfusiforme, subacuminé au sommet. *Yeux* médiocrement saillants. *Tête*, y compris ceux-ci, sensiblement plus étroite que le prothorax. *Prothorax* faiblement convexe, presque aussi large que les élytres. *Métasternum* creusé à sa partie postérieure d'une fossette élargie, réduite à une impression lisse et peu profonde.

Corps très-allongé, d'un brun de poix assez brillant, avec les élytres graduellement un peu plus claires vers leur extrémité; revêtu d'une fine pubescence grisâtre, couchée, assez longue et pas trop serrée.

Tête légèrement transversale, inclinée ou subverticale, assez ressortie du prothorax ; couverte d'une granulation fine, serrée, aplatie, obsolètement ombiliquée ; d'un brun de poix assez brillant ; légèrement pubescente. *Front* légèrement convexe. *Arêtes génales* fines, peu saillantes. *Epistome* presque lisse, ou obsolètement et éparsement pointillé, séparé du front par une ligne fortement arquée, fine et souvent peu distincte. *Labre* un peu roussâtre, distinctement cilié à son sommet. *Mandibules* légèrement pilosellées, ferrugineuses, avec leur extrémité rembrunie, lisse et brillante. *Palpes* et autres *parties de la bouche* d'un testacé de poix, souvent assez clair. *Yeux* saillants, globuleux, noirs.

Antennes plus (♂) ou moins (♀) allongées, finement pubescentes, à peine pilosellées intérieurement, brunâtres; à 1er article oblong, assez épaissi : le 2e beaucoup moindre, pas plus long que large, subglobuleux, un peu renflé : le 3e plus grêle, oblong, obconique, beaucoup plus long que le précédent : le 4e obconique, un peu plus épais mais un peu plus court que le 3e : le 5e suballongé, évidemment plus long que ceux entre lesquels il se trouve placé : les 6e, 7e et 8e oblongs, assez lâches : le 7e un peu plus long que ceux entre lesquels il est placé : les trois derniers grands, très-faiblement comprimés, formant une massue lâche et non tranchée : le dernier à peine (♂) ou un peu (♀) plus long que le 10e.

Prothorax fortement transversal, presque une fois moins long que large, obliquement tronqué à son bord apical; paraissant, vu de dessus, un peu plus étroit en arrière qu'en avant; sensiblement comprimé latéralement en avant; légèrement arrondi et assez largement réfléchi ou explané sur les côtés qui sont médiocrement déclives d'arrière en avant, avec tous les angles obtus, les antérieurs assez légèrement arrondis et infléchis, les postérieurs assez légèrement arrondis et un peu relevés; tronqué et très-étroitement rebordé au milieu de sa base, à peine sinué sur les côtés de celle-ci; subdéprimé (♂) ou faiblement convexe (♀), légèrement déclive d'arrière en avant; inégal sur son disque, offrant sur son tiers postérieur un turbercule oblong, subcaréné, lisse, bien senti, et deux principales éminences obtuses, plus ou moins obsolètes, le tout disposé sur une même ligne transversale; creusé de chaque côté de la base, au devant des légers sinus, d'une impression plus ou moins affaiblie; légèrement, finement et assez densement granulé; d'un brun de poix assez brillant avec le sommet roussâtre et le rebord latéral souvent translucide; revêtu d'une pubescence grisâtre, fine, assez longue et peu serrée.

Ecusson subsémicirculaire, obscur, subruguleux, densement revêtu d'une pubescence tomenteuse, d'un gris blanchâtre, tranchant sur le fond des élytres.

Elytres sublinéaires (♂) ou allongées (♀), de 4 à 5 fois plus longues que le prothorax, subparallèles sur les côtés jusqu'aux trois quarts de leur longueur, arrondies au sommet; faiblement convexes sur le dos; légèrement, aspèrement et assez densement ponctuées; d'un brun de poix assez brillant, avec l'extrémité et souvent les côtés graduellement un peu plus clairs; revêtues d'une fine pubescence grisâtre, assez longue et peu serrée. *Epaules* saillantes, largement arrondies; à lobe inférieur peu prononcé, sensiblement replié en dessous à la base, avec le repli séparé de la page supérieure par une arête assez sensible.

Dessous du corps légèrement convexe, finement pubescent, obsolètement et subrugueusement ponctué, avec les côtés de la poitrine plus fortement et plus densement; d'un noir de poix très-brillant sur la poitrine, un peu moins sur le ventre, avec celui-ci quelquefois plus ou moins roussâtre, surtout chez les ♂. *Dessous de la tête* convexe, biponctué, lisse et brillant, obsolètement ridé sur les côtés. *Lame médiane du Mésosternum* fine, plus ou moins tranchante. *Lame des Hanches postérieures* réduite à un liseré étroit. *Ventre* à 1er segment à peine sinué au milieu de son bord apical : le 5e plus ou moins arrondi à son bord postérieur, un peu prolongé chez la ♀ : le 6e plus (♂) ou moins (♀) saillant, obtusément arrondi au sommet.

Pieds allongés, très-obsolètement pointillés, finement pubescents, d'un roux de poix avec les cuisses ordinairement rembrunies, les genoux et l'extrémité des tibias un peu plus clairs et les tarses testacés. *Cuisses* légèrement renflées. *Tibias* grêles, légèrement arqués à leur base : les *antérieurs* sensiblement plus courts que les autres. *Tarses* très-allongés, grêles; à 1er et 2e articles allongés : le 2e moins long que le 1er : le 3e obconique : le 4e profondément bilobé; les *intermédiaires* et les *postérieurs* très-développés, aussi longs que les tibias; les *antérieurs* sensiblement moins développés, plus courts que les tibias.

Patrie : Cette espèce se rencontre assez communément sur les pins, dans les collines du Lyonnais et de la Provence.

Obs. Elle diffère du *Liozoüm abietinum*, Gyll., par sa couleur plus obscure, et par les articles intermédiaires des antennes plus courts et inégaux. Les angles antérieurs du prothorax sont aussi un peu plus arrondis. Elle diffère de toute autre par sa forme allongée et subparallèle dans les deux sexes, et par son prothorax un peu plus rétréci en arrière.

Les antennes et les pieds sont quelquefois entièrement d'un roux plus ou moins testacé, et tout le dessus du corps, ainsi que le ventre, passe graduellement du brun assez foncé au roux testacé.

bb. *Le 8e article des Antennes* court, à peine aussi long que large. *Angles antérieurs du prothorax* presque droits, à peine émoussés.

5. **Liozoum abietis**; Fabricius.

Allongé-oblong, revêtu d'une pubescence blonde et assez courte; assez brillant, d'un noir de poix en dessous, d'un roux ferrugineux en dessus, avec la tête, le disque du prothorax et l'extrémité des antennes rembrunis. Tête et prothorax assez densement granulés; élytres légèrement et aspèrement ponctuées. Front légèrement convexe. Prothorax fortement transversal; à peine arrondi et assez largement réfléchi sur les côtés; légèrement convexe, inégal sur son disque; très-légèrement bissinué et légèrement impressionné de chaque côté à la base, avec les angles antérieurs presque droits et à peine émoussés, et les postérieurs assez fortement arrondis. Ecusson tomenteux. Elytres allongées, légèrement convexes, arrondies au sommet. Antennes suballongées, un peu plus épaisses vers l'extrémité, à 3e article égal au 2e. Tarses allongés, graduellement plus épais vers le sommet.

Anobium abietis. Fabr., Syst. Eleut. t. I. p. 323. 10. — Gyl., Ins. suec. t. I. p. 297. 9. — Panz., Faun. Germ. fasc. 66. pl. VII. — Sturm., Deuts. Faun. t. XI. p. 132. 17. — Redtenb., Faun. Austr. 2e éd. p. 566.

Var. a. Antennes entièrement, *tout le dessus du corps* et souvent le *ventre* d'un roux ferrugineux.

Long. 0m,0035 (1 l. 2/3). — Larg. 0m,0015 (2/3 l.).

♂ *Les trois derniers articles des Antennes* presque aussi longs, pris ensemble, que le reste de l'antenne: le dernier sublinéaire. 6e *Segment ventral* peu saillant, assez profondément entaillé au milieu de son bord apical.

♀ *Les trois derniers articles des Antennes* sensiblement moins longs, pris ensemble, que le reste de l'antenne: le dernier graduellement rétréci vers sa base. 6e *Segment ventral* à peine visible, subsinué au milieu de son bord apical.

Corps allongé-oblong, d'un roux ferrugineux en dessus, un peu brillant, avec la tête et le prothorax ordinairement rembrunis ; revêtu d'une fine pubescence blonde, brillante, assez courte, couchée et assez serrée.

Tête légèrement transversale, inclinée ou verticale, un peu ressortie du prothorax, beaucoup plus étroite que celui-ci ; couverte d'une granulation bien distincte, assez serrée, aplatie, ombiliquée ; d'un brun de poix un peu brillant et quelquefois roussâtre à son milieu ; légèrement pubescent. *Front* légèrement convexe. *Arêtes génales* assez fines et assez saillantes. *Epistome* brillant, finement et obsolètement pointillé, distinctement rebordé et lisse au sommet, séparé du front par une ligne fortement arquée, très-fine et peu visible. *Labre* d'un ferrugineux obscur, assez saillant, finement cilié à son bord apical. *Mandibules* légèrement pilosellées, ferrugineuses, avec l'extrémité rembrunie, lisse et brillante. *Palpes* et autres *parties de la bouche* d'un roux testacé. *Yeux* assez saillants, subarrondis, noirs.

Antennes médiocrement allongées, de la longueur de la moitié du corps, finement pubescentes, à peine pilosellées intérieurement ; ferrugineuses, avec les 3 ou 4 derniers articles plus ou moins rembrunis ; à 1er article en massue oblongue et arquée : le 2e beaucoup moindre, oblong, faiblement épaissi : le 3e plus grêle, oblong, ne paraissant pas plus long que le précédent : le 4e oblong, obconique, plus court que le 3e : les 5e à 8e assez lâches, graduellement un peu plus épais : le 5e oblong, obconique, beaucoup plus long que le prédédent et que le suivant : les 6e et 7e un peu plus longs que larges : le 7e à peine plus long que le 6e : le 8e court, presque transversal : les trois derniers grands, faiblement comprimés, un peu plus épais que les précédents, formant une massue lâche et un peu tranchée : le dernier un peu plus grand que le 10e, obtus à son sommet.

Prothorax fortement transversal, presque une fois moins long que large, presque aussi large que les élytres ; obliquement tronqué à son bord apical, avec celui-ci quelquefois subsinué à son milieu, légèrement déjeté en arrière et faiblement subsinué derrière les yeux; paraissant aussi large en avant qu'en arrière; légèrement comprimé latéralement en avant; à peine ou très-légèrement arrondi et assez largement réfléchi ou explané sur ses côtés qui sont sensiblement déclives d'arrière en avant, avec les angles antérieurs presque droits ou un peu obtus, à peine émoussés et assez infléchis, et les postérieurs obtus, assez fortement arrondis et relevés; tronqué et très-finement rebordé au milieu de la base, très-légèrement sinué sur les côtés de celle-ci; légèrement convexe, légèrement déclive d'arrière en avant; inégal sur son disque, offrant à son tiers postérieur un tubercule oblong, lisse, bien visible, et de chaque côté une protubérance obsolète, le tout disposé sur une même ligne transversale; creusé de chaque côté de la base, au devant des légers sinus, d'une impression assez large, plus ou moins affaiblie; légèrement, finement et assez densement granulé; d'un brun de poix ou d'un ferrugineux obscur et peu brillant, avec le sommet et les côtés toujours un peu plus clairs; revêtu d'une pubescence d'un blond cendré, couchée, brillante, un peu plus longue et plus serrée en arrière et sur les côtés.

Ecusson subarrondi, densement revêtu d'une pubescence tomenteuse d'un gris blanchâtre, tranchant fortement sur le fond des élytres.

Elytres allongées, 4 fois plus longues que le prothorax, subparallèles sur les côtés jusqu'aux deux tiers de leur longueur, arrondies au sommet; légèrement convexes sur le dos; légèrement, aspèrement et assez densement ponctuées; d'un roux ferrugineux un peu brillant, avec l'extrémité un peu plus claire; revêtues d'une pubescence blonde et brillante, un peu moins longue et moins serrée que celle du prothorax. *Epaules* peu saillantes, arrondies, à lobe inférieur peu prononcé à repli séparé de la page supérieure par une arête peu marquée.

Dessous du corps légèrement convexe, finement pubescent, finement et aspèrement ponctué, avec les côtés de la poitrine plus densement et plus grossièrement; d'un noir de poix assez brillant, avec le bord apical de chaque segment ventral, l'anus et quelquefois tout le ventre roussâtres. *Dessous de la tête* biponctué, convexe, lisse, brillant, d'un noir de poix et quelquefois roussâtre au milieu. *Lame médiane du Mésosternum* étroite, mais non tranchante. *Métasternum* creusé à sa partie postérieure d'une impression lisse, subsulciforme, plus ou moins large. *Lame des Hanches postérieures* réduite à une liseré étroit. *Ventre* à 1er segment faiblement sinué au milieu de son bord apical : le 5e plus (♀) ou moins (♂) largement arrondi au sommet : le 6e plus ou moins saillant.

Pieds allongés, finement pubescents, obsolètement pointillés, d'un roux ferrugineux. *Cuisses* faiblement renflées à leur milieu. *Tibias* grêles, faiblement arqués à leur base ; les *antérieurs* un peu plus courts que les autres. *Tarses* allongés, graduellement un peu épaissis depuis la base jusqu'au 4e article inclusivement ; à 1er article allongé : le 2e oblong, obconique : le 3e triangulaire : le 4e profondément bilobé : les *postérieurs* un peu plus courts que les tibias, un peu plus développés que les *intermédiaires*, et ceux-ci sensiblement plus développés que les *antérieurs*.

Patrie : Cette espèce se prend sur les sapins, dans toute la chaîne des Alpes.

Obs. Elle diffère nettement des précédentes par ses antennes plus épaisses à leur extrémité, à 8e article beaucoup moins allongé et presque transversal.

Le prothorax est ordinairement rembruni, mais dans *la variété a* il est de la même couleur que les élytres, et, dans ce cas, la tête, le ventre et les antennes prennent aussi une teinte plus claire.

GROUPE DEUXIÈME.

Prothorax presque égal, ou avec un seul tubercule obsolète situé au milieu avant la base.

β. *Les* 5e *à* 8e *articles des Antennes* lâches, allongés, subégaux. *Ecusson* non tomenteux.

b. *Prothorax* à angles antérieurs très-obtus et fortement arrondis, sans sillon sur son disque.

6. **Liozoüm lucidum** ; Mulsant et Rey.

Allongé, subcylindrique, revêtu d'une pubescence courte, grisâtre et peu serrée, très-brillant, d'un rouge testacé, avec l'extrémité des élytres un peu plus claire, et les yeux seuls noirs. Tête et prothorax finement granulés; élytres très-légèrement et aspèrement ponctuées. Front subdéprimé. Prothorax transversal, légèrement arrondi et brièvement réfléchi sur les côtés, fortement convexe, égal sur son disque, légèrement bissinué et faiblement impressionné de chaque côté à la base, avec tous les angles obtus et fortement arrondis. Elytres allongées, subparallèles, médiocrement convexes, obtusément arrondies au sommet. Antennes allongées, filiformes, à 3e article beaucoup plus long que le 2e. Tarses allongés, grêles.

Liozoüm lucidum. MULSANT ET REY, *in* MULS. Op. Ent. t. XIII. p. 109 (1863).

Long. $0^m,0061$ (2 l. 3/4). — Larg. $0^m,0022$ (1 l.).

Corps allongé, subcylindrique, très-brillant, d'un rouge testacé; revêtu d'une fine et courte pubescence grisâtre, couchée, peu serrée.

Tête légèrement transversale, inclinée ou verticale, peu ressortie du prothorax, beaucoup plus étroite que celui-ci; couverte d'une granulation fine, aplatie, ombiliquée, assez serrée, avec un espace lisse sur son milieu; d'un rouge testacé brillant; finement pubescente. *Front* subdéprimé ou à peine convexe. *Arêtes génales* fines, peu saillantes. *Epistome* finement rebordé à son bord antérieur, obsolètement ponctué, séparé du front par une ligne assez sensible et faiblement biarquée. *Labre* roussâtre, brillant, à peine cilié à son sommet. *Mandibules* pilosellées, rougeâtres, distinctement ponctuées à leur base, avec l'extrémité rembrunie, lisse et brillante. *Palpes* et autres *parties de la bouche* d'un roux testacé. *Yeux* gros, saillants, arrondis, noirs.

Antennes allongées, grêles, un peu plus longues que la moitié du corps, finement pubescentes, légèrement pilosellées intérieurement, entièrement d'un roux testacé; à 1er article oblong, arqué, sensiblement épaissi : le 2e beaucoup moindre, court, un peu renflé : le 3e plus grêle, oblong, beaucoup plus long que le précédent : le 4e suballongé, obconique, plus long que le 3e : les 5e à 8e allongés, lâches, subégaux : les 3 derniers grands, sublinéaires, pas plus ou à peine plus épais que les précédents, à peine comprimés, aussi longs, pris ensemble, que les 5 précédents réunis : le 9e presque aussi long que les deux précédents réunis : le dernier un peu plus grand que le 10e, subacuminé au sommet (♀).

Prothorax transversal, d'un tiers moins long que large, de la largeur des élytres à sa base; obliquement tronqué à son bord apical, avec les côtés de celui-ci un peu déjetés en arrière à partir de l'angle interne des yeux; paraissant, vu de dessus, plus étroit en avant qu'en arrière; légèrement comprimé latéralement en avant; légèrement arrondi et assez étroitement réfléchi ou explané sur les côtés qui sont fortement déclives d'arrière en avant, avec les angles antérieurs obtus, fortement arrondis et infléchis, et les postérieurs obtus, assez largement arrondis et relevés; obtusément arrondi et très-finement rebordé au milieu de la base, légèrement sinué sur les côtés de celle-ci; très-convexe et tout-à-fait égal sur son disque; creusé de chaque côté de la base d'une faible impression arrondie, assez large, située au devant des sinus; finement et assez densement granulé; d'un rouge testacé luisant; revêtu d'une fine pubescence grisâtre, assez longue et serrée, et en outre légèrement et obsolètement cilié à sa tranche latérale.

Ecusson subsémicirculaire, finement chagriné, finement pubescent, d'un roux testacé peu brillant.

Elytres allongées, 4 fois plus longues que le prothorax, subparallèles sur les côtés jusqu'aux trois quarts environ de leur longueur, obtusément et subsinueusement arrondies au sommet; assez convexes sur le dos; très-légèrement et aspèrement ponctuées, d'un rouge testacé luisant avec l'extrémité un peu plus pâle; revêtues d'une fine pubescence grisâtre, peu serrée et plus courte que celle du prothorax. *Epaules* très-peu saillantes, largement arrondies, à lobe inférieur très-peu prononcé, à repli séparé de la page supérieure par une arête faible et peu saillante.

Dessous du corps légèrement convexe, finement et assez densement pubescent, finement et aspèrement ponctué avec la poitrine plus fortement et plus densement; d'un rouge testacé assez brillant. *Dessous de la tête* assez convexe, lisse et brillant. *Lame médiane du Mésosternum* très-étroite, mais non tranchante. *Métasternum* creusé au milieu de sa partie postérieure d'un sillon assez large, à fond lisse, s'affaiblissant en avant et offrant de chaque côté un espace un peu plus élevé, assez large, lisse ou presque lisse. *Lame des Hanches postérieures* étroite. *Ventre* à 1er segment légèrement sinué au milieu de son bord apical : le 5e subsinueusement tronqué au sommet : le 6e apparent, obtusément arrondi à son extrémité.

Pieds allongés, finement pubescents, d'un roux testacé. *Cuisses* assez renflées. *Tibias* grêles, faiblement arqués à leur base : les *intermédiaires* et les *postérieurs* légèrement fléchis en dehors vers leur extrémité : les *antérieurs* un peu plus courts que les autres. *Tarses* allongés, grêles, presque aussi longs que les tibias ; à 1er et 2e articles allongés : le 2e beaucoup moins long que le 1er : le 3e oblong : le 4e assez profondément bilobé ; les *postérieurs* un peu plus développés que les *intermédiaires*, et ceux-ci que les *antérieurs*.

Patrie : Cette espèce est très-rare. Elle se rencontre sur les pins aux environs d'Hyères, en Provence. Juin.

Obs. Elle s'éloigne de toutes les autres par ses antennes grêles et par sa couleur très-brillante.

bb. *Prothorax à angles antérieurs* un peu obtus et légèrement arrondis ;

c. Avec un petit *sillon* en arrière sur son disque.

7. Liozoüm sulcatulum ; Mulsant et Rey.

Très-allongé, subcylindrique, revêtu d'une pubescence blonde, assez longue et assez serrée ; assez brillant, d'un roux ferrugineux, avec les palpes, les antennes, les pieds et l'extrémité des élytres un peu plus clairs et les yeux brunâtres. Tête et prothorax finement granulés ; élytres légèrement et aspèrement ponctuées. Front légèrement convexe. Prothorax transversal, légèrement arrondi et brièvement réfléchi sur les côtés, médiocrement convexe, égal sur son disque, obsolètement bissinué et légèrement impressionné de chaque côté à la base, avec les angles antérieurs à peine les postérieurs largement arrondis. Elytres allongées, subparallèles, médiocrement convexes, arrondies au sommet. Antennes allongées, faiblement épaissies vers leur extrémité, à 3e article beaucoup plus long que le 2e. Tarses allongés, assez grêles.

Liozoüm sulcatulum. Muls. et Rey, *in* Muls. Opusc. En. t. XIII. p. 111 (1863).

Long. 0^m,0051 (2 l. 1/4). — Larg. 0^m,0015 (2/3 l.).

Corps très-allongé, subcylindrique, un peu brillant, d'un roux ferrugineux; revêtu d'une pubescence blonde, couchée, assez longue et assez serrée.

Tête légèrement transversale, infléchie, un peu ressortie du prothorax, sensiblement plus étroite que celui-ci; couverte d'une granulation fine et assez serrée, offrant sur son milieu un espace lisse, étroit et peu apparent; d'un roux ferrugineux et assez brillant; légèrement pubescente. *Front* légèrement convexe. *Arêtes génales* fines et peu saillantes. *Epistome* finement rebordé à son bord apical, obsolètement ponctué, séparé du front par une ligne légèrement arquée, peu marquée. *Labre* d'un roux ferrugineux, légèrement cilié à son sommet. *Mandibules* ferrugineuses avec leur extrémité rembrunie, lisse et brillante. *Palpes* d'un roux testacé. *Yeux* assez saillants, arrondis, brunâtres.

Antennes allongées, de la longueur de la moitié du corps, finement pubescentes, entièrement d'un roux testacé; à 1er article oblong, assez fortement épaissi: le 2e beaucoup moindre, court, faiblement renflé: le 3e plus grêle, oblong, beaucoup plus long que le précédent: le 4e oblong, un peu plus court que le 3e: les 5e à 8e assez allongés, subégaux: les trois derniers grands, très-allongés, un peu plus épais que les précédents, légèrement et graduellement rétrécis à leur base, subégaux, à peine comprimés, formant une massue très-lâche, peu tranchée, égalant au moins les 6 articles précédents réunis: le dernier subacuminé au sommet (♀).

Prothorax transversal, presque une fois moins long que large, de la largeur des élytres; obliquement tronqué à son bord apical; légèrement et étroitement réfléchi ou explané sur les côtés qui sont sensiblement déclives d'arrière en avant, avec les angles antérieurs légèrement obtus, à peine arrondis et légèrement infléchis, et les postérieurs obtus, largement arrondis et relevés; subtronqué et très-finement rebordé au milieu de la base, et obsolètement sinué sur les côtés de celle-ci; assez convexe; égal sur son disque, offrant à son milieu, vers son tiers postérieur, un petit sillon canaliculé, bien marqué; creusé de chaque côté de la base, au devant des légers sinus, d'une impression assez large, arrondie et peu profonde; densement et assez finement granulé; d'un roux ferrugineux peu brillant; revêtu d'une pubescence blonde assez longue et assez serrée.

Ecusson un peu oblong, ferrugineux, pubescent, finement chagriné.

Elytres allongées, près de 5 fois plus longues que le prothorax, subparallèles sur les côtés, fortement arrondies au sommet; assez convexes sur le dos; légèrement et aspèrement ponctuées; d'un roux ferrugineux assez brillant, avec l'extrémité un peu plus claire; revêtues d'une fine pubescence blonde, un peu moins longue et un peu moins serrée que celle du prothorax. *Epaules* peu saillantes, arrondies, à lobe huméral très-peu prononcé, à repli séparé de la page supérieure par une arête assez sensible.

Dessous du corps légèrement convexe, pubescent, densement et aspèrement ponctué; d'un roux ferrugineux un peu obscur et peu brillant. *Lame des Hanches postérieures* étroite. *Ventre* à 5e segment largement arrondi au sommet: le 6e assez saillant.

Pieds allongés, finement pubescents, d'un roux testacé. *Cuisses* faiblement renflées à leur milieu. *Tibias* grêles. *Tarses* allongés, assez grêles; à 1er et 2e articles allongés: le 2e moins long que le 1er: le 3e oblong: le 4e assez profondément bilobé.

Patrie: Cette rare espèce se rencontre en Provence. Elle nous a été communiquée par M. Godart.

Obs. Cette espèce se distingue de toute autre par sa forme allongée et par le petit sillon du prothorax.

cc. Prothorax sans sillon sur son disque.

8. **Liozoum gigas**; Mulsant et Rey.

Très-allongé, revêtu d'une pubescence fauve, assez longue et assez serrée; un peu brillant, d'un roux ferrugineux, avec les palpes, les antennes et les pieds un peu plus clairs, et les yeux noirs. Tête et prothorax densement et finement granulés ; élytres densement et aspèrement ponctuées. Front légèrement convexe. Prothorax fortement transversal, sensiblement arrondi et médiocrement réfléchi sur les côtés, légèrement convexe, égal sur son disque, légèrement bissinué et subimpressionné de chaque côté à la base, avec les angles antérieurs légèrement, les postérieurs largement arrondis. Elytres allongées, parallèles, légèrement convexes, arrondies au sommet. Antennes allongées, faiblement épaissies vers leur extrémité, à 3e article plus long que le 2e. Tarses allongés, grêles.

Liozoüm gigas. MULSANT ET REY, MULS. *in* Op. Ent. t. XIII. p. 113 (1863).

Long. $0^{m},0081$ (3 l. 3/4). — Larg. $0^{m},0028$ (1 l.).

♂ *Antennes* plus longues que la moitié du corps : *leurs 3 derniers articles linéaires*, pas plus épais que les précédents.

♀ *Antennes* égalant la moitié du corps : *leurs 3 derniers articles graduellement rétrécis vers leur base*, un peu plus épais que les précédents.

Corps très-allongé, subparallèle, peu convexe, un peu brillant, d'un roux ferrugineux assez obscur ; revêtu d'une fine pubescence fauve, couchée, assez longue et assez serrée.

Tête un peu oblongue inclinée ou infléchie, assez ressortie du prothorax, près d'une moitié plus étroite que celui-ci ; couverte d'une granulation fine, assez serrée, un peu aplatie et ombiliquée ; d'un roux ferrugineux obscur et un peu brillant ; finement pubescente. *Front* légèrement convexe. *Arêtes génales* fines et peu saillantes. *Epistome* un peu enfoncé, distinctement rebordé à son bord antérieur, brillant, finement et aspèrement pointillé, séparé du front par une ligne très-fine et obtusément arquée. *Labre* obscur, légèrement cilié à son sommet. *Mandibules* rousses avec leur extrémité rembrunie, lisse et brillante. *Palpes* d'un roux testacé. *Yeux* très-gros, saillants, arrondis, noirs.

Antennes plus (♂) ou moins (♀) allongées, très-finement pubescentes, à peine pilosellées intérieurement, d'un roux testacé ; à 1er article oblong, assez épaissi : le 2e beaucoup moindre, court, assez renflé : le 3e plus grêle, oblong, sensiblement plus long que le précédent : le 4e oblong, moins long que le 3e : les 5e à 8e allongés, subégaux : les 3 derniers très-grands, faiblement comprimés, aussi longs, pris ensemble, que les 6 précédents réunis : le dernier à peine plus long que le 10e, subacuminé au sommet.

Prothorax fortement transversal, presque une fois moins long que large, de la largeur des élytres à sa base, obliquement tronqué à son bord apical, avec celui-ci déjeté en arrière et sensiblement sinué derrière les yeux ; paraissant, vu de dessus, un peu étroit en avant, faiblement comprimé latéralement en avant, sensiblement arrondi et médiocrement réfléchi ou explané sur les côtés qui sont assez fortement déclives d'arrière en avant, avec les angles antérieurs un peu obtus, à peine émoussés et infléchis, et les postérieurs très-obtus, très-largement arrondis et un peu relevés ; obtusément tronqué et très-finement rebordé au milieu de la base, légèrement sinué sur les côtés de celle-ci ; légèrement convexe, légèrement déclive en avant à partir du tiers postérieur ; égal sur son disque, ou marqué parfois sur celui-ci d'une fine ligne lisse, obsolète ; creusé de chaque côté de la base, au devant des légers sinus, d'une impression assez large et peu profonde ; couvert d'une granulation serrée, aplatie et ombiliquée ; d'un roux ferrugineux assez obscur et peu brillant ; revêtu d'une pubescence fauve, assez longue et assez serrée.

Ecusson un peu oblong ; subarrondi au sommet, finement chagriné, légèrement pubescent, d'un ferrugineux assez obscur.

Elytres très-allongées, 5 fois plus longues que le prothorax, parallèles sur les côtés jusqu'aux 3 quarts de leur longueur, arrondies au sommet, faiblement convexes sur le dos, densement et aspèrement ponctuées ; d'un roux ferrugineux assez obscur et assez brillant, avec l'extrémité à peine plus claire, revêtues d'une pubescence fauve, assez longue et assez serrée. *Epaules* assez saillantes, arrondies, à lobe inférieur très-peu prononcé, à repli séparé de la page supérieure par une arête fine et peu saillante.

Dessous du corps légèrement convexe, finement et assez densement pubescent, d'un roux ferrugineux assez obcur et peu brillant; aspèrement et légèrement ponctué, avec les côtés de la poitrine plus fortement et plus densement. *Lame des Hanches postérieures* étroite. *Ventre* à 5e segment obtusément arrondi à son bord apical; le 6e légèrement sinué au sommet.

Pieds allongés, finement pubescents, d'un roux ferrugineux assez clair. *Cuisses* légèrement renflées à leur milieu. *Tibias* assez grèles. *Tarses* allongés, grèles, à 1er et 2e articles allongés : le 2e un peu moins long que le 1er : le 3e oblong : le 4e assez profondément bilobé.

Patrie.: Cette espèce est assez rare. Elle a été capturée en Provence par M. Raymond, et nous a été communiquée par M. Godart.

Obs. Elle est bien voisine du *Liozoüm molle*, Lin. Elle s'en distingue par une taille plus grande, par une couleur plus obscure, et par les 5e et 7e articles des antennes non évidemment plus grands que ceux entre lesquels ils se trouvent placés. Elle est aussi un peu moins couvexe. Elle diffère du *Liozoüm reflexum* par ses antennes moins longues, et par son prothorax moins largement explané sur ses côtés et plus égal sur son disque.

Dans cette espèce les antennes diffèrent peu d'un sexe à l'autre. Leurs 3 derniers articles sont seulement un peu plus épais dans la ♀ que dans le ♂, et les intermédiaires un peu moins allongés.

BB. Les 5e à 8e *articles des Antennes* lâches, plus ou moins allongés ou oblongs, inégaux.

c. Le 5e seul, évidemment plus grand que ceux entre lesquels il se trouve placé : *les* 6e *à* 8e allongés ou suballongés. *Ecusson* tomenteux.

9. **Liozoüm molle**; LINNÉ.

Allongé, subcylindrique, revêtu d'une pubescence fauve et assez serrée; assez brillant, d'un rouge testacé, avec les palpes, les antennes, le sommet des élytres et les pieds plus clairs, et les yeux noirs. Tête et prothorax finement et densement granulés; élytres légèrement et aspèrement ponctuées. Front légèrement convexe. Prothorax fortement transversal, médiocrement arrondi et assez largement réfléchi sur les côtés, subdéprimé sur son disque, à peine bissinué et subimpressionné de chaque côté à la base, avec les angles antérieurs légèrement et les postérieurs très-largement arrondis. Ecusson tomenteux. Elytres allongées, médiocrement convexes, subparallèles, arrondies au sommet. Antennes allongées, un peu épaissies vers l'extrémité, à 3e article beaucoup plus long que le 2e; le 5e plus long que le 6e. Tarses très-allongés, assez grêles.

Ptinus mollis. LIN., Syst. Nat. t. II. p. 565. 3.
Anobium molle. FABR., Syst. Eleuth. t. I. p. 323. 8. — OLIV., Ent. t. II. n° 16. p. 8. 5. pl. 2. fig. 8. — GYLL. Ins. suec. t. I. p. 296. 8. — STURM, Deut. Faun. t. XI. p. 132. 16. — REDT., Faun. Austr. 2e éd. p. 566.

Long. 0m,0056 à 0m,0072 (2 l. 1/2 à 3 l. 1/4). — Larg. 0m,0022 à 0m,00[illegible] (1 à 1 l. 1/8).

♂ *Les trois derniers articles des Antennes* un peu plus longs, pris ensemble, que les 6 précédents réunis; les 6e à 8e allongés. *Prothorax* à peine convexe. 6e *Segment ventral* profondément entaillé au milieu de son bord apical.

♀ *Les 3 derniers articles des Antennes* à peine aussi longs, pris ensemble, que les 6 précédents réunis; les 6e à 8e suballongés. *Prothorax* légèrement convexe. 6e *Segment ventral* légèrement sinué au milieu de son bord apical.

Corps allongé, subcylindrique, assez brillant, d'un rouge testacé assez clair, revêtu d'une fine pubescence fauve, couchée et assez serrée.

Tête légèrement transversale, inclinée ou verticale, un peu ressortie du prothorax, beaucoup plus étroite que celui-ci; couverte d'une granulation fine, assez serrée, aplatie, ombiliquée, d'un rouge de brique brillant; légèrement pubescente. *Front* légèrement convexe. *Arêtes génales* fines et peu saillantes. *Epistome* orné en avant d'un rebord étroit et membraneux; presque lisse ou très-obsolètement, éparsement et subaspèrement pointillé sur son disque, séparé du front par un ligne légèrement arquée et à peine sensible. *Labre* d'un roux testacé, finement pointillé, distinctement cilié au sommet. *Mandibules* d'un rouge testacé; ponctuées à la base, avec l'extrémité noire, lisse et brillante. *Palpes* et autres *parties de la bouche* testacés. *Menton* rugueux. *Yeux* gros, saillants, arrondis, noirs.

Antennes plus (♂) ou moins (♀) allongées, un peu plus longues que la moitié du corps, finement pubescentes, à peine pilosellées intérieurement, d'un roux testacé ; à 1er article oblong, faiblement arqué, assez fortement épaissi : le 2e beaucoup moindre, un peu plus long que large, assez renflé : le 3e plus grêle, oblong, beaucoup plus long que le précédent : le 4e oblong, un peu moins long que le 3e : le 5e allongé, sensiblement plus long que le suivant : les 6e à 8e plus (♂) ou moins (♀) allongés, subégaux : les 3 derniers grands, subégaux, légèrement comprimés, un peu plus épais que les précédents, formant une massue très-lâche et à peine tranchée : les 9e et 10e à peine et graduellement rétrécis à leur base : le dernier sublinéaire, subacuminé au sommet.

Prothorax fortement transversal, presque une fois moins long que large, presque de la largeur des élytres; obliquement tronqué à son bord apical, avec les côtés de celui-ci légèrement déjetés en arrière et à peine sinués derrière les yeux; paraissant, vu de dessus, un peu plus étroit en avant qu'en arrière; légèrement comprimé latéralement en avant; médiocrement arrondi et assez largement réfléchi ou explané sur les côtés qui sont assez fortement déclives d'arrière en avant, avec les angles antérieurs un peu obtus, légèrement arrondis et infléchis, et les postérieurs très-obtus, très-largement arrondis et un peu relevés; obtusément tronqué, finement et distinctement rebordé au milieu de la base, à peine sinué sur les côtés de celle-ci; plus (♂) ou moins (♀) faiblement convexe; légèrement déclive d'arrière en avant; plus (♀) ou moins (♂) égal sur son disque, offrant (♂) à son tiers postérieur un tubercule oblong, lisse, plus ou moins affaibli ou obsolète; creusé de chaque côté de la base, au devant des légers sinus, d'une impression assez large et peu profonde; couvert d'une granulation fine et serrée; d'un rouge testacé peu brillant; revêtu d'une pubescence fauve, assez longue et assez serrée.

Ecusson subsémicirculaire, rougeâtre, densement revêtu d'une pubescence tomenteuse et grisâtre, tranchant sensiblement sur le fond des élytres.

Elytres allongées, 4 fois et demie plus longues que le prothorax, subparallèles sur leurs côtés jusqu'aux trois quarts de leur longueur, arrondies au sommet, médiocrement convexes sur le dos, légèrement aspèrement et assez densement ponctuées; d'un rouge testacé assez brillant, avec l'extrémité un peu plus claire; revêtues d'une fine pubescence fauve, assez serrée, couchée et un peu moins longue que celle du prothorax. *Epaules* assez saillantes, arrondies, à lobe inférieur très peu prononcé, à repli séparé de la page supérieure par une arête sensible et assez saillante.

Dessous du corps assez convexe, finement pubescent, finement et aspèrement ponctué, avec les côtés de la poitrine un peu plus fortement et plus densement; d'un rouge testacé assez brillant. *Dessous de la tête* biponctué, lisse, brillant, testacé. *Lame médiane du mésosternum* très étroite, presque tranchante. *Métasternum* creusé sur son milieu, à sa partie postérieure, d'un sillon lisse et offrant de chaque côté de celui-ci une large bosse ou élévation presque lisse. *Lame des Hanches postérieures* étroite, graduellement rétrécie de dedans en dehors. Ventre à 1er segment légèrement sinué au milieu de son bord apical : le 5e largement et obtusément arrondi au sommet : le 6e plus ou moins saillant.

Pieds allongés, finement pubescents, légèrement et aspèrement pointillés, d'un roux testacé. *Cuisses* sensiblement renflées à leur milieu. *Tibias* grèles, les *antérieurs* légèrement arqués, plus courts et un peu plus robustes que les autres. *Tarses* très-allongés, aussi longs que les tibias, légèrement et graduellement épaissis vers leur extrémité jusqu'au 4e article inclusivement ; à 1er et 2e articles allongés : le 2e un peu moins long que le 1er : le 3e oblong, triangulaire ; le 4e médiocrement bilobé : les *postérieurs* à peine plus développés que les *intermédiaires*, ceux-ci un peu plus que les *antérieurs*.

Patrie : Cette espèce est généralement méridionale et peu commune. Elle se rencontre sur les pins en Provence et en Languedoc. Elle est rare aux environs de Lyon.

Obs. Il est difficile de décider au juste quel est le véritable *Anobium molle* des auteurs. Linné, Fabricius, Olivier et Gyllenhal n'ayant décrit, entre eux quatre, que trois espèces appartenant à notre genre *Liozoüm*, ont dû nécessairement en confondre plusieurs ensemble. Sturm et Redtenbacher en ont fait connaître quatre de plus, et nous avons cru devoir en ajouter un plus grand nombre qu'on avait sans doute rattachées aux précédentes par analogie. Sans égard aux descriptions courtes et vagues des premiers auteurs, nous appliquons la dénomination de *molle* à l'espèce qui nous semble le plus convenir aux descriptions de Sturm et de Redtenbacher.

cc. *Les* 5e *à* 7e *articles des Antennes*, tous deux, évidemment plus grands que ceux entre lesquels ils se trouvent placés.

d. *Les* 6e *à* 8e *articles* oblongs, obconiques. *Ecusson* subtomenteux.

10. **Liozoüm consimile**; Mulsant et Rey.

Allongé, subcylindrique, revêtu d'une pubescence blonde, asssez longue et assez serrée ; densement et finement granulé, un peu brillant, d'un roux ferrugineux assez obscur, avec les palpes, les antennes et les pieds plus clairs, et les yeux noirâtres. Front légèrement convexe. Prothorax fortement transversal, légèrement arrondi et médiocrement réfléchi sur les côtés, subégal sur son disque, à peine bissinué et légèrement impressionné de chaque côté à la base, avec les angles antérieurs sensiblement et les postérieurs largement arrondis. Ecusson subtomenteux. Elytres suballongées, médiocrement convexes, arrondies au sommet. Antennes suballongées, subfiliformes, à 3e article un peu plus long que le 2e; les 5e et 7e évidemment plus longs que ceux entre lesquels ils sont placés. Tarses allongés, grèles.

Liozoüm consimile. Mulsant et Rey, *in* Muls. Op. Ent. t. XIII. p. 117 (1863).

Long. 0m,0042 à 0m,0071 (1 l. 7/8 à 3 l. 1/4). — Larg. 0m,0016 à 0m,0025 (2/3 à 1 l. 1/8)

Var. a. *Taille* moindre. *Corps* un peu plus parallèle. *Couleur* plus claire. *Elytres* plus obsolètement granulées et comme subaspèrement ponctuées.

♂ *Les trois derniers articles des Antennes* linéaires, pas plus épais que les précédents, presque aussi longs, pris ensemble, que le reste de l'antenne : le 9ᵉ, à lui seul, presque aussi long que les trois précédents réunis : le dernier subacuminé au sommet. *Prothorax* faiblement convexe, un peu inégal. 6ᵉ *Segment ventral* assez profondément entaillé au milieu de son bord apical.

♀ *Les trois derniers articles des Antennes* faiblement rétrécis vers leur base, un peu plus épais que les précédents, pas plus longs, pris ensemble, que les 6 précédents réunis : le 9ᵉ à peine aussi long que les deux précédents réunis : le dernier acuminé au sommet. *Prothorax* assez convexe, presque égal. 6ᵉ *Segment ventral* subsinué au milieu de son bord apical.

Corps allongé, subcylindrique, un peu brillant, d'un roux ferrugineux plus ou moins obscur, revêtu d'une pubescence blonde, couchée et assez serrée.

Tête légèrement transversale, inclinée ou verticale, un peu ressortie du prothorax, beaucoup plus étroite que celui-ci ; couverte d'une granulation fine et assez serrée ; d'un roux ferrugineux un peu brillant, finement pubescente. *Front* légèrement convexe, marqué près du vertex d'un espace lisse, peu apparent. *Arêtes génales* fines et peu saillantes. *Epistome* finement rebordé à son sommet, obsolètement et aspèrement pointillé, séparé du front par une ligne lisse, presque droite ou à peine arquée. *Labre* ferrugineux, assez densement cilié à son bord apical. *Mandibules* légèrement pilosellées, ferrugineuses, rugueusement ponctuées à la base, avec l'extrémité rembrunie, lisse, et brillante. *Palpes* d'un roux testacé assez clair. *Yeux* gros, saillants, arrondis, noirs.

Antennes suballongées, à peine plus (♂) ou pas plus (♀) longues que la moitié du corps, finement pubescentes, à peine ciliées intérieurement ; entièrement d'un roux ferrugineux assez clair : à 1ᵉʳ article oblong, arqué, assez fortement épaissi : le 2ᵉ beaucoup moindre, oblong, légèrement renflé : le 3ᵉ plus grêle, suballongé, un peu plus long le précédent : le 4e aussi long ou à peine moins long que le 3e : les 5e et 7e sensiblement plus longs que ceux entre lesquels ils sont placés : le 5e allongé, beaucoup plus long que le 4e : le 7e suballongé : les 6e et 8e oblongs, obconiques, paraissant néanmoins un peu plus longs chez les ♂ que chez les ♀ : les trois derniers très-grands, subégaux, légèrement comprimés, formant une massue très-lâche et non tranchée : le dernier à peine plus long que le 10e.

Prothorax fortement transversal, presque une fois moins long que large, presque de la largeur des élytres à sa base ; obliquement tronqué à son bord apical, avec les côtés de celui-ci faiblement déjetés en arrière et à peine sinués derrière les yeux ; paraissant, vu de dessus, plus étroit en avant qu'en arrière ; sensiblement comprimé latéralement en avant ; légèrement arrondi et médiocrement réfléchi ou explané sur les côtés qui sont sensiblement déclives d'arrière en avant, avec les angles antérieurs obtus, sensiblement arrondis et infléchis, et les postérieurs très-obtus, largement arrondis et relevés ; obtusément tronqué et finement rebordé au milieu de la base, et à peine sinué sur les côtés de celle-ci ; faiblement convexe, légèrement déclive à sa partie antérieure à partir de son tiers postérieur ; plus (♀) ou moins (♂) égal sur son disque ; offrant en arrière, sur son milieu, un tubercule lisse, plus (♀) ou moins (♂) affaibli ou obsolète, et souvent peu distinct ; creusé de chaque côté, à la base, au devant des légers sinus, d'une impression assez large, plus ou moins marquée, mais ordinairement peu profonde ; couvert d'une granulation fine et serrée ; d'un roux ferrugineux assez obscur et peu brillant ; revêtu d'une fine pubescence blonde, assez longue et assez serrée.

Ecusson subsémicirculaire, d'un roux ferrugineux obscur, ruguleux, subopaque, garni d'une courte pubescence serrée, subtomenteuse, un peu grisâtre, tranchant un peu sur le fond des élytres

Elytres allongées, 4 fois plus longues que le prothorax, subparallèles sur les côtés jusqu'après les deux tiers de leur longueur, faiblement rétrécies ou sinuées après leur tiers antérieur, assez largement arrondies au sommet ; assez convexes sur le dos ; densement et finement granulées et un peu plus légèrement en arrière ; d'un roux ferrugineux assez obscur et un peu brillant, avec l'extrémité rarement un peu plus claire; revêtues d'une fine pubescence blonde, assez serrée et un peu moins longue que celle du prothorax. *Epaules* peu saillantes, arrondies, à lobe inférieur peu prononcé, à repli séparé de la page supérieure par une arête fine et assez marquée.

Dessous du corps assez convexe, finement et assez densement pubescent, finement, densement et aspèrement ponctué, avec les côtés de la poitrine plus fortement; d'un roux ferrugineux plus ou moins obscur et assez brillant. *Dessous de la tête* assez convexe, biponctué, testacé, lisse, brillant. *Lame médiane du Mésosternum* assez étroite, subparallèle. *Métasternum* creusé au milieu de sa partie postérieure d'un sillon lisse plus ou moins profond. *Lame des Hanches postérieures* réduite à un liseré étroit, faiblement et graduellement élargi en dedans. *Ventre* à 1er segment légèrement sinué au milieu de son bord apical : le 5e obtusément arrondi ou subtronqué au sommet : le 6e assez saillant.

Pieds assez allongés, finement pubescents, obsolètement et aspèrement pointillés, d'un roux ferrugineux, quelquefois assez clair. *Cuisses* sensiblement renflées à leur milieu. *Tibias* assez grêles; les *antérieurs* droits ou presque droits, légèrement et graduellement élargis vers leur sommet; les *intermédiaires* et les *postérieurs* plus longs et plus grêles, faiblement recourbés en dehors vers leur extrémité. *Tarses* allongés, presque aussi longs que les tibias, grêles, à peine épaissis vers leur sommet; à 1er et 2e articles allongés : le 2e notablement moins long que le 1er : le 3e oblong : le 4e médiocrement bilobé; les *postérieurs* à peine plus développés que les *intermédiaires*, et ceux-ci que les *antérieurs*.

Patrie : Cette espèce est assez commune sur les pins, dans toute la France. Environs de Paris, d'Orléans, de Lyon, montagnes du Beaujolais, de la Loire, Alpes, Provence, etc.

Obs. Elle est très-voisine de la précédente. Outre la proportion relative des 5e et 7e articles des antennes qui sont, tous les deux, plus longs que ceux entre lesquels ils se trouvent, le corps est moins allongé; la couleur est ordinairement plus obscure et un peu moins brillante; les élytres sont plus distinctement granulées; les antennes sont plus grèles et proportionnellement moins longues; l'écusson est garni d'un duvet moins serré et tranchant un peu moins sur le fond des élytres ; les angles antérieurs du prothorax sont un peu plus obtus et plus arrondis ; les tibias antérieurs sont plus droits ; enfin le 2e article des tarses est sensiblement moins long que le 1er, tandis que chez le *Liozoüm molle*, le même article est seulement un peu moins long que le 1er : le 3e paraît aussi proportionnellement moins allongé, et le 4e moins élargi.

Cette espèce varie beaucoup pour la taille. La couleur est quelquefois entièrement, moins les yeux, d'un roux testacé assez clair, avec les élytres obsolètement granulées ou seulement aspèrement ponctuées (*Liozoüm laetum*). Dans cette variété, la forme est un peu plus parallèle, et les 6e et 8e articles sont proportionnellement un peu plus courts que dans l'espèce typique.

dd. *Les 6e, 7e et 8e articles des Antennes* oblongs, obconiques.

d. *Prothorax* contigu aux élytres sur toute sa base, égal sur son disque. *Ecusson* non tomenteux.

11. **Liozoüm parens;** Mulsant et Rey.

Oblong, épais, revêtu d'une pubescence blonde, assez longue; un peu brillant, d'un ferrugineux obscur, avec les palpes, les antennes, les pieds, le sommet du prothorax et des élytres plus clairs, et les yeux noirs. Tête et prothorax finement granulés; élytres légèrement et aspèrement ponctuées. Front légèrement convexe. Prothorax transversal, légèrement arrondi et un peu réfléchi sur les côtés, convexe, égal sur son disque, à peine bissinué et obsolètement impressionné de chaque côté à la base, avec tous les angles obtus, les antérieurs légèrement, les postérieurs assez fortement arrondis. Elytres oblongues, médiocrement convexes, arrondies au sommet. Antennes peu allongées, légèrement épaissies vers leur extrémité; à 2e et 3e articles subégaux. Tarses allongés, légèrement épaissis vers leur sommet.

Liozoüm parens. Mulsant et Rey, *in* Muls. Op. Ent. t. XIII, p. 113 (1863).

Var. a. *Tête et prothorax* d'un noir de poix avec le sommet de celui-ci et les élytres rousses. *Antennes* plus ou moins rembrunies.

Var. b. *Tout le corps* en entier, moins les yeux, d'un roux testacé assez clair.

Long. 0^m,0025 à 0^m,0042 (1 l. 1/8 à 1 l. 7/8). — Larg. 0^m,0012 à 0^m,0015 (1/2 à 2/3).

♂ *Les trois derniers articles des Antennes* aussi longs, pris ensemble, que les 7 précédents réunis, à peine plus épais que les 7e et 8e, subrectilignes à leur tranche interne; le dernier sublinéaire, subacuminé au sommet. *Ventre* d'un noir de poix avec l'anus roussâtre, à 6e segment à peine saillant, légèrement entaillé au milieu de son bord apical.

♀ *Les trois derniers articles des Antennes* un peu plus courts, pris ensemble, que les 7 précédents réunis, un peu plus épais que les 7e et 8e, faiblement arrondis à leur tranche interne; le dernier fusiforme, acuminé au sommet. *Ventre* entièrement roussâtre, à 6e segment sinué au milieu de son bord apical et longitudinalement subsillonné au devant du sinus.

Corps oblong, assez épais, un peu brillant, d'un roux ferrugineux plus ou moins obscur; revêtu d'une pubescence blonde, uniforme, assez longue, couchée, assez serrée.

Tête transversale, verticale ou infléchie, peu ressortie du prothorax, sensiblement plus étroite que celui-ci; couverte d'une granulation fine, serrée et ombiliquée; d'un roux ferrugineux un peu brillant, plus ou moins obscur et quelquefois assez clair; légèrement pubescente. *Front* légèrement convexe. *Arêtes génales* fines, peu saillantes. *Epistome* à peine distinct du front, finement rebordé en avant, brillant, obsolètement et aspèrement pointillé, séparé du front par une ligne très-fine, à peine sentie et fortement arquée. *Labre* petit, ferrugineux, légèrement cilié à son sommet. *Mandibules* légèrement ciliées, d'un roux ferrugineux, avec l'extrémité rembrunie, lisse et brillante. *Palpes* d'un roux testacé plus ou moins clair. *Yeux* assez saillants, subarrondis, noirs.

Antennes peu allongées, égalant environ la moitié du corps, finement pubescentes, à peine pilosellées intérieurement, entièrement d'un roux testacé : à 1er article oblong, arqué, assez fortement épaissi ; le 2e beaucoup moindre, oblong, légèrement renflé : le 3e plus grêle mais pas plus long que le précédent : le 4e oblong, obconique, presque égal au 3e : les 5e à 8e graduellement un peu plus épais : le 5e allongé, beaucoup plus long que le précédent et que le suivant : les 6e, 7e et 8e oblongs, obconiques : le 7e un peu plus long que ceux entre lesquels il se trouve placé : les trois derniers grands, allongés, à peine comprimés, formant une massue lâche, à peine tranchée : le dernier plus grand que le 10e.

Prothorax transversal, presque une fois moins long que large, de la largeur des élytres à sa base ; obliquement tronqué à son bord apical ; paraissant, vu de dessus, un peu plus étroit en avant qu'en arrière ; faiblement comprimé latéralement en avant ; légèrement arrondi et faiblement réfléchi ou explané sur les côtés qui sont assez fortement déclives d'arrière en avant, avec les angles antérieurs obtus, légèrement arrondis et assez infléchis, et les postérieurs obtus fortement arrondis et un peu relevés ; subtronqué et très-finement rebordé au milieu de sa base, et à peine sinué sur les côtés de celle-ci ; à peine (♂) ou légèrement (♀) convexe ; légèrement déclive à sa partie antérieure ; tout-à-fait égal sur son disque ; creusé de chaque côté de la base, au devant des légers sinus, d'une faible impression plus ou moins obsolète ; couvert d'une granulation fine, serrée et subombiliquée ; d'un roux ferrugineux peu brillant, plus ou moins obscur, avec le sommet toujours plus clair ; revêtu d'une pubescence blonde, uniforme, couchée, assez longue et médiocrement serrée.

Ecusson subsémicirculaire, finement pubescent, subruguleux, d'un roux ferrugineux assez obscur.

Elytres oblongues, à peine 4 fois plus longues que le prothorax, subparallèles sur les côtés jusqu'aux deux tiers de leur longueur, arrondies au sommet ; assez convexes sur le dos ; densement et aspèrement ponctuées, un peu plus fortement à la base ; un peu brillantes ; d'un roux ferrugineux plus ou moins obscur, avec l'extrémité graduellement plus claire et quelquefois testacée ; revêtues d'une pubescence blonde, uniforme, couchée et médiocrement serrée. *Epaules* un peu saillantes, arrondies, à lobe inférieur peu prononcé, à repli séparé de la page supérieure par une arête assez sensible.

Dessous du corps légèrement convexe, très-légèrement pubescent, aspèrement et obsolètement ponctué, avec les côtés de la poitrine plus fortement et plus densement; d'un roux ferrugineux brillant, plus ou moins obscur, avec le ventre souvent (♂) d'un brun de poix. *Dessous de la tête* convexe, lisse, brillant. *Lame médiane du Mésosternum* très-fine et tranchante. *Métasternum* creusé sur le milieu de sa partie postérieure d'un sillon longitudinal lisse, plus ou moins profond en arrière, plus ou moins affaibli et évasé antérieurement. *Lame des Hanches postérieures* étroite, légèrement et graduellement élargie en dedans. *Ventre* à 1er segment légèrement sinué au milieu de son bord apical : le 5e obtusément arrondi au sommet : le 6e à peine saillant.

Pieds médiocrement allongés, finement pubescents, d'un roux plus ou moins testacé. *Cuisses* sensiblement renflées à leur milieu. *Tibias* assez grêles, très-faiblement arqués à leur base; les *antérieurs* à peine moins longs que les autres. *Tarses* allongés, légèrement épaissis vers leur extrémité, un peu plus courts que les tibias : à 1er article allongé : le 2e oblong ou suballongé, beaucoup moins long que le précédent : le 3e obconique : le 4e profondément bilobé : les *postérieurs* à peine plus développés que les *intermédiaires*, ceux-ci un peu plus que les *antérieurs*.

Patrie : Cette espèce se rencontre assez fréquemment sur les pins, dans toute la France méridionale. Environs de Lyon, montagnes du Beaujolais, Provence, etc. Les exemplaires de cette dernière localité, ainsi que ceux de la Corse, ont souvent les antennes obscurcies (*variété a*), la tête et le prothorax d'un noir de poix.

D'autres fois tout le corps, moins les yeux, est d'un roux testacé assez clair (*variété b*).

Obs. Outre la structure des antennes, sa forme plus courte, plus épaisse, distingue aisément cette espèce de toutes ses congénères.

Nous possédons un exemplaire provenant de Provence, et dont tout le dessous du corps est d'un noir brillant, dont les antennes sont un peu obscurcies et sensiblement épaissies à partir du 5e article inclusivement, dont les 2e, 3e et 4e articles sont proportionnellement beaucoup moins grêles que dans le *parens* type, avec le 4e sensiblement plus court que le 3e. N'en possédant qu'un seul échantillon, nous ne considérons provisoirement cet insecte que comme une variété *(L. crassicorne*, Nob.*)* peut-être accidentelle de l'espèce ci-dessus décrite (1).

dd. *Prothorax* contigu aux élytres sur toute sa base, inégal sur son disque, transversalement subimpressionné derrière son tiers antérieur, obsolètement et longitudinalement sillonné au milieu de sa partie postérieure. *Ecusson* tomenteux.

12. **Liozoüm crassiusculum;** Mulsant et Rey.

Oblong, assez épais, revêtu d'une pubescence blonde, assez longue et assez serrée; un peu brillant, d'un roux ferrugineux assez obscur, avec les palpes, les pieds et la base des antennes un peu plus clairs, et l'extrémité de celles-ci rembrunie. Tête et prothorax finement granulés; élytres densement et aspèrement ponctuées. Front légèrement convexe. Prothorax transversal, légèrement arrondi et médiocrement réfléchi sur les côtés, convexe, inégal, transversalement subimpressionné derrière son tiers antérieur, et longitudinalement subsillonné en arrière sur son milieu; légèrement bissinué et fortement et obliquement impressionné de chaque côté à la base, avec les angles antérieurs légèrement, les postérieurs fortement arrondis. Ecusson tomenteux. Elytres oblongues, médiocrement convexes, arrondies au sommet. Antennes peu allongées, légèrement épaissies vers leur extrémité : à 2e et 3e articles subégaux. Tarses allongés, sensiblement épaissis vers leur sommet.

(1) Ayant reçu depuis peu en communication de M. Perris, de Mont-de-Marsan, plusieurs exemplaires identiques de cette variété remarquable, nous avons pu constater qu'elle devait former une espèce distincte sous le nom de *Liozoüm crassicorne*, Nob.

Long. $0^m,0030$ (1 l. 2/3). — Larg. $0^m,0011$ (1/2).

Corps épais, oblong, un peu brillant, d'un roux ferrugineux assez obscur, revêtu d'une pubescence blonde, assez longue, couchée et assez serrée.

Tête à peine transversale, infléchie, à peine ressortie du prothorax, beaucoup plus étroite que celui-ci ; couverte d'une granulation fine, serrée, aplatie et ombiliquée ; d'un roux ferrugineux un peu brillant et plus ou moins obscur ; légèrement pubescente. *Front* légèrement convexe. *Arêtes génales* fines et saillantes. *Epistome* bien distinct, distinctement rebordé au sommet, brillant, très-obsolètement pointillé, séparé du front par une ligne très-fine et fortement arquée. *Labre* d'un ferrugineux obscur, à peine cilié à son bord apical. *Mandibules* légèrement pilosellées, ferrugineuses, avec l'extrémité un peu rembrunie, lisse et brillante. *Palpes* d'un roux assez clair. *Yeux* assez saillants, subarrondis, d'un brun livide.

Antennes peu allongées, égalant environ la moitié de la longueur du corps, finement pubescentes, intérieurement pilosellées ; roussâtres à leur base, rembrunies vers leur extrémité à partir des 7e ou 8e articles inclusivement : à 1er article oblong, arqué, assez fortement épaissi : le 2e beaucoup moindre, oblong, légèrement renflé : le 3e plus grêle, pas plus long que le précédent : le 4e un peu oblong, évidemment moins long que le 3e : les 5e à 8e graduellement un peu plus épais : le 5e suballongé, beaucoup plus long que le précédent et que le suivant : les 6e, 7e et 8e assez courts, à peine plus longs que larges : le 7e paraissant un peu plus long que ceux entre lesquels il se trouve placé : les 3 derniers grands, allongés, faiblement comprimés, un peu plus épais que les précédents (♀), formant une massue très-lâche et à peine tranchée.

Prothorax transversal, presque une fois moins long que large, de la largeur des élytres à sa base ; obliquement tronqué à son bord apical, paraissant, vu de dessus, plus étroit en avant qu'en arrière, sensiblement comprimé latéralement en avant, légèrement arrondi et médiocrement réfléchi ou explané sur les côtés qui sont assez fortement déclives d'arrière en avant; avec les angles antérieurs un peu obtus, légèrement arrondis et infléchis, et les postérieurs légèrement obtus, fortement arrondis et sensiblement relevés; subtronqué et très-finement rebordé au milieu de sa base, légèrement sinué sur les côtés de celle-ci; assez convexe; légèrement déclive en avant à partir de son tiers postérieur; assez inégal sur son disque, marqué derrière son tiers antérieur d'une impression transversale peu profonde, et en arrière, sur sa ligne médiane, d'un espace lisse, étroit, bien prononcé, presque en forme de sillon obsolète, et prolongé en avant jusqu'à la rencontre de la susdite impression transversale qui forme à cet endroit comme un léger étranglement; creusé de chaque côté de la base, au devant des sinus, d'une impression sulciforme, profonde, très-obliquement dirigée de dedans en dehors; couvert d'une granulation bien distincte et assez serrée; d'un roux ferrugineux assez obscur et un peu brillant; revêtu d'une pubescence blonde, assez longue, un peu plus condensée en dedans des angles postérieurs où elle forme de chaque côté comme une tache fauve.

Ecusson sémicirculaire, densement revêtu d'une pubescence tomenteuse et grisâtre, tranchant sensiblement sur le fond des élytres.

Elytres oblongues, 4 fois plus longues que le prothorax, subparallèles sur les côtés jusqu'aux deux tiers de leur longueur, arrondies au sommet, assez convexes sur le dos; densement et aspèrement ponctuées, un peu plus fortement et subgranuleusement vers la base; assez brillantes; d'un roux ferrugineux assez obscur, avec l'extrémité à peine plus claire; revêtues d'une pubescence blonde, couchée, assez longue et assez serrée. *Epaules* peu saillantes, à lobe peu prononcé, à repli séparé de la page supérieure par une arête fine et assez saillante.

Dessous du corps légèrement convexe, finement pubescent, densement et aspèrement ponctué, avec les côtés de la poitrine plus rugueusement et plus grossièrement; d'un ferrugineux de poix obscur et un peu brillant, avec l'anus plus clair. *Lame médiane du Mésosternum* fine, étroite, mais non tranchante. *Lame des Hanches postérieures* assez étroite. *Ventre* à 5e segment obtusément arrondi au sommet.

Pieds médiocrement allongés, finement pubescents, d'un roux ferrugineux assez clair. *Cuisses* sensiblement renflées à leur milieu. *Tibias* assez grêles, à peine arqués à leur base; les *antérieurs* à peine moins longs que les autres. *Tarses* allongés, sensiblement épaissis vers leur extrémité, un peu plus courts que les tibias : à 1er article allongé : le 2e oblong ou suballongé, beaucoup moins long que le précédent : le 3e triangulaire ou obconique : le 4e assez profondément bilobé; les antérieurs sensiblement moins développés que les autres.

Patrie : Cette rare espèce, trouvée en Allemagne (collection Godart), doit probablement se rencontrer dans la France orientale.

Obs. Elle ressemble infiniment au *Liozoüm parens*, avec lequel elle est facile à confondre. Outre les caractères prononcés de l'impression transversale du milieu du prothorax, du sillon longitudinal et des impressions profondes de la base de celui-ci, et de l'écusson tomenteux, elle s'en distingue par ses antennes plus obscures; à 4e, 6e, 7e et 8e articles plus courts, par la lame du mésosternum moins fine et moins tranchante, et enfin par les tarses, surtout les antérieurs, plus sensiblement épaissis vers leur extrémité.

ddd. *Prothorax* détaché des élytres sur les côtés de sa base. *Ecusson* non tomenteux.

13. **Liozoüm parvicolle**; Mulsant et Rey.

Allongé, à peine pubescent, finement granulé, brillant, d'un noir de poix, avec les élytres brunes, testacées vers leur sommet, les antennes obscures, la bouche d'un roux ferrugineux, et les pieds d'un testacé de poix avec les tarses plus clairs. Front assez convexe. Prothorax transversal, plus étroit que les élytres, sensiblement rétréci en avant, obliquement tronqué et un peu réfléchi sur les côtés, légèrement convexe, égal sur son disque, largement et obtusément arrondi à la base, avec tous les angles très-obtus et légèrement arrondis. Elytres allongées, très-légèrement convexes, arron-

dies au sommet. Antennes suballongées, filiformes, à 2e et 3e articles subégaux. Tarses allongés, à peine épaissis vers leur extrémité.

Liozoüm parvicolle. MULSANT ET REY, *in* MULS., Op. Ent. t. XIII. p. 121 (1863).

Long. 0m,0030 (1 l. 2/5). — Larg. 0m,0010 (1/2).

♂ *Les trois derniers articles des Antennes* linéaires, pas plus épais que les précédents, aussi longs, pris ensemble, que le reste de l'antenne; le dernier obtus au sommet. *Yeux* très-saillants. *Tête*, y compris ceux-ci, aussi large que le prothorax.

♀ *Les trois derniers articles des Antennes* sublinéaires, à peine plus épais que les précédents, égalant, pris ensemble, les 7 précédents réunis; le dernier subacuminé au sommet. *Yeux* saillants. *Tête*, y compris ceux-ci, un peu moins large que le prothorax.

Corps allongé, assez brillant, d'un noir de poix, avec les élytres brunâtres, plus ou moins testacées vers leur extrémité; revêtu d'une fine pubescence grisâtre, couchée, très-peu serrée, très-courte et peu apparente.

Tête transversale, infléchie, assez ressortie du prothorax; finement et assez densement granulée; d'un noir de poix assez brillant; à peine visiblement pubescente. *Front* assez convexe, avec un léger espace lisse sur son milieu. *Arêtes génales* obsolètes, très-peu saillantes. *Epistome* à peine distinct, obsolètement, aspèrement et très-finement ponctué, séparé du front par une ligne lisse, très-faible et arquée. *Labre* d'un roux ferrugineux, légèrement cilié au sommet. *Mandibules* pilosellées, rougeâtres, avec l'extrémité rembrunie, lisse et brillante. *Palpes* d'un rouge testacé. *Yeux* gros, saillants, arrondis, noirs.

Antennes assez allongées, sensiblement plus longues que la moitié du corps, finement pubescentes, à peine ciliées intérieurement à leur base; obscures avec les articles intermédiaires un peu roussâtres; à 1er article oblong, légèrement arqué, assez épaissi : le 2e beaucoup moindre, un peu plus long que large, légèrement renflé : le 3e plus grêle, oblong, à peu près de la longueur du précédent : les 4e à 8e graduellement un peu plus épais : le 4e obconique, pas plus court que le 3e : le 5e distinctement plus long que le 4e et que le 6e : les 6e, 7e et 8e oblongs, obconiques : le 7e un peu plus long que ceux entre lesquels il se trouve placé : les 3 derniers grands, allongés, linéaires, à peine plus épais que les précédents, faiblement comprimés : le dernier à peine plus long que le 10e.

Prothorax transversal, d'un tiers moins long que large, plus étroit que les élytres, sensiblement rétréci en avant et médiocrement dilaté en arrière vers le tiers postérieur ; obliquement coupé à son bord apical, avec les côtés de celui-ci un peu déjetés en arrière à partir de l'angle interne des yeux ; latéralement comprimé et comme excavé près des angles antérieurs ; obliquement tronqué et assez étroitement rebordé ou explané sur les côtés qui sont courts et assez fortement déclives d'arrière en avant, avec le rebord un peu plus large aux angles postérieurs qui sont, ainsi que les antérieurs, très-obtus et légèrement arrondis, avec ceux-ci assez infléchis et ceux-là sensiblement relevés ; largement et obtusément arrondi à la base, subtronqué et très-finement rebordé au milieu de celle-ci, avec les côtés de la même base obliquement dirigés d'arrière en avant, en s'éloignant des épaules, jusqu'aux angles postérieurs qui se trouvent ainsi séparés de la base des élytres par un espace vide ou angle rentrant bien prononcé ; faiblement convexe et égal sur son disque ; très-légèrement déclive à sa partie antérieure à partir du tiers postérieur ; couvert d'une granulation fine, serrée et bien sentie ; d'un noir de poix brillant ; revêtu d'une fine et très-courte pubescence grisâtre, à peine et seulement visible sur les côtés.

Ecusson subtransversal, obtusément tronqué au sommet, subrugu-leux, presque glabre, d'un noir de poix assez brillant.

Elytres allongées, 4 fois et demie plus longues que le prothorax, subparallèles sur les côtés jusqu'aux trois quarts de leur longueur, arrondies au sommet ; très-légèrement convexes sur le dos ; densement et finement granulées, un peu plus légèrement en arrière ; d'un brun de poix assez brillant, avec l'extrémité graduellement et plus ou moins largement testacée ; revêtues d'une fine pubescence cendrée, très-courte et peu serrée. *Epaules* assez saillantes, légèrement arrondies, à lobe peu prononcé, à repli séparé de la page supérieure par une arête obtuse, peu saillante.

Dessous du corps faiblement convexe, à peine et finement pubescent, obsolètement et aspèrement ponctué, avec les côtés de la poitrine un peu plus rugueux ; d'un noir de poix très-brillant avec l'anus un peu roussâtre. *Lame médiane du Mésosternum* très-étroite, aciculée. *Métasternum* presque lisse à sa partie postérieure, obsolètement sillonné au milieu de celle-ci. *Lame des Hanches postérieures* réduite à un liseré très-étroit. *Ventre* à 1er segment légèrement sinué au milieu de son bord apical : le 5e largement arrondi au sommet : le 6e un peu saillant, subsinué à son extrémité.

Pieds assez allongés, à peine pubescents, d'un testacé de poix avec les genoux et les tarses plus clairs. *Cuisses* très-faiblement renflées avant leur milieu. *Tibias* assez grêles et presque droits. *Tarses* allongés, assez grêles, mais graduellement un peu épaissis vers leur extrémité, un peu plus courts que les tibias ; à 1er article très-allongé : le 2e un peu allongé, beaucoup moins long que le précédent : le 3e obconique : le 4e assez profondément bilobé ; les *postérieurs* sensiblement plus développés que les *intermédiaires*, et ceux-ci que les *antérieurs*.

Patrie : Cette espèce se rencontre sur les pins, dans les montagnes du Lyonnais, ainsi qu'au Mont-Pilat. Elle est rare.

Obs. Elle s'éloigne de toute autre par la forme du prothorax qui est tout-à-fait détaché des élytres sur les côtés de sa base. Elle ressemble, quant au facies, au *L. angusticolle* (♂), dont elle diffère par la structure des antennes, par celle du prothorax et par la couleur des élytres.

BBB. *Les 5e à 8e articles des Antennes* plus ou moins fortement contigus, courts et souvent transversaux. *Ecusson* non tomenteux.

c. *Prothorax* à côtés assez largement explanés, à angles antérieurs obtus et légèrement arrondis.

14. **Liozoüm pini** ; Sturm.

Allongé, subparallèle, finement pubescent, finement et légèrement gra-

nulé, assez brillant, d'un rouge testacé assez vif, avec les yeux seuls noirs. Front légèrement convexe. Prothorax fortement transversal, légèrement arrondi et assez largement réfléchi sur les côtés, légèrement convexe, sensiblement et obliquement impressionné latéralement, subégal sur son disque, obtusément arrondi et distinctement impressionné de chaque côté à la base, avec tous les angles obtus, les antérieurs légèrement, les postérieurs largement arrondis. Elytres allongées, légèrement convexes, arrondies au sommet. Antennes suballongées, subfiliformes, à 2e et 3e articles subégaux. Tarses allongés, assez grêles.

Anobium pini. Sturm., Deut. Faun. t. XI. p. 121. 11. pl. 241, fig. B. — Redt. Faun. Austr. 2e éd. p. 576.

Long. 0m,0035 (1 l. 2/3). — Larg. 0m,0012 (1/2).

♂ *Les trois derniers articles des Antennes* très-allongés, linéaires, deux fois plus longs, pris ensemble, que le reste de l'antenne : le 9e seul presque aussi long que les 6 précédents réunis : le dernier obtusément acuminé au sommet. *Segments ventraux* plus ou moins rembrunis, au moins sur les côtés : le 6e assez saillant, légèrement entaillé au milieu de son bord apical.

♀ *Les trois derniers articles des Antennes* allongés, légèrement rétrécis à leur base intérieurement, un peu plus longs, pris ensemble, que le reste de l'antenne : le 9e seul égalant à peine les 5 précédents réunis : le dernier subacuminé au sommet. *Ventre* concolore, à 6e segment arrondi ou à peine subsinué au milieu de son bord apical.

Corps allongé, subparallèle, assez brillant, d'un rouge testacé assez clair ; assez densement revêtu d'une pubescence d'un blond cendré, couchée, assez courte et assez serrée.

Tête à peine transversale, infléchie, assez ressortie du prothorax, beaucoup plus étroite que celui-ci ; couverte d'une granulation fine, serrée, subombiliquée ; d'un rouge testacé assez brillant ; légèrement pubescente. *Front* légèrement convexe. *Arêtes génales* très-fines, peu saillantes. *Epistome* à peine distinct du front, très-finement rebordé au sommet. *Labre* obsolètement ponctué, d'un rouge testacé, légèrement cilié à son bord apical. *Mandibules* pilosellées, d'un rouge testacé, avec l'extrémité rembrunie, lisse et brillante. *Palpes* d'un roux testacé plus ou moins clair. *Yeux* grands, plus (♂) ou moins (♀) saillants, arrondis, noirs.

Antennes médiocrement allongées, un peu plus longues (♂) ou à peine aussi longues (♀) que la moitié du corps, légèrement pubescentes, à peine ciliées intérieurement à leur base ; d'un roux testacé plus ou moins clair ; à 1er article oblong, assez fortement épaissi : le 2e beaucoup moindre, oblong, légèrement renflé : le 3e plus grêle, mais pas plus long que le précédent : le 4e obconique, plus court que le 3e : les 5e à 8e assez contigus : le 5e oblong ou suballongé, évidemment plus long que le précédent et que le suivant : les 6e à 8e courts, subtransversaux, un peu moins courts chez les ♀ : le 7e un peu moins court que ceux entre lesquels il se trouve placé : les trois derniers plus (♂) ou moins (♀) allongés, faiblement comprimés, à peine (♂) ou un peu (♀) plus épais que les précédents, formant une massue lâche et à peine tranchée : le dernier sensiblement plus long que le 10e.

Prothorax fortement transversal, une fois moins long que large, presque de la largeur des élytres à sa base ; obliquement tronqué à son bord apical, avec les côtés de celui-ci à peine déjetés en arrière à partir de l'angle interne des yeux ; paraissant, vu de dessus, un peu plus étroit en avant qu'en arrière ; sensiblement comprimé ou obliquement subimpressionné latéralement en avant ; légèrement arrondi et assez largement réfléchi ou explané sur les côtés qui sont assez déclives d'arrière en avant avec les angles antérieurs obtus, légèrement arrondis et médiocrement infléchis, et les postérieurs très-obtus, très-largement arrondis et relevés ; obtusément arrondi et très-finement rebordé au milieu de la base, et obsolètement sinué sur les côtés de celle-ci ; plus (♀) ou moins (♂) mais légèrement convexe ; légèrement déclive à sa partie antérieure ; subégal sur son disque ; creusé de chaque côté à la base d'une impression assez large, plus ou moins marquée ; couvert d'une granulation très-fine, légère et assez serrée ; d'un rouge testacé assez clair et brillant ; revêtu d'une fine et assez courte pubescence d'un blond cendré, assez serré.

Ecusson subsémicirculaire, légèrement pubescent, subruguleux, d'un rouge testacé assez brillant.

Elytres allongées, 4 fois et demie plus longues que le prothorax, parallèles sur les côtés jusqu'aux trois quarts de leur longueur, arrondies au sommet; légèrement convexes sur le dos; densement, finement et assez légèrement granulées; d'un rouge testacé assez brillant avec l'extrémité plus claire; revêtues d'une fine pubescence assez serrée, couchée, d'un blond cendré. *Epaules* peu saillantes, arrondies, à lobe inférieur peu prononcé, à repli séparé de la page supérieure par une arête peu saillante.

Dessous du corps légèrement convexe, finement pubescent, assez densement, légèrement et aspèrement ponctué, avec les côtés de la poitrine plus densement et plus rugueusement; d'un roux testacé assez brillant, avec le ventre plus ou moins obscurci chez le ♂. *Dessous de la tête* lisse et brillant. *Lame médiane du Mésosternum* très-étroite, aciculée. *Métasternum* creusé au milieu de sa partie postérieure d'un sillon lisse, plus ou moins obsolète. *Lame des Hanches postérieures* réduite à un liseré assez étroit, graduellement un peu plus élargi en dedans. *Ventre* à 1er segment à peine sinué au milieu de son bord apical: le 5e obtusément arrondi au sommet: le 6e plus ou moins saillant.

Pieds médiocrement allongés, finement pubescents, d'un roux testacé. *Cuisses* passablement renflées à leur milieu. *Tibias* grêles, très-faiblement arqués à leur base; les *antérieurs* un peu plus courts que les autres. *Tarses* allongés, assez grêles, légèrement épaissis vers leur extrémité, presque aussi longs que les tibias; à 1er article très-allongé: le 2e un peu allongé, beaucoup moins long que le précédent: le 3e obconique: le 4e assez profondément bilobé; les *postérieurs* à peine plus développés que les *intermédiaires*, ceux-ci sensiblement plus que les *antérieurs*.

Patrie: Cette espèce, qui est assez rare, vit sur les pins et les sapins. Elle habite les Alpes et les contrées subalpines, le Bugey, le Mont-Pilat, les montagnes du Lyonnais, etc.

Obs. Cette espèce se distingue des précédentes par les articles intermédiaires des antennes plus courts et plus contigus, et des suivantes par son prothorax plus largement explané ou réfléchi sur les côtés, et aussi par la structure des antennes dont les 6e, 7e et 8e articles sont proportionnellement moins courts et moins fortement contigus.

Bien que plusieurs collections rapportent l'*Anobium pini* de Sturm, soit à la variété pâle de notre *Liozoüm consimile*, soit à notre *Liozoüm parens*, la description et la figure données par Sturm nous engagent à regarder l'insecte que nous décrivons ici comme son véritable *pini*, ainsi que celui de Redtenbacher. La couleur d'un rouge gai, les impressions latérales du prothorax, les articles intermédiaires des antennes assez courts et assez serrés, sont des caractères suffisamment accusés dans la figure qu'en donne l'illustre auteur allemand, pour qu'il nous soit permis de ne point douter de son identité.

ee. *Prothorax* à côtés faiblement explanés.

f. A *angles antérieurs* presque droits, légèrement émoussés.

c. Les 3 *derniers articles des Antennes* linéaires, pas plus épais que les précédents.

15. **Liozoüm longicorne**; STURM.

Très-allongé, subcylindrique, revêtu d'une pubescence cendrée, courte et peu serrée, un peu brillant, noir, avec les élytres d'un noir de poix, les palpes testacés, les antennes, les tibias et les tarses ferrugineux. Tête et prothorax densement et finement granulés ; élytres légèrement et aspèrement ponctuées. Front subconvexe. Prothorax transversal, brièvement réfléchi et médiocrement arrondi en arrière sur les côtés, sinueusement rétréci en avant, convexe, subégal sur son disque, obtusément arrondi et subimpressionné de chaque côté à la base, avec les angles antérieurs presque droits, et les postérieurs obtus et largement arrondis. Elytres allongées, parallèles, médiocrement convexes, arrondies au sommet. Antennes très-allongées, filiformes, à 3e article à peine plus long que le 2e. Tarses allongés, assez grêles.

Anobium longicorne. STURM, Deuts. Faun. t. II. p. 124. 13. tab. 241. fig. d.— REDTENB., Faun. Austr. 2e éd. p. 567.

Long. $0^m,0056$ (2 l. 1/2). — Larg. $0^m,0022$ (1 l.).

♂ *Les 3 derniers articles des Antennes* très-longs, linéaires, beaucoup plus longs, pris ensemble, que le reste de l'antenne : les 9e et 10e, pris ensemble, aussi longs que tous les précédents réunis.

♀ Nous est inconnue.

Corps très-allongé, subcylindrique, d'un brun de poix assez brillant, revêtu d'une pubescence fine, courte, cendrée, couchée et peu serrée.

Tête un peu oblongue, infléchie, assez ressortie du prothorax, beaucoup plus étroite que celui-ci; couverte d'une granulation fine, très-serrée, aplatie, ombiliquée; d'un noir peu brillant, à peine pubescente. *Front* un peu convexe. *Arêtes génales* fines et peu saillantes. *Epistome* bien distinct, finement rebordé au sommet, ruguleux, séparé du front par une ligne enfoncée, arquée et bien marquée. *Labre* d'un ferrugineux obscur, à peine cilié à son bord apical. *Mandibules* légèrement pilosellées, d'un ferrugineux obscur, avec l'extrémité plus rembrunie, lisse et brillante. *Palpes* testacés, ainsi que les autres *parties de la bouche*. *Yeux* médiocrement saillants, arrondis, brunâtres.

Antennes allongées, filiformes, presque aussi longues (♂) que le corps, finement pubescentes, légèrement ciliées intérieurement, ferrugineuses ; à 1er article arqué, assez fortement épaissi : le 2e beaucoup moindre, oblong, assez renflé : le 3e plus grêle, oblong, à peine plus long que le précédent : le 4e obconique, un peu plus court que le 3e : les 5e à 8e fortement contigus : le 5e assez allongé, sensiblement plus long que le précédent : les 6e et 8e courts, subtransversaux : le 7e oblong, un peu plus grand que ceux entre lesquels il se trouve placé : les 3 derniers très-grands, linéaires (♂), pas plus épais que les précédents, légèrement comprimés, formant une masse très-lâche et nullement tranchée.

Prothorax transversal, d'un tiers moins long que large, un peu plus étroit que les élytres à sa base, obliquement tronqué à son bord apical, paraissant, vu dessus, sensiblement plus étroit en avant qu'en arrière, faiblement comprimé latéralement en avant; étroitement réfléchi en avant, un peu plus largement en arrière sur les côtés qui sont assez fortement déclives d'arrière en avant, sensiblement arrondis postérieurement et sinueusement rétrécis au devant des angles antérieurs qui sont presque droits, légèrement émoussés et infléchis, avec les postérieurs très-obtus, largement arrondis et assez relevés; largement et obtusément arrondi à la base et obsolètement rebordé au milieu de celle-ci; assez convexe, presque égal sur son disque; légèrement déclive en avant à partir de son tiers postérieur, offrant au milieu de celui-ci un étroit espace lisse, à peine élevé; creusé de chaque côté à la base d'une impression assez large et affaiblie; couvert d'une granulation fine, serrée et ombiliquée; d'un noir peu brillant; revêtu d'une pubescence cendrée, très-courte, à peine visible.

Ecusson subcordiforme, légèrement arrondi au sommet, finement chagriné, à peine pubescent, d'un noir assez brillant.

Elytres très-allongées, 4 fois et demie plus longues que le prothorax, parallèles sur les côtés jusqu'après les trois quarts de leur longueur, arrondies au sommet; assez convexes sur le dos; densement, assez légèrement et aspèrement ponctuées; brunâtres ou d'un noir de poix assez brillant; revêtues d'une pubescence cendrée, très-courte et peu serrée. *Epaules* peu saillantes, arrondies, à lobe peu prononcé, à repli séparé de la page supérieure par une arête obtuse, assez marquée.

Dessous du corps légèrement convexe, légèrement pubescent, légèrement et aspèrement ponctué, plus densement et plus rugueusement sur les côtés de la poitrine. *Dessous de la tête* lisse et brillant, souvent un peu roussâtre sur son milieu, éparsement ponctué sur les côtés. *Lame des Hanches postérieures* assez étroite, faiblement dilatée vers le milieu. *Ventre* à 1er segment à peine sinué au milieu de son bord apical: le 5e obtusément arrondi au sommet.

Pieds allongés, légèrement pubescents, ferrugineux. *Cuisses* faiblement renflées à leur milieu. *Tibias* grêles et presque droits: les *antérieurs* moins longs que les autres. *Tarses* allongés, assez grêles; à 1er article très-allongé: le 2e un peu allongé, beaucoup moins long que le précédent: le 3e oblong: le 4e médiocrement bilobé.

Patrie: Cette espèce, particulière à l'Autriche et à l'Allemagne, a été prise à Mont-de-Marsan par M. Perris.

Elle est remarquable par la longueur et la ténuité de ses antennes.

ee. Les 3 derniers articles des Antennes plus épais que les précédents dans les deux sexes.

16. **Liozoüm densicorne;** MULSANT ET REY.

Allongé, subcylindrique, revêtu d'une pubescence courte et grisâtre; peu brillant, d'un ferrugineux plus ou moins obscur, avec les palpes, les antennes et les pieds plus clairs, et les yeux noirs. Tête et prothorax finement et densement granulés; élytres aspèrement ponctuées. Front légèrement convexe. Prothorax transversal, sinueusement rétréci en avant, à peine réfléchi et légèrement arrondi en arrière sur les côtés, subégal, obtusément arrondi à la base, avec les angles antérieurs presque droits, les postérieurs obtus et largement arrondis. Elytres allongées, légèrement convexes, arrondies au sommet. Antennes suballongées, épaissies à leur extrémité, à 3e article un peu plus long que le 2e. Tarses allongés, assez grèles.

Liozoüm densicorne. MULSANT et REY, *in* MULS. Op. Ent. t. XIII. p. 128 (1863).

Long. 0m,0035 à 0m,0051 (1 l. 2/3 à 2 l. 1/4). — Larg. 0m,0012 à 0m,0020 (1/2 à 8/9).

♂ *Dessus du corps* assez brillant. *Tête et Prothorax* noirs. *Postpectus et ventre* d'un noir de poix avec l'anus roussâtre. *Les 3 derniers articles des Antennes* linéaires, subparallèles à leurs tranches, un peu plus épais que les précédents, beaucoup plus longs, pris ensemble, que le reste de l'antenne : les 9e et 10e, pris ensemble, égalant au moins tous les précédents réunis : le dernier obtusément acuminé au sommet. *Tête,* y compris les yeux, un peu moins large que le prothorax. *Prothorax* faiblement convexe, sensiblement plus étroit que les élytres. *Elytres* très-allongées, parallèles, 5 fois plus longues que le prothorax. 6e *Segment ventral* légèrement entaillé au milieu de son bord apical.

♀ *Dessus du corps* peu brillant. *Tête, Prothorax, Postpectus* et *Ventre* d'un ferrugineux plus ou moins obscur. *Les* 3 *derniers articles des Antennes* rétrécis vers leur base, légèrement arrondis à leur tranche interne, sensiblement plus épais que les précédents, un peu plus longs, pris ensemble, que le reste de l'antenne : les 9e et 10e un peu moins longs, pris ensemble, que tous les précédents réunis : le dernier acuminé au sommet. *Tête*, y compris les yeux, beaucoup plus étroite que le prothorax. *Prothorax* assez convexe, presque aussi large à sa base que les élytres. *Elytres* suballongées, 4 fois plus longues que le prothorax. 6e *Segment ventral* arrondi à son bord apical.

Corps allongé, subcylindrique, assez brillant (♂) ou subopaque (♀), revêtu d'une pubescence fine, courte, couchée et assez serrée.

Tête légèrement transversale (♂) ou un peu oblongue (♀), infléchie, peu ressortie du prothorax, couverte d'une granulation très-serrée, aplatie et ombiliquée ; d'un noir assez brillant (♂) ou d'un ferrugineux obscur et peu brillant (♀) ; légèrement pubescente. *Front* légèrement convexe. *Arêtes génales* épaissies, obtuses, non saillantes, subparallèles. *Epistome* bien distinct, un peu enfoncé, très-finement rebordé au sommet, ruguleux, séparé du front par une ligne enfoncée, lisse, bien marquée et faiblement arquée. *Labre* ferrugineux, fortement transversal, finement ponctué, légèrement cilié à son bord apical. *Mandibules* pilosellées, rugueusement ponctuées à leur base, ferrugineuses, avec l'extrémité rembrunie, lisse et brillante. *Palpes* et autres *parties de la bouche* d'un roux testacé assez clair. *Yeux* assez grands, plus (♂) ou moins (♀) saillants, arrondis, noirs.

Antennes suballongées, aussi longues (♀) ou un peu plus longues (♂) que la moitié du corps, finement pubescentes et légèrement pilosellées, ferrugineuses ; à 1er article oblong, arqué, assez fortement épaissi : le 2e beaucoup moindre, court, assez renflé : le 3e beaucoup plus grêle, oblong, un peu plus long que le précédent : le 4e obconique, plus court que le 3e : les 5e à 8e assez fortement contigus : le 5e assez allongé, sensiblement plus long que le précédent et que le suivant : les 6e et 8e pas plus longs que larges : le 7e un peu plus long que ceux entre lesquels il se trouve placé : les 3 derniers très-grands, allongés, un peu comprimés, plus épais que les précédents, formant une massue lâche et un peu tranchée : le dernier à peine plus long que le 10e.

Prothorax transversal, d'un tiers moins long que large, obliquement tronqué à son bord apical, plus étroit en avant qu'en arrière ; légèrement comprimé latéralement en avant ; à peine réfléchi antérieurement, un peu plus largement en arrière sur les côtés qui sont assez fortement déclives d'arrière en avant, légèrement arrondis postérieurement et sinueusement rétrécis au devant des angles antérieurs qui sont presque droits, légèrement arrondis et infléchis, avec les postérieurs très obtus, largement arrondis et un peu relevés ; largement et obtusément arrondi à la base, subtronqué et un peu réfléchi au milieu de celle-ci ; plus (♀) ou moins (♂) convexe ; égal (♀) ou presque égal (♂) sur son disque, offrant à son tiers postérieur un petit espace lisse, à peine élevé et obsolète ; à peine subimpressionné de chaque côté à la base ; finement et densement granulé, d'un noir assez brillant (♂) ou d'un ferrugineux plus ou moins obscur et subopaque (♀) ; revêtu d'une pubescence courte et peu serrée, un peu plus visible sur les côtés.

Ecusson subsémicirculaire, à peine pubescent, ruguleux, d'un ferrugineux assez obscur et peu brillant.

Elytres plus (♂) ou moins (♀) allongées, subparallèles sur les côtés jusqu'aux deux tiers de leur longueur, faiblement rétrécies et sinuées vers leur tiers antérieur, arrondies au sommet, légèrement convexes sur le dos, finement et aspèrement ponctuées, un peu plus fortement et subgranuleusement à la base ; d'un ferrugineux assez obscur, plus (♂) ou moins (♀) brillant ; revêtues d'une pubescence très-courte et assez serrée. *Epaules* peu saillantes, arrondies, à lobe peu prononcé, à repli séparé de la page supérieure par une arête obtuse et peu saillante.

Dessous du corps faiblement convexe, finement pubescent, densement et aspèrement ponctué, avec les côtés de la poitrine plus fortement et plus grossièrement ; d'un noir de poix brillant (♂) ou d'un ferrugineux assez brillant et plus ou moins obscur (♀). *Dessous de la tête* lisse, d'un testacé pâle sur son milieu, d'un noir de poix, éparsement et grossièrement ponctué sur les côtés. *Lame médiane d* *Mésosternum* très-étroite, tranchante. *Métasternum* finement (♂) e plus ou moins fortement et assez largement (♀) sillonné au milieu de sa partie postérieure, avec le sillon à fond lisse, plus ou moins évasé en avant. *Lame des Hanches postérieures* étroite, un peu dilatée vers son milieu. *Ventre* à 1er segment à peine sinué au milieu de son bord apical : le 5e obtusément arrondi au sommet : le 6e assez saillant.

Pieds assez allongés, légèrement pubescents, ferrugineux. *Cuisses* légèrement renflées à leur milieu. *Tibias* droits, assez grêles ; les *antérieurs* à peine plus courts que les autres. *Tarses* allongés, assez grêles, un peu épaissis vers leur extrémité, presque aussi longs que les tibias : à 1er article allongé : le 2e peu allongé, beaucoup moins long que le 1er : le 3e oblong : le 4e assez profondément bilobé ; les *antérieurs* un peu plus développés que les *intermédiaires*, et ceux-ci un peu plus que les *antérieurs*.

Patrie : Cette espèce, qui est assez rare, se prend sur les pins dans les montagnes du Lyonnais et du Forez.

Obs. Elle diffère du *Liozoüm nigrinum*, Sturm, par sa couleur ferrugineuse et par les angles antérieurs du prothorax plus droits et moins arrondis.

ff. *Prothorax à angles antérieurs* obtus et assez fortement arrondis. *Les trois derniers articles des Antennes* plus épais que les précédents.

f. *Prothorax* non canaliculé. *Corps* d'un brun de poix ou d'un ferrugineux obscur.

17. **Liozoüm fuscum** ; Perroud.

Allongé, subcylindrique, revêtu d'une pubescence courte et cendrée ; assez brillant, d'un brun de poix ou d'un ferrugineux très-obscur, avec les palpes, la base des antennes, le sommet des élytres, les tibias et les tarses un peu plus clairs. Tête et prothorax densement et finement granulés ; élytres aspèrement ponctuées. Front légèrement convexe. Prothorax médiocrement transversal, un peu plus étroit en avant, légèrement arrondi et sensiblement réfléchi sur les côtés, convexe, subégal sur son disque, ob-sément arrondi et subimpressionné de chaque côté à la base, avec les an-gles obtus et arrondis. Elytres allongées, médiocrement convexes, arr-dies au sommet. Antennes suballongées, sensiblement épaissies à leur ex-trémité, à 3e article plus long que le 2e. Tarses suballongés, grêles.

Anobium fuscum. PERROUD, *in* collect.
Liozoüm fuscum. MULSANT et REY, *in* MULS. Op. Ent. t. XIII. p. 131 (1863).

Var. a. *Corps* d'un rouge brun avec les élytres, les antennes et l[es] pieds plus clairs.

Long. $0^m,0030$ à $0^m,0056$ (1 l. 2/5 à 2 l. 1/2). — Larg. $0^m,0012$ à $0^m,00$[...] (1/2 à 8/9).

♂ *Les 3 derniers articles des Antennes* très-allongés, linéaires, s[ub]parallèles sur leurs tranches, un peu plus épais que les précéden[ts], deux fois plus longs, pris ensemble, que le reste de l'antenne : l[es] 9e et 10e, pris ensemble, sensiblement plus longs que tous les pré[cé]dents réunis : le 9e seul aussi long que les 7 précédents réunis : le d[er]nier linéaire, obtusément acuminé au sommet. *Prothorax* légèrem[ent] convexe, souvent noirâtre.

♀ *Les trois derniers articles des Antennes* allongés, sensiblement [plus] épais que les précédents, une fois et demie plus longs, pris ensem[ble], que le reste de l'antenne : les 9e et 10e sublinéaires ou un peu rétr[écis] vers leur base, très-faiblement arrondis vers celle-ci à leur tran[che] interne, aussi longs ou à peine plus longs, pris ensemble, que t[ous] les précédents réunis : le 9e seul égalant à peine les 6 précédents r[éu]nis : le dernier linéaire, subacuminé au sommet. *Prothorax* assez f[or]tement convexe, le plus souvent d'un ferrugineux très-obscur.

Corps allongé, subcylindrique, assez brillant, d'un brun de poi[x] d'un châtain obscur avec l'extrémité des élytres un peu plus claire; vêtu d'une pubescence assez courte, assez serrée, couchée, cendré[e] d'un blond cendré.

Tête subtransversale (♂) ou un peu oblongue (♀), infléchie, peu ressortie du prothorax, plus étroite que celui-ci; couverte d'une granulation serrée, légère, aplatie et ombiliquée; d'un brun obscur et un peu brillant; légèrement pubescente. *Front* légèrement convexe. *Arêtes génales* assez fines, peu saillantes. *Epistome* un peu enfoncé, très-finement rebordé au sommet, ruguleux, séparé du front par une ligne enfoncée, lisse, bien marquée, faiblement arquée. *Labre* d'un ferrugineux plus ou moins obscur, légèrement cilié à son bord apical. *Mandibules* légèrement pilosellées, rugueusement ponctuées à leur base, d'un ferrugineux plus ou moins obscur, avec l'extrémité plus rembrunie, lisse et brillante. *Palpes* plus ou moins roussâtres. *Yeux* assez gros, plus (♂) ou moins (♀) saillants, arrondis, noirs.

Antennes suballongées, un peu plus (♂) ou pas plus (♀) longues que la moitié du corps, finement pubescentes et légèrement pilosellées, roussâtres, avec les trois derniers articles ordinairement rembrunis, rarement entièrement obscures (♂); à 1er article oblong, arqué, assez fortement épaissi : le 2e beaucoup moindre, à peine plus long que large, assez renflé : le 3e beaucoup plus grêle, un peu allongé, plus long que le précédent : les 4e à 6e fortement contigus : le 5e un peu plus long que le précédent et que le suivant : les 6e, 7e et 8e courts : les 6e et 7e subtransversaux : le 8e sensiblement transversal : les trois derniers allongés, très-grands, évidemment plus épais que les précédents, légèrement comprimés, formant une massue lâche et un peu tranchée : le dernier linéaire, un peu plus long que le 10e.

Prothorax médiocrement transversal, d'un tiers moins long que large, un peu plus étroit que les élytres à sa base; obliquement tronqué à son bord apical; un peu plus étroit en avant qu'en arrière; légèrement comprimé latéralement en avant; légèrement arrondi et médiocrement réfléchi sur les côtés qui sont assez fortement déclives d'arrière en avant, avec les angles antérieurs obtus, assez fortement arrondis et infléchis, et les postérieurs obtus, largement arrondis et à peine relevés; obtusément arrondi et sensiblement rebordé ou réfléchi au milieu de la base, à peine visiblement subsinué sur les côtés de celle-ci; plus (♂) ou moins (♀) convexe; subégal sur son disque, offrant parfois à son tiers postérieur, sur sa ligne médiane, une étroite ligne lisse, très-obsolète; faiblement impressionné de chaque côté à la base; couve d'une granulation fine, serrée, aplatie et ombiliquée; d'un brun d poix (♂) ou d'un châtain obscur (♀) et peu brillant; revêtu d'une fi pubescence cendrée, assez courte et assez serrée.

Ecusson sémicirculaire, ruguleux, légèrement pubescent, d'un bru de poix assez brillant.

Elytres allongées, près de quatre fois plus longues que le prothorax subparallèles sur les côtés jusqu'après les deux tiers de leur longueur arrondies au sommet; assez convexes sur le dos; assez densement, f nement et aspèrement ponctuées, un peu plus fortement à la base d'un brun de poix (♂) ou d'un châtain obscur (♀) et assez brillant avec le sommet plus ou moins roussâtre; revêtues d'une pubescen courte et assez serrée, d'un blond grisâtre. *Epaules* saillantes, arron dies, à lobe inférieur très-peu prononcé, à repli séparé de la page su périeure par une arête obtuse et assez saillante.

Dessous du corps légèrement convexe, légèrement pubescent, légère ment et aspèrement ponctué, d'un noir de poix brillant, avec l'anus peu roussâtre. *Dessous de la tête* fortement biponctué, lisse et brillant *Lame médiane du Prothorax* très-fine, tranchante. *Métasternum* légère ment sillonné au milieu de sa partie postérieure. *Lame des Hanch postérieures* étroite. *Ventre* à 1er segment à peine sinué au milieu d son bord apical : le 5e obtusément arrondi au sommet : le 6e légère ment et angulairement entaillé au milieu de son bord postérieur.

Pieds peu allongés, légèrement pubescents, d'un brun de poix, av les genoux, les tibias et les tarses plus clairs. *Cuisses* assez renflées leur milieu. *Tibias* assez grêles, faiblement arqués à leur base, souv rembrunis vers leur milieu. *Tarses* suballongés, sensiblement pl courts que les tibias, assez grêles; à 1er article allongé : le 2e subal longé, sensiblement moins long que le précédent : le 3e obconique le 4e médiocrement bilobé.

Patrie : Cette espèce est assez rare en France. Elle provient des en virons de Bordeaux et de la Provence. M. Raymond l'a capturée ass communément dans cette dernière localité.

Obs. Elle n'est peut-être qu'une variété du *L. nigrinum*. Elle s distingue cependant par une couleur moins noire, par son prothorax non visiblement canaliculé, et par la ponctuation des élytres moins fine et moins serrée. La forme est un peu plus allongée, et le prothorax est moins étroitement réfléchi sur les côtés. La structure du prothorax dont les angles antérieurs sont moins droits et plus arrondis, dont les côtés ne sont pas subsinués antérieurement, est un caractère suffisant à lui seul pour distinguer cette espèce du *L. densicorne* (♀) dont elle a tout-à-fait le facies.

Chez les ♀ surtout, les élytres sont quelquefois d'un châtain assez clair.

ff. *Prothorax* obsolètement canaliculé sur son milieu. *Corps* noir.

18. **Liozoüm nigrinum**; Sturm.

Allongé-oblong, subcylindrique, revêtu d'une fine pubescence cendrée; d'un noir brillant, avec les palpes et les tarses roussâtres. Tête et prothorax finement et densement granulés; élytres finement et aspèrement ponctuées. Front légèrement convexe. Prothorax transversal, plus étroit en avant, médiocrement arrondi et brièvement réfléchi sur les côtés, convexe, subégal sur son disque, finement canaliculé sur son milieu, obtusément arrondi à la base, avec tous les angles obtus et fortement arrondis. Elytres suballongées, médiocrement convexes, subparallèles, arrondies au sommet. Antennes allongées, épaissies à leur extrémité, à 3e article plus long que le 2e. Tarses allongés, assez grêles.

Anobium nigrinum. Sturm., Deuts. Faun. t. XII. p. 126. 14. pl. 242. fig. A. — Redtenb., Faun. Austr. 2e éd. p. 567.

Long. 0m,0051 (2 l. 1/4). — Larg. 0m,0020 (8/9).

♂ *Les trois derniers articles des Antennes* très-allongés, deux fois plus longs, pris ensemble, que le reste de l'antenne, subparallèles sur leur tranche : le 9e seul aussi long que les 6 précédents réunis : le dernier obtusément acuminé au sommet.

♀ Nous est inconnue. (D'après la figure donnée par Sturm, *les trois derniers articles des Antennes* sont beaucoup moins allongés que chez le ♂).

Corps allongé-oblong, subcylindrique, d'un noir brillant, revêtu d'une fine pubescence cendrée, couchée, assez courte et assez serrée.

Tête un peu oblongue, infléchie, peu ressortie du prothorax, beaucoup plus étroite que celui-ci ; couverte d'une granulation fine, serrée, un peu aplatie, ombiliquée ; d'un noir assez brillant ; légèrement pubescente. *Front* légèrement convexe. *Arêtes génales* fines et peu saillantes. *Epistome* subruguleux, séparé du front par une ligne faiblement arquée. *Labre* d'un ferrugineux plus ou moins obscur, légèrement cilié au sommet. *Mandibules* d'un ferrugineux plus ou moins obscur, avec l'extrémité noire, lisse et brillante. *Palpes* roussâtres. *Yeux* médiocrement saillants, arrondis, brunâtres.

Antennes allongées, beaucoup plus longues (♂) que la moitié du corps, à peine pubescentes, obscures, avec les articles intermédiaires brunâtres ; à 1er article oblong, arqué, assez fortement épaissi : le 2e beaucoup moindre, court, assez renflé : le 3e plus grêle, oblong, obconique, évidemment plus long que le précédent : le 4e obconique, plus court que le 3e : les 5e à 8e fortement contigus : le 5e oblong, un peu plus long que le précédent, mais bien plus grand que le suivant : les 6e, 7e et 8e courts : les 6e et 7e subégaux, subtransversaux : le 7e paraissant néanmoins un peu moins court que le 6e : le 8e sensiblement transversal : les trois derniers très-grands, très-allongés, assez comprimés, sensiblement plus épais que les précédents, formant une massue très-lâche et un peu tranchée : le dernier à peine plus long que le 10e.

Prothorax transversal, d'un tiers moins long que large, un peu plus étroit que les élytres ; obliquement tronqué à son bord apical ; plus étroit en avant qu'en arrière ; médiocrement arrondi et brièvement réfléchi sur les côtés qui sont assez fortement déclives d'arrière en avant, avec les angles antérieurs obtus, fortement arrondis et infléchis, et les postérieurs très-obtus, largement arrondis et un peu relevés ; obtusément arrondi à la base, et sensiblement réfléchi ou rebordé au milieu de celle-ci; convexe; subégal sur son disque, offrant à son tiers postérieur un espace lisse, non élevé, obsolète, et en avant un petit sillon très-fin, plus ou moins affaibli; couvert d'une granulation fine, serrée, ombiliquée; d'un noir assez brillant; revêtu d'une fine pubescence cendrée, assez courte et assez serrée.

Ecusson subsémicirculaire, un peu oblong, ruguleux, à peine pubescent, d'un noir de poix assez brillant.

Elytres suballongées, près de 4 fois plus longues que le prothorax, subparallèles sur les côtés, arrondies au sommet; assez convexes sur le dos; très-densément, finement et aspèrement ponctuées; d'un noir de poix brillant; revêtues d'une fine pubescence cendrée, assez courte et assez serrée. *Epaules* peu saillantes, arrondies, à lobe inférieur peu prononcé.

Dessous du corps légèrement convexe, finement pubescent, légèrement, assez densement et aspèrement ponctué, un peu plus fortement sur les côtés de la poitrine. *Dessous de la tête* lisse et brillant. *Lame médiane du Mésosternum* étroite, aciculée. *Métasternum* plus ou moins fortement sillonné au milieu de sa partie postérieure. *Lame des Hanches postérieures* assez étroite. *Ventre* à 1er segment légèrement sinué au milieu de son bord apical: le 5e obtus ou subsinué à son sommet: le 6e médiocrement saillant, assez profondément et triangulairement incisé à son extrémité.

Pieds assez allongés, finement pubescents, d'un noir de poix avec les tarses roussâtres. *Cuisses* légèrement renflées. *Tibias* assez grêles. *Tarses* allongés, assez grêles, à 1er et 2e articles allongés, le 2e un peu moins long que le 1er : le 3e oblong : le 4e assez profondément bilobé.

Patrie : Cette espèce, particulière à l'Allemagne, a été trouvée par M. Perroud dans nos petites montagnes des environs de Lyon.

Elle diffère du *Liozoüm longicorne*, Ratzeburg, par les trois derniers articles des antennes épaissis, par sa forme moins allongée, et par les angles antérieurs du prothorax moins droits et plus fortement arrondis.

Genre *Oligomerus* ; Redtenbacher.

(Redtenbacher, Faun. austr. 1re éd. p. 347. et 2e éd. p. 563.)

(Etymologie : ὀλίγος, peu ; μέρος article).

Caractères : *Front* peu large, simple. *Antennes* de 10 articles ; subal-longées, avec les trois derniers articles allongés, comprimés. *Prothorax* de la largeur des élytres, légèrement excavé en dessous ainsi que la partie antérieure de la poitrine, muni sur les côtés d'une tranche très-saillante, gibbeux sur son disque. *Elytres* striées, obtusément tron-quées au sommet. *Hanches antérieures et intermédiaires* rapprochées ; les postérieures sensiblement écartées l'une de l'autre ; celles-ci à lame étroite, très-légèrement dilatée à son milieu. *Epimères postérieures* cachées, ou à peine apparentes et subtriangulaires. *Segments ventraux* libres : le 1er légèrement bissinué à son bord apical. *Tibias* à tranche externe simple. *Tarses* suballongés, étroits, latéralement comprimés ; à 1er article très-allongé (♂) ou allongé (♀).

Corps allongé, cylindrique.

Tête assez large, inclinée, engagée dans le prothorax sous lequel elle peut s'infléchir, en venant s'appuyer contre les hanches antérieures. *Front* peu large. *Arêtes génales* courtes et très-obliques. *Epistome* assez développé, transversal, largement tronqué au sommet. *Labre* très-court, transversal, largement tronqué à son bord antérieur. *Mandibules* assez robustes, assez saillantes, brusquement coudées presque à angle droit sur les côtés (1). *Palpes* à dernier article oblong, obtusément et très-obliquement tronqué au sommet. *Menton* plan, trapézoïdal. *Yeux* très-gros, entiers, subarrondis, saillants.

(1) On aperçoit à la base des mandibules un rudiment d'arête qui les sépare de la fossette génale.

Antennes de 10 articles; suballongées; insérées vers l'angle inféro-interne des yeux; à 1er article suballongé, arqué, assez épaissi: le 2e beaucoup moindre, court, assez renflé: le 3e oblong: les 5e à 7e très-courts, fortement transversaux et contigus: les trois derniers très-grands, comprimés, sensiblement plus larges que les précédents, formant une massue lâche et assez tranchée.

Prothorax fortement transversal, aussi large que les élytres; à ouverture antérieure circulaire; légèrement excavé inférieurement pour recevoir la tête à l'état d'inflexion; à bord antérieur prolongé en dessous en arête saillante et servant latéralement de limite à la cavité sous-prothoracique; prolongé à son bord apical en forme de capuchon obtusément tronqué; assez régulièrement et légèrement arrondi sur les côtés qui sont munis d'une tranche très-saillante; légèrement bissinué à la base, et gibbeux sur son disque.

Ecusson assez grand, un peu oblong, obtusément tronqué au sommet.

Elytres allongées, cylindriques, légèrement striées sur toute leur surface, obtusément arrondies ou obsolètement tronquées au sommet. *Epaules* à calus assez saillant; à lobe inférieur faiblement prononcé, sensiblement replié en dessous, avec le repli séparé de la page supérieure par une arête obtuse, mais distincte.

Poitrine légèrement excavée en avant. *Prosternum* et *Mésosternum* sensiblement concaves, brusquement rétrécis à leur milieu en pointe aciculée. *Métasternum* assez développé en longueur, sillonné sur son milieu en arrière, terminé entre les hanches postérieures par deux pointes courtes et larges, rapprochées et séparées par une entaille étroite. *Postépisternums* assez larges, graduellement rétrécis en arrière. *Epimères postérieures* cachées, ou à peine apparentes et subtriangulaires.

Hanches antérieures et *Hanches intermédiaires* légèrement convexes à leur face antérieure, rapprochée, les *postérieures* sensiblement écartées l'une de l'autre: celles-ci à *lame* étroite, faiblement élargie à son milieu.

Ventre de 5 segments libres: le 1er légèrement bissinué à son bord apical; les 1er et 2e assez grands, subégaux: les 3e et 4e plus courts: le 5e assez développé.

Pieds médiocrement allongés, peu robustes. *Cuisses* distinctement rainurées en dessous sur presque toute leur longueur. *Tibias* à tranche externe simple. *Tarses* assez allongés, étroits, latéralement comprimés: à 1er article plus ou moins allongé : les 2e à 4e graduellement plus courts: le 4e bilobé : le dernier sensiblement épaissi vers l'extrémité.

Obs. La seule espèce de ce genre se trouve sur différents bois morts. Ce genre, par son prothorax gibbeux, par ses cavités pectorales et sous-prothoraciques, semble représenter le G. *Anobium* parmi les *Anobiaires* à 10 articles aux antennes.

1. Oligomerus brunneus; Sturm.

Allongé, cylindrique, revêtu d'une pubescence courte et subtomenteuse; peu brillant, aspèrement ponctué, châtain, avec les antennes et les pieds un peu plus clairs, les palpes d'un roux testacé, et les yeux seuls noirs. Front légèrement convexe. Prothorax fortement transversal, plus étroit en avant, subexcavé près des angles antérieurs, plus ou moins arrondi, médiocrement réfléchi et subcrénelé sur les côtés, avec les angles antérieurs presque droits, les postérieurs obtus et arrondis; légèrement bissinué à la base et subimpressionné de chaque côté à celle-ci; gibbeux sur son disque et finement canaliculé sur son milieu. Elytres allongées, parallèles, obtusément tronquées au sommet, légèrement striées-ponctuées avec les points transverses ou composés, et les intervalles plans et finement chagrinés. Antennes peu allongées, subitement plus épaisses à leur extrémité. Tarses suballongés, assez étroits, à 1er article allongé.

Anobium brunneum. Oliv., Ent. t. II. n° 16. p. 8. 4. pl. 2. fig. 6? — Sturm. Deuts. Faun. t. XI. p. 117: 9. pl. 239. fig. A. (♀).
Oligomerus brunneus. Redtenb., Faun. Austr. 3e éd. p. 563.

Long. 0m,0051 à 0m,0081 (2 l. 1/4 à 3 l. 3/4). — Larg. 0m,0018 à 0m,0025 (4/5 à 1 l. 1/8).

♂ *Antennes* presque aussi longues que la moitié du corps : leurs *trois derniers articles* trois fois plus longs, pris ensemble, que le reste de l'antenne, très-faiblement rétrécis à leur base et à peine arrondis à leur tranche interne : le dernier sublinéaire, obtusément acuminé au sommet. *Front* moins large que deux fois le diamètre de l'œil. *Prothorax* très-légèrement arrondi sur les côtés. *Pieds* assez allongés. *Tibias* assez grêles. *Tarses* presque aussi longs que les tibias : les *postérieurs* à 1er article très-allongé : le 2e assez allongé.

♀ *Antennes* bien plus courtes que la moitié du corps : *leurs trois derniers articles* deux fois plus longs, pris ensemble, que le reste de l'antenne, assez fortement rétrécis à leur base : les 8e et 9e sensiblement arrondis et dilatés à leur tranche interne : le dernier subfusiforme, subacuminé au sommet. *Front* évidemment plus large que deux fois le diamètre de l'œil. *Prothorax* sensiblement arrondi sur les côtés. *Pieds* peu allongés. *Tibias* assez robustes. *Tarses* sensiblement plus courts que les tibias, les *postérieurs* à 1er article suballongé : le 2e oblong.

Corps allongé, cylindrique, peu brillant, d'un châtain plus ou moins clair, revêtu d'une pubescence très-courte, fauve, serrée et subtomenteuse.

Tête subtransversale, inclinée, assez fortement engagée dans le prothorax, beaucoup plus étroite que celui-ci, aspèrement ponctuée, d'un châtain peu brillant, finement et densement pubescente. *Front* légèrement et longitudinalement convexe. *Arêtes génales* saillantes et assez relevées. *Epistome* assez enfoncé, finement chagriné, très-finement rebordé à son bord antérieur, séparé du front par une ligne fine et faiblement biarquée. *Labre* ruguleux, d'un ferrugineux obscur, distinctement et densement cilié à son sommet. *Mandibules* rugueuses et ferrugineuses à leur base, avec l'extrémité rembrunie, lisse et brillante. *Palpes* d'un roux testacé. *Yeux* grands, saillants, subarrondis, noirs.

Antennes peu allongées, très-finement pubescentes et légèrement ciliées en dedans à leur base, d'un roux ferrugineux ; à 1er article suballongé, arqué, assez épaissi : le 2e beaucoup moindre, à peine plus long que large, assez renflé : les 3e à 7e fortement contigus : le 3e oblong : le 4e court, légèrement transversal : les 5e à 7e très-courts, fortement transversaux : les trois derniers très-grands, sensiblement (♂) ou bien (♀) plus larges que les précédents, sensiblement comprimés, formant une massue lâche et assez tranchée : le dernier un peu plus long que le 9e.

Prothorax fortement transversal, presque une fois moins long que large, de la largeur des élytres; obliquement tronqué à son bord apical qui est légèrement prolongé sur la tête en forme de capuchon, subsinué au dessus des yeux, et quelquefois subentaillé à son milieu; sensiblement rétréci en avant; assez fortement comprimé ou subexcavé au dessus des angles antérieurs qui sont presque droits, à peine émoussés et infléchis; finement et obtusément crénelé, plus (♀) ou moins (♂) arrondi et médiocrement réfléchi ou expiané sur les côtés qui sont très-fortement déclives d'arrière en avant, et qui paraissent légèrement flexueux (♂) vus latéralement, avec les angles postérieurs obtus, arrondis et très-relevés; obtusément tronqué et finement rebordé au milieu de la base, et légèrement sinué sur les côtés de celle-ci; très-convexe, gibbeux un peu en arrière sur son disque; offrant sur son milieu un petit sillon longitudinal, canaliculé, assez visible sur la bosse, nul en arrière de celle-ci, plus ou moins obsolète en avant; creusé de chaque côté de la base à l'endroit même des sinus d'une impression plus ou moins marquée; assez densement et aspèrement ponctué; d'un châtain plus ou moins clair et peu brillant : revêtu d'une pubescence fauve, très-courte et subtomenteuse.

Ecusson un peu oblong, obtusément tronqué au sommet, chagriné, pubescent, d'un châtain peu brillant.

Elytres allongées, cinq fois plus longues que le prothorax, parallèles sur leurs côtés jusqu'aux quatre cinquièmes de leur longueur, obtusément tronquées au sommet; convexes sur le dos; d'un châtain plus ou moins clair et peu brillant; revêtues d'une pubescence fauve, très-courte, très-serrée et subtomenteuse; marquées chacune de 11 stries formées de points transversaux plus ou moins confus et composés : la 1re juxta-scutellaire, oblique, à peine prolongée jusqu'au 6e de la longueur : les autres confuses et oblitérées vers le sommet : les internes légèrement fléchies en dehors à leur base à partir environ du quart de leur longueur : les externes suivant plus ou moins la courbure du lobe huméral. *Intervalles* plans, finement et densement chagrinés. *Epaules* assez saillantes, arrondies, à repli du lobe inférieur séparé de la page supérieure par une arête obtuse mais assez saillante.

Dessous du corps faiblement convexe, finement pubescent; d'un châtain assez brillant avec le ventre souvent plus clair; légèrement et finement ponctué avec les côtés de la poitrine plus densement et plus rugueusement, et les côtés et l'extrémité du ventre marqués en outre de points plus forts et épars (1). *Métasternum* longitudinalement sillonné sur toute sa longueur, avec le sillon plus fort et plus large en arrière. *Lame des Hanches postérieures* étroite, faiblement élargie à son milieu. 1er *et* 2e *Segments ventraux* un peu plus grands que les suivants: le 1er légèrement bissinué à son bord apical : le 5e obtusément arrondi à son sommet et plus ou moins fortement impressionné avant celui-ci.

Pieds plus (♂) ou moins (♀) allongés. *Cuisses* à peine renflées à leur milieu. *Tibias* très-légèrement recourbés en dehors à leur extrémité : les *antérieurs* à peine moins longs que les *intermédiaires*. *Tarses* plus (♂) ou moins (♀) allongés, latéralement comprimés, paraissant étroits vus de dessus ; les *postérieurs* surtout, un peu plus développés que les autres, à 1er article très-allongé (♂) ou suballongé (♀) : le 2e assez allongé (♂) ou oblong (♀) : le 3e triangulaire ou cordiforme : le 4e médiocrement bilobé : le dernier assez épais.

Patrie : Cette espèce se rencontre assez communément dans toute la France (environs de Paris et de Lyon, Beaujolais, Bourgogne, Alpes, etc.), sur le châtaignier, le frêne, le chêne, le tilleul, le cerisier, l'abricotier, etc.

Obs. L'*Anobium brunneum* d'Olivier semble se rapporter à notre *Anobium rufipes* plutôt qu'à l'*Oligomerus brunneus?*

---

(1) Le dessous de la tête, dans la seule espèce de ce genre, est obsolètement ou même rugueusement ridé en long sur son milieu, et assez grossièrement ponctué sur les tempes.

Genre Amphibolus. Mulsant et Rey.

(Mulsant et Rey, *in* Muls. Opusc. Ent. t. XIII. p. 139. (1863)

(Etymologie : ἀμφίβολος ambigu).

Caractères : *Front* très-large, simple. *Antennes* de 10 articles; sub-allongées, avec les trois derniers articles allongés et comprimés. *Prothorax* plus étroit que les élytres, simple en dessous ainsi que la poitrine, presque mutique sur les côtés, non gibbeux sur son disque. *Elytres ponctuées*, substriées sur les côtés, obtusément arrondies au sommet. *Hanches antérieures* subcontiguës : les intermédiaires rapprochées : les postérieures sensiblement écartées l'une de l'autre : celle-ci à lame assez étroite. *Epimères postérieures* cachées, ou à peine apparentes et triangulaires. *Segments ventraux* libres, le 1er légèrement sinué au milieu de son bord apical, le 6e quelquefois apparent. *Tibias* à tranche externe simple. *Tarses* suballongés ou allongés, latéralement subcomprimés, à 1er article très-allongé.

Corps allongé, subparallèle.

Tête assez large, inclinée, assez dégagée du prothorax. *Front* très-large. *Arêtes génales* courtes, un peu obliques, recourbées postérieurement en dehors pour embrasser l'insertion des antennes. *Epistome* assez développé, bien tranché, transversal, largement tronqué au sommet. *Labre* très-court, transversal, obtusément arrondi au sommet. *Mandibules* assez robustes, saillantes, brusquement et arcuément coudées sur les côtés. *Palpes* à dernier article ovalaire, obtusément tronqué en dedans à son sommet. *Menton* plan, légèrement transversal, trapézoïdal. *Yeux* assez gros, entiers, arrondis, saillants.

Antennes de 10 articles; médiocrement allongées; insérées près de l'angle inféro-interne des yeux; à 1er article oblong, assez fortement épaissi : le 2e beaucoup moindre, court, assez renflé : les 3e à 7e fortement contigus : les 3e et 4e oblongs : les 5e à 7e courts, transversaux : les trois derniers très-grands, comprimés, sensiblement plus larges que les précédents, formant une massue très-lâche et un peu tranchée.

Prothorax transversal, sensiblement plus étroit que les élytres; à ouverture antérieure circulaire; non excavé inférieurement; à bord antérieur non prolongé en dessous en arête saillante; obliquement tronqué et non prolongé en capuchon à son bord apical; presque droit ou légèrement arrondi sur les côtés qui sont mutiques ou munis d'une tranche obtuse et plus ou moins interrompue; obtusément tronqué à la base, et non gibbeux sur son disque.

Ecusson assez grand, presque carré.

Elytres allongées, subparallèles, ponctuées, bi ou subtristriées sur les côtés, obtusément arrondies au sommet. *Epaules* à calus assez saillant; à lobe inférieur à peine prononcé, faiblement replié en dessous.

Poitrine simple, non excavée. *Prosternum* et *Mésosternum* plans, brusquement rétrécis à leur milieu en pointe courte. *Métasternum* assez développé en longueur, plus ou moins fortement sillonné sur son milieu, terminé entre les hanches postérieures par deux expansions courtes et angulées, séparées par une petite entaille. *Postépisternums* larges, graduellement rétrécis en arrière. *Epimères postérieures* cachées, ou à peine apparentes et triangulaires.

Hanches antérieures et *intermédiaires* convexes à leur face antérieure: les *antérieures* plus ou moins contiguës à leur sommet: les *intermédiaires* rapprochées: les *postérieures* sensiblement écartées l'une de l'autre: celles-ci à *lame* assez étroite.

Ventre de 5 segments libres, quelquefois avec un 6e apparent: le 1er légèrement sinué au milieu de son bord apical: les 1er et 2e assez grands, subégaux: les 3e et 4e plus courts: le 5e assez développé en longueur.

Pieds médiocrement allongés, assez grêles. *Cuisses* très-obsolètement rainurées en dessous à leur sommet. *Tibias* à tranche externe simple. *Tarses* assez allongés, étroits, latéralement subcomprimés; à 1er article très-allongé: les 2e à 4e graduellement plus courts: le 4e bilobé: le dernier légèrement épaissi vers son extrémité.

Obs. Les espèces de ce genre vivent principalement sur les pins.

Ce genre diffère du G. *Oligomerus* par son front plus large, par son prothorax plus étroit, non excavé en dessous, non gibbeux en dessus, à tranche latérale obtuse; par ses élytres seulement striées sur les côtés; par sa poitrine simple, et par ses tarses moins sensiblement comprimés latéralement.

Il rappelle, parmi les *Anobiaires* à 10 articles aux antennes, soit le G. *Priobium* par son prothorax à côtés submutiques, soit le G. *Liozoum* par ses élytres et par son facies général.

Les deux espèces de ce genre peuvent se grouper ainsi :

a. Elytres plus ou moins testacées, peu brillantes, non substriées vers la suture. *Gentilis.*
b. Elytres obscures, assez brillantes, substriées vers la suture. *Striatellus.*

a. *Elytres* plus ou moins testacées, peu brillantes, non substriées vers la suture.

1. Amphibolus gentilis; Rosenhauer.

Allongé, revêtu d'une pubescence très-courte et fauve; peu brillant, très-densement et très-finement granulé; noir, avec les palpes, la base des antennes, les élytres et les pieds d'un roux testacé. Front très-large, légèrement convexe. Prothorax transversal, plus étroit que les élytres; presque droit sur les côtés, avec tous les angles obtus, les antérieurs déjetés en arrière et plus ou moins dilatés; obtusément tronqué à la base; légèrement convexe, obsolètement canaliculé sur sa ligne médiane et obliquement impressionné de chaque côté sur son disque. Ecusson carré, subéchancré au sommet. Elytres allongées, obtusément arrondies au sommet, substriées sur les côtés. Antennes médiocrement allongées, Tarses suballongés, à 1er article allongé.

Anobium gentile. Rosenh., Beitr. p. 21.

Long. 0m,0030 à 0m,0039 (1 l. 2/5 à 1 l. 3/4). — Larg. 0m,0011 à 0m,0015 (1/2 à 2/3).

♂ *Les trois derniers articles des Antennes* très-allongés, trois fois plus longs, pris ensemble, que le reste de l'antenne : les 9e et 10e sublinéaires ou faiblement rétrécis à leur base : le dernier linéaire. *Yeux* très-saillants. *Tête*, y compris ceux-ci, au moins aussi large que le prothorax. *Sommet du Prothorax*, *Elytres* et *Ventre* d'un fauve testacé.

♀ *Les trois derniers articles des Antennes* allongés, au moins deux fois plus longs, pris ensemble, que le reste de l'antenne : les 9e et 10e sensiblement rétrécis vers leur base, un peu plus dilatés intérieurement que dans le (♂) : le dernier sublinéaire. *Yeux* médiocrement saillants. *Tête*, y compris ceux-ci, bien moins large que le prothorax. *Sommet du Prothorax* à peine ou obscurément roussâtre. *Elytres* d'un fauve testacé sur leur disque, rembrunies sur les côtés et le long de la suture. *Ventre* noir ou d'un noir de poix, quelquefois plus ou moins roussâtre à l'extrémité.

Corps allongé, couvert d'une pubescence très-courte et d'un cendré jaunâtre ; d'un noir opaque sur la tête et le prothorax, d'un testacé un peu brillant et plus ou moins obscur sur les élytres.

Tête transversale, subverticale, un peu ressortie du prothorax, très-légèrement pubescente, très-finement et densement granulée, d'un noir profond et peu brillant. *Front* très-large, légèrement convexe, quelquefois obsolètement carinulé à son milieu, surtout en avant. *Arêtes génales* obtuses et peu saillantes. *Epistome* enfoncé, brillant, presque lisse ou obsolètement pointillé, très-finement rebordé au sommet ; d'un ferrugineux plus (♂) ou moins (♀) clair, séparé du front par une ligne enfoncée, bien marquée et presque droite. *Labre* plus ou moins ferrugineux, très-légèrement cilié à son bord antérieur. *Mandibules* légèrement pilosellées, ferrugineuses, avec l'extrémité rembrunie, lisse et brillante. *Palpes* d'un roux testacé. *Yeux* assez grands, plus (♂) ou moins (♀) saillants, arrondis, noirs.

Antennes plus (♂) ou moins (♀) allongées, un peu (♂) ou à peine aussi (♀) longues que la moitié du corps ; très-finement pubescentes et légèrement ciliées à la base ; d'un roux testacé (♀) avec les trois derniers articles un peu plus obscurs (♂) ; à 1er article oblong, assez fortement épaissi : le 2e beaucoup moindre, à peine plus long que large, assez renflé : les 3e à 7e fortement contigus : le 3e oblong, subcylindrique, un peu plus étroit et pas plus long que le précédent : le 4e moins long que le 3e : les 5e à 7e courts, sensiblement transversaux : le 7e plus fortement : le 6e paraissant un peu moins court que ceux entre lesquels il se trouve placé : les trois derniers très-grands, plus épais que les précédents, sensiblement comprimés, formant une massue très-lâche et un peu tranchée : le dernier pas plus long que le 9e.

Prothorax transversal, d'un tiers moins long que large, sensiblement plus étroit que les élytres; obliquement tronqué à son bord apical; sensiblement comprimé latéralement en avant; subtronqué ou subrectiligne sur les côtés qui sont légèrement déclives d'arrière en avant, et munis d'une tranche obtuse assez saillante antérieurement et plus ou moins interrompue postérieurement, avec les angles antérieurs obtus, légèrement arrondis, à peine infléchis, plus (♂) ou moins déjetés en arrière et plus (♀) ou moins (♂) dilatés, et les postérieurs, obtus, légèrement arrondis et non relevés; obtusément tronqué ou largement arrondi à la base, avec le milieu de celle-ci faiblement sinué au devant de l'écusson; légèrement convexe, non gibbeux, subégal ou obsolètement ondulé sur les côtés (♂); offrant de chaque côté vers le milieu une impression oblique, allongée, plus ou moins marquée, et sur sa ligne médiane un petit sillon très-fin, canaliculé, obsolète, le plus souvent à peine visible, quelquefois converti postérieurement en une ligne lisse et subcarénée; très-densement et très-finement granulé; d'un noir profond et peu brillant, avec le sommet plus (♂) ou moins (♀) roussâtre; revêtu d'une pubescence très-courte, jaunâtre et peu apparente.

Ecusson carré, subéchancré au sommet, ruguleux, opaque, finement pubescent, d'un châtain assez clair (♂) ou rembruni (♀).

Elytres plus (♂) ou moins (♀) allongées, cinq fois plus longues que le prothorax; subparallèles sur les côtés jusqu'aux deux tiers de leur longueur après lesquels elles se rétrécissent sensiblement; obtusément arrondies au sommet; légèrement convexes sur le dos; d'un fauve testacé un peu brillant, plus (♂) ou moins (♀) obscur; très-densement, très-finement et légèrement granulées; revêtues d'une pubescence fauve, courte et assez serrée; marquées chacune sur les côtés de deux stries submarginales, obsolètes, ponctuées, et intérieurement d'une troisième raccourcie en avant et en arrière, et seulement visible au milieu. *Epaules* assez saillantes, arrondies, à repli inférieur peu marqué.

Dessous du corps légèrement convexe, très-finement pubescent, très-finement et aspèrement ponctué avec les côtés de la poitrine plus densement et rugueux ; d'un noir peu brillant avec le ventre plus brillant, d'un noir de poix (♀) ou d'un ferrugineux plus ou moins clair (♂)(1). *Prosternum* et *Mésosternum* densement et fortement ponctués. *Métasternum* fortement sillonné sur son milieu sur les deux tiers postérieurs de sa longueur. *Lame des Hanches postérieures* graduellement rétrécie de dedans en dehors. 1er à 2e *Segments ventraux* subégaux, plus grands que les suivants; le 1er légèrement sinué au milieu de son bord apical : le 5e assez développé, assez fortement (♂) ou obtusément (♀) arrondi au sommet.

Pieds médiocrement allongés, très-finement pubescents, d'un roux testacé, avec les tarses souvent un peu rembrunis à leur extrémité. *Cuisses* sensiblement renflées avant leur milieu. *Tibias* assez grêles : les *antérieurs* un peu plus courts que les autres, très-faiblement arqués à leur base. *Tarses* assez allongés, un peu plus courts que les tibias, légèrement comprimés latéralement ; à 1er article allongé : le 2e suballongé, beaucoup plus court que le précédent : le 3e oblong, obconique : le 4e court, assez profondément bilobé : les *antérieurs* un peu moins développés que les autres.

Patrie : Cette espèce habite sur les pins. Elle se rencontre assez rarement dans les montagnes du Lyonnais, du Forez, du Bugey, ainsi que dans les parties orientales de la France.

Elle porte dans plusieurs collections les noms de *Chevrieri*, Villa, et de *thoracicum*, Rossi (Faun. Etrusc. t. I. p. 44. 101 (1795). Bien que cette dernière dénomination soit antérieure à toute autre, nous ne pouvons

(1) Dans les deux espèces de ce genre le dessous de la tête est presque entièrement lisse, les pièces basilaires ainsi que les tempes : celles-ci, toutefois, paraissent souvent finement et obsolètement ridées en travers.

l'accepter, car elle ne nous paraît pas devoir se rapporter à notre espèce. En effet, l'illustre auteur toscan, dit d'une part : « *Thorax anticè elevatus, lateribus marginatis*....... » et d'autre part : « *Differt à molli thorace magis marginato, elytris levissimis*....... » deux caractères bien clairement formulés et qui ne se rencontrent nullement dans notre *A. gentilis*.

b. *Elytres* obscures, assez brillantes, substriées vers la suture.

2. **Amphibolus striatellus**; Brisout.

Allongé, à peine pubescent, brillant, assez densement et légèrement granulé; d'un noir de poix, avec les élytres plus claires, les parties de la bouche, les antennes et les pieds testacés. Front très-large, subconvexe. Prothorax légèrement transversal, plus étroit que les élytres, légèrement arrondi sur les côtés, avec les angles antérieurs obsolètes, les postérieurs très-largement arrondis; obtusément arrondi à la base et subimpressionné de chaque côté à celle-ci; légèrement convexe et obliquement impressionné de chaque côté sur son disque. Ecusson presque carré, obtusément arrondi au sommet. Elytres allongées, obtusément arrondies à leur extrémité, substriées sur les côtés et vers la suture. Antennes suballongées. Tarses allongés, grêles, à 1er article très-allongé.

Gastrallus striatellus. Ch. Bris. de Barnev., Matér. pour la Faun. Franç. p. 87. 106 (1863).

Long. 0m,0030 (1 l. 2/5). — Larg. 0m,0011 (1/2 l.).

♂ *Les 3 derniers articles des Antennes* très-allongés, deux fois plus longs, pris ensemble, que le reste de l'antenne, à peine ou un peu plus épais que les précédents : les 9e et 10e sublinéaires, subparallèles sur les tranches : le dernier linéaire, obtus au sommet. *Yeux* très-saillants. *Tête*, y compris ceux-ci, sensiblement plus large que le prothorax. *Prothorax* subondulé sur son disque, faiblement convexe, beaucoup plus étroit que les élytres. *Elytres* très-allongées, de 5 à 6 fois plus longues que le prothorax. *Métasternum* finement canaliculé sur son milieu à sa partie postérieure. 5e *Segment ventral* simple.

♀ *Les 3 derniers articles des Antennes* allongés, au moins une fois et demie plus longs, pris ensemble, que le reste de l'antenne, sensiblement plus épais que les précédents : les 9e et 10e sensiblement rétrécis vers leur base, médiocrement dilatés et légèrement arrondis à leur tranche interne : le dernier subfusiforme, subacuminé au sommet. *Yeux* médiocrement saillants. *Tête*, y compris ceux-ci, un peu plus étroite que le prothorax. *Prothorax* assez convexe, à peine ondulé sur son disque, sensiblement plus étroit que les élytres. *Elytres* allongées, de 4 à 5 fois plus longues que le prothorax. *Métasternum* creusé sur son milieu, à sa partie postérieure, d'un sillon assez large ou fossette oblongue. 5e *Segment ventral* subimpressionné ou subfovéolé avant son sommet.

Corps plus ou moins allongé, d'un noir de poix brillant avec les élytres un peu plus claires, revêtu d'une très-courte pubescence grisâtre, à peine visible.

Tête transversale, verticale, sensiblement ressortie du prothorax, à peine pubescente, très-légèrement et finement granulée, d'un noir de poix brillant. *Front* très-large, subconvexe (1). *Arêtes génales* à peine saillantes. *Epistome* enfoncé, presque lisse ou obsolètement pointillé, très-finement rebordé au sommet, d'une couleur de poix souvent un peu roussâtre, séparé du front par une ligne enfoncée, bien marquée et presque droite. *Labre* d'un roux ferrugineux, légèrement cilié à son bord antérieur. *Mandibules* à peine pilosellées, rugueuses, ferrugineuses avec l'extrémité rembrunie, lisse et brillante. *Palpes* et autres *parties de la bouche* d'un roux testacé. *Yeux* grands, plus (♂) ou moins (♀) saillants, arrondis, noirs.

Antennes plus ou moins allongées, aussi (♂) ou un peu moins (♀) longues que la moitié du corps, très-finement pubescentes et très-légèrement ciliées à la base; d'un roux testacé : à 1er article oblong,

(1) Quelquefois on aperçoit entre les yeux deux fossettes ou impressions obsolètes, transversalement disposées.

légèrement arqué, sensiblement épaissi : le 2e beaucoup moindre, oblong, médiocrement renflé : les 3e à 7e fortement contigus : le 3e oblong, subcylindrique, beaucoup plus grêle, mais pas plus long que le précédent : le 4e moins long que le 3e : les 5e à 7e courts : le 5e subtransversal : le 6e un peu moins court : le 7e sensiblement transversal : les 3 derniers très-grands, plus épais que les précédents, légèrement comprimés, formant une massue très-lâche et un peu tranchée : le dernier plus long que le 9e.

Prothorax plus (♀) ou moins (♂) transversal, sensiblement plus étroit que les élytres, obliquement tronqué à son bord apical, à peine comprimé latéralement en avant ; légèrement arrondi sur les côtés qui sont très-légèrement déclives d'arrière en avant, munis d'une tranche très-obtuse et finement muriquée, avec les angles antérieurs obtus et à peine marqués, et les postérieurs très-obtus, très-largement arrondis et non relevés ; largement et obtusément arrondi à la base, avec le milieu de celle-ci très-finement et presque indistinctement rebordé et subsinué au devant de l'écusson ; plus (♀) ou moins (♂) convexe, non gibbeux, plus (♂) ou moins (♀) ondulé sur son disque, offrant de chaque côté vers le milieu de la longueur une impression oblique plus ou moins profonde, et une autre transversale, beaucoup plus légère (♂) ou à peine visible (♀), à la base près des angles postérieurs ; finement et légèrement granulé, d'un noir de poix brillant avec le sommet à peine roussâtre ; revêtu d'une pubescence cendrée, très-courte, à peine visible.

Ecusson presque carré, obtusément arrondi au sommet, subrugueux, presque glabre, d'un noir de poix brillant.

Elytres plus (♂) ou moins (♀) allongées, subparallèles sur leurs côtés jusqu'après les trois quarts (♂) ou les deux tiers (♀) de leur longueur, après lesquels elles se rétrécissent sensiblement ; obtusément arrondies au sommet ; légèrement convexes sur le dos, brillantes, d'un châtain obscur (♂) ou d'un brun de poix (♀) ; assez densement, finement et obsolètement granulées ; revêtues d'une pubescence grisâtre, très-courte et peu visible ; marquées chacune vers la suture d'une ou de deux stries obsolètes, ponctuées, et, sur les côtés, de trois autres stries semblables, dont l'interne visible seulement à son milieu et quelquefois accompagnée d'un rudiment d'une 4e; offrant sur le reste de leur surface de fines traces d'autres stries effacées. *Epaules* peu saillantes, arrondies, à repli inférieur peu marqué.

Dessous du corps légèrement convexe, à peine pubescent, très-obsolètement et aspèrement ponctué, avec les côtés du postpectus très-finement chagrinés, éparsement et obsolètement granulés; d'un noir de poix brillant, avec l'anus roussâtre. *Prosternum* et *Mésosternum* obsolètement et rugueusement ponctués. *Lame des Hanches postérieures* assez étroite, légèrement élargie à son milieu. 1er *et* 2e *Segments ventraux* subégaux, plus grands que les suivants : le 1er presque droit à son bord apical : le 5e médiocrement développé, obtusément arrondi au sommet.

Pieds allongés, à peine pubescents, d'un testacé de poix avec les tibias et les tarses plus pâles. *Cuisses* légèrement renflées avant leur milieu. *Tibias* très-grêles : les *antérieurs* un peu moins longs que les autres : les *intermédiaires* et les *postérieurs* très-légèrement recourbés en dehors vers leur extrémité. *Tarses* allongés, grêles, un peu plus courts que les tibias, à peine comprimés latéralement ; à 1er article très-allongé : le 2e suballongé, beaucoup plus court que le précédent : le 3e oblong, obconique : le 4e plus court, assez profondément bilobé : les *postérieurs* un peu plus développés que les *intermédiaires*, et ceux-ci sensiblement plus que les *antérieurs*.

Patrie : Cette espèce a été prise dans le Bugey et à la Grande-Chartreuse, par M. Guillebeau, et aux environs de Lent (Ain), par M. Gabillot, de Lyon.

Elle se distingue abondamment de la précédente, d'abord par la présence des stries suturales et par sa couleur plus obscure et plus brillante ; ensuite par sa taille moindre, par sa pubescence moins apparente, par sa granulation plus légère et moins serrée, par la structure des hanches postérieures, et par son prothorax plus fortement impressionné et moins droit sur les côtés, avec ceux-ci moins dilatés et plus obtus antérieurement.

Genre *Gastrallus*. Jacq. Duval.

(Jacquelin Duval, Gen. col. Eur. t. III. 2e partie. p. 215. pl LIII. fig. 262)

(Etymologie : γαστηρ, ventre ; ἄλλος, autre).

Caractères : *Front* assez large, simple. *Antennes* de 10 articles ; subal-longées, avec les trois derniers articles assez fortement comprimés, dilatés intérieurement. *Prothorax* subcylindrique, presque de la largeur des élytres, profondément excavé en dessous ainsi que la partie anté-rieure de la poitrine, tout-à-fait mutique sur les côtés, non gibbeux sur son disque. *Elytres* ponctuées, substriées sur les côtés, largement arrondies au sommet. *Hanches antérieures* et *intermédiaires* médiocre-ment, les postérieures très-écartées l'une de l'autre ; celles-ci à lame étroite, très-légèrement dilatée à son milieu. *Epimères postérieures* cachées ou à peine apparentes. 1er *et* 2e *Segments ventraux* très-grands, plus ou moins soudés entre eux à leur milieu, légèrement bissinués à leur bord apical. *Tibias* à tranche externe simple. *Tarses* assez courts, assez épaissis vers leur extrémité, à 1er article allongé.

Corps allongé, subcylindrique.

Tête large, fortement engagée dans le prothorax sous lequel elle peut s'infléchir notablement, en venant s'appuyer contre les hanches anté-rieures. *Front* assez large, plus ou moins resserré à son milieu par le bord interne des yeux. *Arêtes génales* assez courtes, très-obliques, sen-siblement relevées ou réfléchies. *Epistome* peu distinct, fortement trans-versal, tronqué ou très-largement échancré au sommet. *Labre* petit, transversal, obtusément tronqué ou largement arrondi à son bord antérieur. *Mandibules* assez robustes, assez saillantes, fortement dépri-mées ou même subconcaves en dessus, arrondies sur les côtés. *Palpes* à dernier article plus ou moins élargi vers son extrémité et largement tronqué au sommet. *Menton* plan, légèrement transversal, trapézoïdal. *Yeux* très-grands, subentiers ou faiblement sinués à la rencontre de l'arête génale, subarrondis, très-peu saillants.

Antennes de 10 articles; médiocrement allongées; insérées au bord inféro-interne des yeux; susceptibles de se replier presque entièrement dans la cavité sous-prothoracique; à 1er article épaissi en massue oblongue et arquée: le 2e beaucoup moindre, petit, subglobuleux, assez renflé: les 3e à 7e très-petits, plus ou moins irréguliers: les trois derniers grands, assez fortement comprimés, sensiblement dilatés intérieurement, formant une massue lâche et bien tranchée.

Prothorax presque carré, subcylindrique, presque aussi large que les élytres; à ouverture antérieure à circonférence inférieurement déprimée; profondément excavé à sa page inférieure pour recevoir la tête à l'état d'inflexion; à bord antérieur prolongé en dessous jusqu'aux hanches en arête très-saillante et servant latéralement de limite à la cavité sous-prothoracique; largement arrondi et faiblement prolongé en forme de capuchon à son bord apical; non arrondi sur les côtés qui sont mutiques, complétement dépourvus de tranche marginale et comme annihilés; légèrement bissinué à la base, et non gibbeux sur son disque.

Ecusson petit, en carré légèrement transversal.

Elytres allongées, subcylindriques, subparallèles, ponctuées, obsolètement striées sur les côtés, largement arrondies au sommet. *Epaules* à calus assez saillant; à lobe inférieur assez prononcé, sensiblement replié en dessous, avec le repli séparé de la page supérieure par une arête fine mais assez sentie.

Poitrine profondément excavée en avant. *Prosternum* peu visible, refoulé bien au dessous du niveau des hanches; à lame médiane paraissant très-courte, concave, carinulée à la base et largement échancrée au sommet (1). *Mésosternum* antérieurement profondément et longitudinalement excavé à son milieu et réduit en arrière à une lame courte, en forme de cœur bilobée, et relevée presque jusqu'à la surface supérieure des hanches. *Métasternum* médiocrement développé en longueur, assez fortement sillonné sur son milieu en arrière, sans expansions

(1) Nous ne rapportons que pour mémoire ces divers caractères du prosternum qu'on ne peut apercevoir qu'en désarticulant la tête.

sensibles et légèrement entaillé entre les hanches postérieures. *Post-épisternums* assez larges antérieurement, graduellement rétrécis en arrière. *Epimères postérieures* cachées ou à peine apparentes.

Hanches antérieures verticales, plus ou moins échancrées intérieurement en dessous : les *antérieures* et les *intermédiaires* passablement, les *postérieures* très-écartées l'une de l'autre : celles-ci à *lame* étroite, faiblement élargie à son milieu.

Ventre de 5 segments : les 1er et 2e très-grands, subégaux, plus ou moins soudés entr'eux dans leur milieu, et légèrement bissinués à leur bord apical : les 3e et 4e courts, subégaux : le dernier presque aussi développé en longueur que les deux précédents réunis.

Pieds médiocrement allongés, assez grêles. *Cuisses* profondément rainurées en dessous sur toute leur longueur. *Tibias* à tranche externe simple. *Tarses* assez courts, assez épaissis vers leur extrémité : à 1er article allongé : les 2e à 4e courts, subtriangulaires : le 5e oblong, assez épais.

Obs. Les espèces de ce genre se rencontrent sur divers arbres et arbrisseaux.

Ce genre, établi avec raison par Jacquelin Duval, ne souffre aucune discussion. Il rappelle, par la forme des trois derniers articles des antennes et par l'excavation pectorale, certaines espèces de la famille des Dorcatomiens.

Le genre *Gastrallus* se réduit à deux espèces :

a. *Sommet du prothorax* obtus. *Laevigatus.*
b. *Sommet du prothorax* muni d'un tubercule comprimé. *Sericatus.*

a. *Sommet du prothorax* obtus.

1. **Gastrallus laevigatus**; Olivier.

Allongé-oblong, subcylindrique; revêtu d'une très-courte pubescence pruineuse, très-densement et très-finement ponctué; opaque, d'un ferrugineux obscur, avec les palpes et les antennes testacés, les pieds rou-

les yeux seuls noirs. Tête très-large, front subdéprimé. Prothorax presque carré, subcylindrique, obtus à son sommet; latéralement comprimé vers son milieu; sensiblement bissinué à la base, avec les angles postérieurs un peu prolongés en arrière; longitudinalement convexe sur son disque. Elytres suballongées, subparallèles, largement arrondies au sommet, sub-striées sur les côtés. Antennes à trois derniers articles densement pilosellés. Tarses courts, à 1er article oblong.

Anobium laevigatum. OLIV., Ent. t. II. n° 16. p. 12. 10. pl. I. fig. 3.
Anobium exile. STURM., Deuts. Faun. t. XI. p. 142. 22. pl. CCXLIII. fig. D.
Anobium immarginatum. REDTENB., Faun. Austr. 2e éd. p. 566. 17.

Long. 0m,0015 à 0m,0030 (2/3 à 1 l. 2/5). — Larg. 0m,0007 à 0m,0012 (1/3 à 1 l. 2/5).

♂ *Les trois derniers articles des Antennes* beaucoup plus longs, pris ensemble, que le reste de l'antenne : le 9e sensiblement plus long qu'il n'est large à son sommet : le dernier allongé, subrectiligne sur le milieu de ses tranches, obtusément acuminé au sommet. *Yeux* très-grands. *Front* non ou à peine plus large à son milieu que le diamètre de l'œil.

♀ *Les trois derniers articles des Antennes* sensiblement plus longs, pris ensemble, que le reste de l'antenne: le 9e à peine plus long qu'il n'est large à son sommet: le dernier ovale-oblong, elliptique, évidemment arrondi sur ses tranches, distinctement acuminé au sommet. *Yeux* grands. *Front* beaucoup plus large ou presque deux fois plus large à son milieu que le diamètre de l'œil.

Corps assez allongé, subcylindrique, opaque, densement, très-finement et rugueusement ponctué; d'un ferrugineux plus ou moins obscur, revêtu d'une pubescence très-courte, serrée et pruineuse. *Tête* très-large, transversale, verticale ou infléchie, fortement engagée dans le prothorax; un peu plus étroite que celui-ci; densement, très-finement et rugueusement ponctuée; d'un roux ferrugineux, peu brillante, revêtue d'un duvet très-court et grisâtre. *Front* subdéprimé ou très-faiblement convexe. *Arêtes génales* très-saillantes. *Epistome* paraissant très-finement rebordé au sommet, presque lisse, un peu brillant, d'un ferrugineux obscur, cilié en avant d'assez longs poils blanchâtres, séparé du front par une suture très-fine, à peine distincte. *Labre* d'un roux ferrugineux. *Mandibules* d'un roux ferrugineux, avec les dents lisses et rembrunies. *Palpes* d'un roux testacé pâle. *Yeux* plus (♂) ou moins (♀) grands, subarrondis, très-peu saillants, noirs.

Antennes un peu plus courtes que la moitié du corps, faiblement ciliées intérieurement à leur base; garnies sur les trois derniers articles d'une villosité fine, droite, assez serrée et assez longue; entièrement d'un roux testacé; à 1er article épaissi en massue allongée et arquée; le 2e court, assez renflé, subglobuleux ou à peine plus long que large; le 3e grêle, oblong, obconique: les 4e à 6e petits, obliquement coupés à leur sommet, faiblement dilatés intérieurement en dents de scie émoussée et dirigée en arrière: le 5e à dent moins sentie: les 4e et 5e très-courts, fortement transversaux: le 6e plus grand, triangulaire: le 7e très-petit, subglobuleux; les trois derniers très-grands, fortement comprimés, formant une massue lâche et très-tranchée: les 8e et 9e intérieurement dilatés, subégaux; le dernier sensiblement plus long que le 9e.

Prothorax pas plus large que long, subcylindrique, presque aussi large à sa base que les élytres; paraissant, vu de dessus, presque carré, un peu élargi postérieurement et plus ou moins comprimé ou subsinué sur le milieu des côtés; faiblement prolongé au dessus de la tête en forme de capuchon obtus et arrondi; à bord apical légèrement sinué au desus des yeux; très-finement rebordé et sensiblement bissinué à la base, avec les angles postérieurs paraissant, vus de dessus, presque droits, relevés et un peu prolongés en arrière, et, vus latéralement, très-obtus et un peu émoussés au sommet (1); à peine et transversalement subdéprimé de chaque côté le long de la base; longitudinalement convexe sur sa ligne médiane et subélevé et mutique au sommet de celle-ci; très-densement et très-finement ponctué; d'un roux ferrugineux plus ou moins obscur et opaque; revêtu d'une très-courte pubescence serrée et pruineuse.

(1) Nous ne parlons pas des angles antérieurs qui sont nuls dans ce genre.

Ecusson en carré subtransversal, densement et finement pointillé; à peine pubescent; d'un roux ferrugineux plus ou moins obscur.

Elytres assez allongées, trois fois plus longues que le prothorax, subparallèles sur les côtés, largement arrondies au sommet, très-étroitement rebordées à la suture et dans le reste de leur pourtour; légèrement convexes; très-finement, très-densement et rugueusement ponctuées; peu brillantes; d'un roux ferrugineux plus ou moins obscur; revêtues d'une pubescence très-courte, serrée et pruineuse; marquées chacune sur les côtés de deux ou trois stries obsolètes mais assez visibles, de quelques rudiments de stries semblables vers le sommet, et offrant sur le reste de leur surface des vestiges de stries dégénérées, indiquées seulement par des lignes obscures, le plus souvent indistinctes. *Epaules* assez saillantes, arrondies.

Dessous du corps convexe, très-finement pubescent, finement, densement et légèrement ponctué, d'un roux ferrugineux un peu brillant et plus ou moins obscur. 1er et 2e *Segments ventraux* légèrement bissinués à leur bord apical: les 2e, 3e et 4e densement ciliés à leur bord postérieur: le *dernier* assez développé, largement arrondi au sommet.

Pieds médiocrement allongés, assez grêles, très-finement pointillés, très-finement pubescents, d'un roux ferrugineux. *Cuisses* faiblement atténuées à leur base, légèrement renflées à leur milieu. *Tibias* droits et grêles. *Tarses* courts, beaucoup moins longs que les tibias: les *postérieurs* à 1er article oblong, à peine plus long que les deux suivants réunis.

Patrie: Cette espèce n'est pas rare, sur les chênes et sur les haies, dans toute la France (environs de Lyon, Beaujolais, Dauphiné, Bourgogne, etc.).

Obs. Elle varie beaucoup pour la taille. La couleur passe aussi du rouge ferrugineux clair au brun ferrugineux obscur.

Dans les exemplaires de la Provence, les linéoles obscures des élytres sont plus accusées, la forme est un peu plus large (♀).

b. *Sommet du Prothorax* muni d'un tubercule comprimé.

2. **Gastrallus sericatus**; LAPORTE.

Très-allongé, subcylindrique; revêtu d'une très-courte pubescence pruineuse; très-densement et très-finement ponctué; opaque, obscur, avec les trois derniers articles des antennes et le sommet du prothorax d'un ferrugineux sombre, l'anus et les tibias d'un roux ferrugineux, les palpes, les articles intermédiaires des antennes et les tarses testacés. Tête large; front légèrement convexe. Prothorax presque carré, subcylindrique, muni vers son sommet d'un tubercule comprimé; latéralement comprimé à son milieu; légèrement bissinué à la base, avec les angles postérieurs non prolongés en arrière; longitudinalement convexe sur son disque. Elytres allongées, subparallèles, largement arrondies au sommet; substriées sur les côtés. Antennes à trois derniers articles légèrement pilosellés. Tarses suballongés, à 1er article allongé.

Anobium sericatum. LAPORTE DE CASTELNAU, Hist. nat. col. t. I. p. 294. 16. — REDTENB. Faun. Austr. 2e éd. p. 566. 18.
Gastrallus immarginatus. JACQUELIN DU VAL, Gen. col. Eur. t. III. 2e part. pl. 53. fig. 262.

Var. a. *Tête* et *Prothorax* entièrement ferrugineux (♀).

Long. 0m,0025 (1 l. 1/8). — Larg. 0m,0011 (1/2 l.).

♂ *Les trois derniers articles des Antennes* beaucoup plus longs, pris ensemble, que le reste de l'antenne: les 8e et 9e, pris ensemble, au moins aussi longs que tous les précédents réunis: le 9e allongé, à peine arrondi et légèrement dilaté intérieurement; le dernier très-allongé, subrectiligne sur le milieu de ses tranches, obtusément acuminé au sommet. *Front* à peine deux fois plus large à son milieu que le diamètre de l'œil.

♀ *Les trois derniers articles des Antennes* un peu plus longs, pris ensemble, un peu plus courts que tous les précédents réunis : le 9e assez fortement arrondi et dilaté intérieurement : le dernier oblong ou elliptique, évidemment arrondi sur ses tranches, sensiblement acuminé au sommet. *Front* plus de deux fois plus large à son milieu que le diamètre de l'œil.

Corps très-allongé, subcylindrique, densement, très-finement et rugueusement ponctué, d'un noir opaque, revêtu d'un duvet très-court, serré et cendré.

Tête large, transversale, verticale ou infléchie, fortement engagée dans le prothorax, un peu plus étroite que celui-ci ; densement, très-finement et rugueusement pointillée; d'un noir opaque, revêtue d'un duvet fin, très-court et cendré. *Front* faiblement convexe. *Vertex* quelquefois avec une petite ligne enfoncée, très-fine et peu visible. *Arêtes génales* saillantes. *Epistome* à peine distinct du front, très-finement et obsolètement rebordé à son sommet, cilié antérieurement d'assez longs poils grisâtres. *Labre* d'un roux ferrugineux. *Mandibules* ferrugineuses, avec leur extrémité noire, lisse et brillante. *Palpes* testacés. *Yeux* grands, subarrondis, très-peu saillants, noirs.

Antennes plus courtes que la moitié du corps; faiblement ciliées intérieurement à leur base, garnies sur les trois derniers articles d'une villosité fine, légèrement inclinée, peu serrée et assez longue ; testacées avec le 1er article ordinairement rembruni et les trois derniers d'un ferrugineux assez obscur ; à 1er article épaissi en massue oblongue et arquée : le 2e court, assez renflé, pas plus long que large, un peu dilaté intérieurement : le 3e grêle, oblong, obconique : les 4e à 6e obliquement coupés à leur sommet, faiblement dilatés intérieurement en dents de scie émoussées et dirigées en arrière : le 5e à dent moins sentie : les 4e et 5e très-courts, transversaux : le 6e plus grand, triangulaire : le 7e très-petit, subglobuleux : les trois derniers très-grands, fortement comprimés, formant une massue lâche et très-tranchée : les 8e et 9e intérieurement dilatés, subégaux : le dernier sensiblement plus long que le 9e.

Prothorax pas plus large que long, subcylindrique, presque aussi large à sa base que les élytres ; paraissant, vu dessus, presque carré, un peu élargi postérieurement et plus ou moins comprimé sur le milieu des côtés ; passablement prolongé au dessus de la tête en forme de capuchon arrondi ; à bord apical à peine sinué au dessus des yeux ; très-finement rebordé et légèrement bissinué à la base, avec les angles postérieurs paraissant, vus de dessus, presque droits, relevés mais non prolongés en arrière, et, vus latéralement, excessivement obtus ou très-ouverts ; transversalement subimpressionné de chaque côté le long de la base, longitudinalement convexe sur sa ligne médiane, élevé et muni au sommet de celle-ci d'un tubercule un peu comprimé latéralement ; très-densement, très-finement et rugueusement ponctué ; d'un noir opaque avec le sommet d'un ferrugineux plus ou moins obscur ; revêtu d'un duvet fin, très-court, assez serré, cendré.

Ecusson en carré transversal, densement et finement pointillé ; très-brièvement pubescent ; opaque, obscur.

Elytres allongées, plus de trois fois plus longues que le prothorax, parallèles sur les côtés, largement arrondies au sommet ; très-étroitement rebordées à la suture et dans le reste de leur pourtour ; légèrement convexes ; très-finement, très-densement et rugueusement pointillées ; d'un noir obscur et peu brillant ; revêtues d'un duvet fin, très-court, serré, cendré et comme pruineux ; marquées chacune sur les côtés de deux ou trois stries obsolètes mais assez visibles, sans vestiges sensibles de stries semblables sur le reste de leur surface. *Epaules* saillantes, légèrement arrondies.

Dessous du corps assez convexe, très-finement pubescent, finement, densement et très-légèrement pointillé, d'un noir de poix assez brillant avec l'extrémité du ventre plus ou moins roussâtre. *1er et 2e Segments ventraux* faiblement bissinués à leur bord apical : les 2e, 3e et 4e finement ciliés à leur bord postérieur : le dernier assez développé, largement arrondi au sommet.

Pieds médiocrement allongés; assez grêles, très-finement et obsolètement pointillés ; très-finement pubescents ; d'un roux ferrugineux avec les cuisses un peu plus obscures et les tarses testacés. *Cuisses* légèrement atténuées à leur base, faiblement renflées à leur milieu. *Tibias* grêles, très-faiblement recourbés en dehors à leur extrémité. *Tarses* assez développés, sensiblement moins longs que les tibias : les postérieurs à 1er article allongé, presque aussi long que les trois suivants réunis.

Patrie : Cette espèce se capture en battant les haies d'aubépine. Elle est assez commune aux environs de Lyon, dans le Beaujolais, dans la Bourgogne, et dans différentes autres parties de la France.

Obs. Cette espèce, quoique ayant infiniment de ressemblance avec la précédente, nous paraît devoir être séparée avec raison, ainsi que l'a fait M. Redtenbacher. Elle est proportionnellement plus étroite, plus allongée et plus parallèle; sa couleur est toujours plus obscure; le front est un peu plus convexe; le sommet du prothorax est plus avancé sur la tête et tuberculé en dessus; sa base est moins sensiblement bissinuée, et ses angles postérieurs, vus latéralement, sont encore plus obtus et plus ouverts, et vus de dessus, ils ne paraissent point prolongés en arrière. Les cuisses, le 1er et les 3 derniers articles des antennes sont toujours plus obscurcis : le 9e article de celles-ci est plus allongé chez les ♂ : enfin le 1er article des tarses, surtout des postérieurs, est sensiblement plus allongé.

Quelquefois, surtout chez les ♀, la tête et le prothorax sont entièrement d'un ferrugineux plus ou moins obscur.

Le *Gastrallus immarginatus* de Jacquelin du Val nous paraît, d'après la figure, devoir se rapporter à notre *sericatus*. Quant aux *Anobium immarginatum*, Müller (*in* Germ. Ent. t. 4. p. 196) et *exile*, Gyllenhal (Ins. suec t. 4. p. 325. 6-7), ils semblent convenir autant au *G. laevigatus* qu'au *sericatus* et sans doute ces deux auteurs auront confondu ces deux espèces bien voisines. Nous tiendrons le même langage de l'*Anobium sericeum*, Duftschmidt (Faun. t. 3. p. 53).

DEUXIÈME BRANCHE.

XYLÉTINAIRES.

Caractères. *Antennes* plus ou moins dentées en scie intérieurement au moins à partir du 4e article inclusivement, quelquefois même pectinées ou rarement (♂) flabellées, avec *les trois derniers articles* ordinairement pas plus grands ou seulement un peu plus grands que les précédents, et ne formant nullement une massue lâche. *Prothorax* plus ou moins transversal, généralement de la longueur des élytres; plus ou moins tranchant sur les côtés qui sont légèrement (*Ptilinus*) ou le plus souvent très-fortement déclives d'arrière en avant, avec les angles postérieurs souvent obsolètes ou même nuls; ordinairement peu capuchonné à son bord antérieur; rarement gibbeux sur son disque; paraissant souvent, vu de dessus, assez fortement rétréci en avant; quelquefois non excavé (*Ptilinus*, *Ochina*), le plus souvent plus ou moins excavé en dessous; à ouverture antérieure rarement subcirculaire, généralement sémicirculaire ou transversal.

Corps rarement allongé, le plus souvent ovale-oblong ou ovalaire. *Tête* ordinairement très-large. *Elytres* allongées, oblongues ou obovalaires, quelquefois assez convexes et postérieurement déclives. *Poitrine* rarement simple (*Ptilinus*, *Ochina*), généralement excavée ou déclive à sa partie antérieure. *Tibias* à *tranche externe* rarement simple, souvent double et rainurée. *Tarses* ordinairement comprimés sur les côtés.

Les *Xylétinaires* peuvent se répartir dans les genres suivants:

Prothorax

- non excavé en dessous pour recevoir la tête à l'état d'inflexion; à bord antérieur non prolongé inférieurement jusqu'aux hanches en arête saillante. *Antennes* . . . .
  - pectinées (♀) ou flabellées (♂). *Prothorax* à tranche latérale fine. *Hanches intermédiaires* pas plus distantes entr'elles que les *antérieures*. *Lame des Hanches postérieures* très-étroite, subparallèle ou à peine élargie à son milieu. *Corps* allongé, cylindrique. — PTILINUS.
  - simplement dentées en scie. *Prothorax* à tranche latérale très-saillante, plus ou moins explanée. *Hanches intermédiaires* plus distantes entr'elles que les *antérieures*. *Lame des Hanches postérieures* sensiblement dilatée en dedans. *Corps* oblong. . . . . — OCHINA.
- plus ou moins excavé en dessous pour recevoir la tête à l'état d'inflexion; à bord antérieur prolongé inférieurement jusqu'aux hanches en arête saillante, servant latéralement de limite à la cavité sous-prothoracique. *Antennes* dentées en scie ou pectinées, ayant leurs *trois derniers articles*
  - sensiblement plus grands que les intermédiaires. *Mésosternum* creusé d'une excavation longitudinale profonde et prolongée jusque sur le milieu du *Métasternum*. *Hanches antérieures* et *Hanches intermédiaires* notablement écartées l'une de l'autre. 2e à 5e *Segments ventraux* plus ou moins soudés à leur milieu. *Corps* allongé, subcylindrique . . . . — TRYPOPITYS.
  - non sensiblement plus grands que les intermédiaires. *Poitrine* non longitudinalement excavée à son milieu. *Hanches antérieures* contiguës à leur sommet. *Segments ventraux* tous libres. *Métasternum*
    - sans arête saillante en arrière de son bord antérieur. *Elytres* toujours striées. *Prothorax* paraissant, vu de dessus,
      - en carré transversal; à *angles postérieurs* assez marqués. *Dernier article des palpes* élargi et échancré au sommet. *Prosternum* et *Mésosternum* déclives. *Hanches intermédiaires* légèrement écartées l'une de l'autre. *Lame des hanches postérieures* étroite, sublinéaire. *Corps* suballongé, parallèle. . . . — METHOLCUS.
      - très-sensiblement rétréci en avant. *Prosternum* légèrement déclive. *Mésosternum* brusquement relevé à sa partie postérieure en une lame horizontale. *Dernier article des Palpes*
        - oblong, subfusiforme. *Prosternum* plan. *Lame* du *Mésosternum* longitudinale, sublinéaire. *Hanches intermédiaires* légèrement écartées l'une de l'autre. *Lame des Hanches postérieures* étroite, subparallèle. *Angles postérieurs du Prothorax* peu marqués. *Corps* oblong, subcylindrique . . . . — CALYPTERUS.
        - plus ou moins élargi et plus ou moins tronqué au sommet. *Prosternum* concave. *Lame* relevée du *Mésosternum* courte, subtransversale (*Xyletinus ater* excepté). *Hanches intermédiaires* assez écartées l'une de l'autre. *Lame des Hanches postérieures* assez large, largement arrondie à l'angle postéro-externe. *Angles postérieurs du Prothorax* à peine marqués. *Corps* ovale-oblong ou en ovale plus ou moins court. . . . . — XYLETINUS.
    - offrant en arrière de son bord antérieur une arête fine et saillante, transversale, arquée, prolongée d'un épisternum à l'autre. *Hanches intermédiaires* presque contiguës à leur sommet. *Lame des Hanches postérieures* large, extérieurement dilatée, à angle postéro-externe aigu. *Prothorax* à *angles postérieurs* nuls ou presque nuls. *Elytres* très-finement pointillées, non striées. *Corps* plus ou moins ovalaire. . . . . . . — PSEUDOCHINA.

✝ FAUX XYLÉTINAIRES.

Genre *Ptilinus*. Geoffroy.

(Geoffroy, Hist. Inst. t. I. p. 64)I

(Etymologie : πτίλον, plume, panache).

Caractèeres : *Corps* allongé, cylindrique. *Front* large, simple. *Palpes* à dernier article subfusiforme, obtusément tronqué au sommet. *Antennes* de 11 articles ; peu allongées, robustes, fortement flabellées (♂) ou subpectinées (♀) intérieurement. *Prothorax* simple en dessous ainsi que la poitrine ; muni sur les côtés d'une tranche fine ; convexe mais non gibbeux sur son disque. *Elytres* subsérialement ponctuées, fortement arrondies au sommet. *Métasternum* simple antérieurement. *Hanches* légèrement écartées l'une de l'autre : les postérieures à lame étroite, subparallèle ou à peine dilatée à son milieu. *Epimères* postérieures cachées ou à peine apparentes. *Segments ventraux* libres : le premier légèrement bissinué à son bord apical. *Tibias* à tranche externe simple (♂) ou subcrénelée (♀). *Tarses* allongés, latéralement subcomprimés ; à 1er article allongé : le 2e oblong ou suballongé.

Corps allongé, cylindrique.

Tête médiocre, inclinée ou subverticale, un peu engagée dans le prothorax. *Front* large. *Arêtes génales* courtes, obliques, recourbées postérieurement en dehors pour embrasser l'insertion des antennes. *Epistome* fortement transversal, largement tronqué au sommet. *Labre* très court, transversal, obtusément arrondi à son bord antérieur. *Mandibules* robustes, assez saillantes, assez brusquement coudées sur les côtés. *Palpes maxillaires* à dernier article allongé, subfusiforme, obtusément tronqué au sommet : les *labiaux* à dernier article oblong, assez renflé à son milieu, rétréci en pointe mousse à son extrémité. *Menton* concave, légèrement transversal, trapézoïdal. *Yeux* médiocres, entiers, arrondis, plus ou moins saillants.

Antennes de 11 articles; peu allongées, robustes; inserées près de l'angle inféro-interne des yeux; fortement flabellées (♂) ou légèrement pectinées (♀) intérieurement à partir du 4e article inclusivement; à 1er article allongé, arqué, légèrement épaissi, subconcave en dessous: le 2e beaucoup moindre, court, un peu dilaté en dedans: le 3e en dent de peigne (♂) ou triangulaire (♀).

Prothorax non ou à peine transversal, aussi large que les élytres; à ouverture antérieure subcirculaire; non excavé inférieurement; à bord antérieur non prolongé en dessous en arête saillante; faiblement prolongé à son bord apical en capuchon obtus et arrondi; légèrement arrondi sur les côtés qui sont munis d'une tranche fine mais bien marquée, avec les angles postérieurs à peine sentis; bissinueusement tronqué à la base; convexe mais non gibbeux sur son disque.

Ecusson presque carré, ou oblong.

Elytres allongées, cylindriques, parallèles, obscurément striées ou subsérialement ponctuées, fortement arrondies au sommet. *Epaules* à calus saillant, à lobe inférieur peu prononcé, assez sensiblement replié en dessous.

Poitrine simple, non excavée. *Prosternum* et *Mésosternum* presque plans, rétrécis à leur milieu en pointe assez prolongée. *Métasternum* très-développé en longueur, largement sillonné à son milieu dans sa dernière moitié, sans expansions sensibles entre les hanches postérieures. *Postépisternums* médiocres, un peu plus larges en avant qu'en arrière. *Epimères postérieures* cachées ou à peine apparentes.

Hanches antérieures et *Hanches intermédiaires* légèrement convexes à leur face antérieure, assez rapprochées l'une de l'autre, ainsi que les *postérieures*: celles-ci à lame étroite, subparallèle ou à peine élargie à son milieu.

Ventre de 5 segments libres: le 1er légèrement bissinué à son bord apical: les 1er et 2e plus grands que les suivants, subégaux: les 3e et 4e courts, subégaux: le 5e assez développé en longueur.

Pieds ordinairement courts et assez épais. *Cuisses* légèrement rainurées en dessous sur la majeure partie de leur longueur. *Tibias* à tranche externe non doublée, simple (♂) ou subcrénelée (♀). *Tarses plus* ou moins allongés, assez comprimés latéralement à leur base, graduellement élargis vers leur extrémité ; à 1er et 2e articles beaucoup plus grands que les suivants : les 3e et 4e très-courts, le 3e triangulaire ; le 4e subbilobé : le dernier très-épais.

Obs. Les espèces de ce genre se trouvent sur divers bois morts.

Le genre *Ptilinus* renferme les deux espèces suivantes :

a. *Elytres* sans côtes apparentes. *Angles antérieurs du Prothorax* un peu obtus et légèrement arrondis ... *Pectinicornis.*

aa. *Elytres* avec deux ou trois côtes obsolètes. *Angles antérieurs du Prothorax* droits ou presque droits. ... *Costatus.*

a. *Elytres* sans côtes apparentes. *Angles antérieurs du Prothorax* un peu obtus et légèrement arrondis.

1. Ptilinus pectinicornis; Linné.

Très-allongé, cylindrique ; revêtu d'un court duvet grisâtre ; aspèrement granulé, subopaque ; noir, avec les élytres d'un châtain obscur, les palpes d'un roux testacé, les antennes et les pieds d'un roux ferrugineux. Front large, légèrement convexe. Prothorax subglobuleux, à peine plus étroit en avant ; étroitement rebordé et légèrement arrondi sur les côtés avec les angles antérieurs subobtus et légèrement arrondis ; bissinueusement tronqué à la base ; convexe ; à peine canaliculé antérieurement, muni postérieurement d'un tubercule oblong et lisse et, de chaque côté du disque d'une bosse obsolète. Ecusson trapézoïdal. Elytres très-allongées, parallèles, fortement arrondies au sommet, subsérialement ponctuées, avec les intervalles rugueusement chagrinés. Tarses allongés, comprimés.

Ptinus pectinicornis. Linné. Syst. Nat. t. II. p. 565. 1.
Ptilinus pectinicornis. Fabr., Syst. El. t. I. p. 329. 2. — Oliv. Ent. t. II. nº 17. *bis.* p. 4. 1. pl. 1. fig. 1. — Panz., Faun. Germ. Fasc. t. III. pl. 7. — Gyllenh., Ins. suec. t. I. p. 301. 1. — Sturm., Deuts. Faun. t. XI. p. 75. pl. 236. fig. A. B. — Redtenb. Faun. Austr. 2e éd. p. 559.

Var. a. *Elytres* d'un châtain plus ou moins clair.

Var. b. *Prothorax* et *Elytres* d'un châtain plus ou moins clair.

Long. 0m,0030 à 0m,0061 (1 l. 2/5 à 2 l. 3/4). —Larg. 0m,008 à 0m,0015 (2/5 à 2/3).

♂ *Antennes* atteignant presque le milieu du corps, fortement flabellées à partir du 4e article inclusivement : le 3e dilaté intérieurement en dent très-prolongée. *Yeux* saillants. *Tête*, y compris ceux-ci, un peu plus étroite que le prothorax. *Pieds* médiocrement allongés. *Cuisses* légèrement renflées. *Tibias* assez grêles ; les *antérieurs* à tranche externe simple ou très-obsolètement subcrénelée vers son extrémité. *Tarses* aussi longs que les tibias ; à 1er article très-allongé : le 2e allongé. 5e *Segment ventral* simple. *Dessus du corps* tout-à-fait opaque.

♀ *Antennes* beaucoup plus courtes que la moitié du corps, pectinées à partir du 4e article inclusivement : le 3e fortement angulé intérieurement. *Yeux* médiocrement saillants. *Tête*, y compris ceux-ci, sensiblement plus étroite que le prothorax. *Pieds* courts. *Cuisses* sensiblement renflées. *Tibias* assez robustes, subcomprimés : les *antérieurs* à tranche externe distinctement et irrégulièrement crénelée. *Tarses* un peu plus courts que les tibias : les *intermédiaires* et les *postérieurs* à 1er article allongé : le 2e oblong. 5e *Segment ventral* offrant avant son sommet un relief tranchant, arqué, subparallèle au bord apical (1). *Dessous du corps* un peu brillant.

Corps très-allongé, cylindrique, très-finement velouté, d'un noir plus ou moins opaque, avec les élytres d'un châtain plus ou moins obscur.

Tête légèrement transversale, inclinée ou subverticale, plus (♂) ou moins (♀) engagée dans le prothorax, assez densement et finement

(1) Le bord apical paraît ainsi comme doublé.

granulée, d'un noir profond plus ou moins opaque, finement et légèrement pubescente. *Front* large, faiblement convexe. *Arêtes génales* fines et peu saillantes. *Epistome* bien distinct, offrant en avant un rebord lisse; séparé du front par une ligne légèrement enfoncée, assez marquée, presque lisse et sensiblement arquée. *Labre* d'un roux ferrugineux, densement cilié à son sommet. *Mandibules* lisses, brillantes, avec leur base rugueuse et roussâtre. *Palpes* d'un roux testacé. *Yeux* médiocres, arrondis, plus (♂) ou moins (♀) saillants; d'un noir profond.

Antennes plus (♀) ou moins (♂) courtes, à peine pubescentes; entièrement d'un roux ferrugineux assez clair; à 1er article allongé, légèrement épaissi en massue arquée : le 2e court, transversal, pas plus étroit que le précédent, plus (♀) ou moins (♂) obtusément angulé intérieurement : le dernier linéaire (♂) ou subelliptique (♀), obtus au sommet.

Prothorax subglobuleux, aussi long que large, de la largeur des élytres; obliquement tronqué à son bord apical qui est faiblement prolongé au dessous de la tête en forme de capuchon largement et obtusément arrondi, légèrement rebordé, à peine réfléchi et quelquefois subentaillé à son milieu; paraissant, vu de dessus, à peine rétréci en avant; étroitement rebordé et légèrement arrondi sur les côtés (1) qui sont fortement déclives d'arrière en avant, avec les angles antérieurs un peu obtus, légèrement arrondis et très-infléchis, et les postérieurs très-obtus, très-légèrement arrondis et à peine marqués; bissinueusement tronqué à la base, avec le milieu de celle-ci très-finement rebordé; convexe, mais non gibbeux sur son disque; à peine visiblement canaliculé antérieurement; offrant au devant de l'écusson un tubercule oblong, obtus et lisse, et, de chaque côté vers le tiers postérieur du disque, une bosse obsolète plus ou moins lisse et brillante; finement et aspèrement granulé, avec la granulation un peu moins serrée en avant; d'un noir plus ou moins opaque; revêtu d'une très-courte pubescence, à peine apparente.

(1) Le prothorax étant plus comprimé latéralement chez les (♀), les côtés paraissent plus droits, vus de dessus.

Ecusson élevé, presque carré ou trapézoïdal, obtusément arrondi au sommet, rugueux, d'un brun noirâtre, cilié à son bord apical.

Elytres très-allongées, trois fois et demie plus longues que le prothorax, parallèles sur les côtés, fortement arrondies au sommet; assez convexes sur le dos; d'un châtain plus ou moins obscur; revêtues d'une très-courte pubescence assez serrée, grisâtre et veloutée; marquées de points grossiers peu profonds, obscurément rangés en stries. *Intervalles* finement et rugueusement chagrinés. *Epaules* saillantes; légèrement arrondies.

Dessous du corps assez convexe, densement et aspèrement ponctué (1), finement pubescent; d'un noir de poix assez brillant. *Métasternum* plus obsolètement ponctué, plus lisse et plus brillant à son milieu et à sa partie postérieure; creusé sur celle-ci d'un sillon longitudinal plus ou moins profond. 1er *Segment ventral* légèrement bissinué : les 2e, 3e et 4e densement ciliés de poils jaunâtres à leur bord apical : le dernier assez développé, subogival, ou étroitement arrondi au sommet.

Pieds plus (♀) plus ou moins (♂) courts, finement pubescents; d'un roux ferrugineux assez clair. *Cuisses* épaisses, plus (♀) ou moins (♂) renflées à leur milieu, légèrement ciliées en dessous. *Tibias* plus (♂) ou moins (♀) allongés, plus (♀) ou moins (♂) élargis vers leur extrémité : les *antérieurs* armés en dehors à leur sommet d'une dent plus ou moins forte, subhorizontale. *Tarses* plus (♂) ou moins (♀) allongés, comprimés; à 1er article très-allongé (♂) ou allongé (♀) : le 2e allongé (♂) ou oblong (♀), sensiblement moins long que le 1er : les 1er et 2e des *antérieurs* chez les (♀) oblongs et subégaux.

Patrie : Cette espèce est commune dans les forêts et dans les montagnes. Elle se rencontre aussi autour de nos habitations sur les vieilles portes et dans les chantiers. Elle vit dans les sapins, les tilleuls et divers autres arbres.

Obs. Les élytres et quelquefois le prothorax sont d'un châtain plus ou moins clair.

(1) Le dessous de la tête est, dans ce genre, grossièrement ponctué sur les côtés, lisse ou presque lisse sur son milieu.

b. *Elytres* avec deux ou trois côtes obsolètes. *Angles antérieurs du Prothorax* droits ou presque droits.

2. **Ptilinus costatus;** GYLLENHAL.

Allongé, cylindrique, revêtu d'un court duvet grisâtre; aspèrement granulé, subopaque, noir, avec les palpes d'un roux testacé, les antennes, les tibias et les tarses d'un roux ferrugineux. Front large, légèrement convexe. Prothorax subglobuleux, à peine transversal, beaucoup plus étroit en avant; étroitement rebordé, subcrénelé et légèrement arrondi sur les côtés, avec les angles antérieurs droits ou presque droits; bissinueusement tronqué à la base; très-convexe; obsolètement canaliculé sur son milieu, subélevé au devant de l'écusson et muni de chaque côté, vers le tiers postérieur de son disque, d'une bosse très-obsolète. Ecusson suboblong. Elytres allongées, subparallèles, fortement arrondies au sommet, subsérialement ponctuées, chargées de trois côtes obsolètes. Tarses allongés, médiocrement comprimés.

Ptilinus costatus. GYLLEN., Ins. Suec. t. IV. p. 329. 2. — STURM., Deuts. Faun. t. XI. p. 77. 2. pl. CCXXXVI. f. N. O. — REDTENB., Faun. austr. 2e éd. p. 560.

Var. a. *Elytres d'un châtain fauve.*

Ptilinus flavescens LAPORTE DE CASTELN., Ins. t. I. p. 295. 2.

Long. 0m,0030 à 0m,0051 (1 l. 2/3 à 2 l. 1/4). — Larg. 0m,0011 à 0m,0015 (1/2 à 2/3)

♂ *Antennes* atteignant presque le milieu du corps, fortement flabellées à partir du 4e article inclusivement : le 3e dilaté intérieurement en dent prolongée. *Yeux* saillants. *Tête*, y compris ceux-ci, sensiblement plus étroite que le prothorax. *Pieds* médiocrement allongés. *Tibias* assez grêles : les *antérieurs* à tranche externe simple. *Tarses* aussi longs que les tibias; à 1er article allongé : le 2e suballongé. 5e *Segment ventral* simple. *Dessus du corps* tout-à-fait opaque.

♀ *Antennes* dépassant à peine la base du prothorax, pectinées à partir du 4e article inclusivement : le 3e simplement angulé intérieurement. *Yeux* médiocrement saillants. *Tête*, y compris ceux-ci, beaucoup plus étroite que le prothorax. *Pieds* courts. *Tibias* assez robustes, subcomprimés : les *antérieurs* à tranche externe subcrénelée. *Tarses* un peu plus courts que les tibias : les *intermédiaires* et les *postérieurs* à 1er article assez allongé : le 2e oblong. 5e *Segment ventral* offrant avant son sommet un relief obsolète, arqué, subparallèle au bord apical. *Dessus du corps* un peu brillant.

Corps allongé, cylindrique, très-finement velouté, d'un noir plus ou moins opaque.

Tête légèrement transversale, inclinée ou subverticale, plus (♂) ou moins (♀) engagée dans le prothorax, densement et finement granulée, d'un noir profond plus ou moins opaque, à peine pubescente. *Front* large, légèrement convexe. *Arêtes génales* fines et peu saillantes. *Epistome* bien distinct, rugueux, offrant en avant un assez large rebord lisse ; séparé du front par une ligne enfoncée, assez marquée, presque lisse, fortement arquée. *Labre* obscur, densement cilié à son sommet. *Mandibules* lisses, brillantes, avec leur base rugueuse et un peu roussâtre. *Palpes* d'un roux testacé. *Yeux* médiocres, arrondis, plus (♂) ou moins (♀) saillants; d'un noir profond.

Antennes plus (♀) ou moins (♂) courtes, à peine pubescentes; entièrement d'un roux ferrugineux ; à 1er article allongé, légèrement épaissi en massue arquée : le 2e court, subtransversal, pas plus étroit que le précédent, plus (♀) ou moins (♂) obtusément angulé intérieurement : le dernier linéaire (♂) ou subelliptique (♀), obtus au sommet.

Prothorax à peine transversal, subglobuleux, de la largeur des élytres ; obliquement tronqué à son bord apical qui est faiblement prolongé au dessus de la tête en forme de capuchon largement et obtusément arrondi, légèrement réfléchi et souvent subentaillé à son milieu ; paraissant, vu de dessus, fortement rétréci en avant à partir du milieu (♀) ou du tiers postérieur; étroitement rebordé et légèrement arrondi sur les côtés qui sont plus ou moins distinctement subcrénelés et fortement déclives d'arrière en avant, avec les angles antérieurs droits ou presque droits et très-infléchis, et les postérieurs très-obtus, très-largement arrondis et à peine marqués; bissinueusement tronqué à la base, avec le milieu de celle-ci très-finement rebordé; fortement convexe, mais non gibbeux sur son disque; un peu élevé au devant de l'écusson; offrant sur son milieu un faible sillon longitudinal, canaliculé, obsolète sur le dos, plus ou moins apparent en avant où il échancre souvent le bord apical à sa rencontre, très-fin en arrière sur la partie subélevée où il présente ses bords et le fond lisses; surmonté en outre de chaque côté vers le tiers postérieur du disque, d'une bosse très obsolète, plus (♀) ou moins (♂) lisse, souvent peu distincte; couvert d'une granulation fine et serrée, subscabreuse, plus forte en avant et sur les côtés; d'un noir profond plus ou moins opaque; revêtu d'une très-courte pubescence obsolète et à peine apparente.

Ecusson élevé, un peu oblong, un peu rétréci en arrière, obtusément arrondi au sommet, rugueux, à peine pubescent, d'un noir opaque.

Elytres allongées, trois fois plus longues que le prothorax, subparallèles sur les côtés, fortement arrondies au sommet, assez convexes sur le dos; d'un noir plus (♂) ou moins (♀) opaque; revêtues d'une très-courte pubescence assez serrée, grisâtre et veloutée; marquées de gros points carrés, rangés en stries plus ou moins régulières et plus confuses en arrière; offrant en outre sur leur disque deux ou trois côtes longitudinales, souvent peu visibles, antérieurement défléchies en dehors à partir environ du tiers de la longueur, et tout-à-fait effacées postérieurement. *Intervalles* finement et rugueusement chagrinés. *Epaules* saillantes, légèrement arrondies.

Dessous du corps assez convexe, densement, aspèrement et légèrement ponctué, finement pubescent, d'un noir de poix assez brillant. *Métasternum* fortement sillonné ou longitudinalement foveolé à son milieu sur sa moitié postérieure. 1er *Segment ventral* légèrement bissinué: les 2e, 3e et 4e densement ciliés à leur bord apical: le *dernier* assez développé, obtusément arrondi au sommet.

Pieds plus (♀) ou moins (♂) courts, finement pubescents; d'un roux ferrugineux, avec les cuisses et quelquefois les tibias antérieurs plus ou moins rembrunis. *Cuisses* assez épaisses, très-légèrement renflées à leur milieu, plus (♂) ou moins (♀) ciliées en dessous. *Tibias* plus (♂

ou moins (♀) allongés, plus (♀) ou moins (♂) élargis vers leur extrémité : les *antérieurs* terminés en dehors à leur sommet par une dent plus ou moins forte. *Tarses* allongés, médiocrement comprimés ; à 1er article allongé (♂) ou assez allongé (♀) : le 2e suballongé (♂) ou oblong (♀), sensiblement moins long que le 1er : les 1er et 2e des *antérieurs* chez les ♂ suboblongs et subégaux.

Patrie : Cette espèce habite une grande partie de la France. Elle n'est par rare dans le département du Rhône, sur le bois mort du saule, du peuplier et du chêne, de mai en juillet.

Obs. Outre la présence des côtes sur les élytres, outre la forme des angles antérieurs du prothorax, cette espèce diffère encore de la précédente par sa forme moins allongée, par sa couleur plus obscure, par les rayons des antennes (♂) un peu plus courts, par son prothorax plus rétréci en avant, à bord apical un peu plus relevé et plus distinctement subentaillé, et par ses cuisses ordinairement rembrunies.

Les élytres sont quelquefois d'un châtain fauve, avec les cuisses plus claires.

Genre *Ochina* ; STEPHENS.

(Stephens, Illustr. of brit. entom., t. III, p. 342).

(Étymologie incertaine : peut-être d'ὠκύς, agile? Mais dans ce cas l'on devrait dire : *Ocina* ou *Ocyna*).

CARACTÈRES : *Corps* oblong. *Front* large, simple. *Palpes* à dernier article ovoïde, obtusément acuminé au sommet. *Antennes* de **11** articles ; suballongées, assez grêles, légèrement dentées en scie intérieurement. *Prothorax* simple en dessous ainsi que la poitrine ; muni sur les côtés d'une tranche bien saillante ; non gibbeux sur son disque ; à angles postérieurs distincts. *Elytres* ponctuées, non striées, assez largement arrondies au sommet. *Métasternum* simple antérieurement. *Hanches antérieures* rapprochées : les intermédiaires et les postérieures assez écartées l'une de l'autre : celles-ci à lame médiocre, intérieurement dilatée. *Epimères* postérieures cachées ou à peine apparentes. *Segments* *ventraux* libres, le 1er presque droit à son bord apical. *Tibias* à tranche externe simple. *Tarses* allongés, à peine comprimés sur les côtés, à 1er article très-allongé.

Corps oblong ou ovale-oblong.

Tête médiocre, verticale ou infléchie, un peu engagée dans le prothorax. *Front* large. *Arêtes génales* courtes et très-obliques. *Epistome* fortement transversal, largement tronqué au sommet. *Labre* très-court, fortement transversal, obtusément arrondi à son bord antérieur. *Mandibules* assez robustes, assez saillantes, arrondies sur les côtés. *Palpes* à dernier article ovoïde, obtusément acuminé au sommet. *Menton* plan, transversal, subtrapézoïdal. *Yeux* assez gros, entiers, arrondis, assez saillants.

Antennes de 11 articles; assez allongées, assez grêles, insérées près de l'angle inféro-interne des yeux; légèrement dentées en scie intérieurement à partir du 4e article inclusivement : à 1er article oblong, légèrement arqué, assez fortement épaissi : le 2e beaucoup moindre, court, assez renflé : le 3e oblong, grêle, légèrement angulé en dedans avant son extrémité.

Prothorax assez fortement transversal, un peu plus étroit que les élytres; à ouverture antérieure subcirculaire; non excavé inférieurement; à bord antérieur non prolongé en dessous en arête saillante: prolongé en dessous à son bord apical en capuchon obtus et largement arrondi; plus ou moins arrondi sur les côtés qui sont munis d'une tranche bien saillante, avec les angles postérieurs assez marqués; arrondi à la base; légèrement convexe et non gibbeux sur son disque.

Ecusson transversal, subsémicirculaire.

Elytres oblongues ou subovalaires, ponctuées et non striées, assez largement arrondies au sommet. *Epaules* à calus saillants, à lobe inférieur à peine prononcé, distinctement replié en dessous.

Poitrine simple, non excavée. *Prosternum* et *Mésosternum* plans ou presque plans : le 1er légèrement déclive, rétréci à son milieu en lame très-étroite : le 2e subhorizontal, offrant à son milieu une lame assez large. *Métasternum* assez développé en longueur, sillonné sur son milieu dans sa dernière moitié, terminé entre les hanches postérieures par deux faibles expansions en forme de pointes courtes, séparées par une petite entaille. *Postépisternums* assez larges, graduellement un peu rétrécis en arrière. *Epimères postérieures* cachées ou à peine apparentes.

Hanches antérieures et *intermédiaires* légèrement convexes à leur face antérieure; les *antérieures* rapprochées : les *intermédiaires*, et les *postérieures* assez écartées l'une de l'autre : celles-ci à *lame* assez large, plus ou moins dilatée en dedans.

Ventre de 5 segments libres : le 1er presque droit à son bord apical : les 1er et 2e un peu plus grands que les suivants, subégaux : les 3e et 4e assez courts, subégaux : le 5e assez développé en longueur.

Pieds médiocrement allongés, assez grêles. *Cuisses* rainurées en dessous sur les deux tiers environ de leur longueur. *Tibias* à tranche externe simple. *Tarses* allongés, étroits, à peine ou légèrement comprimés latéralement ; à 1er article, au moins dans les postérieurs, très-allongé : le 2e oblong : les 3e et 4e courts, subcordiformes : le dernier assez épais.

Obs. Les espèces de ce genre se rencontrent ou sur les lierres ou sur les haies.

Le genre *Ochina* renferme les deux espèces ci-après :

a. *Lame médiane du Mésosternum* brusquement coupée en avant, horizontale, en cône assez largement tronqué au sommet. *Lame des Hanches postérieures* graduellement élargie en dedans. *Prothorax à côtés* assez fortement arrondis et assez largement rebordés, à *angles antérieurs* sensiblement arrondis. LATREILLEI.

b. *Lame médiane du Mésosternum* déclive, rétrécie et prolongée en pointe au sommet. *Lame des Hanches postérieures* brusquement élargie en dedans et obtusément angulée à son milieu. *Prothorax à côtés* légèrement arrondis et faiblement rebordés, à *angles antérieurs* presque droits (*Cittobium*, de κιττός, lierre; βιόω, je vis (1). HEDERAE.

(1) La forme toute autre de la lame médiane du mésosternum mérite la création d'un sous-genre en faveur de cette espèce.

a. *Lame médiane du Mésosternum* brusquement coupée en avant, horizontale, et cône assez largement tronqué au sommet. *Lame des Hanches postérieures* graduellement élargie en dedans. *Prothorax à côtés* assez fortement arrondis et assez largement rebordés ; à *angles antérieurs* sensiblement arrondis.

1. **Ochina Latreillei**; Bonelli.

Oblique, cylindrique, hérissée de poils jaunâtres ; légèrement ponctuée ; brillante, noire, avec la tête, le prothorax, l'écusson, une tache apicale aux élytres, les antennes et les pieds d'un rouge gai, les palpes d'un roux testacé, et les yeux noirs. Front large, légèrement convexe. Prothorax fortement transversal, un peu plus large en avant, à peine plus étroit que les élytres ; assez fortement arrondi et assez largement rebordé sur les côtés, avec les angles antérieurs subobtus et médiocrement arrondis ; largement arrondi à la base ; légèrement convexe et subégal sur son disque. Ecusson subsémicirculaire. Elytres oblongues, plus fortement ponctuées que le prothorax, largement arrondies au sommet. Tarses allongés, à 1er article très-allongé.

Ptilinus Latreillei. Bonelli, Soc. Agr. di Tor. p. 167. 12 (1809). pl. 3.
Anobium sanguinicolle. Duftsch., Faun. Austr. t. III. p. 56. 17 (1825).
Ochina sanguinicollis. Sturm, Deuts. Faun. t. II. p. 97. 2. pl. 238. fig. 0.
Redtenb., Faun. Austr. 2e éd. p. 562.

Long. 0m,0022 à 0m,0035 (1 l. à 1 l. 2/5). — Larg. 0m,0011 à 0m,0018 (1/2 à 4/5).

♂ *Antennes* sensiblement dentées en scie ; à articles pas ou à peine plus longs que larges au sommet.

♀ *Antennes* légèrement dentées en scie ; à articles sensiblement plus longs que larges.

Corps oblong, subcylindrique, brillant ; hérissé d'une assez longue pubescence jaunâtre, légèrement inclinée, entremêlée sur les élytres de poils obscurs et redressés ; noir, avec la tête, le prothorax et le sommet des élytres d'un rouge de brique assez vif.

Tête sensiblement transversale, inclinée ou subverticale, un peu engagée dans le prothorax, d'une moitié plus étroite que celui-ci ; pubescente ; très-légèrement et obsolètement ponctuée ; d'un rouge de brique brillant. *Front* large, légèrement convexe. *Arêtes génales* assez fortement relevées. *Epistome* presque lisse ; d'un rouge de brique ; séparé du front par une ligne très-fine, à peine marquée et légèrement arquée. *Labre* rougeâtre, chagriné, légèrement cilié à son sommet. *Mandibules* pilosellées, rugueusement ponctuées ; rougeâtres, avec l'extrémité lisse et rembrunie. *Palpes* d'un roux testacé. *Yeux* assez gros, arrondis, assez saillants, noirs.

Antennes assez allongées, assez grêles ; aussi longues que la moitié du corps, finement pubescentes, intérieurement ciliées, rougeâtres ; à 1er article oblong, légèrement arqué, assez fortement épaissi : le 2e court, assez renflé, aussi long que large, arrondi intérieurement : le 3e oblong, grêle, légèrement angulé en dedans avant son extrémité : les 4e à 10e en dents de scie : le dernier elliptique, acuminé au sommet.

Prothorax fortement transversal, près d'une moitié moins long que large, faiblement rétréci en arrière, à peine plus étroit que les élytres ; à bord apical, subsinué au dessus des yeux et légèrement prolongé au dessus de la tête en capuchon obtus et largement arrondi ; sensiblement comprimé latéralement en avant, avec les angles antérieurs un peu obtus et médiocrement arrondis ; assez fortement arrondi sur les côtés qui sont assez largement rebordés et comme explanés, sensiblement déclives d'arrière en avant et subsinués au devant des angles postérieurs, avec ceux-ci très-ouverts mais assez sentis ; largement arrondi à la base, avec le milieu de celle-ci très-finement et comme imperceptiblement rebordé ; faiblement convexe, subégal ; couvert d'une ponctuation légère et médiocrement serrée ; d'un rouge de brique brillant ; hérissé d'une assez longue pubescence jaunâtre.

Ecusson subsémicirculaire, finement chagriné, rougeâtre, peu brillant, tomenteux.

Elytres oblongues, trois fois plus longues que le prothorax, subparallèles sur les côtés jusqu'aux deux tiers de leur longueur, largement arrondies au sommet; assez convexes sur le dos, un peu bossues à la base et à l'extrémité; couvertes d'une ponctuation plus forte et un peu plus espacée que celle du prothorax, mais affaiblie postérieurement; d'un noir très-brillant, avec une large tache d'un rouge vif et orangé occupant tout le sommet et remontant plus ou moins le long de la suture et des bords latéraux; hérissées d'une assez longue pubescence, plus ou moins redressée et entremêlée de poils plus obscurs. *Epaules* saillantes, légèrement arrondies.

Dessous du corps peu convexe, pubescent, d'un noir assez brillant, avec le dessus de la tête et du prothorax d'un rouge de brique. *Poitrine* densement et rugueusement ponctuée, avec le milieu du *Métasternum* glabre, lisse et très-brillant. *Métasternum* creusé en arrière d'une fossette oblongue, assez profonde. *Ventre* densement et finement ponctué: à 1er *segment* presque droit à son bord apical: le dernier obtusément arrondi au sommet.

Pieds assez allongés, assez grêles, très-pubescents, rougeâtres. *Cuisses* atténuées à leur base, légèrement renflées à leur milieu. *Tibias* assez grêles, droits. *Tarses* allongés, légèrement comprimés latéralement; à 1er article aussi long que les trois suivants réunis: le 2e une fois moins long que le précédent: les *antérieurs* sensiblement moins développés que les autres.

Patrie : Cette jolie espèce, assez rare, se rencontre en diverses parties de la France. Nous l'avons capturée aux environs de Lyon, de Morgon et de Fleurie, dans les mois de mai et de juin, en battant des haies formées principalement de charmilles, d'ormeaux et de ronces. Elle se trouve aussi dans la Bourgogne.

b. *Lame Médiane du Mésosternum* déclive, rétrécie et prolongée en pointe au sommet. *Lame des Hanches postérieures* brusquement élargie en dedans et obtusément angulée à son milieu. *Prothorax à côtés* légèrement arrondis et faiblement rebordés, à *angles antérieurs* presque droits (*Cittobium*).

2. **Ochina** *(Cittobium)* **Hederae**; Muller.

Ovale oblongue, revêtue d'une courte pubescence cendrée; densement et finement ponctuée, assez brillante, d'un rouge brun, avec les antennes et les pieds plus clairs, les palpes pâles, et les yeux noirs. Front large, légèrement convexe. Prothorax transversal, à peine plus large en avant, un peu plus étroit que les élytres ; à peine arrondi et légèrement rebordé sur les côtés, avec les angles antérieurs presque droits ; obtusément arrondi à la base ; légèrement convexe et subégal sur son disque. Ecusson subtransversal. Elytres ovales-oblongues, arrondies au sommet, ornées de deux bandes transversales formées de poils serrés et cendrés. Tarses allongés, à 1er article très-allongé.

Ptilinus hederae. MULLER, in Germar. Mag. t. IV. p. 193.
Ochina hederae. Sturm., Deuts. Faun. t. II. p. 93. t. pl. CCXXXVIII. fig. A. — REDTENB., Faun. austr. 2e éd. p. 562.

Long. 0m,0022 à 0m,0030 (1 l. à 1 l. 2/5). — Larg. 0m,0011 à 0m,0017 (1/2 à 4/5).

Corps ovale-oblong, assez brillant, couvert d'une pubescence couchée, cendrée, serrée, courte et comme tomenteuse ; d'un brun rougeâtre, avec les élytres parées de deux larges bandes transversales, formées de poils plus serrés.

Tête transversale, inclinée ou subverticale, un peu engagée dans le prothorax, d'un quart (♂) ou d'un tiers (♀) plus étroite que celui-ci, pubescente ; couverte d'une granulation fine, rugueuse et serrée, à grains aplatis et ombiliqués ; d'un brun rougeâtre, un peu brillant. *Front* large, légèrement convexe. *Arêtes génales* légèrement relevées. *Epistome* sensiblement rebordé au sommet, ruguleux, d'un brun rougeâtre, séparé du front par une ligne enfoncée, assez marquée, légèrement arquée. *Labre* roussâtre finement chagriné, légèrement cilié à son bord antérieur. *Mandibules* pilosellées, rugueuses, rougeâtres, avec l'extrémité lisse et rembrunie. *Palpes* d'un testacé pâle. *Yeux* assez gros, arrondis, saillants, noirs.

Antennes assez allongées, grêles, aussi longues que la moitié du corps, finement pubescentes, intérieurement subciliées ; entièrement d'un roux testacé ; à 1er article oblong, faiblement arqué, assez fortement épaissi : le 2e court, assez renflé, aussi long que large, arrondi intérieurement : le 3e oblong, grêle, à peine angulé en dedans avant son extrémité : les 4e à 10e légèrement en dents de scie, plus longs que large : le dernier allongé, fusiforme, acuminé au sommet.

Prothorax transversal, presque d'un tiers moins long que large, à peine rétréci en arrière, un peu plus étroit que les élytres ; à bord apical subsinué derrière les yeux et faiblement prolongé au dessus de la tête en capuchon très-obtus et très-largement arrondi ; obliquement subcomprimé au dessus des angles antérieurs qui sont droits ou presque droits et à peine émoussés à leur sommet ; à peine (♂) ou très-légèrement (♀) arrondi sur les côtés qui sont faiblement rebordés ou explanés et sensiblement déclives d'arrière en avant, avec les angles postérieurs obtus, arrondis mais assez sentis ; très-largement et obtusément arrondi à la base, avec le milieu de celle-ci très-finement et presque imperceptiblement rebordé ; faiblement convexe, subégal ; couvert d'une ponctuation fine et serrée, antérieurement subruguleuse ; d'un brun rougeâtre un peu brillant, avec le sommet plus clair ; revêtu d'une pubescence assez courte, cendrée, couchée et assez fournie.

Ecusson subtransversal, obtusément arrondi au sommet, finement chagriné, d'un brun rougeâtre, peu brillant, subtomenteux.

Elytres ovales-oblongues, trois fois plus longues que le prothorax, un peu et arcuément élargies vers les deux tiers de leur longueur, assez fortement arrondies au sommet ; assez convexes sur le dos et sensiblement gibbeuses à la base près de l'écusson ; couvertes d'une ponctuation fine et serrée, subruguleuse antérieurement, un peu affaiblie en arrière ; d'un brun rougeâtre et assez brillant ; presque glabres et parées de deux larges bandes transversales, plus ou moins flexueuses, composées de poils cendrés, couchés et serrés : la 1re avant le milieu, remontant en dehors jusqu'au dessous du calus huméral : la 2e un peu avant l'extrémité, plus ou moins réunie en dehors à la précédente par un prolongement étroit et marginal. *Epaules* saillantes, légèrement arrondies.

Dessous du corps peu convexe, assez pubescent, d'un noir un peu brillant. *Poitrine* densement et aspèrement ponctuée, avec le milieu du *Métasternum* un peu plus lisse. *Métasternum* subsillonné à sa partie postérieure. *Ventre* densement et aspèrement ponctué ; à 1er *segment* presque droit à son bord apical : le *dernier* obtusément arrondi au sommet, creusé quelquefois (♀) avant celui-ci d'une légère impression transversale.

Pieds assez allongés, assez grêles, très-pubescents, rougeâtres. *Cuisses* atténuées à leur base, assez renflées à leur milieu. *Tibias* assez grêles, droits. *Tarses* allongés, à peine ou très-légèrement comprimés latéralement ; à 1er article aussi long que les trois suivants réunis ; le 2e une fois moins long que le précédent : les *antérieurs* à peine moins développés que les autres.

Patrie : Cette espèce appartient principalement aux régions septentrionales et orientales de la France. Elle n'est pas bien rare sur le lierre, aux environs de Paris.

Obs. La ♀ se distingue à peine du ♂. Cependant le prothorax paraît un peu plus large, à côtés un peu plus sensiblement arrondis ; le dernier article des antennes est un peu moins étroit ; le 5e segment ventral un peu plus développé, plus étroitement arrondi au sommet, est ordinairement subimpressionné avant son extrémité.

Genre *Trypopitys*, Redtenbacher.

(Redtenbacher. Faun. austr. 1re éd. p. 346 ; et 2e éd. p. 562.)

(Etymologie : τρυπάω, je perce ; πίτυς, pin).

Caractères : *Corps* allongé, subcylindrique. *Front* large, simple. *Palpes maxillaires* à dernier article oblong, dilaté et arrondi intérieurement ; les labiaux à dernier article subsécuriforme. *Antennes* de 11 articles ; suballongées, assez grêles, dentées en scie intérieurement, à trois derniers articles plus longs que les précédents. *Prothorax* profondément excavé en dessous ainsi que la partie antérieure de la poitrine ; muni sur les côtés d'une tranche saillante ; subgibbeux sur son disque ; à angles postérieurs distincts. *Elytres* striées, obtusément arrondies au sommet. *Mésosternum* et *partie antérieure du Métasternum* profondément et longitudinalement creusés sur leur milieu. *Hanches*, toutes passablement écartées l'une de l'autre : les postérieures à lame assez étroite, légèrement dilatée à son milieu. *Epimères postérieures* cachées ou à peine apparentes, subtriangulaires. *Segments ventraux* plus ou moins soudés entre eux dans leur milieu : le 1er légèrement sinué au milieu de son bord apical. *Tibias* à tranche externe simple. *Tarses* assez courts, assez épais, latéralement subcomprimés, avec les 1er et 2e articles oblongs.

Corps allongé, subcylindrique.

Tête assez large, fortement engagée dans le prothorax sous lequel elle peut s'infléchir notablement, en venant s'appuyer contre les hanches antérieures. *Front* large. *Arêtes génales* courtes, très-obliques, saillantes. *Epistome* transversal, largement et obtusément tronqué au sommet. *Labre* court, transversal, obtusément arrondi à son bord antérieur. *Mandibules* assez robustes, médiocrement saillantes, assez brusquement coudées sur les côtés. *Palpes maxillaires* à dernier article oblong, dilaté et arrondi intérieurement : les *labiaux* à dernier article subsécuriforme. *Menton* plan, transversal, trapézoïdal. *Yeux* gros, entiers, arrondis, peu saillants, à moitié voilés en arrière par le bord antérieur du prothorax.

Antennes de 11 articles ; assez allongées, assez grêles ; insérées vers l'angle inféro-interne des yeux ; dentées en scie intérieurement à partir du 3e article inclusivement, avec les trois derniers articles sensiblement plus grands et plus allongés que les intermédiaires : le 1er oblong, arqué, assez épaissi, subconcave en dessous : le 2e beaucoup moindre, court, assez renflé.

Prothorax presque carré, un peu plus étroit que les élytres ; à ouverture antérieure subcirculaire ; profondément excavé inférieurement pour recevoir la tête à l'état d'inflexion ; à bord antérieur prolongé en dessous jusqu'aux hanches en arêtes très-saillantes ; assez fortement prolongé à son bord apical en forme de capuchon largement arrondi ; flexueux sur les côtés qui sont munis d'une tranche saillante et assez étroite, avec les angles postérieurs bien marqués ; bissinueusement tronqué à la base ; très-convexe et subgibbeux sur son disque.

Écusson subtransversal, presque carré.

Élytres allongées, subcylindriques, striées, obtusément arrondies au sommet. *Épaules* à calus peu saillant, à lobe inférieur à peine prononcé, sensiblement replié en dessous.

Poitrine profondément excavée en avant : les *Prosternum* et *Mésosternum* étant plus ou moins refoulés au dessous du niveau des hanches. *Prosternum* à lame médiane concave, courte, largement et faiblement échancrée au sommet. *Mésosternum* concave, occupé à son milieu par une profonde excavation longitudinale à bords élevés ; offrant sa lame médiane assez large, un peu rétrécie et tronquée à son extrémité. *Métasternum* peu développé en longueur, creusé à sa partie antérieure d'une profonde excavation longitudinale, faisant suite à celle du mésosternum et prolongée jusqu'à la moitié de sa longueur environ ; longitudinalement sillonné en arrière, et terminé entre les hanches postérieures par deux expansions courtes et larges, séparées par une petite entaille. *Postépisternums* assez larges en avant, graduellement rétrécis en arrière. *Épimères postérieures* cachées, ou peu apparentes, subtriangulaires.

Hanches antérieures et *intermédiaires* planes ou subconcaves à leur face antérieure, passablement écartées l'une de l'autre, ainsi que les *postérieures* ; celles-ci à *lame* assez étroite, légèrement élargie à son milieu. *Ventre* à 5 segments : le 1er court, légèrement sinué au milieu de son bord apical : les 2e à 5e plus ou moins soudés à leur milieu : les 2e à 4e assez grands, subégaux : le 5e un peu plus développé en longueur que les précédents.

Pieds assez allongés, assez robustes. *Cuisses* fortement rainurées en dessous sur toute la longueur. *Tibias* à tranche externe simple. *Tarses* assez courts, assez épais, légèrement comprimés sur les côtés ; à 1er et 2e articles oblongs : les 3e et 4e courts : le dernier assez épaissi.

Obs. La seule espèce que renferme ce genre, se trouve sur différents bois morts. Elle n'a pas été jusqu'ici, du moins à notre connaissance, capturée dans notre pays. Nous ne la décrivons donc que dans la prévision qu'elle puisse un jour s'y rencontrer.

Ce genre est comme paradoxe dans cette branche, et le caractère seul des antennes en scie nous a forcé à l'y réunir. Pour tout le reste, pour son facies, pour la forme et la sculpture de son prothorax, et même pour les trois derniers articles des antennes plus grands que les précédents, il semble devoir se ranger à côté des *Anobium*, et rappeler, quant à sa poitrine excavée à son milieu, quant aux segments ventraux plus ou moins soudés entre eux, le premier groupe du genre précité où se trouvent rangées les espèces *denticolle* et *pertinax*. Ce dernier rapprochement, très-juste, n'avait point échappé à la sagacité de M. Jacquelin Du Val dont les travaux nous servent le plus souvent de guide.

1. **Trypopitys carpini**; Herbst.

Allongé, subcylindrique, revêtu d'une pubescence fine, cendrée et tomenteuse; légèrement granulé, subopaque, obscur, avec les palpes d'un roux testacé, les antennes d'un roux ferrugineux, le ventre et les pieds d'un rouge brun. Front large, subconvexe. Prothorax presque carré, assez brusquement dilaté en arrière, un peu plus étroit que les élytres; échancré près des angles antérieurs; flexueux et légèrement réfléchi sur les côtés, avec les angles antérieurs obtus et fortement arrondis, les postérieurs courts et droits; bissinueusement tronqué à la base, largement et assez fortement impressionné de chaque côté à celle-ci; très-convexe, transversalement subgibbeux, finement et obsolètement canaliculé sur sa ligne médiane. Ecusson subcarré. Elytres allongées, subparallèles, obtusément arrondies au sommet, striées-crénelées. Tarses peu allongés, assez épais; 1er article oblong.

Anobium carpini. Herbst, Kaef. t. V. p. 58. 4. pl. 47. fig. 5. d. D.
Anobium serricorne. Duftsch., Faun. Austr. t. III. p. 50.
Trypopitys carpini. Redtenb., Faun. Austr. 2e éd. p. 563.

Long. 0m,0051 à 0m,0072 (2 l. 1/4 à 3 l. 1/4). — Larg. 0m,0017 à 0m,00[illegible] (3/4 à 1 l.).

Corps allongé, subcylindrique, brunâtre, revêtu d'une fine pubescence cendrée et tomenteuse.

Tête transversale, réfléchie, fortement engagée dans le prothorax, beaucoup plus étroite que celui-ci, assez densement et finement granulée; d'un brun obscur et peu brillant, finement tomenteuse et garnie en avant de longs poils jaunâtres. *Front* large, longitudinalement assez convexe. *Arêtes génales* sensiblement réfléchies. *Epistome* assez enfoncé, brillant, obsolètement rugueux, séparé du front par une ligne bien marquée et presque droite. *Labre* obscur, cilié à son sommet de poils brillants et jaunâtres. *Mandibules* ciliées, plus ou moins roussâtres, rugueuses, avec l'extrémité lisse et noire. *Palpes* d'un roux testacé. *Yeux* gros, arrondis, peu saillants, noirs.

Antennes assez allongées, assez grêles, aussi longues au moins que la moitié du corps, très-finement pubescentes, entièrement d'un roux ferrugineux, dentées en scie à partir du 4e article inclusivement; à 1er article oblong, arqué, sensiblement épaissi : le 2e court, assez renflé, à peine plus étroit que le précédent, transversal (♂) ou subtransversal (♀), obtusément prolongé en dedans : le 3e en triangle équilatéral : le 4e transversal, plus large que long, un peu plus prolongé en dedans que le précédent ; les 4e à 8e graduellement moins courts et moins dilatés intérieurement : les 7e et 8e un peu plus longs que larges : les 3 derniers sensiblement plus longs que les précédents : le dernier allongé, subfusiforme, subacuminé au sommet.

Prothorax presque carré, aussi long que large, un peu plus étroit que les élytres; à bord apical assez fortement prolongé au dessus de la tête en forme de capuchon largement arrondi, légèrement sinué au dessus des yeux, légèrement réfléchi sur tout son développement, avec les épisternums se recourbant en dessus en pointe aiguë entre le bord latéral et l'arête inférieure; paraissant, vu de dessus, assez brusquement dilaté en arrière, flexueux ou en forme d'S allongée sur les côtés qui sont assez faiblement réfléchis ou rebordés, très-déclives d'arrière en avant, et subsinués ou subéchancrés au devant des angles postérieurs qui sont courts, droits, relevés, et qui apparaissent, vus de dessus, comme dentiformes; excavé ou largement fovéolé vers les angles antérieurs qui sont obtus et fortement arrondis; bissinueusement tronqué à la base, avec le milieu de celle-ci finement et obscurément rebordé; très-convexe, élevé en arrière sur son disque en une gibbosité transversale, subdéprimée, émettant sur son milieu une carène obtuse, déclive et prolongée jusqu'à la base ; marqué sur son milieu d'un sillon longitudinal, canaliculé, très-fin, nul en arrière, plus visible sur la gibbosité, plus ou moins obsolète en avant où il échancre un peu quelquefois le rebord apical ; creusé de chaque côté à la base d'une large impression transversale, assez profonde ; assez densément et distinctement granulé ; d'un brun obscur et subopaque ; revêtu d'une pubescence cendrée, courte et tomenteuse.

Ecusson subtransversal, presque carré, obtusément arrondi au sommet, rugueux, brunâtre, subopaque, tomenteux.

Elytres allongées, trois fois et demie plus longues que le prothorax ; subparallèles sur les côtés, obtusément arrondies au sommet ; assez convexes sur le dos ; subopaques, brunâtres ; densément revêtues d'une pubescence courte, grisâtre et tomenteuse ; marquées chacune de 11 stries crénelées, assez fortement ponctuées : la 1re juxta-scutellaire, oblique, seulement prolongée jusqu'au 6e de la longueur : les deux externes, sensiblement défléchies en dehors à leur base, postérieurement réunies une à une avec les deux externes opposées : les 3e et 4e raccourcies et réunies en arrière : les 5e et 8e flexueusement réunies postérieurement, enclosant ainsi les 6e et 7e qui sont raccourcies et également réunies en arrière. *Intervalles* plans, très-finement chagrinés et légèrement granulés : le 3e (en comptant le sutural) subélevé à sa base. *Epaules* peu saillantes, arrondies.

Dessous du corps peu convexe, tomenteux, obsolètement granulé, d'un brun rougeâtre, avec la poitrine un peu plus obscure, plus rugueuse et à grains moins aplatis sur les côtés. *Métasternum* assez fortement sillonné ou fovéolé en arrière de l'excavation longitudinale. *1er segment ventral* légèrement sinué au milieu de son bord apical : les 2e à 5e plus ou moins soudés à leur milieu : le dernier largement et obtusément arrondi au sommet.

Pieds assez allongés, tomenteux, d'un rouge brun. *Cuisses* légèrement renflées à leur milieu. *Tibias* assez grêles, presque droits. *Tarses* f[illegible] allongés, assez épais ; à 1er article oblong : le 2e suboblong, un peu moins long que le 1er : le 4e subbilobé.

Patrie : Cette espèce, jusqu'ici étrangère à la France, habite la Finlande, la Prusse, la Hongrie, la Bohême et diverses parties de l'Allemagne.

Obs. Elle porte dans quelques catalogues le nom d'*Anobium excisum*. Mannerheim.

✝✝. VRAIS XYLÉTINAIRES.

Genre *Metholcus*. Jacquelin du Val.

(Jacquelin du Val, Gen. col. Eur. t. III. 2e partie, p. 218. pl. 54. fig. 269).

(Etymologie : μεθόλκή, contraction.)

Caractères : *Corps* suballongé, subcylindrique. *Front* assez large, simple. *Palpes* à dernier article dilaté et largement échancré au sommet. *Antennes* de 11 articles ; suballongées, peu robustes, dentées en scie intérieurement. *Prothorax* profondément excavé en dessous ainsi que le prosternum ; muni sur les côtés d'une tranche saillante ; non gibbeux sur son disque ; à angles postérieurs distincts. *Elytres* parallèles, subsérialement ponctuées, obtusément arrondies au sommet. *Métasternum* subdéclive et sans ligne transversale élevée à sa partie antérieure. *Hanches antérieures* contiguës, les intermédiaires rapprochées, les postérieures assez écartées l'une de l'autre : celles-ci à lame étroite, sublinéaire. *Epimères postérieures* cachées, ou à peine apparentes, subtriangulaires. *Segments ventraux* libres, le 1er à peine bissinué à son bord apical. *Tibias* à tranche externe double et subsillonné. *Tarses* assez courts, latéralement comprimés, à 1er article suballongé.

Corps assez allongé, subcylindrique.

Tête large, engagée dans le prothorax sous lequel elle peut fortement s'infléchir, en venant s'appuyer sur les hanches antérieures. *Front* assez large, mais un peu rétréci dans son milieu par l'orbite des yeux. *Arêtes génales* courtes, très-obliques, saillantes. *Epistome* transversal.

assez largement tronqué au sommet. *Labre* petit transversal, obtusément arrondi à son bord antérieur. *Mandibules* robustes, assez saillantes, fortement arrondies sur les côtés. *Palpes* à dernier article comprimé, élargi à son extrémité et largement échancré au sommet. *Menton* plan, trapézoïdal. *Pièce prébasilaire* longitudinalement relevée en carène obtuse, au devant du trou occipital. *Tempes* concaves. *Yeux* très gros, entiers, subarrondis, peu saillants, en partie voilés en arrière par le bord antérieur du prothorax.

Antennes de 11 articles; assez allongées, peu robustes; insérées près du bord inféro-interne des yeux; se repliant en partie, à l'état de repos, dans la cavité sous-prothoracique; dentées en scie intérieurement à partir du 4e article inclusivement; le 1er oblong ou suballongé, à peine arqué, assez fortement épaissi, plan en dessous: le 2e beaucoup moindre, court, à peine renflé: le 3e oblong, anguleusement dilaté en dedans à son extrémité.

Prothorax presque en carré transversal, de la largeur des élytres; à ouverture antérieure transversale, sémicirculaire; assez profondément excavé inférieurement pour recevoir la tête à l'état d'inflexion; à bord antérieur prolongé en dessous jusqu'aux hanches en arête très-saillante; faiblement prolongé à son bord apical en forme de capuchon obtus et largement arrondi; légèrement flexueux sur les côtés qui sont munis d'une tranche saillante, avec les angles postérieurs assez marqués; légèrement bissinué à la base, assez convexe, et non gibbeux sur son disque.

Ecusson oblong, obconique, largement et obtusément tronqué au sommet.

Elytres suballongées, parallèles, subsérialement ponctuées, obtusément arrondies au sommet. *Epaules* à calus assez saillants, à lobe inférieur assez prononcé, obliquement coupé en avant et assez largement replié en dessous à la base, avec le repli séparé de la page supérieure par une arête sensible.

Poitrine assez profondément excavée en avant. *Prosternum* et *Mésosternum* déclives, plans à leur milieu, à lame médiane en forme de triangle acuminé. *Métasternum* peu développé en longueur, légèrement déclive antérieurement, largement sillonné à son milieu, terminé entre les hanches postérieures par deux expansions courtes et subangulées, séparées par une légère entaille. *Postépisternums* un peu plus larges en avant qu'en arrière. *Epimères postérieures* cachées, ou à peine apparentes, subtriangulaires.

Hanches antérieures presque planes : les *intermédiaires* planes ou légèrement subconcaves à leur face antérieure : les *antérieures* très-déclives, presque contiguës à leur sommet; les *intermédiaires* légèrement déclives, un peu moins rapprochées : les *postérieures* assez écartées l'une de l'autre : celles-ci à *lame* très-étroite, sublinéaire.

Ventre de 5 segments libres; le 1er à peine bissinué à son bord apical : les 1er et 2e plus grands que les suivants, subégaux : les 3e et 4e courts, subégaux : le 5e assez développé en longueur.

Pieds assez allongés, assez robustes : les antérieurs pouvant en partie se contracter sous le prothorax à l'état d'inflexion. *Cuisses* sensiblement rainurées en dessous sur presque toute leur longueur. *Tibias*, au moins les antérieurs et les intermédiaires, à tranche externe double et plus ou moins rainurée vers l'extrémité. *Tarses* assez courts, latéralement comprimés; à 1er article assez allongé : le 2e plus court : les 3e et 4e très-courts, subbilobés : le dernier assez fortement épaissi au sommet.

Obs. La seule espèce du genre paraît vivre principalement sur les palmiers.

Ce genre, ainsi que l'a fait remarquer M. Jacquelin Du Val, est plus voisin des *Xyletinus* que des trois genres précédents, qui semblent former une phalange à part, plus rapprochée des véritables *Anobium*. En effet on remarque dans le G. *Metholcus*, ainsi que dans le G. *Xyletinus* et *Pseudochina* : 1° des lobes huméraux qui s'effacent en même temps que les angles postérieurs du prothorax, afin de faciliter l'inflexion de celui-ci ; 2° une ouverture antérieure plus transversale, subsémicirculaire ; 3° la partie antérieure de la poitrine et les hanches de devant plus déclives ; 4° un lobe huméral prononcé, obliquement coupé en avant et sinué en arrière pour recevoir les genoux antérieurs et intermédiaires, caractère qui conduit les vrais *Xylétinaires* à la famille des *Dorcatomiens*.

1. **Metholcus cylindricus**; Germar.

Allongé-oblong, subcylindrique, revêtu d'une pubescence cendrée et serrée, obsolètement et aspèrement ponctuée; un peu brillant; d'un roux ferrugineux, avec les palpes, les antennes et les pieds plus clairs, et les yeux noirs. Front assez large, très-faiblement convexe. Prothorax presque en carré transversal, de la largeur des élytres; comprimé près des angles antérieurs; subflexueux et légèrement réfléchi sur les côtés, avec les angles antérieurs aigus, et les postérieurs très-obtus et arrondis; légèrement bissinué à la base et subimpressionné de chaque côté à celle-ci; assez convexe, subégal sur son disque. Ecusson obconique. Elytres suballongées, parallèles, obtusément arrondies au sommet, substriées sur les côtés, densement et sérialement ponctuées sur le dos. Tarses assez courts, les postérieurs à 1er article suballongé.

Xyletinus cylindricus. Germ., Reis. Bach. Dalm. p. 202.
Trypopitys Phoenicis. Fairm., Ann. soc. Ent. p. 53 (1859).
Trypopitys Raymondi. Mulsant et Rey, *in* Muls. Op. Ent. t. XIX. p. 177.

Long. 0m,0040 à 0m,0051 (1 l. 3/4 à 2 l. 1/4). — Larg. 0m,0012 à 0m,0022 (2/5 à 1 l).

Corps allongé-oblong, subcylindrique, d'un roux ferrugineux un peu brillant, un peu plus clair sur les élytres, revêtu d'une courte pubescence cendrée, serrée et couchée.

Tête large, transversale, fortement engagée dans le prothorax, un peu plus étroite que celui-ci; pubescente, densement, obsolètement et aspèrement ponctuée; d'un roux ferrugineux assez brillant. *Front* très-faiblement convexe, assez large quoique resserré en avant par le développement des yeux. *Arêtes génales* sensiblement réfléchies. *Epistome* assez enfoncé, presque lisse, séparé du front par une ligne très-légère, un peu arquée. *Labre* d'un roux assez obscur, légèrement cilié à son sommet. *Mandibules* rugueuses, rougeâtres, avec l'extrémité lisse et rembrunie. *Palpes* d'un roux testacé assez clair. *Yeux* très grands, subarrondis, peu saillants, noirs.

Antennes assez allongées, peu robustes, de la longueur de la moitié du corps, finement pubescentes, d'un roux testacé, dentées en scie intérieurement à partir du 4e article inclusivement : le 1er oblong ou suballongé, à peine arqué, assez fortement épaissi : le 2e court, pas plus long que large, à peine renflé, obtusément et faiblement prolongé en dedans : le 3e oblong, élargi et angulé à son extrémité : le 4e en triangle subéquilatéral : les 4e à 10e graduellement moins courts : le dernier allongé, subelliptique, obtusément acuminé au sommet.

Prothorax, vu de dessus, en carré transversal, légèrement dilaté sur les côtés à la base ; faiblement prolongé à son bord apical en forme de capuchon obtus et largement arrondi ; latéralement comprimé en avant au point de faire réfléchir sensiblement les côtés du bord antérieur ; légèrement flexueux sur les côtés qui sont faiblement rebordés ou réfléchis et très-déclives d'arrière en avant, avec les angles postérieurs très-obtus, assez largement arrondis et relevés, et les antérieurs aigus et très-infléchis ; légèrement bissinué à la base, avec le milieu de celle-ci très-finement rebordé ; assez convexe, subégal sur son disque ; creusé de chaque côté à la base d'une large impression transversale, plus ou moins affaiblie ; très-densement, obsolètement et aspèrement ponctué ; d'un roux ferrugineux un peu brillant ; revêtu d'une fine pubescence cendrée et assez serrée.

Ecusson un peu oblong, obconique, largement et obtusément tronqué au sommet ; ruguleux ; pubescent, d'un roux ferrugineux peu brillant.

Elytres suballongées, trois fois et demie plus longues que le prothorax, parallèles sur les côtés, obtusément arrondies au sommet ; faiblement convexes sur le dos ; densement et sérialement ponctuées sur leur disque, avec les points un peu plus faibles intérieurement, subitement plus forts, grossiers et confus vers le sommet ; creusées chacune sur les côtés de 2 ou 3 ou même de 4 stries bien distinctes, formées de points assez forts, avec l'extrémité submarginale, courte et n'occupant que le lobe huméral, les autres plus ou moins flexueuses à leur milieu et plus ou moins prolongées vers l'extrémité, et les intervalles obsolètement et très-finement ponctués et comme chagrinés ; d'un roux ferrugineux un peu brillant, un peu plus clair que le prothorax ; revêtues d'une fine pubescence cendrée, couchée et assez serrée. *Epaules* assez saillantes, légèrement arrondies.

Dessous du corps peu convexe, finement pubescent, densement, finement et rugueusement ponctué, d'un roux ferrugineux assez clair et assez brillant. *Métasternum* assez largement sillonné sur toute sa longueur. 1er *Segment ventral* presque droit ou faiblement bissinué : les 2e à 4e densememt ciliés à leur bord apical : le dernier obtusément arrondi ou subtronqué au sommet.

Pieds assez allongés, assez robustes, finement pubescents ; d'un roux assez clair. *Cuisses* peu ou point renflées à leur milieu. *Tibias* faiblement et graduellement élargis vers leur extrémité : les *antérieurs* sensiblement et arcuément dilatés en forme de massue oblongue. *Tarses* assez courts : les *postérieurs* un peu plus développés, à 1er article assez allongé : le 2e sensiblement plus court.

Patrie : Cette espèce se plaît dans les parties les plus méridionales de la France. Nous l'avons prise en juin 1854, dans l'île de Porquerolles, en battant un genevrier mort. M. Raymond et feu M. Delarouzée l'ont rencontrée sur les régimes des dattiers dont les larves, d'après leurs observations, rongent les ramules.

Obs. Le ♂ se distingue de la ♀ seulement par ses antennes un peu plus fortement dentées en scie intérieurement.

Genre *Calypterus* ; MULSANT ET REY.

(Mulsant, Opusc. Ent. t. IX p. 181.)

(Etymologie : καλυπτήρ couverture, de καλύπτω je couvre).

CARACTÈRES : *Corps* oblong, subcylindrique. *Front* très-large, simple. *Palpes* à dernier article oblong, subfusiforme. *Antennes* de 11 articles ; peu allongées, assez grèles, légèrement dentées en scie intérieurement. *Prothorax* médiocrement excavé en dessous ainsi que le prosternum ; muni sur les côtés d'une tranche saillante ; très-convexe et non gibbeux sur son disque ; à angles postérieurs peu distincts. *Elytres* striées ; obtusément arrondies au sommet. *Mésosternum* postérieurement relevé à son milieu en une lame longitudinale et sublinéaire. *Métasternum* à peine déclive et sans ligne transversale élevée à sa partie antérieure. *Hanches antérieures* contiguës : les intermédiaires et les postérieures légèrement écartées l'une de l'autre : celles-ci à lame étroite, subparallèle, à angle apical externe largement arrondi. *Epimères postérieures* apparentes, subtriangulaires. *Segments ventraux* libres : le 1er à peine bissinué à son bord apical. *Tibias* à tranche externe simple. *Tarses* allongés, étroits, latéralement subcomprimés : les postérieurs à 1er et 2e articles allongés, subégaux.

Corps oblong, subcylindrique.

Tête large, engagée dans le prothorax sous lequel elle peut s'infléchir assez fortement, en venant s'appuyer contre les hanches antérieures. *Front* très-large. *Arêtes génales* courtes et très-obliques. *Epistome* transversal, obliquement coupé sur les côtés, largement et circulairement échancré au sommet. *Labre* petit, transversal, subsinué à son bord antérieur. *Mandibules* robustes, saillantes, arcuément coudées sur les côtés. *Palpes* à dernier article oblong, subfusiforme. *Menton* plan, trapézoïdal. *Pièce prébasilaire* relevée en carène, au devant du trou occipital. *Tempes* concaves. *Yeux* assez gros, subentiers ou à peine subsinués à leur bord inféro-interne, subarrondis, peu saillants.

Antennes de 11 articles ; peu allongées, assez grêles ; insérées assez loin des yeux ; se repliant en faible partie, à l'état de repos, dans la cavité sous-prothoracique ; dentées en scie intérieurement à partir du 4e article inclusivement : le 1er oblong, à peine arqué, assez épaissi, subconcave en dessous : le 2e beaucoup moindre, court, un peu dilaté en dedans : le 3e large, triangulaire.

Prothorax fortement transversal, de la largeur des élytres ; à couverture antérieure transversale ; médiocrement excavé en dessous pour recevoir la tête à l'état d'inflexion ; à bord antérieur prolongé inférieurement jusqu'aux hanches en arête saillante, limitant latéralement l'excavation sous-prothoracique ; faiblement prolongé et largement arrondi à son bord apical qui ne forme que très-légèrement le capuchon ; légèrement arrondi sur les côtés qui sont munis d'une tranche saillante, avec les angles peu marqués ; légèrement bissinué à la base : très-convexe et non gibbeux sur son disque.

Ecusson en carré long.

Elytres oblongues, subparallèles, striées, obtusément arrondies au sommet. *Epaules* à calus assez saillant, à lobe inférieur assez prononcé obliquement coupé en avant et assez largement replié en dessous à la base, avec le repli séparé de la page supérieure par une arête sensible.

Poitrine médiocrement excavée en avant. *Prosternum* presque plan, à peine déclive, à arête antérieure non relevée, à lame médiane en triangle légèrement accuminé. *Mésosternum* déclive, brusquement relevé à sa partie postérieure en une lame longitudinale et sublinéaire. *Métasternum* assez développé en longueur, légèrement déclive à sa partie antérieure, largement sillonné en arrière, et terminé entre les hanches postérieures par deux expansions angulées, assez courtes, séparées par une entaille étroite. *Postépisternums* larges, subparallèles. *Epimères postérieures* un peu apparentes, subtriangulaires.

Hanches antérieures et *intermédiaires* très-déclives, subdéprimées à leur face antérieure : les *antérieures* contiguës à leur sommet : les *intermédiaires* et les *postérieures* un peu écartées l'une de l'autre : celles-ci à *lame* assez étroite, subparallèle, largement arrondie à l'angle postéro-externe.

Ventre de 5 segments libres : le 1er à peine bissinué à son bord apical : les 1er et 2e assez grands : les 3e et 4e courts : le 5e assez développé en longueur.

Pieds peu allongés, grêles. *Cuisses* légèrement rainurées en dessous sur toute leur longueur. *Tibias* à tranche externe simple. *Tarses* allongés, étroits, subcomprimés latéralement ; à 1er et 2e articles allongés et subégaux dans les postérieurs : les 3e et 4e courts : le 4e subbilobé : le dernier légèrement épaissi.

Obs. Cette coupe, rejetée par Jacquelin Du Val, nous paraît constituer un genre voisin mais bien distinct des *Xyletinus*. Outre la forme plus allongée, outre les antennes moins fortement dentées en scie, un certain concours de caractères organiques nous oblige à le rétablir. Par exemple : la tête est susceptible de s'infléchir beaucoup moins fortement, elle vient, en cet état, se reposer contre les hanches antérieures au lieu de venir s'appuyer contre la lame médiane du mésosternum ; celle-ci est longitudinale et sublinéaire, jamais transversale ou subtransversale ; le dernier article des palpes est oblong et subfusiforme, au lieu d'être élargi et subsécuriforme ; le menton est plan au lieu d'être concave ; la pièce prébasilaire est en forme de carène, au lieu d'être subdéprimée ou subconvexe. La tête se réfléchissant moins fortement en dessous, le prothorax est en conséquence moins profondément excavé inférieurement, le prosternum moins refoulé, presque plan au lieu d'être concave, et non relevé à son arête antérieure. Enfin les pieds et surtout les tarses sont beaucoup plus grêles. Ceux-ci ont leurs deux premiers articles allongés, subégaux au moins dans les postérieurs, au lieu que dans les *Xyletinus* à tarses les plus allongés (*X. pectinatus*) le 2e article des postérieurs est sensiblement plus court que le 1er, et celui-ci est seulement oblong au lieu d'être allongé. En outre, les tibias ont leur tranche externe simple, et non doublée ni rainurée.

1. Calypterus bucephalus; Illiger.

Oblong, subcylindrique, revêtu d'une courte pubescence soyeuse et cendrée, densement et rugueusement pointillé, un peu brillant; noir en dessous, d'un rouge ferrugineux en dessus, avec les cuisses et les antennes rembrunies, la base de celles-ci, les tibias, les tarses et les palpes d'un roux testacé, et les yeux noirs. Front très-large, légèrement convexe, carinulé sur son milieu. Prothorax fortement transversal, pulviné, presque de la largeur des élytres; légèrement arrondi et sensiblement rebordé sur les côtés, avec les angles antérieurs aigus et légèrement arrondis à leur sommet, les postérieurs très-obtus et largement arrondis; légèrement bisinué à la base et subimpressionné de chaque côté à celle-ci; fortement convexe, subélevé au milieu de sa partie postérieure. Ecusson en carré long. Elytres oblongues, subparallèles, obtusément arrondies au sommet, finement striées-ponctuées, avec les intervalles transversalement chagrinés. Tarses allongés, étroits: les postérieurs à 1er et 2e articles allongés, subégaux.

Ptilinus bucephalus. Illiger, Mag. t. VI. p. 16.
Xyletinus striatipennis. Fairm., Ann. Soc. Ent. t. V. p. 638 (1837).
Calypterus sericans. Mulsant et Rey, *in* Muls. Op. Ent. t. IX. p. 181.

Long. $0^{m},0033$ (1 l. 2/5). — Larg. $0^{m},0015$ (1/2).

Corps oblong, subcylindrique, d'un rouge ferrugineux un peu brillant ; revêtu d'une fine pubescence d'un cendré blanchâtre, courte, soyeuse et assez serrée.

Tête large, transversale, subverticale, assez fortement engagée dans le prothorax, beaucoup plus étroite que celui-ci ; finement pubescente, finement et densement rugueuse ; d'un ferrugineux plus ou moins obscur et un peu brillant. *Front* très-large, légèrement convexe, offrant sur son milieu une carène longitudinale, fine et légère, prolongée depuis le bord antérieur de l'épistome jusqu'au vertex. *Arêtes génales* saillantes, un peu relevées. *Epistome* finement et obsolètement ridé en long, séparé du front par une ligne arquée très-fine ; traversé sur son milieu par la carène frontale qui est un peu plus saillante à cette partie. *Labre* d'un roux ferrugineux, densement cilié au sommet. *Mandibules* rugueuses, rougeâtres, avec l'extrémité noire et lisse. *Palpes* et autres *parties de la bouche* d'un roux testacé. *Yeux* grands, subarrondis, peu saillants, noirs.

Antennes assez allongés, assez grêles, de la longueur de la moitié du corps, finement pubescentes ; plus ou moins rembrunies avec les 1er et 2e articles roux ; dentées en scie intérieurement à partir du 4e article inclusivement ; à 1er article oblong, à peine arqué, assez fortement épaissi : le 2e court, pas plus long que large, moins renflé que le précédent, obtusément dilaté en dedans : le 3e large, fortement et obtusément angulé intérieurement : le 4e en triangle subéquilatéral : les 4e à 10e graduellement un peu moins courts et un peu plus étroits : le dernier allongé, subelliptique, obtusément acuminé au sommet.

Prothorax fortement transversal, une fois et un quart moins long que large, presque de la largeur des élytres à sa base ; paraissant, vu de dessus, d'un tiers plus étroit en avant qu'en arrière ; obliquement subtronqué ou très-faiblement prolongé à son bord apical et forme de capuchon très-obtus, à peine arrondi et un peu relevé ; légèrement arrondi sur les côtés qui sont sensiblement rebordés ou réfléchis et fortement déclives d'arrière en avant, avec les angles antérieurs aigus, légèrement arrondis à leur sommet et très-infléchis, et les postérieurs très-obtus, largement arrondis et peu sentis ; légèrement bissinué à la base, avec le milieu de celle-ci très-finement et presque imperceptiblement rebordé ; très-convexe, subdéprimé au milieu de sa partie antérieure, latéralement et obliquement comprimé en avant, subélevé au milieu de sa partie postérieure, et creusé de chaque côté de la base d'une impression sémicirculaire, assez sensible ; très-finement, très-densement et rugueusement pointillé ; d'un rouge ferrugineux un peu brillant ; revêtu d'une pubescence fine, cendrée et soyeuse, condensée en trois places principales : l'une, cristée sur la partie élevée et postérieure du disque : les deux autres dans les impressions de la base.

Ecusson en carré long, assez convexe ; très-finement et rugueusement pointillé ; d'un rouge obscur et un peu brillant ; légèrement tomenteux.

Elytres oblongues, trois fois plus longues que le prothorax, subparallèles sur les côtés ou faiblement sinuées vers leur tiers antérieur, obtusément arrondies au sommet ; assez convexes sur le dos ; d'un rouge ferrugineux un peu brillant ; revêtues d'une fine pubescence, d'un cendré blanchâtre, soyeuse, brillante et assez serrée ; marquées chacune de 12 stries fines, obsolètement ponctuées : la 1re juxta-scutellaire, oblique, seulement prolongée jusqu'au 5e de la longueur : les 6 internes plus ou moins fléchies en dehors à leur base à partir du tiers de leur longueur ; les 7e et 8e unies antérieurement un peu en arrière du calus huméral : les 6e et 7e plus courtes, réunies postérieurement : les 4e et 5e un peu plus prolongées, également réunies en arrière : les 3e et 8e unies à leur sommet et enclosant ainsi les 4e et 5e et les 6e et 7e : les 1re et 10e, les 2e et 9e obsolètes à leur extrémité où elles tendent à se réunir une à une. *Intervalles* plans, finement et transversalement chagrinés. *Epaules* assez saillantes, arrondies.

Dessous du corps peu convexe, finement et densement pubescent, densement, finement et rugueusement pointillé, d'un noir un peu brillant.

Métasternum assez fortement sillonné sur son milieu, surtout sur sa partie postérieure. 1er *Segment ventral* presque droit ou faiblement bissinué à son bord apical : le dernier assez développé, largement arrondi (♂) ou obtusément tronqué (♀) au sommet, quelquefois avec un léger relief arqué (♀) avant celui-ci.

Pieds assez allongés, grêles, finement pubescents ; d'un fauve testacé avec les cuisses ordinairement un peu rembrunies. *Cuisses* à peine renflées à leur milieu. *Tibias* grêles. *Tarses* allongés, étroits, subcomprimés latéralement, à 1er et 2e articles assez allongés, sensiblement plus longs, pris ensemble, que les trois derniers réunis : le 2e un peu moins long que le 1er : les mêmes des postérieurs encore plus allongés et subégaux.

Patrie : Cette espèce, particulière à l'Espagne, a été trouvée aux environs de Narbonne (Aude), et dans les montagnes chaudes du Dauphiné et de la Provence.

Obs. Les antennes sont un peu plus fortement dentées dans le (♂) que dans la (♀). C'est peut-être à ce dernier sexe qu'appartiennent les individus dont le dernier segment ventral offre un relief arqué avant le sommet ?

Genre *Xyletinus* ; Latreille.

(Latreille, Gen. Crust. et Ins. t. IV p. 376 ; et Regn. Anim. 2e éd. t. IV. p. 483.)

(Etymologie : ξύλον bois.)

Caractères : *Corps* ovalaire ou ovale-oblong. *Front* très-large, simple. *Palpes* à dernier article plus ou moins dilaté et obliquement tronqué au sommet. *Antennes* de 11 articles, peu allongées, assez robustes, subpectinées (♂) ou fortement dentées en scie (♀) en dedans. *Prothorax* profondément excavé en dessous ainsi que le prosternum : muni sur les côtés d'une tranche saillante ; en forme de coussinet et non gibbeux sur son disque, avec les angles postérieurs obsolètes. *Elytres* striées, largement ou obtusément arrondies au sommet. *Mésosternum* à lame médiane rarement longitudinale ou sublinéaire, le plus souvent subtransversal. *Métasternum* subdéclive à sa partie antérieure, sans ligne transversale élevée. *Hanches antérieures* très-rapprochées; les intermédiaires et les postérieures assez écartées l'une de l'autre : celle-ci à lame assez large, subparallèle, arrondie à l'angle postéro-externe. *Epimères postérieures* apparentes, subtriangulaires. *Segments ventraux* libres : le 1er presque droit ou à peine bissinué à son bord apical. *Tibias*, surtout les antérieurs, à tranche externe double et subsillonnée. *Tarses* peu allongés, latéralement comprimés, à 1er article oblong.

Corps ovalaire ou ovale-oblong ; assez épais.

Tête large, engagée dans le prothorax sous lequel elle peut s'infléchir fortement, en venant s'appuyer contre la lame du mésosternum. *Front* très-large. *Arêtes génales* assez longues, très-obliques. *Epistome* fortement transversal, obliquement coupé sur les côtés, plus ou moins échancré au sommet. *Labre* petit, transversal, obtusément tronqué ou subsinué à son bord antérieur. *Mandibules* robustes, saillantes, brusquement coudées presque à angle droit sur les côtés. *Palpes* à dernier article plus ou moins dilaté et obliquement tronqué au sommet. *Menton* concave, trapézoïdal. *Pièce prébasilaire* à peine relevée et subconvexe au devant du trou occipital. *Tempes* légèrement et transversalement concaves, seulement à leur partie antérieure. *Yeux* assez gros, subentiers ou faiblement subsinués au devant des joues, subovalaires, peu saillants.

Antennes de 11 articles ; peu allongées, assez robustes ; insérées assez loin des yeux ; se repliant en partie, à l'état de repos, dans la cavité sous-prothoracique ; subpectinées (♂) ou fortement dentées en scie (♀) intérieurement à partir du 4e article inclusivement : le 1er oblong, faiblement arqué, fortement épaissi, concave en dessous : le 2e beaucoup moindre, court, un peu dilaté en dedans : le 3e beaucoup plus grand, anguleusement prolongé intérieurement.

Prothorax fortement transversal, de la largeur des élytres au moins à sa base ; à ouverture antérieure transversale, semicirculaire ; assez profondément excavé en dessous pour recevoir la tête à l'état d'inflexion; à bord antérieur prolongé inférieurement jusqu'aux hanches en arêtes très-saillantes, limitant latéralement l'excavation sous-prothoracique; très-faiblement prolongé et largement arrondi à son bord apical qui forme à peine le capuchon; plus ou moins arrondi sur les côtés qui sont munis d'une tranche saillante, avec les angles postérieurs ordinairement très-peu ou à peine marqués; bissinué à la base; plus ou moins convexe et non gibbeux sur son disque.

Ecusson subsémicirculaire ou oblong.

Elytres obovalaires ou un peu oblongues, striées, largement ou obtusément arrondies au sommet. *Epaules* à calus peu saillant, à lobe inférieur prononcé, obliquement coupé en avant et assez largement replié en dessous à la base, avec le repli séparé de la page supérieure par une arête saillante.

Poitrine assez fortement excavée en avant. *Prosternum* concave, légèrement déclive, à arête antérieure plus ou moins relevée ou réfléchie surtout à son milieu, à lame médiane en triangle légèrement acuminé. *Mésosternum* brusquement relevé à sa partie postérieure en une petite lame ordinairement subtransversale, contre laquelle vient s'appuyer le bord antérieur de la tête à l'état d'inflexion. *Métasternum* peu développé en longueur, légèrement déclive à sa partie antérieure, largement sillonné en arrière, terminé entre les hanches postérieures par deux expansions très-courtes, assez larges ou obtusément angulées, séparées par une légère entaille. *Postépisternums* larges, un peu rétrécis à leur milieu, sensiblement élargis en avant. *Epimères postérieures* assez apparentes, subtriangulaires.

Hanches antérieures et *intermédiaires* légèrement déclives, subdéprimées à leur face antérieure : les *antérieures* un peu refoulées, très-rapprochées à leur sommet : les *intermédiaires* et les *postérieures* assez écartées l'une de l'autre : celles-ci à *lame* plus ou moins large, plus ou moins arrondie à l'angle postéro-externe.

Ventre de 5 segments libres : le 1er grand, presque droit ou à peine sinué à son bord apical : le 2e un peu moins grand : les 3e et 4e très-courts : le 5e assez développé en longueur.

Pieds ordinairement peu allongés, généralement assez robustes;

les antérieurs pouvant se contracter presque en entier sous le prothorax à l'état d'inflexion. *Cuisses* fortement rainurées en dessous sur toute leur longueur. *Tibias*, au moins les antérieurs et les intermédiaires, à tranche externe double et plus ou moins rainurée. *Tarses* ordinairement peu allongés, latéralement comprimés ; à 1er article oblong : le 2e plus court : les 3e et 4e très-courts, plus ou moins bilobés : le dernier assez fortement épaissi.

Obs. Les espèces qui composent ce genre se trouvent sur les bois morts, et souvent aussi sur les fleurs.

Les espèces du genre *Xyletinus* peuvent se grouper de la manière suivante :

Gr. I. *Métasternum* vivement caréné sur son milieu à sa partie antérieure. *Lame médiane du Mésosternum* oblongue, longitudinale. *Prothorax* légèrement arrondi sur les côtés (*sous-genre* STERNOPLUS, de στέρνον, poitrine, ὅπλα, armes) (1). — *Ater*.

Gr. II. *Métasternum* simple, non caréné. *Lame médiane du Mésosternum* courte, transversale ou subtransversale, brusquement coupée en avant. *Prothorax* plus ou moins fortement arrondi sur les côtés.

- a. *Prothorax* rouge ou rougeâtre. *Corps* ovale-oblong. — *Ruficollis*.
- aa. *Prothorax* noir ou presque entièrement noir.
  - b. *Intervalles des stries* très-finement pointillés ou chagrinés.
    - c. *Angles postérieurs du Prothorax* paraissant, vus de dessus, un peu réfléchis en dehors. *Antennes*, *Mandibules*, *Palpes*, *Prosternum* et *Pieds* d'un roux testacé. *Prothorax* paraissant, vu de dessus, médiocrement arrondi sur les côtés. *Corps* ovale-oblong. — *Pectinatus*.
    - cc. *Angles postérieurs du Prothorax* paraissant, vu de dessus, prolongé en arrière.
      - d. *Prothorax* paraissant, vu de dessus, médiocrement arrondi sur les côtés. *Antennes*, *Palpes* et *Pieds* généralement noirs ou noirâtres. *Corps* ovale-oblong. — *Subrotundatus*.

(1) Ce sous-genre se distingue nettement par sa carène métasternale et par la forme oblongue de la lame médiane du mésosternum.

dd. Prothorax paraissant, vu de dessus, assez fortement arrondi sur les côtés.

e. Corps un peu oblong. *Antennes, Mandibules, Palpes Tibias* et *Tarses* d'un roux testacé. — *Oblongulus.*

ee. Corps ovalaire. *Antennes* brunâtres *Palpes* et *Pieds* d'un roux fauve. — *Flavipes.*

bb. *Intervalles des stries* très-fortement chagrinés, et marqués en outre de points enfoncés, épars, légers mais grossiers. *Palpes, Tibias* et *Tarses* d'un roux ferrugineux. *Prothorax* paraissant, vu de dessus, fortement arrondi sur les côtés. *Corps* courtement ovalaire. — *Laticollis.*

GROUPE PREMIER.

Métasternum vivement caréné à son milieu à sa partie antérieure. *Lame* m-*diane du Mésosternum* oblongue, longitudinale. *Prothorax* légèrement ar-rondi sur les côtés (*Sternoplus*).

1. Xyletinus (*Sternoplus*) ater; Panzer.

Ovale-oblong, revêtu d'une courte pubescence cendrée; très-densém[ent] et rugueusement ponctué; opaque, noir, avec la bouche, les tibias et l[es] tarses d'un roux ferrugineux. Front large, légèrement convexe, obsolèt[e]ment carinulé sur sa ligne médiane. Prothorax transversal, sensiblem[ent] plus étroit en avant; arrondi et médiocrement réfléchi sur les côtés, av[ec] les angles antérieurs droits, les postérieurs très-obtus et largement a[r]rondis; bissinué à la base et impressionné de chaque côté à celle-ci: as[sez] convexe; subélevé au milieu de sa partie postérieure. Ecusson suboblo[ng]. Elytres suboblongues, obtusément tronquées au sommet, finement stri[ées-]ponctuées, tarses assez courts, assez épais, à 1er article obconique, à p[eine] oblong. Métasternum caréné à sa partie antérieure.

Ptilinus ater. Panzer, Faun. Germ. fasc. 35. pl. 9. — Gyllenh., Ins. s[uec.] t. IV. p. 330. 3.

Xyletinus ater. Sturm., Deuts. Faun. t. IX. p. 85. 2. — Redtenb. Faun. austr. 2e éd. p. 560.
Ptilinus serratus. Fabr. Syst. El. t. I. p. 530. 5.

Long. 0m,0030 (1 l. 2/5). — Larg. 0m,0016 (3/4).

Corps ovale-oblong, épais, d'un noir opaque, revêtu d'une très-fine pubescence, très-courte, soyeuse et cendrée.

Tête large, transversale ou infléchie, transversale, fortement engagée dans le prothorax, beaucoup plus étroite que celui-ci ; à peine pubescente, finement, très-densement et rugueusement ponctuée ; d'un noir opaque. *Front* large, légèrement convexe, offrant sur son milieu une carène longitudinale très-obsolète, prolongée depuis le bord antérieur de l'épistome jusqu'au vertex. *Arêtes génales* fines, assez saillantes. *Epistome* largement sinué ou échancré à son bord apical, arrondi sur les côtés, logitudinalement rugueux ; séparé du front par une ligne arquée très-obsolète, traversé à son milieu par une carène très-fine faisant suite à celle du front. *Labre* roussâtre, largement arrondi et obtusément tronqué au sommet, cilié à son bord antérieur. *Mandibules* pubescentes, chagrinées, d'un roux ferrugineux sur leur disque, avec l'extrémité lisse et rembrunie. *Palpes* et autres *parties de la bouche* d'un roux ferrugineux, avec le *menton* noir, brillant. *Yeux* assez grands, subarrondis, ou faiblement subsinués au côté inféro-interne, peu saillants, noirs.

Antennes peu allongées, légèrement épaissies, plus courtes que la moitié du corps, très-finement pubescentes ; entièrement d'un brun noirâtre, fortement dentées ou subpectinées à partir du 4e article inclusivement : les articles étant tous sensiblement plus larges que longs : le 1er oblong, sensiblement arqué, assez fortement épaissi : le 2e court, à peine aussi long que large, un peu moins renflé que le précédent, obtusément angulé en dedans : le 3e large, triangulaire, à côté externe un peu plus long : le dernier elliptique ou ovalaire, obtus au sommet.

Prothorax transversal, de la longueur des élytres à sa base, près d'une fois moins long à son milieu que large à celle-ci ; paraissant, vu de dessus, d'un quart plus étroit en avant qu'en arrière, et largement échancré ou subsinué latéralement ; obliquement tronqué ou faiblement prolongé à son bord apical en forme de capuchon très-obtus et à peine arrondi ; légèrement arrondi sur les côtés qui sont médiocrement rebordés ou réfléchis et très-déclives d'arrière en avant, avec les angles antérieurs droits, à peine émoussés et très-infléchis, et les postérieurs très-obtus, largement arrondis et à peine relevés, vus latéralement, et sensiblement réfléchis en dehors, vus de dessus ; faiblement bissinué à la base avec le milieu de celle-ci étroitement et visiblement rebordé ; assez convexe sur le dos, subégal, subcomprimé sur les côtés, subélevé au milieu de sa partie postérieure, et creusé de chaque côté de la base d'une faible impression transversale ; très-densement et rugueusement ponctué, à points assez grossiers et à fond plat ; d'un noir opaque, avec le bord antérieur quelquefois un peu roussâtre ; revêtu d'une très-fine pubescence soyeuse, très-courte et peu apparente.

Ecusson un peu oblong, arrondi au sommet ; très-finement chagriné ; à peine pubescent ; d'un noir opaque.

Elytres un peu oblongues, trois fois plus longues que le prothorax ; subparallèles sur les deux tiers de leur longueur ou à peine rétrécies ou sinuées vers leur tiers antérieur ; obtusément tronquées au sommet ; assez convexes sur le dos ; d'un noir opaque avec le bord apical quelquefois un peu roussâtre ; revêtues d'une fine pubescence très-courte, couchée, soyeuse et cendrée ; marquées chacune de 12 stries fines mais bien marquées, légèrement ponctuées : la 1re juxta-scutellaire, oblique, antérieurement recourbée en crosse en dedans vers l'écusson ; les internes plus ou moins sensiblement fléchies en dehors à leur base à partir du tiers ou du quart de leur longueur : les 1re et 2e (sans compter la juxta scutellaire), les 3e et 4e : les 5e et 6e plus ou moins réunies par paires à leur base : les 7e et 8e un peu raccourcies et réunies antérieurement immédiatement derrière le calus huméral : les 9e et 10e se recourbant à leur base pour venir se réunir au devant du même calus : la suturale un peu flexueuse à son extrémité où elle se réunit avec la 10e ou marginale : la 2e également flexueuse et plus ou moins unie postérieurement avec la 9e : les 3e et 4e un peu raccourcies et réunies en arrière : les 5e et 8e encore plus raccourcies, réunies à leur sommet et enclosant les 6e et 7e qui sont très-raccourcies en arrière où elles se rapprochent sans se réunir : la 11e (sans compter la juxta-scutellaire) courte et n'occupant que le lobe huméral. *Intervalles* chagrinés ou très-finement et densement pointillés, presque plans à la base, plus ou moins densement convexes à leur extrémité. *Epaules* assez saillantes, légèrement arrondies.

Dessous du corps peu convexe, finement soyeux ; d'un noir peu brillant. *Poitrine* grossièrement, légèrement ou obtusément ponctuée. *Ventre* beaucoup plus finement, plus densement et subrugueusement ponctué. *Métasternum* creusé à la suite de la carène médiane d'une fossette ovalaire, assez profonde. 1er *Segment ventral* presque droit ou très-faiblement bissinué à son bord apical : le dernier obtusément tronqué au sommet.

Pieds assez courts et assez robustes, très-finement pubescents, d'un roux ferrugineux, avec les cuisses plus ou moins rembrunies. *Cuisses* non ou à peine renflées à leur milieu, *Tibias* assez robustes ; les *antérieurs* sensiblement et graduellement élargis vers leur extrémité. *Tarses* assez épais, beaucoup plus courts que les tibias ; à 1er article obconique, à peine oblong : le 2e beaucoup plus court que le précédent.

Patrie : Cette espèce se rencontre assez rarement sur le bois mort du chêne, du châtaignier, du pin, du hêtre, etc., dans les forêts et les parties montueuses. Nous l'avons capturée à la Grande-Chartreuse, dans le Bugey, dans le Beaujolais et aux environs de Lyon.

Obs. Le 1er article des antennes est quelquefois roussâtre, et les tarses souvent un peu obscurcis sur leur milieu.

La carène du métasternum est le caractère saillant de cette espèce.

GROUPE DEUXIÈME.

Métasternum simple, non caréné. *Lame médiane du Mésosternum* courte, transversale ou subtransversale, brusquement coupée en avant. *Prothorax* plus ou moins fortement arrondi sur les côtés (*Xyletinus*).

a. *Prothorax* rouge ou rougeâtre. *Corps* ovale-oblong.

2. **Xyletinus ruficollis**; Gebler.

Ovale-oblong, revêtu d'une pubescence courte et cendrée; densément, finement et rugueusement ponctué; un peu brillant; noir, avec le prothorax rougeâtre, la bouche, les tibias et les tarses d'un roux ferrugineux. Front large, légèrement convexe, obsolètement carinulé sur sa ligne médiane. Prothorax fortement transversal, pulviné, plus étroit en avant; sensiblement arrondi et légèrement réfléchi sur les côtés, avec les angles antérieurs droits et légèrement arrondis au sommet, les postérieurs très-obtus et largement arrondis; légèrement bissinué à la base et impressionné de chaque côté à celle-ci; convexe; obtusément subélevé au milieu de sa partie postérieure. Ecusson suboblong. Elytres suboblongues, subparallèles, obtusément tronquées au sommet, assez fortement striées-ponctuées. Tarses assez courts, assez épais, à 1er article oblong.

Xyletinus ruficollis. Gebler., Bull. Mosc. 1833. p. 283.
Xyletinus rufithorax. Lareynie, Ann. Soc. Ent. 1853. p. 129.

Long. $0^m,0045$ (2 l.). — Larg. $0^m,0022$ (1 l.).

♂ *Antennes* subpectinées à partir du 4e article inclusivement. *Prothorax* assez convexe. 5e *Segment ventral* simple.

♀ *Antennes* très-fortement dentées à partir du 4e article inclusivement. *Prothorax* très-convexe. 5e *Segment ventral* armé avant son sommet de deux très-petits tubercules assez distants l'un de l'autre, et disposés sur une ligne transversale.

Corps ovale-oblong, épais; d'un noir un peu brillant, avec le prothorax rougeâtre et paré à la base de deux grandes taches formées de poils condensés, d'un gris souvent jaunâtre. *Tête* large, transversale, subverticale ou infléchie, fortement engagée dans le prothorax, beaucoup plus étroite que celui-ci; à peine pubescente: densement, finement et rugueusement ponctuée; d'un noir un peu brillant. *Front* large, légèrement convexe, offrant sur son milieu une carène longitudinale, obsolète et prolongée depuis le bord antérieur de l'épistome jusqu'au vertex. *Arêtes génales* fines, assez saillantes. *Epistome* largement sinué ou échancré à son bord apical, obliquement coupé et largement arrondi sur les côtés, finement et obsolètement ridé en long, séparé du front par une ligne lisse, faiblement arquée et très-fine; surmonté sur son milieu d'une carène presque indistincte et faisant suite à celle du front. *Labre* plus ou moins roussâtre, tronqué ou obsolètement subsinué au sommet, densement cilié à son bord antérieur. *Mandibules* légèrement pilosellées, à disque ruguleux, souvent un peu roussâtre, avec l'extrémité lisse et rembrunie. *Palpes* et autres *parties de la bouche* plus ou moins roussâtres, avec le *menton* d'un noir de poix brillant et souvent un peu ferrugineux. *Yeux* assez petits, subovalaires ou subsinués au côté inféro-interne, peu saillants, d'un noir brunâtre, souvent micacé.

Antennes assez courtes, sensiblement épaissies, dépassant un peu la base du prothorax; très-finement pubescentes; entièrement d'un brun noirâtre; subpectinées (♂) ou fortement dentées en scie intérieurement à partir du 4e article inclusivement, les articles étant sensiblement plus larges que longs à l'exception du 10e: le 1er oblong, sensiblement arqué, fortement épaissi: le 2e court, sensiblement plus étroit que le précédent, subtransversal, obtusément angulé en dedans: le 3e large, triangulaire, à côté externe un peu plus long: le 10e ne paraissant pas plus large que long: le dernier elliptique ou subfusiforme, subacuminé au sommet.

Prothorax fortement transversal, de la largeur des élytres à sa base, une fois moins long que large; paraissant, vu de dessus, près d'une moitié plus étroit en avant qu'en arrière; faiblement prolongé à son bord apical en forme de capuchon obtus et très-largement arrondi; sensiblement arrondi sur les côtés qui sont légèrement rebordés ou réfléchis et très-déclives d'arrière en avant, avec les angles antérieurs droits, légèrement arrondis à leur sommet et très-infléchis, et les postérieurs, vus de côté, très-obtus, largement arrondis et un peu relevés et paraissant, vus de dessus, non (♀) ou à peine (♂) réfléchis en dehors; légèrement bissinué à la base, avec le milieu de celle-ci très-étroitement rebordé; plus (♀) ou moins (♂) convexe, subégal, subcomprimé latéralement en avant, obtusément subélevé au milieu de sa partie postérieure, et creusé de chaque côté de la base d'une impression transversale, plus ou moins profonde; d'un rouge un peu brillant, avec le disque quelquefois un peu obscurci; revêtu d'une très-fine pubescence soyeuse et cendrée, principalement condensée, sur les impressions de la base, en deux grandes taches triangulaires.

Ecusson un peu oblong, rétréci en arrière et obtusément tronqué au sommet; subruguleux; finement pubescent; d'un noir un peu brillant.

Elytres un peu oblongues, trois fois plus longues que le prothorax; subparallèles jusqu'aux deux tiers de leur longueur, subtronquées (♂) ou obtusément arrondies (♀) au sommet; assez convexes sur le dos; d'un noir un peu brillant, avec le bord apical quelquefois un peu roussâtre; revêtues d'une très-fine pubescence soyeuse et peu apparente; creusées chacune de 12 stries assez fortes, légèrement ponctuées, plus ou moins réunies par paires et plus ou moins raccourcies antérieurement et postérieurement (1) : la 1re juxta-scutellaire, oblique, recourbée en dedans à la base, prolongée seulement jusqu'au quart de la longueur; les internes plus ou moins fléchies en dehors en avant à partir du tiers antérieur : la 11e (sans compter la juxta-scutellaire) raccourcie, n'occupant que le lobe huméral. *Intervalles* subconvexes, très-finement chagrinés et comme réticulés. *Epaules* peu saillantes, légèrement arrondies.

Dessous du corps peu convexe, finement pubescent; d'un noir assez brillant, avec le *prosternum* lisse et d'un rouge testacé. *Poitrine* légère-

(1) La disposition des stries étant la même ou presque la même pour toutes les espèces du genre, nous nous dispensons et nous nous dispenserons de la définir complétement quant à chacune d'elles. La description du *X. ater* pourra suffire, à cet égard, pour toutes les autres.

ment et grossièrement ponctuée; *ventre* plus finement et subrugueusement ponctué. *Métasternum* creusé en arrière d'une petite fossette ovalaire, assez profonde. 1er *Segment ventral* presque droit ou faiblement bissinué à son bord apical, le *dernier* obtusément arrondi (♂) ou subtronqué (♀) au sommet.

Pieds assez courts et assez robustes, finement pubescents, d'un roux ferrugineux, avec les cuisses plus ou moins rembrunies. *Cuisses* non ou à peine renflées à leur milieu. *Tibias* assez robustes : les *antérieurs* un peu et graduellement élargis vers leur extrémité. *Tarses* un peu épais, sensiblement plus courts que les tibias, à 1er article oblong : le 2e sensiblement plus court que le précédent.

Patrie : Cette jolie espèce a été prise pour la première fois en France, aux environs de Montpellier, par feu M. Lareynie. Elle se plaît quelquefois à s'abriter sous les crottins d'âne. Elle a été aussi capturée en Provence par M. Raymond.

Obs. Elle porte dans certaines collections les noms de *thoracicus*, FRIWALDS., et de *discicollis*, MORAW.

aa. *Prothorax* noir ou presque entièrement noir.

b. *Intervalles des stries* très-finement pointillés ou chagrinés.

c. *Angles postérieurs du Prothorax* paraissant, vus de dessus, un peu réfléchis en dehors. *Antennes*, *Mandibules*, *Palpes*, *Prosternum* et *Pieds* d'un roux testacé. *Prothorax* paraissant, vu de dessus, médiocrement arrondi sur les côtés. *Corps* ovale-oblong.

3. **Xyletinus pectinatus**; FABRICIUS.

Ovale-oblong, revêtu d'une courte pubescence cendrée; légèrement et rugueusement ponctué; un peu brillant; noir, avec les côtés et le sommet du prothorax un peu roussâtres, les antennes, les mandibules, les palpes, le prosternum et les pieds d'un roux testacé. Front large, légèrement convexe, subégal. Prothorax fortement transversal, subpulviné, plus étroit en avant; sensiblement arrondi et légèrement réfléchi sur les côtés, avec les angles antérieurs droits et légèrement arrondis au sommet, les postérieurs très-obtus et largement arrondis, réfléchis en dehors ; légèrement bissinué à la base et subimpressionné de chaque côté à celle-ci ; fortement convexe; obtusément subélevé au milieu de sa partie postérieure. Ecusson suboblong. Elytres suboblongues, obtusément arrondies au sommet, assez fortement striées-ponctuées. Tarses médiocrement allongés, à 1er article suballongé.

Ptilinus pectinatus. FABR., Syst. El. t. I. p. 329. 4. — GYLLENH., Ins. suec. t. I. p. 302. 2. — PANZ., Faun. Germ. fasc. VI. pl. 9.
Xyletinus pectinatus. STURM, Deuts. Faun. t. XI. 2e éd. p. 560.

Var. a. *Prothorax* finement et obsolètement canaliculé sur son milieu, largement bordé de roux-ferrugineux sur les côtés. *Elytres* brunâtres, avec leur pourtour extérieur graduellement plus clair.

♂ *Antennes* très-fortement dentées ou subpectinées à partir du 4e article. 5e *Segment ventral* simple.

♀ *Antennes* fortement dentées en scie à partir du 4e article. 5e *Segment ventral* muni avant son sommet de deux petits tubercules assez distants l'un de l'autre et disposés sur une ligne transversale.

Corps ovale-oblong, épais; d'un noir un peu brillant ; revêtu d'une très-courte pubescence cendrée, peu apparente.

Tête large, transversale, subverticale ou infléchie, fortement engagée dans le prothorax, beaucoup plus étroite que celui-ci; à peine pubescente, légèrement et rugueusement ponctuée ; d'un noir un peu brillant. *Front* large, légèrement convexe, subégal. *Arêtes génales* fines, assez saillantes. *Joues* souvent roussâtres. *Epistome* très-largement échancré ou subtronqué à son bord apical, obliquement coupé sur les côtés, rugueux, séparé du front par une ligne faiblement arquée et très-obsolète. *Labre* rougeâtre, obtusément tronqué et cilié au sommet. *Mandibules* ruguleuses ; d'un roux testacé ou ferrugineux, avec la dent extrême lisse et rembrunie. *Palpes* et autres *parties de la bouche* d'un roux testacé pâle. *Yeux* assez petits, subovalaires ; peu saillants, d'un noir brunâtre.

Antennes assez courtes, sensiblement épaissies, dépassant un peu la base du prothorax; très-finement pubescentes; d'un roux testacé; subpectinées (♂) ou fortement dentées en scie (♀) intérieurement à partir du 4e article inclusivement, les articles étant sensiblement plus larges que longs à l'exception du 10e : les 8e à 10e graduellement moins courts : le 1er oblong, sensiblement arqué, assez fortement épaissi : le 2e court, sensiblement plus étroit que le précédent, à peine plus long que large, triangulaire, à côté externe plus long : le dernier elliptique, subacuminé au sommet.

Prothorax fortement transversal, de la largeur des élytres à sa base, près d'une fois moins long que large; paraissant, vu de dessus, près d'une fois plus étroit en avant qu'en arrière, faiblement prolongé à son bord apical en forme de capuchon très-obtus et très-largement arrondi; sensiblement arrondi sur les côtés qui sont légèrement réfléchis et très-déclives d'arrière en avant, avec les angles antérieurs droits, légèrement arrondis au sommet et très-infléchis, et les postérieurs, vus de côté, très-obtus, largement arrondis et un peu relevés, et paraissant, vus de dessus, un peu réfléchis en dehors; légèrement mais distinctement bissinué à la base avec le milieu de celle-ci très-finement rebordé, très-convexe, subégal, et creusé de chaque côté à la base d'une faible impression qui fait paraître la partie postérieure et médiane un peu élevée; couvert d'une ponctuation légère, à fond plat ou subsquamiforme; d'un noir un peu brillant avec les côtés et souvent le sommet un peu roussâtre; revêtu d'une très-fine pubescence cendrée et peu serrée, à peine visible.

Ecusson un peu oblong, arrondi au sommet; finement chagriné, à peine pubescent; d'un noir un peu brillant.

Elytres suboblongues, trois fois plus longues que le prothorax, subparallèles jusqu'aux deux tiers de leur longueur, légèrement rétrécies ou subsinuées sur leur tiers antérieur, obtusément arrondies au sommet; assez convexes sur le dos; d'un noir un peu brillant, avec le bord apical quelquefois un peu roussâtre; revêtues d'une très fine pubescence courte et cendrée, peu apparente; creusées chacune de 12 stries assez fortes, légèrement ponctuées, plus ou moins réunies par paires et plus ou moins raccourcies antérieurement et postérieurement : la 1re juxta-scutellaire, oblique, recourbée en crosse en dedans à la base, prolongée seulement jusqu'au quart de la longueur : les internes plus ou moins fléchies en dehors à leur base à partir du tiers de leur longueur : l'externe raccourcie et n'occupant que le lobe huméral. *Intervalles* subconvexes, très-finement chagrinés et comme réticulés. *Epaules* assez saillantes, légèrement arrondies.

Dessous du corps peu convexe ; finement pubescent ; d'un noir assez brillant. *Prosternum* et souvent *Hanches antérieures* d'un roux testacé. *Poitrine* légèrement et assez grossièrement. *Ventre* plus finement et subruguceusement ponctués. *Métasternum* presque uni ou obsolètement subimpressionné en arrière. 1er *Segment ventral* presque droit ou faiblement bissinué à son bord apical : le dernier obtusément tronqué au sommet.

Pieds assez courts, peu robustes, finement pubescents, d'un roux un peu testacé. *Cuisses* à peine renflées à leur milieu. *Tibias* peu robustes : les *antérieurs* très-légèrement élargis vers leur extrémité. *Tarses* médiocrement allongés, sensiblement plus courts que les tibias, à 1er article suballongé : le 2e sensiblement plus court que le précédent.

Patrie : Cette espèce, assez rare, habite les parties froides et montueuses de la France. Elle vit principalement sur le sapin.

Obs. Quelquefois tout le pourtour du corps est plus ou moins rougeâtre. Rarement le prothorax est finement et obsolètement canaliculé à son milieu.

Cette espèce ressemble au premier abord au *Xyletinus ater*, Panzer : dont elle se distingue par sa taille plus avantageuse, par sa couleur un peu plus brillante, par ses cuisses et ses antennes plus claires, par son prothorax plus sensiblement arrondi sur les côtés, et surtout par l'absence de la carène métasternale.

Peut-être doit-on placer ici les deux espèces suivantes que nous n'avons pas vues en nature :

4. **Xyletinus sanguineocinctus**; Fairmaire.

Oblongus, parùm convexus, niger, sat nitidus, elytris margine exteriore sat latè rubro, humeris leviter dilatato ; prothorace tenuissimè rugoso, basi medio elevato ; elytris subparallelis; sat fortiter striatis, striis apice obsoletis, suturam versùs profundioribus, interstitiis convexiusculis.

Xyletinus sanguineocinctus. FAIRM., Ann. soc. Ent. (1859). t. VII. CV.

Patrie : France méridionale.

Obs. Cette espèce dont nous rapportons la description donnée par M. Fairmaire, ne serait-elle pas une variété du *Xyletinus pectinatus ?*

Xyletinus ornatus ; GERMAR.

Griseo pubescens, elytris punctato-striatis, apice rufis.

Caput inflexum, nigrum, griseo-pubescens. Antennis serratis, nigris. Thorax brevis, transversìm convexus, anticè angustatus, niger, griseo-pubescens. Elytra profundè punctato-striata, griseo-pubescentia, nigra, maculâ apicali sanguineâ. Corpus subtùs cum pedibus nigrum.

GERMAR, Faun. Eur. Fasc. 22. 2.

Long. $0^{m},0045$ (2 l.)

Patrie : La Hongrie (Friwaldsky).

Cette espèce n'a pas été rencontrée en France, et nous ne l'indiquons que pour mémoire.

cc. *Angles postérieurs du Prothorax* paraissant, vus de dessus, prolongés en arrière.

d. *Prothorax* paraissant, vu de dessus, médiocrement arrondi sur les côtés. *Antennes, Palpes* et *Pieds* généralement noirs ou noirâtres. *Corps* ovale-oblong.

5. **Xyletinus subrotundatus ;** LAREYNIE.

Ovale-oblong, revêtu d'une courte pubescence cendrée, peu apparente ; finement et rugueusement ponctuée ; peu brillant, noir, avec les palpes, les antennes et les pieds obscurs. Front large, légèrement convexe, égal. Epis-

tome obsolètement carinulé. Prothorax fortement transversal, plus étroit en avant; médiocrement arrondi et légèrement réfléchi sur les côtés, avec les angles antérieurs presque droits, les postérieurs très-obtus et très-largement arrondis, légèrement prolongés en arrière; distinctement bissinué à la base et subimpressionné de chaque côté à celle-ci; fortement convexe, obtusément élevé au milieu de sa partie postérieure. Ecusson subsémicirculaire. Elytres ovales-oblongues, obtusément arrondies au sommet, assez finement striées-ponctuées. Tarses peu allongés, légèrement épaissis, à 1er article oblong.

Xyletinus subrotundatus. Lareynie. Ann. soc. Ent. 1853. t. I. p. 130.

Variété a. Tibias et *tarses* d'un roux ferrugineux.

Long. 0m,0033 (1 l. 1/2). — Larg. 0m,0015 (3/4).

♂ *Antennes* fortement dentées en scie à partir du 4e article, les dents aiguës. 5e *Segment ventral* simple.

♀ *Antennes* assez fortement dentées en scie à partir du 4e article, les dents émoussées au sommet. 5e *Segment ventral* muni avant son extrémité de deux petits tubercules saillants, assez rapprochés et disposés sur une ligne transversale.

Corps ovale-oblong; d'un noir peu brillant; revêtu d'une fine et courte pubescence cendrée, peu apparente.

Tête large, transversale, subverticale ou infléchie, fortement engagée dans le prothorax, beaucoup plus étroite que celui-ci; à peine pubescente; légèrement et rugueusement ponctuée; d'un noir peu brillant. *Front* large, légèrement convexe, égal. *Arêtes génales* fines, assez saillantes. *Epistome* assez fortement échancré à son bord antérieur, obliquement coupé et arrondi sur les côtés, très-obsolètement ridé en long, finement carinulé à son milieu, séparé du front par une ligne lisse, sensiblement arquée et assez visible. *Labre* obscur, obtusément tronqué et finement cilié au sommet. *Mandibules* légèrement piloselées, subrugueuses; noirâtres, avec l'extrémité lisse et brillante. *Palpes* d'un brun de poix. *Yeux* assez grands, subovalaires ou faiblement subsinués leur côté inféro-interne, peu saillants, noirâtres et souvent à reflets micacés.

Antennes courtes, légèrement épaissies, dépassant un peu la base du prothorax; très-finement pubescentes; entièrement noires ou noirâtres; plus (♂) ou moins (♀) fortement dentées en scie intérieurement à partir du 4e article inclusivement, les articles étant sensiblement plus larges que longs à l'exception du 10e : le 1er oblong, sensiblement arqué, sensiblement épaissi : le 2e court, un peu plus étroit que le précédent, pas plus long que large, arrondi en dedans : le 3e assez large, triangulaire, à côté externe plus grand : les 7e à 10e graduellement moins courts : le dernier elliptique, subacuminé au sommet.

Prothorax fortement transversal, de la largeur des élytres à sa base, près d'une fois moins long à son milieu que large à celle-ci; paraissant, vu de dessus, une fois plus étroit en avant qu'en arrière; faiblement prolongé à son bord apical en forme de capuchon très-obtus et très-largement arrondi; médiocrement arrondi sur les côtés qui sont légèrement rebordés ou réfléchis, et très-déclives d'arrière en avant, avec les angles antérieurs droits, à peine émoussés au sommet et très-infléchis, et les postérieurs, vus de côté, très-obtus, très-largement arrondis et un peu relevés, et paraissant, vus de dessus, légèrement prolongés en arrière; sensiblement bissinué à la base, avec le milieu de celle-ci très-finement mais distinctement rebordé; très-convexe, subégal, creusé de chaque coté à la base d'une faible impression transversale qui fait paraître la partie postérieure et médiane un peu élevée; finement et rugueusement ponctuée, avec les points graduellement un peu plus grossiers sur les côtés; d'un noir peu brillant; revêtu d'un fine et courte pubescence cendrée, peu apparente.

Ecusson subsémicirculaire, finement chagriné; à peine pubescent; d'un noir peu brillant.

Elytres en ovale un peu oblong, deux fois et demie plus longues que le prothorax, subparallèles jusqu'aux deux tiers de leur longueur, obtusément arrondies au sommet; assez convexes sur le dos; d'un noir peu brillant; revêtues d'une fine et courte pubescence cendrée, peu apparente; marquées chacune de 12 stries assez fines, assez profondes, légèrement ponctuées, plus ou moins réunies par paires et plus ou moins raccourcies intérieurement et postérieurement : la 1re juxta-scutellaire, oblique, recourbée en crosse en dedans à la base, prolongée seulement jusqu'au quart de la longueur : les internes plus ou moins fléchies en dehors en avant à partir du tiers antérieur : l'externe raccourcie et n'occupant que le lobe huméral. *Intervalles* plans, légèrement subconvexes en arrière et sur les côtés, très-finement pointillés ou chagrinés et parés en outre de quelques écailles obsolètes. *Epaules* peu saillantes, arrondies.

Dessous du corps très-peu convexe, finement pubescent, d'un noir un peu brillant. *Prosternum* concolore. *Poitrine* légèrement et assez grossièrement ponctuée ; *ventre* très-légèrement et subrugueusement pointillé. *Métasternum* presque uni ou obsolètement subimpressionné en arrière. 1er *Segment ventral* presque droit : les 2e et 4e densement ciliés de poils blonds ou gris à leur bord apical : le dernier un peu moins finement ponctué que les précédents, obtusément tronqué au sommet.

Pieds courts, peu robustes, finement pubescents, noirs ou noirâtres avec le dernier article des tarses et souvent une tache punctiforme aux genoux d'un roux ferrugineux. *Cuisses* non ou à peine renflées. *Tibias* assez longs : les *antérieurs* faiblement élargis vers leur extrémité. *Tarses* peu allongés, légèrement épaissis, beaucoup plus courts que les tibias, à 1er article oblong : le 2e beaucoup plus court que le précédent.

Patrie : Provence, Languedoc. Assez rare.

Obs. Cette espèce qui répond peut-être au *X. nigripes*, Dejean (3e éd. 1837, p. 129), a été décrite pour la première fois par feu M. Lareynie. Elle se distingue du *X. laticollis* par sa taille moindre, par sa forme plus allongée et moins convexe, par son prothorax moins fortement arrondi sur les côtés, etc., et de toute autre espèce voisine par la couleur obscure des palpes et des pieds, et par la carène de la tête plus fine, plus courte et réduite à l'épistome.

Les tibias et les tarses sont rarement d'un roux ferrugineux.

dd. *Prothorax* paraissant, vu de dessus, assez fortement arrondi sur les côtés.
e. *Corps* un peu oblong. *Antennes. Mandibules, Palpes, Tibias* et *Tarses* d'un roux testacé.

6. **Xyletinus oblongulus.**

*Oblong, revêtu d'une courte et très-fine pubescence cendrée; finement et rugueusement ponctué; assez brillant, noir, avec le bord apical des élytres, les antennes, la bouche, les tibias et les tarses d'un roux testacé. Front large, légèrement convexe, finement et obsolètement carinulé sur son milieu. Prothorax subtransversal, sensiblement plus étroit en avant; assez fortement arrondi et peu réfléchi sur les côtés, avec les angles antérieurs presque droits et légèrement arrondis au sommet, les postérieurs très-obtus, assez largement arrondis et légèrement prolongés en arrière; distinctement bissinué à la base et subimpressionné de chaque côté à celle-ci; très-convexe, obtusément subélevé en arrière à son milieu. Ecusson suboblong. Elytres oblongues, obtusément arrondies au sommet, finement striées-ponctuées. Tarses peu allongés, à 1*er *article oblong.*

Long. 0m,0033 (1 l. 1/2). — Larg. 0m,0013 (3/5).

♂ Nous est inconnu.

♀ *Antennes* assez fortement dentées en scie à partir du 4e article. 5e *Segment ventral* muni avant son sommet de deux petits tubercules assez écartés et disposés sur une ligne transversale.

Corps oblong, subcylindrique, d'un noir assez brillant, revêtu d'une très-fine et courte pubescence cendrée.

Tête large, transversale ou infléchie, fortement engagée dans le prothorax, plus étroite que celui-ci; à peine pubescente; finement et rugueusement ponctuée, d'un noir assez brillant. *Front* large, faiblement convexe, offrant en avant une petite carène obsolète, très-fine, prolongée depuis le milieu de son disque jusqu'au bord antérieur de l'épistome. *Arêtes génales* fines, assez saillantes. *Epistome* largement échancré ou sinué à son bord apical, arrondi sur ses côtés; ruguleux, surmonté sur son milieu d'une carène très-fine faisant suite à celle du front, séparée de celui-ci par une ligne lisse, légèrement arquée et à peine visible. *Labre* roux, subsinué et légèrement cilié à son sommet. *Mandibules* subruguleuses, rougeâtres, avec l'extrémité lisse et un peu rembrunie. *Palpes* et autres *parties de la bouche* d'un roux testacé, avec le *menton* plus obscur. *Yeux* médiocres, subarrondis, peu saillants; brunâtres et à reflets micacés.

Antennes courtes, légèrement épaissies, dépassant à peine la base du prothorax, très-finement pubescentes, d'un roux testacé, assez fortement dentées en scie (♀) intérieurement à partir du 4e article inclusivement, les articles étant tous sensiblement plus larges que longs, mais les 9e et 10e à dents de scie moins aiguës : le 1er un peu oblong, à peine arqué, fortement épaissi : le 2e court, beaucoup plus étroit que le précédent, à peine plus long que large, obtusément dilaté en dedans : le 3e assez large, triangulaire, à côté externe plus grand : les 9e et 10e un peu moins courts que les précédents : le dernier elliptique, subacuminé au sommet.

Prothorax légèrement transversal, de la largeur des élytres à sa base, à peine d'un tiers moins long que large; paraissant, vu de dessus, d'un tiers plus étroit en avant qu'en arrière; faiblement prolongé à son bord apical en forme de capuchon très-obtus et très-largement arrondi; paraissant, vu de dessus, assez fortement arrondi sur les côtés qui sont faiblement rebordés ou réfléchis, fortement déclives d'arrière en avant, et qui, vus latéralement, sont faiblement arrondis, avec les angles antérieurs droits, légèrement arrondis à leur sommet et très-infléchis, et les postérieurs très-obtus, assez largement arrondis et à peine relevés, vus de côté, et paraissant, vus de dessus, légèrement prolongés en arrière; sensiblement bissinué à la base, avec le milieu de celle-ci très-finement et à peine rebordé; très-convexe, subégal, creusé de chaque côté à la base d'une faible impression transversale qui fait paraître la partie postérieure et médiane un peu élevée; finement et rugueusement ponctué avec les points un peu plus grossiers sur les côtés; d'un noir assez brillant avec le bord antérieur à peine roussâtre, vêtu d'une très-fine et courte pubescence grisâtre, un peu plus apparente latéralement.

Ecusson un peu oblong, subarrondi au sommet, finement chagriné, finement pubescent, d'un noir peu brillant.

Elytres oblongues, trois fois plus longues que le prothorax, subparallèles jusqu'aux deux tiers de leur longueur, à peine rétrécies vers leur tiers antérieur, obtusément arrondies au sommet; assez convexes sur le dos; d'un noir assez brillant avec le bord apical roussâtre; revêtues d'une fine et courte pubescence cendrée; marquées chacune de 12 stries fines, obsolètement ponctuées, plus ou moins réunies par paires et plus ou moins raccourcies antérieurement et postérieurement: la 1re juxta-scutellaire, oblique, recourbée en crosse en dedans à la base, prolongée seulement jusqu'au quart de la longueur: les internes plus ou moins fléchies en dehors en avant à partir du tiers antérieur: l'externe raccourcie et réduite au lobe huméral. *Intervalles* plans, subconvexes à leur extrémité, très-finement et légèrement pointillés. *Epaules* peu saillantes, arrondies.

Dessous du corps peu convexe, assez densement et finement pubescent; d'un noir assez brillant. *Prosternum* noirâtre. *Poitrine* densement et rugueusement, *ventre* très-légèrement, finement et subrugueusement ponctués. *Métasternum* assez fortement sillonné en arrière à son milieu. 1er *Segment ventral* faiblement bissinué à son bord apical: le dernier subtronqué au sommet.

Pieds courts, assez robustes; finement pubescents; d'un roux testacé avec les cuisses plus ou moins rembrunies. *Cuisses* à peine renflées *Tibias* assez forts: les *antérieurs* très-légèrement élargis à leur extrémité. *Tarses* peu allongés, beaucoup plus courts que les tibias, un peu épaissis vers leur sommet, à 1er article oblong: le 2e beaucoup plus court que le précédent.

Patrie: Cette espèce se trouve dans la France méridionale. Nous l'avons capturée, en mai, aux environs d'Avignon, sur le peuplier blanc.

Obs. Cette espèce, très-voisine du *X. flavipes*, Lap., s'en distingue par sa forme plus allongée, par la carène frontale beaucoup plus fine, par les yeux moins grands, par son prothorax moins fortement transversal et à angles postérieurs un peu plus sentis, vus de côté; par les stries de ses élytres plus fines, par ses antennes plus claires, et par ses cuisses plus obscures.

ee. Corps ovalaire. *Antennes* brunâtres ; *palpes* et *pieds* d'un roux fauve.

7. **Xyletinus flavipes ;** Laporte.

Ovale, revêtu d'une fine pubescence cendrée ; finement et rugueusement ponctué; un peu brillant, noir, avec la base des antennes, la bouche et les pieds roux. Front large, légèrement convexe, distinctement cariné à sa partie antérieure. Prothorax fortement transversal, plus étroit en avant; assez fortement arrondi et assez sensiblement réfléchi sur les côtés, avec les angles antérieurs droits et à peine arrondis au sommet, les postérieurs très-obtus, largement arrondis et prolongés en arrière ; distinctement bissinué à la base et subimpressionné de chaque côté à celle-ci ; très-convexe, obtusément subélevé en arrière à son milieu. Ecusson subogival. Elytres ovales-oblongues, subtronquées ou obtusément arrondies au sommet, assez fortement striées-ponctuées. Tarses peu allongés, à 1er article oblong.

Xyletinus flavipes. Laporte de Castelnau, Hist. Nat. col. t. I. p. 295. 4

Variété a. Antennes entièrement d'un roux testacé. *Sommet du prothorax et des élytres* plus ou moins roussâtre.

Long. 0m,0025 à 0m,0030 (1 l. 1/8 à 1 l. 2/5). — Larg. 0m,0012 à 0m,0015 (2/5 à 2/3)

♂ *Antennes* subpectinées à partir du 4e article. 5e *Segment ventral* simple.

♀ *Antennes* fortement dentées en scie à partir du 4e article. 5e *Segment ventral* muni avant le sommet de deux petits tubercules assez écartés et disposés sur une ligne transversale.

Corps ovalaire, épais, d'un noir un peu brillant, revêtu d'une fine et courte pubescence cendrée.

Tête large, transversale, subverticale ou infléchie, fortement engagée dans le prothorax, beaucoup plus étroite que celui-ci, légèrement pubescente, légèrement et rugueusement ponctuée, d'un noir assez brillant. *Front* large, légèrement convexe, offrant en avant une petite carène prolongée depuis le bord antérieur de l'épistome jusques un peu après le niveau de l'insertion des antennes. *Arêtes génales* fines, sensiblement réfléchies. *Epistome* largement échancré à son bord apical, obliquement coupé et légèrement arrondi sur les côtés, finement et obsolètement ridé en long, surmonté à son milieu d'une carène fine et saillante, faisant suite à celle du front, séparé de celui-ci par une ligne lisse, légèrement arquée et à peine sensible. *Labre* plus ou moins roussâtre, subsinué et cilié à son sommet. *Mandibules* légèrement pilosellées, ruguleuses, souvent roussâtres à leur disque, avec l'extrémité noire et lisse. *Palpes* et autres *parties de la bouche* d'un roux testacé, avec le *menton* obscur. *Yeux* assez grands, subovalaires ou faiblement subsinués à leur côté inféro-interne, peu saillants, noirâtres et souvent à reflets micacés.

Antennes courtes, sensiblement épaissies, dépassant à peine la base du prothorax, très-finement pubescentes; brunâtres, avec les 1er et 2e articles quelquefois un peu roussâtres; subpectinées (♂) ou fortement dentées en scie (♀) intérieurement, à partir du 4e article inclusivement, les articles étant sensiblement plus larges que longs à l'exception du 10e: le 1er oblong, légèrement arqué, fortement épaissi : le 2e court, bien plus étroit que le précédent, pas plus long que large, sensiblement mais obtusément angulé en dedans : le 3e large, triangulaire, à côté externe sensiblement plus grand : les 8e à 10e graduellement moins court : le dernier subelliptique, subacuminé au sommet.

Prothorax fortement transversal, de la largeur des élytres à sa base, une fois moins long à son milieu que large à celle-ci; paraissant, vu de dessus, une fois plus étroit en avant qu'en arrière; légèrement prolongé à son bord apical en forme de capuchon très-obtus et très-largement arrondi; paraissant, vu de dessus, assez fortement arrondi sur les côtés qui sont assez sensiblement réfléchis, fortement déclives d'arrière en avant, et qui, vus latéralement, sont médiocrement arrondis, avec les angles antérieurs droits, à peine émoussés à leur sommet et très-infléchis, et les postérieurs très-obtus, largement arrondis et un peu relevés, vus de côté, et paraissant, vus de dessus, sensiblement prolongés en arrière; distinctement bissinué à la base, avec le milieu de celle-ci finement rebordé; très-convexe, subégal, creusé de chaque côté à la base d'une faible impression transversale, qui fait paraître la partie postérieure et médiane un peu élevée; finement et rugueusement ponctué, avec les points plus grossiers sur les côtés; d'un noir un peu brillant avec le bord antérieur quelquefois un peu roussâtre; revêtu d'une fine et courte pubescence cendrée, un peu plus condensée sur les impressions de la base.

Ecusson un peu élevé, subogivalement arrondi au sommet, finement chagriné, légèrement pubescent, d'un noir peu brillant.

Elytres ovale-oblongues, deux fois et demie plus longues que le prothorax, graduellement et très-faiblement rétrécies à partir des épaules jusqu'aux deux tiers de leur longueur, subtronquées ou obtusément arrondies au sommet; convexes sur le dos; d'un noir un peu brillant avec le bord apical quelquefois un peu roussâtre; revêtues d'une fine et courte pubescence cendrée; creusées chacune de 12 stries assez fortes, canaliculées, distinctement mais légèrement ponctuées, plus ou moins réunies par paires et plus ou moins raccourcies antérieurement et postérieurement: la 1re juxta-scutellaire, oblique, recourbée en dedans à la base, prolongée seulement jusqu'au quart de la longueur: les internes plus ou moins fléchies en dehors en avant à partir du tiers antérieur: l'externe raccourcie et réduite au lobe huméral. *Intervalles* plans, subconvexes en arrière et sur les côtés, très-finement pointillés ou subréticulés. *Epaules* peu saillantes, arrondies.

Dessous du corps peu convexe, finement pubescent, d'un noir un peu brillant. *Prosternum* concolore. *Poitrine* assez grossièrement, légèrement et rugueusement ponctuée. *Ventre* très-finement et densement pointillé. *Métasternum* légèrement sillonné en arrière à son milieu. 1er *Segment ventral* presque droit: les 2e à 4e ciliés de poils fauves à leur bord apical: le *dernier* obtusément tronqué au sommet et transversalement subimpressionné avant celui-ci.

Pieds courts, assez robustes, finement pubescents, avec les cuisses intermédiaires et postérieures quelquefois légèrement rembrunies à leur tranche inférieure. *Cuisses* faiblement renflées. *Tibias* assez robustes : les *antérieurs* graduellement et légèrement élargis à leur extrémité. *Tarses* peu allongés, beaucoup plus courts que les tibias ; à 1er article oblong : le 2e sensiblement plus court que le précédent.

Patrie : Cette espèce habite la Provence et le Languedoc. On la prend surtout en mai et juin, en battant les fleurs des cytises, des genêts, des ajoncs et des aubépines.

Obs. Quant à la valeur de cette espèce que quelques catalogues confondent avec le *X. laticollis*, nous partageons l'opinion de M. Chevrolat. En effet, elle en diffère par une taille moindre, une forme un peu moins large, par ses cuisses moins obscures, par les stries des élytres un peu plus fines, un peu plus profondes, moins fortement ponctuées, non distinctement subcrénelées, à intervalles moins plans, moins larges et non marqués de points légers et grossiers. Les antennes du ♂ sont aussi moins fortement pectinées.

Elle varie un peu pour la couleur. Le sommet du prothorax et des élytres est quelquefois plus ou moins largement roussâtre, avec les antennes entièrement d'un roux ferrugineux.

bb. *Intervalles des stries* très-finement chagrinés et marqués en outre de points enfoncés épais, légers mais grossiers. *Palpes*, *Tibias* et *Tarses* d'un roux ferrugineux. *Prothorax* paraissant, vu de dessus, fortement arrondi sur les côtés. *Corps* courtement ovalaire.

8. **Xyletinus laticollis** ; Duftschmidt.

Courtement ovalaire, revêtu d'une fine pubescence cendrée ; finement et rugueusement ponctué ; un peu brillant, noir, avec les palpes, les tibias et les tarses d'un roux ferrugineux. Front large, légèrement convexe, distinctement carinulé à sa partie antérieure. Prothorax fortement transversal, beaucoup plus étroit en avant ; fortement arrondi et légèrement rebordé sur les côtés, avec les angles antérieurs droits et légèrement arrondis à leur sommet, les postérieurs très-obtus, largement arrondis et pro-

longés en arrière ; assez fortement bissinué à la base et subimpressionné de chaque côté à celle-ci ; fortement convexe, obtusément subélevé en arrière à son milieu. Ecusson subsémicirculaire. Elytres ovales, obtusément arrondies au sommet, assez fortement subcrénelées-striées-ponctuées, avec les intervalles grossièrement et éparsement ponctués. Tarses assez courts, à 1er article oblong.

Ptilinus laticollis. Duftschmidt, Faun. Austr. t. III. p. 46. 5. — Gyllenh., Ins. suec. t. IV. p. 330. 4.
Xyletinus laticollis. Sturm, Deuts. Faun. t. XI. p. 86. 3, pl. 237. fig. A. — Redtenb., Faun. Austr. 2e éd. p. 560.

Long. 0m,0035 (1 l. 2/3). — Larg. 0m,0025 (1 l. 1/8).

♂ *Antennes* subpectinées à partir du 4e article. 5e *Segment ventral* simple.

♀ *Antennes* fortement dentées en scie à partir du 4e article. 5e *Segment ventral* muni avant le sommet de deux petits tubercules, très-obsolètes, assez rapprochés, disposés sur une ligne transversale et réunis en arrière par une faible arête arquée.

Corps épais, courtement ovalaire ; d'un noir un peu brillant ; revêtu d'une fine et courte pubescence cendrée.

Tête large, transversale, verticale ou infléchie, fortement engagée dans le prothorax, une fois plus étroite que celui-ci ; légèrement pubescente ; légèrement et rugueusement ponctuée ; d'un noir assez brillant. *Front* large, légèrement convexe, offrant en avant une petite carène assez vive, courte, prolongée depuis le bord antérieur de l'épistome jusqu'au niveau du milieu des yeux, quelquefois très-obsolètement continuée jusqu'au vertex. *Arêtes génales* fines, sensiblement réfléchies. *Epistome* assez fortement échancré à son bord apical, obliquement coupé et légèrement arrondi sur les côtés, obsolètement ridé en long, surmonté à son milieu d'une carène fine et vive, faisant suite à celle du front, séparé de celui-ci par une ligne lisse, sensiblement arquée, fine et obsolète. *Labre* plus ou moins roussâtre, subsinué et densément cilié à son sommet. *Mandibules* ruguleuses, souvent roussâtres sur leur disque, avec l'extrémité noire et lisse. *Palpes* et autres *parties de la bouche* d'un roux ferrugineux, avec le *menton* noir. *Yeux* assez grands, subovalaires ou subsinués à leur côté inféro-interne, peu saillants; noirâtres et souvent à reflets micacés.

Antennes courtes, épaisses, dépassant à peine la base du prothorax; très-finement pubescentes; entièrement noirâtres et quelquefois obscurément roussâtres; subpectinées (♂) ou fortement dentées en scie (♀) intérieurement à partir du 4e article inclusivement, les articles étant sensiblement plus larges que longs à l'exception des 9e et 10e : le 1er un peu oblong, sensiblement arqué, fortement épaissi : le 2e court, subtransversal, sensiblement plus étroit que le précédent, sensiblement mais obstusément angulé en dedans : le 3e très-large, triangulaire, à côté interne beaucoup plus court que chacun des deux autres : les 8e à 10e graduellement moins courts : le dernier elliptique, obtusément acuminé au sommet.

Prothorax fortement transversal, de la largeur des élytres à sa base, près d'une fois moins long à son milieu que large à celle-ci; paraissant, vu de dessus, plus d'une fois plus étroit en avant qu'en arrière; légèrement prolongé à son bord apical en forme de capuchon très-obtus et très-largement arrondi; paraissant, vu de dessus, fortement arrondi sur les côtés qui sont légèrement rebordés ou réfléchis, fortement déclives d'arrière en avant, et qui, vus latéralement, sont médiocrement arrondis, avec les angles antérieurs droits, légèrement arrondis et un peu relevés, vus de côté, et paraissant, vus de dessus, sensiblement prolongés en arrière; assez fortement bissinué à la base, avec le milieu de celle-ci très-finement mais distinctement rebordé; fortement convexe, subégal, creusé de chaque côté à la base d'une faible impression transversale, qui fait paraître la partie postérieure et médiane un peu élevée; finement et rugueusement ponctué, avec les points graduellement plus grossiers sur les côtés; d'un noir un peu brillant; revêtu d'une fine et courte pubescence cendrée, un peu plus condensée sur les impressions de la base.

Écusson subtransversal, subsémicirculaire, légèrement chagriné; légèrement pubescent; d'un noir peu brillant.

Elytres ovalaires, deux fois plus longues que le prothorax, à peine rétrécies à partir des épaules jusqu'aux deux tiers de leur longueur, largement et obtusément arrondies au sommet; convexes sur le dos; d'un noir un peu brillant, avec le bord apical quelquefois un peu roussâtre, revêtues d'une fine et courte pubescence cendrée, un peu plus condensée à la base; creusées chacune de 12 stries assez fortes, peu profondes, distinctement ponctuées et subcrénelées, plus ou moins réunies par paires et plus ou moins raccourcies antérieurement et postérieurement: la 1re juxta-scutellaire, oblique, recourbée en dedans à la base, prolongée seulement jusqu'au quart de la longueur: les internes plus ou moins fléchies en dehors en avant à partir du tiers antérieur: l'externe raccourcie et réduite au lobe huméral. *Intervalles* larges, plans, très-finement chagrinés et marqués en outre de points épars, légers, assez grossiers et subécailleux. *Epaules* peu saillantes, assez largement arrondies.

Dessous du corps peu convexe, finement pubescent, d'un noir un peu brillant. *Prosternum* concolore. *Poitrine* grossièrement et légèrement ponctuée. *Ventre* densement et subrugueusement pointillé. *Métasternum* légèrement sillonné en arrière à son milieu. 1er *Segment ventral* presque droit: les 2e à 4e ciliés de poils fauves à leur bord apical : le dernier un peu moins finement ponctué que les précédents, obtusément tronqué au sommet et transversalement subimpressionné avant celui-ci.

Pieds courts, assez robustes, finement pubescents; d'un roux ferrugineux avec les cuisses rembrunies. *Cuisses* à peine renflées. *Tibias* assez robustes : les *antérieurs* graduellement et légèrement élargis vers leur extrémité. *Tarses* peu allongés, beaucoup plus courts que les tibias, légèrement épaissis, à 1er article oblong : le 2e sensiblement plus court que le précédent.

Patrie : Cette espèce se rencontre en Provence, en mai et juin, en battant les chênes verts.

Obs. C'est le *Xyletinus subrotundus* du catalogue Dejean (3e éd. 1837, p. 129). Elle diffère de toute autre par sa forme courtement ovalaire, par son prothorax plus convexe et plus fortement arrondi sur les côtés, vu de dessus, et surtout par les intervalles des stries éparsement et grossièrement ponctués.

Nous ajouterons ici les deux espèces suivantes, indiquées de France dans les nouveaux catalogues :

9. **Xyletinus peregrinus**; Chevrolat.

Alatus, ovatus, obesus, rugulosus, albidus, pube cinerea, paululum sericante indutus; capite lato, convexo, antice posticeque sulcato; antennis serratis, fuscis, articulo primo magno, arcuato secundoque breve ferruginéis; oculis fuscis; prothorace transverso, longitudine sulcato, postice convexo et carinula utrinque notato; scutello elongato, rotundato; elytrorum striis angustis, intùs punctulatis, interstitiis alterne elevatis et albidioribus; pectore et abdomine plumbeis; pedibus rubidis.

Xyletinus peregrinus. Chevr., Rev. zool. 1861. p. 154. 87.

Long. 3 mill.. — Larg. 1 mill. 1/2.

Patrie : Cette espèce que nous n'avons pas vue en nature, et dont nous rapportons la description de M. Chevrolat, a été trouvée dans le midi de la France par M. Grenier.

10. **Xyletinus pallens**; Germar.

Pubescens, testaceus, oculis nigris, elytris striatis.

Ptilino pectinato duplò major. Caput ovatum, punctulatum, testaceum, oculis nigris, antennis profundè serratis, testaceis. Thorax brevis, transversus, anticè truncatus, angulis deflexis; lateribus posticeque rotundatus, angulis nullis; suprà scutellum truncatus; suprà transversim convexus, testaceus, subtiliter pubescens. Scutellum parvum, triangulare. Coleoptera thoracis latitudine, et latitudine duplò ferè longiora, apice obtusè rotundata, convexa, striata, testacea, subtiliter pubescentia. Corpus subtus cum pedibus testaceum.

Xyletinus pallens. Germar., Spec. p. 79.

Patrie : Cette espèce que nous n'avons pas vue doit ressembler au *Calypterus bucephalus*, Ill. En tous cas, il est douteux pour nous qu'elle ait été rencontrée en France. Nous rapportons ici la description même de Germar.

Genre *Pseudochina* ; Jacq. Du Val.

(Jacquelin Du Val, Gen. col. Eur. t. II. 2e partie. p. 220. pl LV. fig. 271).

(Etymologie : ψεῦδος faux ; *ochina*, ochine.)

Caractères : *Corps* ovalaire ou ovale-oblong. *Front* très-large, simple. *Palpes* à dernier article allongé, obtusément tronqué au sommet. *Antennes* de 11 articles ; peu allongées ou suballongées, assez grêles, subpectinées (♂) ou fortement dentées en scie (♀) intérieurement. *Prothorax* assez profondément excavé en dessous ainsi que le prosternum ; muni sur les côtés d'une tranche saillante ; voûté et non gibbeux sur son disque ; avec les angles postérieurs nuls. *Elytres* ponctuées, non striées, graduellement déclives en arrière, arrondi au sommet. *Métasternum* déclive à sa partie antérieure qui offre une ligne transversale élevée, fine et arquée. *Hanches antérieures* contiguës : les intermédiaires presque contiguës : les postérieures passablement écartées l'une de l'autre ; celles-ci à lame graduellement dilatée en dehors, à angle postéro-externe prolongé et aigu. *Epimères postérieures* non apparentes ou à peine apparentes. *Segments ventraux* libres : le 1er presque droit ou à peine bissinué à son bord apical. *Tibias*, surtout les antérieurs et les intermédiaires, à tranche externe double et légèrement rainurée. *Tarses* suballongés, étroits, latéralement comprimés, à 1er article assez allongé.

Corps ovalaire ou ovale-oblong, assez épais.

Tête large, engagée dans le prothorax, sous lequel elle peut s'infléchir fortement en venant s'appuyer contre la ligne transversale, élevée du métasternum. *Front* très-large. *Arêtes génales* assez développées très-obliques. *Epistome* assez transversal, obliquement coupé sur les côtés, largement subéchancré au sommet. *Labre* petit, transversal, obtusément tronqué à son bord antérieur. *Mandibules* robustes, saillantes, brusquement et arcuément coudées sur les côtés; chargées latéralement d'une arête oblique qui les sépare des fossettes génales (1). *Palpes* à dernier article allongé, obtusément tronqué au sommet. *Menton* plan, trapézoïdal. *Pièce prébasilaire* relevée en forme de tubercule, au devant du trou occipital. *Tempes* concaves. *Yeux* grands, subentiers, subarrondis, peu saillants.

Antennes de 11 articles; plus ou moins allongées, assez grêles; insérées assez loin des yeux; se repliant, en partie, à l'état de repos, dans la cavité sous-prothoracique; subpectinées (♂) ou fortement dentées en scie (♀) intérieurement à partir du 4ᵉ article inclusivement: le 1ᵉʳ oblong, arqué, assez fortement épaissi, subconcave en dessous: le 2ᵉ beaucoup moindre, petit, court ou un peu oblong, souvent un peu renflé: le 3ᵉ plus ou moins fortement angulé intérieurement.

Prothorax fortement transversal, de la largeur des élytres à sa base; à ouverture antérieure transversale, subsémicirculaire; assez profondément excavé en dessous pour recevoir la tête à l'état d'inflexion; à bord antérieur prolongé inférieurement jusqu'aux hanches en arête très-saillante, limitant latéralement l'excavation sous-prothoracique; très-faiblement prolongé et largement arrondi à son bord apical qui ne forme qu'à peine ou nullement le capuchon; plus ou moins arrondi sur les côtés qui sont munis d'une tranche saillante, avec les angles postérieurs nuls, ce qui permet ainsi au prothorax, réduit de chaque côté, à un seul angle très-infléchi et très-fermé, de se contracter en dessous d'une manière notable; faiblement bissinué à la base; voûté et non gibbeux sur son disque.

Ecusson subsémicirculaire ou subogival.

Elytres ovalaires ou subovalaires, ponctuées, non striées, graduellement déclives d'avant en arrière, arrondies au sommet. *Epaules* à calus saillant, à lobe inférieur prononcé, très-obliquement coupé en avant

(1) Ces fossettes génales, dans ce genre, empiètent notablement sur la base des mandibules.

et assez largement replié en dessous à la base, avec le repli séparé de la page supérieure par une arête assez vive.

Poitrine assez fortement excavée en avant. *Prosternum* et *Mésosternum* refoulés, peu visibles, à lame médiane très-courte, en triangle acuminé (1). *Métasternum* peu développé en longueur, largement impressionné en arrière, terminé entre les hanches postérieures par deux expansions courtes, larges, obtuses ou angulées, connées ou séparées par une fine entaille; offrant en arrière de son bord antérieur une arête saillante, fine, arquée; prolongée d'un épisternum à l'autre, servant de ligne de démarcation aux pieds intermédiaires à l'état de contraction, et, dans son milieu, au bord antérieur de la tête à l'état d'inflexion (2). *Postépisternums* très-étroits, assez brusquement dilatés en avant à leur partie déclive. *Epimères postérieures* cachées ou à peine apparentes.

Hanches antérieures et *intermédiaires* fortement déclives, refoulées, subdéprimées à leur face antérieure : les *antérieures* contiguës, les *intermédiaires* presque contiguës à leur sommet : les *postérieures* passablement écartées l'une de l'autre : celles-ci à *lame* assez étroite en dedans, graduellement et sensiblement élargie en dehors, à angle postéro-externe prolongé et aigu.

Ventre de 5 segments libres : le 1er presque droit ou à peine bissinué à son bord apical : les 1er et 2e plus grands que les suivants : les 3e et 4e courts, subégaux : le 5e assez développé en longueur.

Pieds peu allongés, peu robustes ; les *antérieurs* pouvant en entier, les *intermédiaires* presque en entier, se contracter sous le prothorax à l'état d'inflexion. *Cuisses* plus ou moins obsolètement rainurées en dessous : les *postérieures* non rétrécies à leur base, subangulées en dessous

(1) Ces deux pièces sont peu visibles, très-déclives ou subverticales, et ne peuvent être appréciées qu'en désarticulant la tête et le prothorax. Nous ne les mentionnons que pour mémoire.

(2) L'espace compris au devant de cette arête est lisse et déclive, et peut être regardé comme une fossette transversale dégénérée et destinée à loger les pieds intermédiaires à l'état de repos : caractère qui lie naturellement les *Pseudocléiens* aux *Dorcatomiens*.

à leur insertion avec les trochanters (1). *Tibias*, au moins les antérieurs et les intermédiaires, à tranche externe double et légèrement rainurée. *Tarses* assez allongés, étroits, assez fortement comprimés latéralement : à 1er article assez allongé : le 2e de longueur variable : les 3e et 4e très-courts : le dernier légèrement épaissi.

Obs. Les espèces de ce genre se plaisent sur les fleurs des cynarocéphales.

Ce genre, détaché avec raison des *Xyletinus* par Jacquelin Du Val, se distingue nettement par son facies tout autre, par ses élytres non striées, par sa tête et son prothorax susceptibles de s'infléchir plus fortement, par les angles postérieurs de celui-ci tout-à-fait nuls, ainsi que par la forme des postépisternums et des hanches postérieures. Du reste l'arête transversale du métasternum est à elle seule un caractère suffisant pour constituer une coupe nouvelle.

Nous grouperons ainsi les espèces du genre *Pseudochina* :

Gr. I. 2e *article des Tarses* oblong, un peu plus court que le 1er, aussi long que les deux suivants réunis. 3e *article des Antennes* évidemment plus long que le 2e.

a. *Corps* ovale-oblong. 2e *article des Antennes* court, subglobuleux.

b. *Prothorax* médiocrement transversal, légèrement déclive en avant à partir du milieu ou du tiers postérieur, assez sensiblement bissinué à la base, à angles postérieurs très-obtus, très-largement arrondis, mais un peu marqués. *Epistome* plan ou à peine concave.

c. *Antennes* d'un roux ferrugineux, pectinées (♂) ou très-fortement dentées en scie (♀), à 3e article plus ou moins forte-

(1) Ce dernier caractère, qui commence à se faire sentir dès le genre *Metholcus*, conduit aussi les *pseudochina* aux *dorcatomiens*, chez lesquels les cuisses postérieures sont rectangulaires ou subrectangulaires en dessous à leur insertion avec les trochanters.

ment angulé en dedans. *Angles antérieurs du Prothorax* légèrement arrondis à leur sommet. *Apicata.*

cc. *Antennes* obscures, légèrement dentées en scie dans les deux sexes, à 3e article légèrement angulé en dedans. *Angles antérieurs du Prothorax* à peine émoussés à leur sommet. *Hæmorrhoïdalis.*

bb. *Prothorax* fortement transversal, voûté, fortement déclive en avant presque à partir de la base, à peine ou très-faiblement bissinué à celle-ci, à angles postérieurs nuls. *Antennes* sensiblement dentées en scie à partir du 4e article, les articles étant aigus et peu moins longs que larges: le 3e à peine et obtusément angulé en dedans. *Epistome* légèrement concave. *Fulvescens.*

aa. *Corps ovalaire. Prothorax* très-fortement transversal, très-voûté, fortement déclive en avant à partir de la base, à peine bissinué à celle-ci, à angles postérieurs tout-à-fait nuls. *Antennes* légèrement dentées en scie à partir du 4e article, les articles étant sensiblement plus longs que larges : le 2e oblong : le 3e suballongé, obconique, non angulé en dedans. *Epistome* enfoncé, concave. *Laevis.*

G. II. 2e *article des Tarses* court, trois fois moins long que le 1er, pas plus long que le suivant. *Antennes* dentées en scie à partir du 4e article, les articles étant peu aigus et un peu moins longs que larges : le 3e étroit, obconique, un peu moins ou à peine aussi long que le 2e : celui-ci un peu oblong. *Prothorax* fortement transversal, fortement voûté, fortement déclive en avant presque à partir de la base. *Corps* ovalaire. *Elytres* subsérialement pubescentes (*sous-genre* Hypora, de ὑπὸ, dessous, ὁράω, je regarde). *Serricornis.*

PREMIER GROUPE.

2e *article des Tarses* oblong, un peu plus court que le 1er, aussi long que les deux suivants réunis. 3e *article des Antennes* évidemment plus long que le 2e.

a. *Corps* ovale-oblong. 2e *article des Antennes* court, subglobuleux.

b. *Prothorax* médiocrement transversal, légèrement déclive en avant à partir du milieu ou du tiers postérieur, assez sensiblement bissinué à la base, à angles postérieurs très-obtus, très-largement arrondis mais un peu marqués. *Epistome* plan, ou à peine concave.

c. *Antennes* d'un roux ferrugineux, pectinées (♂) ou très-fortement dentées en scie (♀); à 3e article plus ou moins fortement angulé en dedans. *Angles antérieurs du Prothorax* légèrement arrondis à leur sommet.

1. Pseudochina apicata.

Ovale-oblongue, revêtue d'une pubescence cendrée et assez serrée, densement et finement ponctuée; assez brillante, d'un brun de poix, avec le sommet du prothorax étroitement et celui des élytres largement roussâtre, les antennes, la bouche, les tibias et les tarses d'un roux ferrugineux. Front très-large, très-faiblement convexe. Prothorax transversal, plus étroit en avant; légèrement arrondi et étroitement rebordé sur les côtés, avec les angles antérieurs aigus et légèrement arrondis à leur sommet, les postérieurs subobsolètes; distinctement bissinué à la base; assez fortement convexe, subégal. Ecusson suboblong. Elytres oblongues, légèrement déclives en arrière, largement et obtusément arrondies au sommet. Tarses assez allongés, à 1er article assez allongé: le 2e un peu plus court que le précédent.

Var. a. *Prothorax, Elytres, Antennes* et *Pieds* d'un roux ferrugineux.

Long. 0m,0025 à 0m,0033 (1 l. 1/8 à 1 l. 1/2). — Larg. 0m,0012 à 0m,0015 (2/5 à 2/3).

♂ *Antennes* pectinées à partir du 6e article: le 3e fortement angulé en dedans: le dernier obtusément acuminé au sommet.

♀ *Antennes* fortement et aigument dentées en scie à partir du 6e article: le 3e médiocrement angulé en dedans: le dernier acuminé au sommet.

Corps ovale-oblong, finement ponctué, assez brillant, d'un brun de poix avec la partie postérieure des élytres graduellement plus claire; revêtu d'une pubescence cendrée, assez serrée, qui lui donne une teinte grisâtre.

Tête large, transversale, subverticale ou infléchie, fortement engagée dans le prothorax, beaucoup plus étroite que celui-ci; légèrement pubescente; finement et densement ponctuée; d'un noir de poix brillant. *Front* très-large, très-faiblement convexe. *Arêtes génales* fines et peu saillantes. *Epistome* échancré à son bord apical, plan ou presque plan, séparé du front par une ligne arquée, très-fine et peu apparente. *Labre* souvent un peu roussâtre, finement cilié au sommet. *Mandibules* finement pilosellées, assez brillantes, subruguleuses; souvent roussâtres sur leur disque, avec l'extrémité noire et lisse. *Palpes* et autres *parties de la bouche* d'un roux souvent testacé, avec le *menton* couleur de poix. *Yeux* grands, subarrondis, peu saillants, noirs.

Antennes peu allongées, plus courtes que la moitié du corps; très-finement pubescentes; d'un roux ferrugineux avec le 1er article quelquefois un peu obscurci; pectinées (♂) ou fortement et aigument dentées en scie (♀) intérieurement à partir du 6e article inclusivement: les articles étant beaucoup plus larges que longs : le 1er oblong, sensiblement arqué, assez fortement épaissi : le 2e court, subtransversal, beaucoup plus étroit que le précédent, obtusément dilaté en dedans: le 3e assez large, plus (♂) ou moins (♀) angulé intérieurement, une fois plus long que le 2e : les 4e et 5e en dents de scie plus (♂) ou moins (♀) prolongées : les 8e à 10e graduellement moins courts et un peu moins larges : le dernier elliptique, plus (♀) ou moins (♂) acuminé au sommet.

Prothorax transversal, d'un tiers moins long que large, de la largeur des élytres à sa base; paraissant, vu de dessus, légèrement arrondi latéralement et d'un tiers plus étroit en avant qu'en arrière; faiblement prolongé à son bord apical en forme de capuchon très-obtus et très-largement arrondi; à côtés étroitement rebordés, très-fortement infléchis et réduits, pour ainsi dire, à un seul angle aigu mais légèrement arrondi au sommet, les postérieurs étant à peine sentis; distinctement bissinué à la base, avec le milieu de celle-ci très-finement presque invisiblement rebordé ; assez fortement convexe, plus ou moins déclive antérieurement à partir du tiers postérieur, rarement presque distinctement sillonné sur son milieu ; densement et finement ponctué ; d'un brun de poix assez brillant ; revêtu d'une pubescence cendrée, assez serrée, courte et couchée.

Ecusson un peu oblong, subsémicirculaire, finement pointillé ; légèrement pubescent, d'un brun assez brillant.

Elytres oblongues, trois fois plus longues que le prothorax, subparallèles jusqu'aux trois quarts de leur longueur, largement et obtusément arrondies au sommet ; assez convexes sur le dos ; légèrement déclives en arrière ; densement et finement ponctuées d'un brun de poix assez brillant avec l'extrémité graduellement plus claire et rougeâtre ; revêtues d'une pubescence cendrée, courte et couchée, assez serrée, et qui leur donne une teinte grisâtre. *Epaules* saillantes, légèrement arrondies (1).

Dessous du corps peu convexe, pubescent ; densement et finement ponctué, d'un noir de poix assez brillant. *Métasternum* court, légèrement impressionné en arrière à son milieu. 1er *Segment ventral* presque droit ou faiblement sinué sur les côtés de son bord apical : le dernier largement arrondi au sommet.

Pieds courts, assez grêles, finement pubescents, d'un roux ferrugineux avec les cuisses noires ou noirâtres à l'exception des genoux. *Cuisses* à peine ou faiblement renflées. *Tibias* assez grêles : les *antérieurs* un peu courbés en dessous. *Tarses* assez allongés, étroits, plus courts que les tibias ; à 1er article assez allongé : le 2e suballongé, un peu plus court que le précédent, aussi long que les deux suivants réunis.

Patrie : Cette espèce n'est pas rare, au printemps, sur les fleurs des chardons, dans le Languedoc et dans la Provence.

Obs. Elle varie pour la couleur. Les élytres, le prothorax et les cuisses sont quelquefois en entier d'un roux châtain.

---

(1) Dans toutes les espèces du genre, le lobe huméral, bien prononcé, est inférieurement arrondi.

cc. *Antennes* obscures, légèrement dentées en scie dans les deux sexes, à 3e article légèrement angulé en dedans. *Angles antérieurs du prothorax* à peine émoussés à leur sommet.

2. **Pseudochina haemorrhoïdalis**; ILLIGER.

Suboblongue, revêtue d'une courte et épaisse pubescence cendrée; très-densement et très-finement ponctuée; peu brillante, d'un brun de poix, avec le sommet du prothorax étroitement et celui des élytres largement roussâtres, les antennes obscures, la bouche, les tibias et les tarses d'un roux testacé. Front très-large, faiblement convexe. Prothorax transversal, plus étroit en avant; légèrement arrondi et étroitement rebordé sur les côtés, avec les angles antérieurs aigus et les postérieurs obsolètes; distinctement bissinué à la base; très-convexe, subégal. Ecusson subogival. Elytres oblongues, légèrement déclives en arrière, largement et obtusément arrondies au sommet. Tarses assez allongés, à 1er article assez allongé, le 2e à peine plus court que le précédent.

Ptilinus haemorrhoïdalis. Illiger, Mag. t. VI. p. 13.
Xyletinus villosus. LAPORTE DE CASTELNAU, Hist. nat. col. t. I. p. 295 6.

Var. a. *Dessus du corps*, moins la tête, entièrement d'un châtain plus ou moins clair. *Antennes et pieds* d'un roux testacé.

Long. 0m,0020 à 0m,0025 (9/10 à 1 l. 1/8). — Larg. 0m,0010 à 0m,0012 (1/2 à 2/5).

♂ *Antennes* à 5e à 8e articles un peu plus larges que longs: le 3e légèrement angulé en dedans.

♀ *Antennes* à 5e à 8e articles pas plus ou un peu moins larges que longs: le 3e faiblement et obtusément angulé en dedans.

Corps un peu oblong, très-finement ponctué, peu brillant; d'un brun de poix avec l'extrémité des élytres d'un roux testacé; revêtu d'une pubescence courte, très-serrée, comme tomenteuse, et qui lui donne une teinte grisâtre. *Tête* large, transversale, subverticale ou infléchie, fortement engagée dans le prothorax, beaucoup plus étroite que celui-ci; finement pubescente; très-finement et densement pointillée; d'un noir de poix assez brillant. *Front* très-large, faiblement convexe. *Arêtes génales* très-fines et très-peu saillantes. *Epistome* échancré à son bord antérieur, plan, séparé du front par une ligne lisse, arquée, à peine visible. *Labre* d'un roux testacé, finement cilié au sommet. *Mandibules* finement pilosellées, assez brillantes, subruguleuses; d'un roux ferrugineux et quelquefois testacé, avec l'extrémité noire et lisse. *Palpes* et autres *parties de la bouche* d'un roux testacé, avec le *menton* d'un testacé de poix. *Yeux* grands, subarrondis, peu saillants, noirs.

Antennes peu allongées, sensiblement plus courtes que la moitié du corps; très-finement pubescentes; obscures, quelquefois un peu roussâtres; plus (♀) ou moins (♂) légèrement dentées en scie intérieurement à partir du 4e article inclusivement: le 1er oblong, sensiblement arqué, sensiblement épaissi: le 2e court, pas plus long que large, plus étroit que le précédent, obtusément arrondi en dedans: le 3e plus (♀) ou moins (♂) légèrement angulé intérieurement, beaucoup plus long que le précédent: les 7e à 10e graduellement un peu moins courts et un peu moins larges: le dernier elliptique, obtusément acuminé au sommet.

Prothorax transversal, d'un bon tiers moins long que large, de la largeur des élytres à sa base; paraissant, vu de dessus, légèrement arrondi latéralement et presque d'un tiers plus étroit en avant qu'en arrière; faiblement prolongé à son bord apical en forme de capuchon très-obtus et très-largement arrondi; à côtés étroitement rebordés, très-fortement infléchis et réduits, pour ainsi dire, à un seul angle aigu et à peine émoussé à son sommet: les postérieurs étant à peine sentis; distinctement bissinué à la base avec le milieu de celle-ci très-finement et presque invisiblement rebordé; très-convexe, plus ou moins déclive antérieurement à partir du milieu ou du tiers postérieur, subégal sur son disque; très-densement et très-finement pointillé, d'un brun de poix peu brillant, avec le sommet souvent plus ou moins roussâtre; revêtu d'une pubescence cendrée, très-serrée, courte et couchée.

Ecusson subogival, très-finement pointillé, assez pubescent, d'un brun de poix peu brillant.

Elytres oblongues, trois fois plus longues que le prothorax, subparallèles jusqu'aux trois quarts de leur longueur, largement et obtusément arrondies au sommet; assez convexes sur le dos; légèrement déclives en arrière; très-densement et très-finement ponctuées; d'un brun de poix, avec l'extrémité d'un roux testacé, souvent entièrement d'un châtain roussâtre; revêtues d'une pubescence cendrée, courte et couchée, très-serrée, et qui leur donne une teinte grisâtre prononcée (1). *Epaules* saillantes, légèrement arrondies.

Dessous du corps peu convexe, pubescent, très-densement et très-finement ponctué, d'un noir de poix assez brillant. *Métasternum* court, subimpressionné en arrière à son milieu. 1er *Segment ventral* presque droit ou faiblement bissinué sur les côtés de son bord apical, le dernier largement arrondi au sommet.

Pieds courts, assez grêles; finement pubescents; d'un roux testacé, avec les cuisses rembrunies à l'exception des genoux. *Cuisses* à peine ou faiblement renflées. *Tibias* assez grêles : les *antérieurs* à peine recourbés en dessous vers leur extrémité. *Tarses* assez allongés, étroits, un peu plus courts que les tibias, à 1er article assez allongé : le 2e subailongé, à peine plus court que le précédent, aussi long ou un peu plus long que les deux suivants réunis.

Patrie : Cette espèce, un peu plus rare que la précédente, se trouve en Provence, en mai et juin, en battant les fleurs des pins, des genêts et des aubépines.

Obs. Elle est facile à confondre avec la *P. apicata*. Elle en diffère néanmoins par sa taille un peu moindre, par sa forme un peu plus oblongue et plus cylindrique, par sa ponctuation un peu plus fine et un peu plus serrée, par sa pubescence un peu plus fournie, par ses antennes plus obscures et beaucoup moins fortement dentées, et par les

(1) On aperçoit, dans les exemplaires bien frais, des poils subsérialement disposés et qui font paraître la surface pubescente comme obsolètement sillonnée.

angles antérieurs du prothorax moins sensiblement arrondis ou émoussés au sommet.

bb. *Prothorax* fortement transversal, voûté, fortement déclive en avant presque à partir de la base, à peine bissinué à celle-ci, à angles postérieurs nuls. *Antennes* sensiblement dentées en scie à partir du 4e article, les articles étant aigus et un peu moins longs que larges: le 3e à peine et obtusément angulé en dedans. *Epistome* légèrement concave.

3. Pseudochina fulvescens.

Suboblongue, revêtue d'une pubescence cendrée assez épaisse; densement et finement ponctuée; un peu brillante, d'un roux ferrugineux, avec les antennes, la bouche et les pieds plus clairs, les yeux seuls noirs. Front très-large, très-faiblement convexe. Prothorax fortement transversal, plus étroit en avant, légèrement arrondi et subréfléchi sur les côtés, avec les angles antérieurs aigus et distinctement arrondis à leur sommet, les postérieurs nuls; à peine bissinué à la base; convexe, subégal. Ecusson subsémicirculaire. Elytres oblongues, légèrement déclives en arrière, largement arrondies au sommet. Tarses assez allongés, à 1er article assez allongé : le 2e distinctement plus court que le précédent.

Long. 0m,0040 (1 l. 3/4). — Larg. 0m,0022 (1 l.).

Corps un peu oblong, finement ponctué, d'un roux ferrugineux un peu brillant, revêtu d'une pubescence cendrée, assez courte et assez serrée, qui lui donne une teinte grisâtre.

Tête large, transversale, verticale ou infléchie, fortement engagée dans le prothorax, près d'une fois plus étroite que celui-ci; finement pubescente; très-finement et densement ponctuée; d'un fauve ferrugineux assez brillant. *Front* très-large, très-faiblement convexe. *Arêtes génales* très-fines et un peu saillantes. *Epistome* subimpressionné ou légèrement concave, distinctement échancré à son bord antérieur, séparé du front par une ligne lisse, arquée, très-fine, à peine visible. *Labre* d'un roux testacé, finement cilié au sommet. *Mandibules* légèrement pilosellées, subruguleuses; d'un roux ferrugineux assez brillant, avec l'extrémité lisse et rembrunie. *Palpes* et autres *parties de la bouche* d'un roux testacé. *Yeux* grands, subarrondis, peu saillants, noirs.

Antennes médiocrement allongées, assez grêles, atteignant le milieu du corps; finement pubescentes; d'un roux testacé; dentées en scie intérieurement à partir du 5e article inclusivment, les articles étant un peu moins longs que larges: le 1er oblong, sensiblement arqué, assez fortement épaissi: le 2e court, beaucoup plus grêle, à peine ou un peu plus long que large, non renflé: le 3e obtusément angulé en dedans, près d'une fois plus long que le précédent: le 4e fortement angulé intérieurement: le 5e plus court, un peu moins prolongé en dedans que le précédent et beaucoup moins que le suivant: les 7e à 10e graduellement moins courts: le dernier elliptique, obtusément acuminé au sommet.

Prothorax fortement transversal, une fois moins long que large, de la largeur des élytres à sa base; paraissant, vu de dessus, légèrement arrondi latéralement et d'un tiers plus étroit en avant qu'en arrière; très-faiblement prolongé à son bord apical en forme de capuchon très-obtus et très-largement arrondi; à côtés passablement arrondis, vus latéralement, légèrement réfléchis, très-fortement infléchis et réduits, pour ainsi dire, à un seul angle aigu et sensiblement arrondi au sommet, les postérieurs étant nuls; à peine bissinué à la base, avec le milieu de celle-ci très-largement arrondi et très-finement rebordé au devant de l'écusson; convexe, fortement déclive antérieurement presque à partir de la base, subégal sur son disque; densement et finement ponctué; d'un roux ferrugineux un peu brillant; revêtu d'une pubescence cendrée, assez courte, couchée, et assez serrée.

Ecusson subsémicirculaire; très-finement pointillé; pubescent; d'un roux ferrugineux peu brillant.

Elytres oblongues, trois fois et demie plus longues que le prothorax, subparallèles sur les côtés jusqu'aux deux tiers de leur longueur, largement arrondies au sommet; assez convexes sur le dos; légèrement déclives en arrière à partir du quart de leur longueur; densement et finement ponctuées ; d'un roux ferrugineux un peu brillant ; revêtues d'une pubescence cendrée, assez courte, couchée et assez serrée, et qui leur donne une teinte grisâtre. *Epaules* saillantes, légèrement arrondies.

Dessous du corps peu convexe ; finement pubescent ; densement et finement pointillé ; d'un roux plus ou moins testacé et assez brillant. *Métasternum* très-court, légèrement impressionné en arrière à son milieu. 1er *Segment ventral* presque droit ou faiblement sinué sur les côtés de son bord apical : le dernier obtusément arrondi au sommet.

Pieds assez courts, assez grêles ; légèrement pubescents ; d'un roux testacé. *Cuisses* à peine ou non renflées. *Tibias* assez grêles : les *antérieurs* sensiblement élargis et comprimés vers leur extrémité. *Tarses* assez allongés, étroits, un peu plus courts que les tibias ; à 1er article assez allongé : le 2e suballongé, distinctement plus court que le précédent, aussi long que les deux suivants réunis.

Patrie : Cette espèce se trouve aux environs de Gap, et nous a été communiquée par MM. Reiche et Chevrolat de Paris.

Obs. On la prendrait volontiers pour le (♂) de la *Ps. laevis*, si plusieurs caractères spécifiques ne concouraient à la valider. La forme est toujours plus allongée, un peu plus étroite ; la pubescence est un peu moins courte et moins serrée, la ponctuation un peu moins fine ; le 2e article des antennes est un peu plus court : le 3e, beaucoup plus long que celui-ci, est obtusément mais sensiblement angulé en dedans ; les angles antérieurs du prothorax sont plus arrondis à leur sommet ; enfin les élytres, vues à un certain jour, paraissent offrir des côtes très-obsolètes.

Cette espèce porte dans quelques collections le nom de *Ps. testacea* de Dufschmidt, mais, d'après la taille indiquée, d'après la description du prothorax, nous croyons que l'espèce de l'auteur allemand doit se rapporter à notre *Ps. serricornis*, Fabricius.

aa. *Corps* ovalaire. *Prothorax* très-fortement transversal, très-voûté; fortement déclive en avant à partir de la base, à peine bissinué à celle-ci, à angles postérieurs tout-à-fait nuls. *Antennes* légèrement dentées en scie à partir du 4e article, les articles étant sensiblement plus longs que larges: le 1er oblong: le 3e suballongé, obconique, non angulé en dedans. *Epistome* enfoncé, concave.

4. **Pseudochina laevis**; Illiger.

Ovalaire, revêtue d'une épaisse pubescence cendrée; très-densement et très-finement ponctuée; d'un roux fauve un peu brillant, avec les antennes, la bouche et les pieds plus clairs, les yeux seuls noirs. Front très-large, très-faiblement convexe. Prothorax très-fortement transversal, beaucoup plus étroit en avant; comprimé et légèrement subréfléchi sur les côtés, avec les angles antérieurs aigus et à peine arrondis à leur sommet, les postérieurs tout-à-fait nuls; très-largement arrondi ou à peine bissinué à la base; convexe, subégal. Ecusson subsémicirculaire. Elytres suboblongues, déclives en arrière, largement arrondies au sommet. Tarses assez allongés, à 1er article assez allongé: le 2e un peu plus court que le précédent.

Ptilinus laevis. Illiger, Mag. t. VI. p. 17. 2.

Long. 0m,0030 à 0m,0040 (1 l. 2/3 à 1 l. 3/4). — Larg. 0m,0020 à 0m,0025 (9/10 à 1 l. 1/8).

Corps ovalaire, très-finement ponctué; d'un roux fauve ou testacé un peu brillant; revêtu d'une pubescence cendrée, courte et très serrée, et qui lui donne une teinte grisâtre.

Tête large, transversale, verticale ou infléchie, fortement engagée dans le prothorax, une fois plus étroite que celui-ci, finement pubescente, très-finement et très-densement ponctuée; d'un roux fauve un peu brillant. *Front* très-large, très-faiblement convexe. *Arêtes génales* très-fines et sensiblement relevées. *Epistome* enfoncé ou concave, distinctement échancré à son bord antérieur, séparé du front par un ligne arquée, très-fine, à peine visible. *Labre* subimpressionné à son milieu; d'un roux testacé; légèrement cilié au sommet. *Mandibules* pi-losellées, finement chagrinées; d'un roux ferrugineux peu brillant, avec l'extrémité à peine rembrunie, lisse et brillante. *Palpes* et autres *parties de la bouche* testacés ou d'un roux testacé. *Yeux* grands, subarrondis, peu saillants, noirs.

Antennes médiocrement allongées, grêles, atteignant la moitié de la longueur du corps; finement pubescentes; testacées, avec le 1er article d'un roux ferrugineux, légèrement dentées en scie intérieurement à partir du 5e article inclusivement, les articles étant sensiblement plus longs que larges: le 1er oblong, sensiblement arqué, assez fortement épaissi : le 2e beaucoup plus grêle, obconique, oblong, non renflé : le 3e suballongé, obconique, sensiblement plus long que le précédent, obliquement coupé au sommet : le 4e plus (♂) ou moins (♀) angulé en dedans : les 6e à 10e graduellement un peu plus étroits : le dernier allongé, subfusiforme, subacuminé au sommet.

Prothorax très-fortement transversal, plus d'une fois moins long que large, de la largeur des élytres à sa base; paraissant, vu de dessus, sensiblement comprimé latéralement et une fois plus étroit en avant qu'en arrière; très-faiblement prolongé à son bord apical en forme de capuchon très-obtus et très-largement arrondi; à côtés légèrement arrondis, vus latéralement, très-largement réfléchis, très-fortement infléchis et réduits, pour ainsi dire, à un seul angle aigu, légèrement émoussé ou à peine arrondi au sommet, les postérieurs étant tout-à-fait nuls; très-largement arrondi ou à peine bissinué à la base, avec le milieu de celle-ci très-finement ou presque indistinctement rebordé; convexe, très-déclive antérieurement à partir de la base, subégal sur son disque; très-densement et très-finement ponctué; d'un roux fauve et un peu brillant; revêtu d'une pubescence cendrée, courte, couchée et très-serrée.

Ecusson subsémicirculaire, très-finement pointillé, assez pubescent; d'un roux fauve un peu brillant.

Elytres un peu oblongues, trois fois et demie plus longues que le prothorax, graduellement et très-faiblement rétrécies depuis les épaules jusqu'aux trois quarts de leur longueur, largement arrondies au sommet; assez convexes, sur le dos; sensiblement déclives en arrière à partir du cinquième de leur longueur; très-densement et très-finement ponctuées; d'un roux fauve un peu brillant; revêtues d'une pubescence cendrée, courte, couchée et très-serrée, qui lui donne une teinte grisâtre. *Epaules* saillantes, légèrement arrondies.

Dessous du corps peu convexe, très-pubescent, très-finement et très-densement pointillé, d'un roux testacé peu brillant. *Métasternum* assez sensiblement impressionné en arrière à son milieu. 1er *Segment ventral* presque droit ou faiblement subsinué sur les côtés de son bord apical, le dernier largement arrondi au sommet.

Pieds assez courts, assez grêles, légèrement pubescents, d'un roux testacé assez clair. *Cuisses* non ou à peine renflées. *Tibias* assez grêles: les *antérieurs* assez fortement comprimés et élargis vers leur extrémité. *Tarses* assez allongés, étroits, sensiblement comprimés sur les côtés, à 1er article assez allongé : le 2e suballongé, un peu plus court que le 1er, aussi long ou presque aussi long que les deux suivants réunis.

Patrie : Cette espèce est assez répandue, en mai et juin, sur les fleurs des cynarocéphales, dans le Languedoc, dans la Provence et dans toute la France méridionale.

Obs. Chez les individus épilés, le dessus du corps paraît plus brillant; chez les individus très-frais, il est au contraire presque mat.

Les (♂) ont les antennes un peu plus fortement dentées en scie que les (♀), et leur 4e article est un peu plus fortement angulé.

Le *Xyletinus pallidus*, Laporte (Hist. nat. col. t. 1. p. 295. 1), ne nous semble devoir se rapporter ni à la *Ps. laevis* ni à la *testacea*. Peut-être serait-il identique au *Pallens*, Germar (Spec. p. 79).

GROUPE DEUXIÈME.

2e *Article des Antennes* courts, trois fois moins long que le 1er, pas plus long que le suivant. *Antennes* dentées en scie à partir du 4e article, les articles dentés un peu aigus et un peu moins longs que larges : le 3e étroit, obconique, un peu moins ou à peine aussi long que le 2e : celui-ci un peu oblong. *Prothorax* fortement transversal, fortement voûté, fortement déclive en avant presque à partir de la base. *Corps* ovalaire. *Elytres* subsérialement pubescentes (*Hypora*).

3. **Pseudochina** (*Hypora*) **serricornis**; FABRICIUS.

Ovalaire, revêtu d'une épaisse pubescence cendrée; très densement et très-finement ponctuée; peu brillante, d'un roux ferrugineux, avec les antennes la bouche et les pieds plus clairs, les yeux seuls noirs. Front très-large, très-faiblement convexe. Prothorax fortement transversal, beaucoup plus étroit en avant; légèrement arrondi et à peine réfléchi sur les côtés; avec les angles antérieurs aigus et légèrement arrondis au sommet: les postérieurs tout-à-fait nuls; légèrement bissinué à la base; très-convexe, égal. Ecusson subsémicirculaire. Elytres en carré long, déclives postérieurement, largement arrondies au sommet, subsérialement pubescentes. Tarses peu allongés, à 1er article allongé: le 2e beaucoup plus court que le précédent.

Ptinus serricornis. FABRICIUS, Ent. syst. t. I. p. 241 9.
Ptilinus testaceus DUFTSCH., Faun. Austr. t. III. p. 46 7.
Xyletinus testaceus. STURM., Deuts. Faun. t. XI. p. 89. 3. pl. CCXXXVII. fig. P. Q. — REDTENB., Faun. Austr. 2e éd. p. 560.

Long. 0m,0020 (9/10). — Larg. 0m,0015 (3/4).

Corps ovalaire, à peine ou très-finement pointillé; d'un roux fauve ou ferrugineux, peu brillant; revêtu d'une pubescence cendrée, courte et très-serrée, et qui lui donne une teinte grisâtre.

Tête large, transversale, verticale ou infléchie, fortement engagée dans le prothorax, beaucoup plus étroite que celui-ci, finement pubescente, presque lisse ou à peine et très-finement, très-légèrement et très-densement pointillée; d'un roux ferrugineux assez brillant. *Front* très-large, très-faiblement convexe. *Arêtes génales* très-fines et peu saillantes. *Epistome* légèrement enfoncé et subconcave; distinctement échancré à son bord antérieur, séparé du front par une ligne arquée, très-fine, à peine visible. *Labre* d'un roux testacé; obtusément arrondi et légèrement cilié au sommet. *Mandibules* pilosellées, obsolètement chagrinées; d'un roux testacé peu brillant, avec l'extrémité à peine rembrunie, lisse et brillante. *Palpes* et autres *parties de la bouche* d'un roux testacé souvent assez clair. *Yeux* grands, subarrondis, peu saillants, noirs.

Antennes peu allongées, grêles, plus courtes que la moitié du corps; finement pubescentes; testacées avec le 1er article d'un roux ferrugineux; sensiblement dentées en scie intérieurement à partir du 4e article inclusivement, les articles étant un peu moins longs que larges : le 1er oblong, arqué, assez fortement épaissi : le 2e beacoup plus grêle, un peu plus long que large, obconique, non renflé : le 3e obconique, un peu moins ou à peine aussi long que le précédent, obliquement coupé au sommet : le 4e un peu moins court que les suivants : le dernier elliptique, subacuminé au sommet.

Prothorax fortement transversal, une fois moins long que large, de la largeur des élytres à sa base; paraissant, vu de dessus, légèrement arrondi latéralement et près d'une fois plus étroit en avant qu'en arrière; très-faiblement prolongé à son bord apical en forme de capuchon très-obtus et très-largement arrondi; à côtés légèrement arrondis, vus latéralement, à peine réfléchis, très-fortement infléchis et réduits, pour ainsi dire, à un seul angle aigu et légèrement arrondi au sommet : les postérieurs étant tout-à-fait nuls; légèrement bissinué à la base, avec le milieu de celle-ci très-finement et presque indistinctement rebordé; très-convexe, très-déclive antérieurement presque à partir de la base; égal sur son disque; presque lisse ou très-finement, très-densement et obsolètement ponctué; d'un roux ferrugineux peu brillant; revêtu d'une pubescence cendrée, courte, couchée et très-serrée.

Ecusson subsémicirculaire, presque lisse ou obsolètement pointillé, légèrement pubescent ; d'un roux ferrugineux peu brillant.

Elytres en carré long, trois fois plus longues que le prothorax, graduellement et à peine rétrécies depuis les épaules jusqu'aux trois quarts de leur longueur, largement arrondies au sommet ; assez convexes sur le dos, sensiblement déclives en arrière à partir du sixième de leur longueur ; très-densement, très-finement et très-légèrement ponctuées; d'un roux fauve peu brillant; revêtues d'une pubescence cendrée, courte, couchée et très-serrée, leur donnant une teinte grisâtre, et paraissant elle-même longitudinalement subsillonnée par l'effet de poils un peu plus longs et sérialement disposés. *Epaules* assez saillantes, légèrement arrondies.

Dessous du corps peu convexe, finement pubescent, très-finement, très-densement et légèrement pointillé, d'un roux testacé peu brillant. *Métasternum* très-court, à peine ou non impressionné en arrière. 1er *Segment ventral* largement arrondi et prolongé au milieu de son bord apical, les 2e à 4e densement ciliés de poils blonds à leur extrémité, le dernier obtusément arrondi au sommet.

Pieds assez courts, assez grêles, légèrement pubescents, d'un roux testacé. *Cuisses* non ou à peine renflées. *Tibias* sensiblement comprimés; les *antérieurs* graduellement et sensiblement élargis vers leur extrémité, obliquement coupés à leur sommet. *Tarses* peu allongés, étroits très-légèrement comprimés, à 1er article allongé : le 2e court, de deux à trois fois moins long que le 1er, pas plus long que le suivant.

Patrie : Cette espèce, d'origine étrangère, s'est naturalisée dans toute l'Europe. Elle se rencontre à Marseille, à Bordeaux, et autres villes commerciales, parmi les denrées coloniales, et surtout parmi les cigares aux dépens desquels elle vit, suivant les observations de MM. Guérin et Chevrolat.

Obs. Elle diffère essentiellement de la *Ps. laevis* par sa taille beaucoup moindre, par son prothorax un peu moins transversal et plus distinctement bissinué à la base, par la structure des antennes et par les proportions relatives de leurs 2e et 3e articles, et surtout par la conformation des tarses. Par ce dernier caractère cette espèce fait le passage des *Xylétinaires* aux *Mésocœlopaires* (1).

Chez les ♂ les antennes sont un peu plus fortement en scie.

On peut placer à la suite de ce genre l'espèce suivante décrite par M. Fairmaire (Ann. soc. Ent. 1860. p. 531).

Pseudochina bubalus; FAIRMAIRE.

Brevis, valdè convexa, fusco-castanea, densè cinereo-rufescente pubes-

(1) L'espèce de ce sous-genre est voisine, quant au facies, du genre *Catorama* Guérin (Mag. zool. 1850. p. 431.) Mais elle s'en éloigne par la forme des trois derniers articles des antennes, figurées par le savant sus-mentionné (pl. VIII, fig. 2 et 4.)

cens; capite lato, reflexo, margine antico levitèr sinuato, oculis prominentibus, nigris; prothorace medio levitèr canaliculato, lateribus obtusè angulatis, margine postico latè arcuato; elytris oblongè subquadratis, apice rotundatis, tenuissimè punctulatis, humeris levitèr callosis.

Long. 0^m,0033 (1 l. 1/2).

Patrie : Corse.

Obs. Cette espèce, que nous n'avons pas vue en nature, doit ressembler beaucoup à la *Ps. serricornis. F.*

DEUXIÈME FAMILLE.

DORCATOMIENS.

Caractères : Des *fossettes métasternales* et *ventrales* pour recevoir les quatre pieds postérieurs. *Ventre* paraissant de quatre segments seulement : le 1er non découvert, occupé presque en entier par les fossettes ventrales, réduit sur son milieu à une lame courte, située entre les expansions internes des hanches postérieures. 1er *article des antennes* très-gros, intérieurement dilaté en forme d'oreillette.

Prothorax profondément excavé en dessous pour recevoir la tête à l'état d'inflexion. *Prosternum* refoulé au fond de la cavité sous-prothoracique. *Hanches intermédiaires* relevées jusqu'au niveau du métasternum. *Epimères postérieures* le plus souvent visibles. *Tibias* à *tranche externe* toujours simple : les *antérieurs* surtout plans ou subconcaves en dessous. *Tarses* à 2e à 4e *articles* courts : les *antérieurs* au moins aussi un peu plus développés que les autres.

La famille des *Dorcatomiens* peut se partager en deux branches :

Antennes distinctement dentées en scie intérieurement. *Corps* oblong ou ovoïde.	Mésocoelopaires.
Antennes non dentées en scie intérieurement, avec les trois derniers articles très-grands, fortement comprimés, plus ou moins dilatés ou prolongés en dedans. *Corps* courtement ovalaire ou subhémisphérique, rarement ovale-oblong.	Dorcatomaires.

PREMIÈRE BRANCHE.

MÉSOCOELOPAIRES.

CARACTÈRES : *Antennes* distinctement dentées en scie intérieurement à partir du 4e article inclusivement, toujours de 11 articles : les *trois derniers* non ou à peine plus grands que les intermédiaires.

Corps épais, oblong ou ovoïde. *Yeux* subentiers ou subsinués à leur côté inféro-interne. *Prothorax* plus ou moins légèrement prolongé à son bord apical en forme de capuchon obtus et largement arrondi ; relevé de chaque côté à la base en même temps que le calus huméral. *Hanches antérieures* contiguës, refoulées au fond de la cavité sous-prothoracique. *Tarses* étroits à leur base, non comprimés sur les côtés.

Les *Mésocœlopaires* se répartissent dans les deux genres suivants :

Corps oblong. *Elytres* rugueusement pointillées, avec une strie latérale. *Lame du Prosternum* carinulée à son milieu. *Métasternum* longitudinalement caréné à sa partie antérieure. *Hanches antérieures* assez écartées l'une de l'autre, à *lame* graduellement dilatée en dehors. *Epimères postérieures* apparentes, oblongues. 1er *Segment ventral* réduit, en arrière des fossettes transversales, à un liséré étroit mais distinct.	*Mésothes.*
Corps ovoïde. *Elytres* très-légèrement pointillées, sans strie latérale. *Lame du Prosternum* simple, non carinulée. *Métasternum* simple, non caréné à sa partie antérieure. *Hanches postérieures* dilatées et subcontiguës intérieurement, à *lame* subparallèle. *Epimères* non apparentes. 1er *Segment ventral* nul en arrière des fossettes transversales.	*Mesocœlopus.*

Genre *Mesothes*; MULSANT ET REY.

(Etymologie : μέσος, neutre ; θής, ouvrier, serviteur).

CARACTÈRES : *Corps* oblong. *Front* large, simple. *Yeux* subentiers. *Antennes* de 11 articles ; peu allongées, assez robustes, fortement dentées en scie intérieurement. *Prothorax* profondément excavé en dessous ainsi que la partie antérieure de la poitrine; muni sur les côtés d'une tranche saillante; subgibbeux au milieu de sa base. *Elytres* rugueusement pointillées, unistriées sur les côtés, fortement arrondies au sommet. *Prosternum* à lame médiane triangulaire, carénée. *Mésosternum* profondément excavé, un peu refoulé sur le bord antérieur du métasternum. *Métasternum* longitudinalement caréné à sa partie antérieure. *Hanches* antérieures contiguës, les intermédiaires assez, les postérieures passablement écartées l'une de l'autre: celles-ci à lame assez étroite en dedans, graduellement dilatée en dehors. *Epimères postérieures* apparentes, oblongues. *Segments ventraux* libres: le 1er muni, derrière la fossette transversale, d'un rebord très-étroit. *Tibias* à tranche externe simple. *Tarses* peu allongés, étroits, à 1er article très-allongé.

Corps oblong, subcylindrique.

Tête large, engagée dans le prothorax, sous lequel elle peut s'infléchir très-fortement, en venant s'appuyer contre le métasternum. *Front* large. *Arêtes génales* assez développées, très-obliques. *Epistome* fortement transversal, obliquement coupé sur les côtés, largement échancré au sommet. *Labre* très-court, fortement transversal, subsinué à son bord antérieur. *Mandibules* robustes, peu saillantes, brusquement coudées sur les côtés. *Palpes maxillaires* à dernier article oblong, triangulaire: les *labiaux* à dernier article assez large, triangulaire, à angle apical interne légèrement arrondi. *Menton* plan, assez fortement transversal. *Yeux* grands, subentiers, subarrondis, peu saillants, en partie voilés en arrière par le bord antérieur du prothorax.

Antennes de 11 articles; peu allongées, assez robustes; insérées près des yeux; se repliant presque entièrement, à l'état de repos, dans la cavité sous-prothoracique; fortement dentées en scie intérieurement à partir du 4e article inclusivement: le 1er très-grand, subtétraédrique, fortement épaissi: le 2e beaucoup moindre, court, fortement et obliquement dilaté intérieurement: le 3e fortement angulé en dedans.

Prothorax légèrement transversal; à ouverture antérieure transversale, subsémicirculaire; très-profondément excavé en dessous pour voir la tête à l'état d'inflexion ; à bord antérieur prolongé inférieurement jusqu'aux hanches en arête saillante, mais assez refoulée dans la cavité sous-prothoracique, pour faciliter l'inflexion de la tête qui alors, dans cette opération, n'a latéralement d'autres limites que le bord antérieur du prothorax ; sensiblement prolongé à son bord apical en forme de capuchon obtus et largement arrondi ; subrectiligne sur les côtés qui sont munis d'une tranche saillante et non rebordée, avec les angles postérieurs bien marqués, mais arrondis ; bissinué à la base ; très-convexe, et subgibbeux au milieu en arrière de son disque.

Écusson grand, subtriangulaire, arrondi au sommet.

Élytres allongées, subparallèles, rugueusement pointillées, uni-striées sur les côtés, fortement arrondies au sommet. *Epaules* à calus saillant, joignant la base du prothorax qui s'élève avec lui ; à lobe inférieur assez prononcé, obliquement coupé ou subéchancré en avant, largement replié à sa base, avec le repli séparé de la page supérieure par une arête saillante.

Poitrine très-profondément excavée à sa partie antérieure, les *Prosternum* et *Mésosternum* étant refoulés bien au dessous du niveau du métasternum. *Prosternum* court, peu visible, à lame médiane rétrécie en triangle acuminé, fortement relevée à son milieu en carène longitudinale. *Mésosternum* caché, un peu refoulé sous le bord antérieur du métasternum. *Métasternum* médiocrement développé en longueur, largement sillonné sur son milieu ; offrant à sa partie antérieure une carène longitudinale, contre le sommet de laquelle vient s'appuyer la tête à l'état d'inflexion ; terminé entre les hanches postérieures par deux expansions assez prolongées et subcontiguës. *Postépisternums* (1) rétrécis à leur milieu et graduellement élargis aux deux extrémités. *Épimères postérieures* visibles, oblongues.

Hanches antérieures subverticales, refoulées bien au dessous du niveau du métasternum, contiguës au sommet ; les *intermédiaires* assez, les *postérieures* passablement écartées l'une de l'autre : celles-ci à

(1) Nous entendons ici seulement la partie visible, ce rétrécissement étant dû à l'empiétement des lobes huméraux.

lame assez étroite en dedans et un peu et graduellement élargie en dehors.

Ventre à 1er segment réduit sur les côtés, derrière les fossettes transversales qui sont profondes, à un très-étroit espace linéaire, et au milieu, entre les hanches postérieures, à une faible lame triangulaire : le 2e assez grand : les 2e à 4e graduellement plus courts : le 5e un peu plus développé en longueur que le précédent.

Pieds courts, assez grêles : les *antérieurs* pouvant se contracter entièrement dans la cavité sous-prothoracique : les *intermédiaires* se logeant dans leur fossette respective entre le bord latéral du prothorax et l'arête transversale du métasternum, les tarses venant se replier en dehors le long de la carène métasternale. *Cuisses* à peine rainurées en dessous à leur sommet : les *postérieures* inférieurement subangulées à leur insertion avec les trochanters. *Tibias* à tranche externe simple. *Tarses* peu allongés, étroits ; à 1er article très-allongé : les 2e à 4e courts, cordiformes : le 5e un peu plus long, à peine épaissi.

Obs. Ce genre représente dans cette branche le G. *Gastrallus* dont il a un peu le facies. Sa carène métasternale, les angles postérieurs du prothorax plus arrondis, ses antennes plus fortement dentées, ses yeux plus grands et plus réguliers, ses élytres unistriées sur les côtés, la lame médiane de son prosternum carénée, et sa forme beaucoup plus oblongue le distinguent nettement du G. *Mesocœlopus*.

Ce genre est établi sur une espèce trouvée à Saint-Raphaël par M. Raymond, qui a doté et dote tous les ans la science d'intéressantes découvertes.

1. Mesothes ferrugineus ; MULSANT ET REY.

Oblong, subcylindrique, revêtu d'une assez épaisse et très-courte pubescence cendrée ; assez finement rugueux, subopaque, d'un roux ferrugineux obscur, avec les palpes, les pieds antérieurs et les antennes testacés, le 1er article de celles-ci, les pieds intermédiaires, les pieds postérieurs et le ventre d'un roux ferrugineux. Front large, légèrement convexe. Pro-

thorax transversal, plus étroit en avant, très-légèrement arrondi et subréfléchi sur les côtés, avec les angles antérieurs aigus, les postérieurs obtus et arrondis; distinctement bissinué à la base et obliquement impressionné de chaque côté à celle-ci; très-convexe, subgibbeux en arrière à son milieu. Ecusson subtriangulaire. Elytres oblongues, subparallèles, largement arrondies au sommet, unistriées sur les côtés. Tarses peu allongés, à 1er article très-allongé.

Xyletinus ferrugineus. Mulsant et Rey, *in* Muls. Op. Ent. t. XII. p. 83.

Long. 0m,0030 (1 l. 2/5). — Larg. 0m,0012 (2/5).

Corps oblong, subcylindrique, ruguleux; d'un brun ferrugineux, subopaque; revêtu d'une fine pubescence cendrée, très-courte, assez serrée et comme tomenteuse.

Tête large, transversale, verticale ou infléchie, fortement engagée dans le prothorax, sensiblement plus étroite que celui-ci, très-finement pubescente, légèrement rugueuse; d'un roux ferrugineux plus ou moins obscur et peu brillant. *Front* large, légèrement convexe. *Arêtes génales* fines, bien distinctes, un peu saillantes. *Epistome* légèrement impressionné, distinctement échancré à son bord antérieur, obsolètement ruguleux, obsolètement carinulé à son milieu, séparé du front par une ligne arquée, très-fine et peu visible. *Labre* roussâtre, subsinué et cilié à son sommet. *Mandibules* assez brillantes, ruguleuses, ferrugineuses, avec l'extrémité lisse et rembrunie. *Palpes* testacés. *Yeux* grands, subarrondis ou subsinués à la rencontre des arêtes génales, peu saillants, noirs.

Antennes assez courtes, assez robustes, plus courtes que la moitié du corps; légèrement pubescentes testacées; avec le 1er article ferrugineux; fortement dentées en scie intérieurement à partir du 4e article inclusivement, les articles étant sensiblement moins longs que larges et plus ou moins prolongés en dedans: le 1er très-grand, fortement épaissi, anguleusement dilaté intérieurement à sa base: le 2e court, subtransversal, fortement et obtusément dilaté en dedans: le 3e fortement angulé intérieurement: les 8e à 10e graduellement moins courts: le dernier courtement elliptique, subacuminé au sommet.

Prothorax transversal, d'un tiers moins long que large, de la largeur des élytres à la base; paraissant, vu de dessus, très-légèrement arrondi sur les côtés, subsinué au devant des angles postérieurs et sensiblement plus étroits en avant qu'en arrière; sensiblement prolongé au milieu de son bord apical en forme de capuchon obtus et largement arrondi; à bord antérieur sensiblement sinué au dessus des yeux; à côtés tranchants, non rebordés mais faiblement relevés ou réfléchis, subrectilignes et très-faiblement arrondis, vus de côté, et très-déclives d'arrière en avant; à angles antérieurs très-infléchis, aigus et légèrement émoussés au sommet, avec les postérieurs obtus, arrondis, assez marqués et assez relevés; sensiblement bissinué à la base, avec le milieu de celle-ci finement rebordé; très-convexe, subgibbeux à la partie postérieure et médiane de son disque; relevé de chaque côté à la base jusqu'au niveau du calus huméral qui semble être à la fois commun aux élytres et au prothorax; creusé au devant de chaque sinus d'un pli ou d'une impression transversale, un peu oblique, flexueuse et descendant le long des angles et des côtés qu'elle fait plus ou moins légèrement réfléchir; finement rugueux; d'un brun ferrugineux et subopaque; revêtu d'un fin duvet cendré, très-court et assez serré.

Ecusson subtriangulaire, arrondi au sommet, très-finement chagriné; finement pubescent; d'un brun ferrugineux subopaque.

Elytres oblongues ou suballongées, trois fois plus longues que le prothorax, subparallèles sur les côtés jusqu'aux trois quarts de leur longueur, largement arrondies au sommet; assez convexes sur le dos; densement et finement rugueuses ou comme confusément réticulées et à mailles ombiliquées; longitudinalement subimpressionnées en arrière sur la suture; creusées chacune sur les côtés d'une fine strie canaliculée, submarginale, raccourcie en avant à peu près vers le milieu à la hauteur du sinus latéral; d'un brun ferrugineux opaque; revêtues d'une fine pubescence cendrée, très-courte et assez serrée, comme tomenteuse. *Epaules* saillantes, gibbuleuses, à lobe inférieur à peine arrondi.

Dessous du corps peu convexe, finement tomenteux; finement ruguleux; d'un roux ferrugineux un peu brillant avec la poitrine un peu plus foncée. *Lame médiane du prosternum* carinulée. *Métasternum* largement sillonné sur son milieu, vivement caréné à sa partie antérieure. 5e *Segment ventral* obtusément arrondi au sommet.

Pieds courts, assez grêles; très-finement pubescents; d'un roux ferrugineux, avec les *antérieurs* testacés. *Cuisses* peu ou point renflées. *Tibias antérieurs* longs et grêles, légèrement flexueux. *Tarses* assez courts, étroits, à 1er article très-allongé, aussi long que tous les autres réunis; les *antérieurs* aussi ou un peu plus développés que les postérieurs.

Patrie : Cette espèce a été découverte à Saint-Raphaël par M. Raymond, en battant le chêne-liége. (Collection Godart.)

Genre *Mesocœlopus*. Jacq. Du Val.

(Jacquelin Du Val. Gen. col. Eur. t. III. 2e partie. p. 220. pl. LV f. 272).

(Etymologie : μεσος, médian ; κοῖλος, creux ; πούς, pied).

Caractères : *Corps* ovalaire. *Front* très-large, simple. *Yeux* subsinués à leur bord inféro-interne. *Antennes* de 11 articles; assez courtes, assez robustes; dentées en scie intérieurement. *Prothorax* profondément excavé en dessous, ainsi que la partie antérieure de la poitrine; muni sur les côtés d'une tranche saillante; gibbeux au milieu de sa base. *Elytres* très-légèrement pointillées, nullement striées, fortement arrondies au sommet. *Prosternum* à lame médiane triangulaire, simple. *Mésosternum* profondément excavé, refoulé sous le bord antérieur du métasternum. *Métasternum* simple, non caréné en avant. *Hanches antérieures* contiguës, les intermédiaires assez écartées l'une de l'autre, les postérieures subcontiguës; celle-ci à lame assez large, subparallèle. *Epimères postérieures* non apparentes. *Segments ventraux* libres : le dernier nul en arrière des fossettes transversales. *Tibias* à tranche externe simple. *Tarses* assez courts, un peu épaissis vers leur extrémité, à 1er article très-allongé.

Corps ovoïde, très-convexe.

Tête large, engagée dans le prothorax sous lequel elle peut s'infléchir très-fortement, en venant s'appuyer contre le métasternum. *Front* très-large. *Arêtes génales* assez développées, très-obliques. *Epistome* confondu avec le front, circulairement échancré au sommet. *Labre* assez développé, légèrement transversal, subsinué à son bord antérieur. *Mandibules* robustes, peu saillantes, brusquement et arcuément coudées sur les côtés, chargées latéralement d'une fine arête oblique ou presque subtransversale. *Palpes maxillaires* à dernier article oblong, obtriangulaire, légèrement arrondi à son angle apical interne: les *labiaux* à dernier article assez large, triangulaire, sensiblement arrondi à son angle apical interne. *Menton* concave, trapézoïdal. *Yeux* assez grands, irréguliers, légèrement sinués à leur bord inféro-interne, peu saillants, en partie voilés en arrière par le bord antérieur du prothorax.

Antennes de 11 articles; assez courtes, assez robustes; insérées assez près des yeux; se repliant presque entièrement, à l'état de repos, dans la cavité sous-prothoracique; dentées en scie intérieurement à partir du 3e article inclusivement: le 1er très-grand, subtétraédrique ou en forme d'oreillette: le 2e beaucoup moindre, légèrement dilaté intérieurement.

Prothorax transversal; à ouverture antérieure transversale, subsémi-circulaire, très-profondément excavé en dessous pour recevoir la tête à l'état d'inflexion; à bord antérieur prolongé inférieurement jusqu'aux hanches en arête saillante, mais fortement refoulée dans la cavité sous-prothoracique, pour faciliter l'inflexion de la tête qui alors, dans cette opération, n'a latéralement d'autres limites que le bord antérieur infléchi du prothorax; légèrement prolongé à son bord apical en forme de capuchon très-obtus et très-largement arrondi; subrectiligne sur les côtés qui sont munis d'une tranche saillante et non rebordée, avec les angles postérieurs bien marqués; assez fortement bissinué à la base; convexe et gibbeux sur le milieu de la partie postérieure de son disque.

Ecusson grand, subogival ou en triangle à côtés curvilignes.

Elytres suboblongues, voûtées, finement pointillées, nullement striées, fortement arrondies au sommet. *Epaules* à calus saillant, situ à la base même et ne formant qu'un avec un semblable calus du prothorax qui est relevé à cet endroit même ; à lobe inférieur légèrement prononcé, obliquement coupé et largement replié en dessous à la base, avec le repli séparé de la page supérieure par une arête saillante.

Poitrine très-profondément excavée à sa partie antérieure, les prosternum et mésosternum étant refoulés bien au dessous du niveau du métasternum. *Prosternum* court, peu visible, à lame médiane en triangle acuminé. *Mésosternum* caché, fortement excavé sur son milieu et refoulé sous le bord antérieur du métasternum, ce qui force sa lame (1) médiane à une position verticale. *Métasternum* peu développé en longueur, sans sillon apparent ; offrant à son milieu en avant de l'arête antérieure, entre les hanches intermédiaires, un prolongement ou rudiment de lame (2) transversale, sur laquelle vient s'appuyer le bord antérieur de la tête à l'état d'inflexion ; terminé entre les hanches postérieures par deux expansions en pointe aiguë et séparée à leur sommet par une petite entaille. *Postépisternums* très étroits en avant, graduellement élargis en arrière, brusquement dilatés antérieurement à leur partie déclive (3). *Epimères postérieures* cachées.

Hanches antérieures fortement déclives, refoulées bien au dessous du niveau du métasternum, contiguës au sommet : les *intermédiaires* assez écartées l'une de l'autre : les *postérieures* subcontiguës : celles-ci à *lame* assez large, subparallèle et légèrement arrondie à son angle apical externe.

Ventre à 1er segment nul sur les côtés derrière les fossettes transversales qui sont graduellement déclives d'arrière en avant, et réduit sur son milieu à une faible lame hastée, plus ou moins cachée par les expansions internes des hanches postérieures (4) : le 2e grand, les 3e et

(1) Celle-ci est large et tronquée au sommet.

(2) Celle-ci, en forme de trèfle, peut être considérée comme une enclume rudimentaire, commençant à faire pressentir la forme de la même lame dans les *Dorcatoma*.

(3) Cette partie déclive est cachée par les cuisses à l'état de repos, et fait suite à la fossette métasternale destinée à les recevoir.

(4) Les expansions des hanches postérieures en dedans des trochanters, ordinairement très-développées chez les *Dorcatomiens*, le sont notamment dans le G. *Mesocœlopus*, au point qu'elles sont presque contiguës.

4e assez courts, subégaux : le 5e un peu plus développé en longueur que les précédents.

Pieds courts, assez grêles : les *antérieurs* pouvant se contracter entièrement dans la cavité sous-prothoracique : les *intermédiaires* se logeant dans leur fossette respective entre le bord latéral du prothorax et l'arête transversale du métasternum, les tarses venant se replier dans les échancrures de la lame antérieure. *Cuisses* obsolètement et brièvement rainurées en dessous à leur sommet : les *postérieures* subrectangulaires en dessous à leur insertion avec les trochanters. *Tibias* à tranche externe simple. *Tarses* courts, graduellement épaissis vers leur extrémité; à 1er article très-allongé : les 2e à 4e courts : les 3e et 4e transversaux, cordiformes : le dernier fortement épaissi.

Obs. Les espèces de ce genre vivent ordinairement sur le lierre, quelquefois sur les fleurs des haies.

La valeur du genre *Mesocœlopus* a été admirablement discutée par M. Jacquelin Du Val dont la science regrettera à jamais la mort prématurée, et dont le coup d'œil sûr savait saisir habilement les différences les plus caractéristiques des genres.

Le G. *Mesocœlopus* semble faire le passage des *Xylétinaires* aux *Dorcatomiens*. L'importance des fossettes métasternales et ventrales nous a forcés à le ranger parmi ces derniers.

Aux différences que nous avons déjà signalées dans le G. *Mesothes*, on peut ajouter que le *Mesocœlopus* a les épimères postérieures cachées au lieu d'être apparentes, et le premier segment ventral nul sur les côtés derrière les fossettes transversales qui sont déclives d'arrière en avant au lieu d'être subitement profondes.

Le genre *Mesocœlopus* est réduit aux deux espèces suivantes :

a. *Corps* d'un noir très-brillant, très-finement pubescent. 2e et 3e *Segments ventraux* sensiblement sinués au milieu de leur bord apical.	*Niger*.
b. *Corps* d'un brun ferrugineux un peu brillant, subtomenteux. 2e et 3e *Segments ventraux* presque droits ou régulièrement arqués à leur bord apical.	*Collaris*.

a. Corps d'un noir très-brillant, légèrement pubescent. 2e *et* 3e *Segments ventraux* sensiblement sinués au milieu de leur bord apical.

1. Mesocœlopus niger; MUELLER.

Ovalaire, revêtu d'une courte pubescence cendrée; très-finement pointillé, très-brillant, noir, avec les antennes, la bouche, les pieds antérieurs et tous les tarses d'un testacé pâle, le 1er article des antennes, les tibias intermédiaires et les tibias postérieurs d'un roux ferrugineux. Front très-large, légèrement convexe. Prothorax transversal, beaucoup plus étroit en avant; à côtés presque droits avec les angles antérieurs aigus, les postérieurs obtus et légèrement arrondis; fortement bissinué à la base; convexe, gibbeux en arrière à sa base. Ecusson subogival. Elytres suboblongues, voûtées, fortement arrondies au sommet. Tarses courts, à 1er article très-allongé.

Xyletinus niger. MUELLER, Mag. t. IV. p. 190.
Xyletinus pubescens. DUFTSCH., Faun. Austr. t. III. p. 46. 6.
Xyletinus murinus. STURM, Deuts. Faun. t. XI. p. 88. 4. pl. 237. fig. O.
Xyletinus Hederae. DUFOUR, Ann. soc. Ent. (1843). p. 323.
Xyletinus niger. REDT. Faun. Austr. 2e éd. p. 560.
Dorcatoma Hederae. LAPORTE DE CASTELN., Hist. nat. col. t. I. p. 294. 6.

Long. 0m,0015 à 0m,002 (2/3 à 9/10). — Larg. 0m,008 à 0m,0012 (2/5 à 3/5).

Corps ovoïde, très-finement, très-légèrement et très-densement ponctué; d'un noir très-brillant; revêtu d'une fine et très-courte pubescence cendrée, assez serrée, plus apparente sur les côtés.

Tête large, fortement transversale, verticale ou infléchie, fortement engagée dans le prothorax, d'une moitié plus étroite que celui-ci, à peine pubescente; très-finement et très-densement pointillée; d'un noir très-brillant. *Front* très-large, légèrement convexe. *Arêtes génales* très-fines et un peu saillantes. *Epistome* largement échancré et sensiblement rebordé à son bord antérieur, séparé du front par une ligne presque droite, plutôt idéale que distincte. *Labre* roussâtre, à peine cilié à son sommet. *Mandibules* légèrement pilosellées ; obsolètement pointillées ; ferrugineuses, avec l'extrémité à peine rembrunie et lisse. *Palpes* et autres *parties de la bouche* testacés. *Yeux* assez grands, irréguliers, subsinués à leur côté inféro-interne, peu saillants, noirs.

Antennes courtes, dépassant un peu la base du prothorax ; très-finement pubescentes et intérieurement pilosellées, d'un testacé pâle avec le 1er article d'un roux ferrugineux ; sensiblement dentées en scie intérieurement à partir du 4e article inclusivement, les articles étant moins longs que larges et les 8e à 10e moins courts : le 1er très-grand, fortement dilaté intérieurement à la base en forme d'oreillette : le 2e à peine plus long que large, assez renflé, obtusément dilaté en dedans : le 3e large, fortement angulé intérieurement : le dernier courtement elliptique, subacuminé au sommet.

Prothorax transversal, d'un quart moins long que large, de la largeur des élytres à sa base ; paraissant, vu de dessus, subrectiligne ou à peine arrondi latéralement, et une fois plus étroit en avant qu'en arrière ; légèrement prolongé au milieu de son bord apical en forme de capuchon très-obtus et largement arrondi ; à côtés tranchants, rectilignes, non ou à peine rebordés, très-déclives d'arrière en avant, obliques et convergeant antérieurement, avec les angles antérieurs aigus et très-infléchis ou même légèrement réfléchis en dessous ; à angles postérieurs obtus, bien marqués, légèrement arrondis et non relevés ; assez fortement bissinué à la base, avec le milieu de celle-ci très-finement et presque indistinctement rebordé ; convexe, sensiblement déclive en avant et gibbeux sur son milieu, à la partie postérieure du disque ; très-finement, très-légèrement et très-densement pointillé ; d'un noir très-brillant avec le bord antérieur souvent d'un roux de poix ; revêtu d'une fine et très-courte pubescence cendrée, assez serrée, beaucoup plus apparente sur les côtés.

Ecusson subogival, subarrondi au sommet ; à peine pointillé ; finement pubescent ; d'un noir brillant.

Elytres un peu oblongues, deux fois et demie plus longues que le prothorax, subparallèles ou subrétrécies jusqu'aux deux tiers de leur longueur, fortement arrondies au sommet; convexes et voûtées sur le dos; très-finement, très-légèrement et très-densement pointillées; d'un noir très-brillant avec les rebords apical et marginal très-étroitement roussâtres; revêtues d'une fine et très-courte pubescence cendrée, assez serrée, beaucoup plus apparente sur les côtés auxquels elle donne une teinte grisâtre, lorsqu'on regarde les élytres de dessus. *Epaules* saillantes, à *calus* basilaire tuberculé et commun avec la base du prothorax qui se relève brusquement et simultanément à cet endroit; à *lobe inférieur* presque droit à son arête extérieure.

Dessous du corps assez convexe; très-finement pubescent; finement, légèrement et densement pointillé; d'un noir brillant. *Métasternum* court, sans sillon ou impression apparente. 2e *et* 3e *Segments ventraux* sensiblement sinués au milieu de leur bord apical : le 4e légèrement flexueux à son bord postérieur : le 5e obtusément arrondi au sommet. *Pygidium* à disque testacé.

Pieds courts, assez grêles, très-finement pubescents : les *antérieurs* d'un testacé pâle : les *intermédiaires* et les *postérieurs* d'un roux ferrugineux, avec les *tarses* plus clairs et les *cuisses* rembrunies. *Cuisses* non ou à peine renflées. *Tibias antérieurs* très-grêles, légèrement flexueux : les *intermédiaires* et les *postérieurs* proportionnellement plus courts, moins grêles et faiblement comprimés. *Tarses* courts, étroits à leur base, graduellement élargis vers leur extrémité; à 1er article aussi long que les trois suivants réunis : le dernier très-épais : les *antérieurs* aussi ou un peu plus développés que les autres.

Patrie : Cette espèce se rencontre dans toute la France, en été, en battant les vieux lierres. Elle paraît plus rare dans le nord que dans le midi.

Obs. C'est le *X. Helicis*, Perris, de quelques collections.

b. Corps d'un brun ferrugineux un peu brillant, subtomenteux. *2e et 3e segments ventraux* presque droits ou régulièrement arqués à leur bord apical.

2. Mesocœlopus collaris.

Ovalaire, revêtu d'une courte et épaisse pubescence blonde et subtomenteuse ; très-finement pointillé, un peu brillant ; d'un ferrugineux obscur, avec les antennes, la bouche, les pieds antérieurs et tous les tarses d'un testacé pâle, le 1er article des antennes, le sommet du prothorax, les tibias intermédiaires et les tibias postérieurs d'un roux ferrugineux. Front très-large, légèrement convexe. Prothorax transversal, beaucoup plus étroit en avant ; à côtés droits, avec les angles antérieurs aigus et les postérieurs obtus et légèrement arrondis ; assez fortement bissinué à la base ; convexe, fortement gibbeux en arrière à son milieu. Ecusson subogival. Elytres suboblongues, voûtées, fortement arrondies au sommet. Tarses courts, à 1er article très-allongé.

Mesocœlopus collaris (Chevrolat), *in* collect..

Var. a. *Dessous du corps* entièrement d'un roux ferrugineux.

Long. 0m,0015 à 0m,0022 (3/4 à 1 l.). — Larg. 0m,008 à 0m,0012 (2/5 à 3/5).

Corps ovoïde, très-finement, très-légèrement et très-densement ponctué ; d'un brun ferrugineux un peu brillant ; revêtu d'une très-courte pubescence blonde, très-serrée, subtomenteuse.

Tête large, fortement transversale, verticale ou infléchie, fortement engagée dans le prothorax, d'une moitié plus étroite que celui-ci ; pubescente ; très-finement et très-densement pointillée ; d'un brun ferrugineux un peu brillant avec la partie antérieure plus claire, souvent entièrement d'un roux ferrugineux. *Front* très-large, légèrement convexe. *Arêtes génales* très-fines et un peu saillantes. *Epistome* largement échancré et sensiblement rebordé à son bord antérieur, séparé du front par une ligne presque droite, plutôt idéale que distincte. *Labre* d'un roux ferrugineux, à peine cilié à son sommet. *Mandibules* à peine pilosellées, obsolètement chagrinées, peu brillantes, d'un roux ferrugineux avec l'extrémité lisse et légèrement rembrunie. *Palpes* et autres *parties de la bouche* testacés. *Yeux* assez grands, irréguliers, subsinués à leur côté inféro-interne, peu saillants, noirs.

Antennes courtes, dépassant un peu la base du prothorax, très-finement pubescentes et intérieurement pilosellées, d'un testacé pâle avec le 1er article d'un roux ferrugineux, sensiblement dentées en scie intérieurement à partir du 4e article inclusivement, les articles étant moins longs que larges et les 8e à 10e moins courts : le 1er très-grand, fortement dilaté à la base en dedans en forme d'oreillette : le 2e à peine plus long que large, beaucoup plus grêle, légèrement renflé, obtusément arrondi intérieurement : le 3e large, assez fortement angulé en dedans : le dernier ovalaire, acuminé au sommet.

Prothorax transversal, d'un quart moins long que large, de la largeur des élytres à sa base; paraissant, vu de dessus, légèrement arrondi latéralement et une fois plus étroit en avant qu'en arrière; légèrement prolongé au milieu de son bord apical en forme de capuchon très-obtus et largement arrondi; à côtés tranchants, rectilignes, non rebordés, très-déclives d'arrière en avant, obliques et convergeant antérieurement, avec les angles antérieurs aigus et très-infléchis ou même légèrement réfléchis en dessous; à angles postérieurs obtus, bien marqués, légèrement arrondis et non relevés; assez fortement bissinué à la base, avec le milieu de celle-ci très-finement et presque indistinctement rebordé; convexe, sensiblement déclive en avant et fortement gibbeux au milieu de la partie postérieure du disque; très-finement, très-légèrement et très densement pointillé; d'un brun ferrugineux un peu brillant, avec la partie antérieure toujours et graduellement plus claire, revêtu d'une très-courte pubescence blonde, assez serrée, subtomenteuse, plus apparente sur les côtés, plus fine et plus rare sur toute la région médiane.

Ecusson subogival, subarrondi au sommet, à peine pointillé; pubescent; d'un brun ferrugineux peu brillant.

Elytres un peu oblongues, deux fois et demie plus longues que le prothorax, subparallèles jusqu'aux deux tiers de leur longueur, fortement arrondies au sommet; convexes et voûtées sur le dos; très-finement, très-légèrement et très-densement pointillées; d'un brun ferrugineux un peu brillant et plus ou moins roussâtre; revêtues d'une très-courte pubescence d'un blond cendré, très-serrée, subtomenteuse, uniforme, et qui leur donne une teinte grisâtre. *Epaules* saillantes, à *calus* basilaire, tuberculé et commun avec la base du prothorax qui se relève brusquement et simultanément à cet endroit, à *lobe inférieur* presque droit à son arête extérieure.

Dessous du corps assez convexe, finement pubescent; très-finement, légèrement et très-densement pointillé; d'un roux ferrugineux un peu brillant et plus ou moins obscur. *Métasternum* court, sans sillon ou impression apparente, seulement marqué à sa partie postérieure d'un espace lisse, rappelant une impression dégénérée. 2e *et* 3e *Segments ventraux* presque droits ou régulièrement arqués à leur bord apical ainsi que le 4e : le 5e largement arrondi au sommet.

Pieds courts, assez grêles, très-finement pubescents : les *antérieurs* d'un testacé pâle : les *intermédiaires* et les *postérieurs* d'un roux ferrugineux avec les *tarses* plus clairs. *Cuisses* non ou à peine renflées. *Tibias antérieurs* très-grêles, légèrement flexueux : les *intermédiaires* et les *postérieurs* un peu plus courts, moins grêles et faiblement comprimés. *Tarses* courts, étroits à leur base, graduellement épaissis vers leur extrémité; à 1er article aussi long que les trois suivants réunis : le dernier fortement épaissi : les *antérieurs* aussi ou un peu plus développés que les autres.

Patrie : Cette espèce, moins commune que la précédente, est répandue du nord au midi de la France (environs de Paris, de Lyon, Bourgogne, Provence, etc.).

Obs. Elle a été sans doute longtemps confondue avec le *M. niger*, dont elle semble être une variété de couleur; mais le prothorax est plus fortement gibbeux en arrière; la pubescence est plus serrée, un peu moins fine et plus jaune; les cuisses ne sont jamais rembrunies; le

2e et 3e articles des antennes sont moins dilatés antérieurement; enfin la structure des 2e et 3e segments ventraux est bien différente.

La couleur est quelquefois entièrement ferrugineuse.

DEUXIÈME BRANCHE.

DORCATOMAIRES.

Caractères : *Antennes* non dentées en scie intérieurement, terminées par *trois articles* très-grands, beaucoup plus grands que les intermédiaires, fortement comprimés, plus ou moins fortement dilatés ou prolongés en dedans; de 8 à 11 articles.

Corps épais, oblong (*Theca elongata*), le plus souvent subovalaire ou subhémisphérique. *Yeux* subsinués, échancrés à leur côté inféro-interne, ou même profondément entaillés et comme bilobés. *Prothorax* très-faiblement arrondi, obliquement tronqué ou même très-largement échancré à son bord apical qui est à peine (*Theca*) ou nullement en forme de capuchon; non relevé de chaque côté à la base en même temps que le calus huméral. *Hanches antérieures* plus ou moins écartées l'une de l'autre, verticales presque relevées jusqu'au niveau du métasternum. *Tarses* assez épais ou sensiblement comprimés sur les côtés.

Les *Dorcatomaires* se répartissent dans les genres suivants :

Métasternum

non prolongé en avant entre les hanches intermédiaires, profondément rainuré à son milieu. *Bord antérieur de la tête*, à l'état d'inflexion, venant s'appuyer contre la base des hanches antérieures. *Mésosternum* relevé à son milieu en une lame longitudinale, lanciforme. *Postépisternums* très-étroits en avant (1), graduellement élargis en arrière. *Epimères postérieures* petites, mais apparentes. *Hanches antérieures* rapprochées l'une de l'autre; *les postérieures* à lame étroite, subparallèle. *Pieds antérieurs* complétement libres. *Antennes* de 11 articles, les 7e et 8e dentés en scie intérieurement. *Elytres* striées sur toute leur surface. . . . . THECA.

prolongé en avant entre les hanches intermédiaires en *lame* en forme d'enclume contre laquelle vient s'appuyer le *bord antérieur de la tête* à l'état d'inflexion. *Mesosternum* fortement excavé à son milieu et refoulé sous le bord antérieur du métasternum. *Epimères postérieures* oblongues, bien apparentes. *Hanches* plus ou moins écartées l'une de l'autre. *Cuisses antérieures* engagées dans la cavité sous-prothoracique. *Elytres* seulement bissinuées ou striées sur les côtés. *Corps*

- ovalaire ou subovalaire. *Yeux* distinctement sinués ou échancrés à leur bord inféro-interne. *Lame médiane du prosternum* bifurquée au sommet. *Postépisternums* médiocres, subparallèles. *Lame des Hanches postérieures* élargies en dehors. *Antennes* de 10 articles (2). *Pieds* assez grêles. . . . . . DORCATOM

- court, subhémisphérique. *Yeux*

  - profondément entaillés à leur bord inféro-interne et comme subbilobés. *Lame médiane du Prosternum* simple. *Métasternum* presque une fois plus long que le 2e segment ventral. *Postépisternums* très-étroits à la base, légèrement élargis en arrière. *Lame des Hanches postérieures* sensiblement élargie en dehors. *Antennes* de 9 articles. *Pieds* assez grêles. *Tarses* linéaires. *Corps* subhémisphérique . . . . ENNEATOM

  - à peine sinués à leur bord inféro-interne. *Lame médiane du Prosternum* bifurquée. *Métasternum* très-court, pas plus long que le 2e segment ventral. *Postépisternums* assez larges, un peu rétrécis au milieu. *Lame des Hanches postéreures* assez étroite, subparallèle. *Antennes* de 8 articles. *Pieds* très-épais. *Tarses* graduellement rétrécis vers leur extrémité. *Corps* subsphérique . . AMBLYTOM

Genre *Theca*; MULSANT et REY.

(Mulsant, Op. ent. t. XII. p. 40. 1861; — Aubé. Ann. soc. Ent. p. 63. 1861).

(Etymologie: θηχη, étui, gaîne).

CARACTÈRES: *Corps* ovale-oblong ou suballongé. *Front* assez lar simple. *Yeux* subsinués à leur bord inféro-interne. *Antennes* d

(1) Nous n'entendons ici que la partie visible de cette pièce, et nous faisons abstraction d partie déclive qui se trouve cachée par les cuisses intermédiaires.

(2) Bien que le nombre différent des articles des Antennes paraisse un caractère impo nous ne le faisons passer ici qu'en seconde ligne, attendu que les articles intermédiaires, très-petits et fortement contigus, sont très-difficiles à compter.

11 articles; peu allongées, assez grêles, avec les trois derniers articles grands, oblongs, subcomprimés, intérieurement dilatés en dents de scie. *Prothorax* profondément excavé en dessous ainsi que le prosternum; muni sur les côtés d'une tranche; convexe, non gibbeux sur son disque. *Elytres* striées, fortement arrondies au sommet. *Mésosternum* à lame médiane relevée, lancéolée. *Métasternum* profondément rainuré sur sa ligne médiane. *Hanches antérieures* rapprochées, les intermédiaires légèrement, les postérieures sensiblement écartées l'une de l'autre: celle-ci à lame étroite, subparallèle. *Epimères postérieures* apparentes, petites. *Segments ventraux* libres : le 1er offrant, en arrière des fossettes transversales, un rebord apparent, étroit. *Tibias* à tranche externe simple. *Tarses* courts, assez épais : les postérieurs à 1er article oblong.

Corps ovale-oblong ou suballongé.

Tête médiocre, engagée dans le prothorax sous lequel elle peut s'infléchir fortement, en venant s'appuyer contre les hanches antérieures. *Front* médiocrement large. *Arêtes génales* assez développées, obliques et arquées. *Joues* assez dilatées en dedans de l'insertion des antennes. *Epistome* transversal, obtusément tronqué au sommet. *Labre* très-petit, subtransversal, subtriangulaire. *Mandibules* robustes, larges, saillantes, arrondies sur les côtés, séparées, à la base, des fossettes génales par une arête angulée. *Palpes maxillaires* à dernier article grand, allongé, subsécuriforme : celui des *labiaux* plus court, un peu plus large, sécuriforme. *Menton* plan, transversal, trapézoïdal. *Yeux* assez grands, subarrondis ou irréguliers, subsinués à leur bord inféro-interne, peu saillants, en partie voilés en arrière par le bord antérieur du prothorax.

Antennes de 11 articles; peu allongées, assez grêles; insérées vers l'angle inféro-interne des yeux; se repliant presque entièrement dans la cavité sous-prothoracique; à 1er article très-grand, subovalaire, subconcave en dessous, dilaté en dedans en forme d'oreillette obtuse: le 2e beaucoup moindre, grêle, oblong : les 3e à 6e petits et contigus : les 7e et 8e prolongés intérieurement en angle aigu : les trois derniers très-grands, oblongs, dilatés en dedans en dents de scie obtuses, subcomprimées, formant une massue lâche et très-tranchée, aussi longue au moins que le reste de l'antenne.

Prothorax transversal ; à ouverture antérieure subcirculaire ; profondément excavé en dessous pour recevoir la tête à l'état d'inflexion ; à bord antérieur prolongé inférieurement jusqu'aux hanches en arête très-saillante et servant latéralement de limite à la cavité sous-prothoracique ; obliquement tronqué ou très-faiblement arrondi à son bord apical qui forme à peine le capuchon ; subrectiligne ou très-légèrement arrondi sur les côtés qui sont munis d'une tranche finement rebordée, avec les angles postérieurs bien marqués ; bissinué à la base ; convexe et non gibbeux sur son disque.

Ecusson petit, subsémicirculaire ou subarrondi.

Elytres ovalaires ou oblongues, striées, fortement arrondies au sommet. *Epaules* à calus saillant, à lobe inférieur largement replié en dessous à sa base, obliquement échancré en avant pour recevoir les genoux intermédiaires, fortement sinué en arrière où l'arête se double pour former une petite rainure longitudinale où se logent et se meuvent les genoux postérieurs.

Poitrine profondément excavée en avant. *Prosternum* petit, déclive, peu visible, refoulé au fond de la cavité sous-prothoracique. *Mésosternum* à lame médiane horizontale, longitudinale, lanciforme, relevée jusqu'au niveau du métasternum. *Métasternum* peu développé en longueur ; creusé à son milieu d'une profonde rainure longitudinale ; terminé entre les hanches postérieures par deux faibles expansions obtusément angulées. *Postépisternums* très-étroits, un peu élargis postérieurement, fortement dilatés en avant à leur partie déclive. *Epimères postérieures* très-petites mais apparentes.

Hanches antérieures transversales, horizontales (1), très-légèrement, les *intermédiaires* légèrement, les *postérieures* sensiblement écartées l'une de l'autre : celles-ci à *lame* étroite et subparallèle.

Ventre à 1er segment réduit sur les côtés, derrière les fossettes transversales qui sont fortement déclives d'arrière en avant, à un étroit espace linéaire, et, au milieu, entre les hanches postérieures, à une

(1) Dans ce genre, contrairement à tous les autres *Dorcatomiens*, les hanches antérieures offrent une surface transversale, horizontale, élevée jusqu'au niveau du métasternum.

lame triangulaire assez large, rétrécie en avant en pointe acérée : le 2e assez grand : les 3e et 4e graduellement plus courts : le dernier plus développé en longueur que le précédent.

Pieds assez courts, assez grêles : les *antérieurs* pouvant se replier presque entièrement sous le prothorax, mais en dehors et en arrière de la cavité sous-prothoracique : les *intermédiaires* se logeant dans leur fossette respective, derrière ceux-ci, entre le bord latéral du prothorax et l'arête transversale du métasternum. *Cuisses* obsolètement rainurées en dessous à leur sommet : les *postérieures* subangulées inférieurement à leur insertion avec les trochanters. *Tibias* à tranche externe simple. *Tarses* courts, assez épais, à articles intermédiaires très-courts : les premiers et derniers plus longs.

Obs. Les espèces de ce genre se rencontrent sur les pins, les genevriers, et sur divers autres arbres ou arbrisseaux.

Ce genre se rapproche du G. *Dorcatoma* par la forme de ses antennes ; mais il en diffère essentiellement par l'ouverture antérieure du prothorax non transversale, par ses élytres striées sur toute leur surface, par son mésosternum visible et relevé jusqu'au niveau du métasternum, par celui-ci plus profondément rainuré à son milieu, par la forme des hanches antérieures qui présentent une surface horizontale assez développée, par les hanches antérieures et intermédiaires plus rapprochées l'une de l'autre, et enfin par la fossette du repli des élytres qui suffit à lui seul pour distinguer ce genre de tous ceux de la même famille.

M. le docteur Aubé (Ann. Soc. Ent. 1861. p. 63) a donné une excellente monographie de ce genre nouveau et intéressant, qui compte déjà 4 ou 5 espèces européennes dont trois seulement, à notre connaissance, appartiennent à la faune française.

Le genre *Theca* renferme les espèces ci-dessous :

a. Corps ovale-oblong. *Stries des élytres* canaliculées ; *intervalles* plans. — *Byrroïdes.* *Pilula.*

b. Corps allongé ou suballongé. *Stries des élytres* subcrénelées ; *intervalles* subconvexes. — *Elongata.*

a. Corps ovale-oblong. *Stries des élytres* canaliculées, à *intervalles* plans.

1. **Theca byrrhoïdes**; Mulsant et Rey.

Ovale-oblongue, hérissée d'une assez longue pubescence blanchâtre; finement rugueuse; un peu brillante; brunâtre, avec les palpes et les antennes, le 1er article de celle-ci, la tête et les pieds d'un roux ferrugineux. Front assez large. légèrement convexe. Prothorax transversal, plus étroit en avant; presque droit et légèrement rebordé sur les côtés, avec les angles antérieurs aigus et les postérieurs subobtus, légèrement bissinué à la base; assez convexe, subégal. Ecusson subarrondi, déprimé. Elytres oblongues, fortement arrondies au sommet, finement striées-ponctuées-canaliculées, avec les intervalles plans et parés, outre la pubescence, d'assez longs poils sérialement disposés. Tarses courts, assez épais.

Theca byrrhoïdes. Muls. et Rey, *in* Muls., Op. Ent. t. XII. p. 42. — Aubé, Ann. Soc. ent. 1861. t. l. p. 95.

Long. 0m,0015 à 0m,002 (3/4 à 1 l.). — Larg. 0m,007 à 0m,0012 (1/4 à 1/2).

Corps ovale-oblong, finement rugueux, un peu brillant; brunâtre; hérissé d'une fine pubescence blanchâtre, assez longue, assez épaisse et plus ou moins redressée.

Tête assez large, transversale, verticale ou infléchie, fortement engagée dans le prothorax, d'une moitié plus étroite que celui-ci, hérissée de quelques poils fins et blanchâtres, très-finement et rugueusement ponctuée, comme chagrinée, marquée en outre de quelques points épars, plus grossiers et convertis en papilles effacées; entièrement d'un brun rougeâtre assez brillant. *Front* assez large, légèrement convexe. *Arêtes génales* fines, peu saillantes. *Epistome* obtusément ou subsinueusement tronqué au sommet, obsolètement et grossièrement ridé en long, un peu rembruni, séparé du front par une ligne enfoncée, presque droite ou très-faiblement arquée, à peine sensible. *Labre* subtriangulaire, obscur. *Mandibules* ruguleuses; d'un brun ferrugineux obscur et subopaque, avec l'extrémité lisse et brillante. *Palpes* testacés. *Yeux* grands, subarrondis, subsinués à leur bord inféro-interne, peu saillants, noirs.

Antennes peu allongées, à peine de la longueur de la moitié du corps, à peine pubescentes, intérieurement pilosellées; testacées, avec le 1er article d'un rouge ferrugineux : celui-ci très-grand, très-épaissi, obtusément dilaté en dedans : le 2e petit, beaucoup plus grêle, un peu plus long que large, à peine renflé : le 3e étroit, un peu oblong : les 4e à 6e très-petits et contigus, obliques : le 7e faiblement, le 8e plus fortement prolongé en dedans à angle aigu : les trois derniers très-grands, subcomprimés : les 9e et 10e dilatés intérieurement en dents de scie obtuses : le dernier subelliptique, obtusément acuminé au sommet, un peu plus long que le précédent.

Prothorax transversal, d'un quart moins long que large, à peine de la largeur des élytres à sa base; paraissant, vu de dessus, subrectiligne latéralement, et une fois plus étroit en avant qu'en arrière ; très-faiblement prolongé à son bord apical en forme de capuchon très-obtus et largement arrondi; à côtés tranchants, légèrement rebordés, très-déclives d'arrière en avant, convergeant un peu antérieurement, et paraissant, vus de côté, légèrement flexueux et faiblement arrondis en avant; avec les angles antérieurs aigus, très-infléchis ou même un peu réfléchis en dessous, et les postérieurs un peu obtus, relevés, un peu épaissis et à peine émoussés; légèrement mais distinctement bissinué à la base avec le lobe médian plus prolongé en arrière que les lobes latéraux; assez convexe, égal, légèrement déclive en avant; très-finement et subrugueusement ponctué, marqué en outre de points plus grossiers à fond plat ou subombiliqués, épars, mais plus serrés et comme rugueux ou subécailleux sur les côtés; d'un brun obscur un peu brillant, un peu roussâtre vers le sommet; hérissé de poils fins, blanchâtres et peu serrés.

Écusson subarrondi, déprimé, à peine pubescent; finement chagriné; peu brillant, d'un brun noir.

Élytres oblongues, environ trois fois plus longues que le prothorax, subparallèles sur les côtés jusqu'à la moitié de leur longueur où elles sont légèrement dilatées ; fortement arrondies au sommet ; convexes sur le dos ; d'un brun obscur un peu brillant ; hérissées d'assez longs poils fins blanchâtres, en partie mi-couchés, en partie redressés, avec ceux-ci plus longs et sérialement disposés ; creusées chacune de 11 stries assez fines, canaliculées, légèrement ponctuées-caténulées : la 1re juxta-scutellaire, légèrement arquée, obsolètement recourbée en dedans à la base en forme de crosse, très-courte et seulement prolongée jusqu'au sixième de la longueur : les suturale et marginale postérieurement réunies et enclosant les 2e et 9e (1), qui sont aussi réunies en arrière : les 3e et 4e se réunissant postérieurement bien avant l'extrémité : les 5e et 8e encore plus raccourcies, réunies en arrière et enclosant les 6e et 7e qui sont également réunies à leur sommet. *Intervalles* plans, assez larges, finement chagrinés. *Epaules* à *calus* saillant, gibbeux, un peu roussâtre ; à *lobe inférieur* très-prononcé, subrectiligne extérieurement.

Dessous du corps assez convexe, finement pubescent ; assez densément, assez grossièrement mais légèrement ponctué avec la région médiane du métasternum un peu plus lisse ; entièrement d'un brun obscur, quelquefois un peu rougeâtre. 2e *Segment ventral* subsinué au milieu de son bord apical : le 5e largement arrondi au sommet.

Pieds assez courts, assez grêles, finement pubescents ; d'un rouge ferrugineux. *Cuisses* non ou à peine renflées, pilosellées en dessous. *Tibias antérieurs* légèrement dilatés, subcomprimés, finement ciliés à leur tranche externe. *Tarses* courts, assez épais, ciliés de poils assez courts et raides : les *postérieurs* à 1er article assez allongé.

Patrie : Cette espèce se trouve en Provence. Nous l'avons prise, en juin, en battant les pins, aux environs d'Hyères et dans l'île de Porquerolles.

Ici doit se placer une espèce que nous n'avons pas vue et dont nous rapportons la description donnée par M. Aubé.

---

(1) Comme toujours nous faisons abstraction de la juxta-scutellaire et nous regardons comme 1re celle qui vient après.

2. **Theca pilula**; Aubé.

Oblongo-ovata, supra piceo-castanea, infra ferruginea, pube sericeo-testacea dense vestita, vix opaca. Capite ferrugineo et thorace sparsim punctulatis. Elytris subtilissime reticulatis striato-punctatis, striis punctisque ad suturam leviter, ad latera fortiùs impressis. Pedibusque ferrugineis, tarsis testaceis.

Theca pilula. Aubé, Ann. Soc. ent. (1861). p. 95.

Long. 2 mill.

Patrie : Mont-de-Marsan.

b. Corps allongé ou suballongé. *Stries des Elytres* subcrénelées; à *intervalles* subconvexes.

3. **Theca elongata**; Mulsant et Rey.

Allongée, hérissée d'une assez longue pubescence blanchâtre; obsolètement rugueuse ; assez brillante ; d'un brun ferrugineux, avec les palpes et les antennes testacés, le 1er article de celles-ci et les pieds d'un roux ferrugineux. Tête et côtés du prothorax assez fortement rugueux. Front peu large, très-légèrement convexe. Prothorax légèrement transversal, un peu plus étroit en avant ; presque droit et étroitement rebordé sur les côtés, avec les angles antérieurs aigus, les postérieurs obtus, subarrondis et réfléchis ; très-légèrement bissinué à la base ; légèrement convexe, subégal. Ecusson subarrondi, déprimé. Elytres allongées, fortement arrondies au sommet, assez fortement subcrénelées-striées-ponctuées, avec les intervalles subconvexes, parés, outre la pubescence, d'assez longs poils sérialement disposés. Tarses courts, assez épais.

Theca elongata. Muls. et Rey, *in* Muls., Op. ent. t. XII. p. 44.
Theca raphaëlensis. Aubé, Ann. Soc. ent. (1861). p. 96.

Long. 0m,0022 (1 l.). — Larg. 0m,0008 (2/5).

Corps allongé, assez brillant; d'un brun ferrugineux; hérissé d'une fine pubescence blanchâtre, assez longue, assez épaisse et plus ou moins redressée.

Tête assez large, transversale, verticale ou infléchie, fortement engagée dans le prothorax, un peu plus étroite que celui-ci; revêtue d'une fine pubescence blanchâtre assez longue et dirigée en avant; assez grossièrement, légèrement et rugueusement ponctuée; d'un ferrugineux assez obscur et peu brillant. *Front* pas plus large que deux fois le diamètre de l'œil, très-faiblement convexe. *Arêtes génales* très-fines, peu saillantes. *Epistome* subsinué à son sommet, légèrement rembruni, séparé du front par une ligne enfoncée, presque droite et assez distincte, cilié en devant d'assez longs poils blanchâtres qui voilent le *Labre* et les *Mandibules* : celles-ci d'un ferrugineux assez obscur. *Palpes* d'un testacé pâle. *Yeux* grands, subarrondis à leur bord inféro-interne, peu saillants, noirs.

Antennes peu allongées, un peu plus courtes que la moitié du corps; très-finement pubescentes, intérieurement subpilosellés; d'un flave testacé, avec le 1er article d'un roux ferrugineux ; celui-ci très-grand, très-épaissi, obtusément dilaté en dedans : le 2e petit, beaucoup plus grêle, un peu plus long que large, à peine renflé, subovalaire : le 3e un peu oblong, obconique : les 4e à 6e petits, contigus, obliques : le 7e légèrement : le 8e plus fortement prolongé en dedans à angle aigu : les trois derniers très-grands, subcomprimés : les 9e et 10e dilatés intérieurement en dents de scie obtuse : le dernier elliptique, obtusément acuminé au sommet, un peu plus long que le précédent.

Prothorax légèrement transversal, un peu moins long à son milieu que large à sa base, aussi large à celle-ci que les élytres; paraissant, vu de dessus, un peu plus étroit en avant qu'en arrière et subrectiligne latéralement avec les angles postérieurs sensiblement réfléchis en dehors; faiblement, prolongé à son bord apical en forme de capuchon très-obtus et largement arrondi; à côtés tranchants, étroitement rebordés, très-déclives d'arrière en avant, convergeant un peu antérieurement et subrectilignes, vus de côté; avec les angles antérieurs aigus, à peine émoussés au sommet, très-infléchis ou même un peu réfléchis en dessous, et les postérieurs un peu obtus, légèrement mais sensiblement arrondis et fortement réfléchis supérieurement; très-légèrement bissinué à la base avec le lobe médian à peine plus prolongé en arrière que les lobes latéraux; légèrement convexes, subégal, légèrement déclive en avant; marqué surtout sur les côtés de points épars, subrugueux, assez grossiers, circulaires, à fond plat; d'un brun rougeâtre assez clair avec le milieu du disque un peu plus obscur; hérissé d'une fine pubescence blanchâtre, assez longue, dirigée en avant et un peu obliquement en dehors, assez dense sur les côtés et beaucoup plus rare sur le milieu.

Ecusson subarrondi, déprimé, à peine pubescent, finement rugueux, d'un brun ferrugineux assez brillant.

Elytres allongées, trois fois plus longues que le prothorax, subparallèles sur les côtés jusqu'aux trois quarts de leur longueur, fortement arrondies au sommet; médiocrement convexes sur le dos; d'un brun rougeâtre assez obscur et assez brillant, hérissées d'une fine pubescence blanchâtre, assez serrée, légèrement couchée en arrière, avec quelques poils plus longs et plus redressés sérialement disposés; creusées chacune de 11 stries assez fortement ponctuées et subcrénelées; la 1re juxta-scutellaire, très-courte, presque droite ou faiblement arquée, raccourcie en avant, à peine prolongée en arrière jusqu'au sixième de la longueur : les suturale et marginale postérieurement réunies et enclosant les 2e et 9e aussi réunies en arrière : les 3e et 4e se réunissant postérieurement bien avant l'extrémité : les 5e et 8e raccourcies, réunies postérieurement et enclosant les 6e et 7e qui sont également réunies à leur sommet. *Intervalles* subconvexes, peu larges, obsolètement rugueux. *Epaules* à *calus* saillant, gibbeux et arrondi, à *lobe inférieur* prononcé, subrectiligne extérieurement.

Dessous du corps assez convexe, finement pusbescent; rugueusement et légèrement ponctué; d'un roux ferrugineux. 5e *Segment ventral* largement arrondi au sommet.

Pieds assez courts, assez grêles, finement pubescents; d'un roux ferrugineux assez clair. *Cuisses* non ou à peine renflées. *Tibias antérieurs* assez grêles, ciliés de quelques poils à leur tranche externe. Tarses courts, légèrement épaissis.

Patrie : Cette espèce a été découverte à Saint-Raphaël (Var), par M. Raymond, et nous a été communiquée par M. Godart.

Obs. Elle diffère de la précédente par sa forme plus allongée; par sa couleur un peu moins obscure; par sa pubescence un peu plus couchée; par les stries des élytres plus grossièrement ponctuées, à intervalles plus étroits et subconvexes.

Genre *Dorcatoma*; Herbst.

(Herbst, Kæf. t. IV. p. 103).

(Etymologie δορκάς, chevreuil; τομή, pièce, entaille).

Caractères : *Corps* subovalaire. *Front* médiocrement large, simple. *Yeux* assez distinctement sinués ou échancrés à leur bord inféro-interne. *Antennes* de 10 articles; médiocres, à trois derniers articles très-grands, fortement comprimés, plus ou moins prolongés intérieurement. *Prothorax* profondément excavé en dessous ainsi que la partie antérieure de la poitrine; muni sur les côtés d'une tranche saillante; convexe et non gibbeux sur son disque. *Elytres* ponctuées-striées sur les côtés, largement arrondies au sommet. *Prosternum* à lame médiane bifurquée au sommet. *Mésosternum* profondément excavé, refoulé sous le bord antérieur du métasternum. *Métasternum* prolongé en avant, à son milieu, en lame de la forme d'une enclume. *Hanches antérieures* médiocrement, les intermédiaires assez fortement, les postérieures peu écartées l'une de l'autre : celles-ci à lame étroite et subparallèle en dedans, brusquement élargie ou dilatée en dehors. *Epimères postérieures*, apparentes, oblongues. *Segments ventraux* libres ou, rarement, soudés entre eux : le 1er nul en arrière des fossettes transversales. *Tibias* à tranche externe simple. *Tarses* courts, assez fortement comprimés latéralement; linéaires, à 1er article oblong.

Corps épais, subovalaire.

Tête médiocre, engagée dans le prothorax sous lequel elle peut s'infléchir fortement, en venant s'appuyer contre le métasternum. *Front* médiocrement large. *Arêtes génales* assez développées, un peu obliques. *Epistome* très-court, fortement transversal, tronqué, obsolètement subéchancré au sommet. *Labre* très-petit, transversal, obtusément tronqué ou obsolètement subsinué à son bord antérieur. *Mandibules* robustes, saillantes, arcuément coudées sur les côtés. *Palpes* à dernier article grand, comprimé, légèrement sécuriforme dans les *maxillaires*, plus fortement dans les *labiaux*. *Menton* plan, légèrement transversal, trapézoïdal. *Yeux* assez grands, irréguliers, distinctement sinués ou échancrés à leur bord inféro-interne, assez ou peu saillants, légèrement voilés en arrière par le bord antérieur du prothorax.

Antennes de 10 articles; insérées assez loin des yeux; se repliant entièrement (1), à l'état de repos, dans la cavité sous-prothoracique; à 1er article très-grand, subtétraédrique ou en forme d'oreillette : le 2e beaucoup moindre, plus ou moins obtusément angulé en dedans : les 3e à 7e très-petits, courts et serrés : les trois derniers très-grands, fortement comprimés, plus ou mois prolongés intérieurement, formant une massue lâche, très-tranchée et beaucoup plus longue que le reste de l'antenne.

Prothorax transversal, fortement rétréci en avant; à ouverture antérieure transversale, irrégulière ou subsémicirculaire; très-profondément excavé en dessous pour recevoir la tête à l'état d'inflexion; à bord antérieur prolongé inférieurement jusqu'aux hanches en arête saillante mais refoulée dans la cavité sous-prothoracique; obliquement tronqué ou à peine arrondi au milieu de son bord apical qui ne forme nullement le capuchon; subrectiligne sur les côtés qui sont munis d'une

(1) A l'exception du 1er article qui s'infléchit dans sa fossette génale respective.

tranche saillante, avec les angles postérieurs bien marqués; largement bissinué à la base; convexe et non gibbeux sur son disque.

Ecusson légèrement transversal ou subsémicirculaire.

Elytres obovalaires, ponctuées, bi ou subtristriées sur les côtés, largement arrondies au sommet. *Epaules* à calus très-saillant, gibbeux; à lobe inférieur replié et rainuré en dessous à sa base, obliquement subéchancré en avant pour recevoir les genoux intermédiaires, et étroitement sinué en arrière (1) pour loger les genoux postérieurs.

Poitrine très-profondément excavée à sa partie antérieure : les prosternum et mésosternum étant refoulés bien au dessous du niveau du métasternum. *Prosternum* très-déclive, à lame médiane large, courte, échancrée au sommet et prolongée latéralement en deux lanières étroites et recourbées (2). *Mésosternum* caché, fortement excavé à son milieu et refoulé sous le bord antérieur du métasternum. *Métasternum* peu développé en longueur, plus ou moins profondément sillonné à son milieu; prolongé en avant, entre les hanches intermédiaires, en lame en forme d'enclume et contre laquelle vient s'appuyer le bord antérieur de la tête à l'état d'inflexion; terminé entre les hanches postérieures par deux expansions angulées, plus ou moins aiguës et séparées par une petite entaille. *Postépisternums* médiocres, subparallèles, plus ou moins élargis en avant à leur partie déclive. *Epimères postérieures* apparentes, oblongues, assez développées.

Hanches antérieures verticales, légèrement concaves sur les côtés de leur face antérieure, médiocrement écartées l'une de l'autre : les *intermédiaires* verticales, fortement échancrées intérieurement en dessous, assez fortement écartées l'une de l'autre, relevées jusqu'au niveau du métasternum où elles représentent une légère surface horizontale, irrégulière, échancrée en dehors pour l'insertion des trochanters : les *postérieures* peu écartées l'une de l'autre : celles-ci à *lame* étroite et

(1) A cet endroit le rebord des élytres est un peu dévié pour faciliter le jeu des genoux, et c'est aussi dans le même but que le repli basilaire est longitudinalement rainuré.

(2) Ce caractère remarquable ne peut être aperçu qu'en désarticulant le prothorax.

subparallèle en dedans, brusquement et sensiblement élargie en dehors (1).

Ventre à segments ordinairement libres, quelquefois plus ou moins soudés entre eux ; le 1er nul sur les côtés, derrière les fossettes transversales qui sont graduellement déclives d'arrière en avant, et réduit en son milieu, entre les hanches postérieures, à une faible lame oblongue, longitudinale, plus ou moins étroite : le 2e grand : les 3e et 4e plus courts que le précédent, subégaux : le dernier un peu plus développé en longueur que le 4e.

Pieds peu allongés, assez grêles. *Cuisses* plus ou moins rainurées en dessous : les *postérieures* inférieurement rectangulaires à leur insertion avec les trochanters : les *antérieures* se contractant sous et derrière le prothorax, laissant en dehors les tibias qui se logent, à l'état de repos, entre le bord latéral du prothorax et les *pieds intermédiaires* au même état : ceux-ci se repliant dans leur fossette respective et les tarses venant se ranger dans l'échancrure qui se trouve au dessous des expansions latérales de la lame en forme d'enclume. *Tibias* à tranche externe simple. *Tarses* courts, assez fortement comprimés latéralement ; à 1er article oblong : les 2e à 4e très-courts : le dernier un peu plus long.

Obs. Les espèces de ce genre vivent dans les bolets, les lycoperdons et le vieux bois attaqué par des substances cryptogamiques.

Les différentes espèces du genre *Dorcatoma* peuvent se grouper de la manière suivante :

Gr. I. *Dessous du corps* uniformément ponctué. *Elytres* finement ponctuées, bistriées sur les côtés.

a. *Elytres* à pubescence courte et couchée seulement en long. *Corps* subovalaire.

b. *Elytres* assez fortement ponctuées, avec un rudiment de 3e strie. 2e, 3e et 4e *Segments ventraux* sensiblement sinués au milieu de leur bord apical. *Dresdensis*.

(1) Quand les épimères postérieures sont oblongues et assez développées, elles empêchent la lame des hanches d'arriver jusqu'au bord des élytres.

bb. *Elytres* très-finement pointillées, sans rudiment sensible de 3e strie. 2e *Segment ventral* seul distinctement sinué à son bord apical. — *Punctulata.*

aa. *Elytres* à pubescence courte, légèrement couchées en long et en travers. *Corps* ovalaire. — *Serra.*

aaa. *Elytres* à pubescence hérissée, plus ou moins redressée.

c. *Tête* et *Prothorax* rougeâtres. *Corps* courtement ovalaire. *Elytres* à pubescence confuse. — *Dommeri.*

cc. *Tête* et *Prothorax* concolores. *Corps* ovalaire. *Elytres* à pubescence entremêlée de poils disposés en séries régulières. — *Setosella.*

Gr. II. *Dessous du corps* à ponctuation très-fine, entremêlée de points grossiers à fond plat. *Elytres* assez grossièrement ponctuées, distinctement tristriées sur les côtés.

d. 2e *à* 4e *Segments ventraux* libres, non soudés à leur milieu. *Elytres* assez densement et légèrement ponctuées, à pubescence un peu redressée, disposée en long et en travers. *Corps* subovalaire. — *Chrysomelina.*

dd. 2e à 4e *Segments ventraux* plus ou moins soudés à leur milieu. *Elytres* densement et rugueusement ponctuées, à pubescence très-courte, couchée seulement en long. *Corps* ovalaire. — *Flavicornis.*

GROUPE PREMIER.

Dessous du corps uniformément ponctué. *Elytres* finement ponctuées, bistriées sur les côtés.

a. *Elytres* à pubescence courte et couchée seulement en long. *Corps* subovalaire.

b. *Elytres* assez fortement ponctuées, avec un rudiment de 3e strie. 2e, 3e et 4e *Segments ventraux* sensiblement sinués au milieu de leur bord apical.

1. **Dorcatoma dresdensis** ; Herbst.

Subovalaire, revêtue d'une fine pubescence longitudinale et d'un blond cendré ; brillante, noire, avec les palpes testacés, les antennes et les pieds d'un roux ferrugineux. Tête et prothorax finement, élytres plus fortement pointillés. Front médiocrement large, légèrement convexe. Prothorax fortement transversal, beaucoup plus étroit en avant; à côtés droits, très-étroitement rebordés, avec les angles antérieurs aigus, les postérieurs subobtus et subélevés; largement bissinué à la base; assez fortement convexe, égal. Ecusson légèrement transversal. Elytres ovale-oblongues, assez fortement convexes, largement arrondies au sommet, bistriées sur les côtés avec un rudiment de 3e strie. Tarses courts, assez épais.

Dorcatoma dresdensis. HERBST., Kæf. t. IV. p. 104. 1. pl. XXXIX fig. 8. a. b.
Dorcatoma bistriata. PAYKULL, Faun. suec. t. I. p. 318.
Dorcatoma dresdensis. GYLLEN., Ins. suec. t. I. p. 299. 1. — STURM., Deuts. Faun. t. XII. p. 4. 1. pl. CCXLIV f. C. M. — REDTENB., Faun. Austr. 2e éd. p. 562.

Variété a. *Dessus du corps* entièrement d'un rouge brun.

Long. 0m,0033 (1 l. 1/2). — Larg. 0m,0018 (4/5).

♂ 8e *Article des Antennes* fortement prolongé intérieurement à sa base en forme de corne émoussée au sommet et légèrement oblique. Le 9e prolongé intérieurement à son milieu en forme de corne émoussée au sommet et obliquement dirigée vers l'extrémité. Le *dernier* allongé, subrectiligne ou faiblement subsinué à sa tranche externe. *Dernier segment ventral* simple.

♀ 8e *Article des Antennes* fortement dilaté intérieurement en dent de scie large et légèrement oblique : le 9e médiocrement dilaté en dent de scie large et obliquement dirigée vers le sommet : le *dernier* subelliptique, légèrement arrondi à sa tranche interne. *Dernier segment ventral* muni à sa base d'un petit relief subtransversal.

Corps subovalaire, épais, fortement convexe; d'un noir brillant; revêtu d'une courte pubescence d'un blond cendré, médiocrement serrée, tout-à-fait couchée et dirigée en arrière.

Tête médiocrement large, subtransversale, infléchie, fortement engagée dans le prothorax, plus d'une fois plus étroite que celui-ci.

finement pubescente, finement et densement pointillée, d'un noir brillant. *Front* pas plus large que deux fois le diamètre de l'œil, faiblement convexe. *Arêtes génales* fines, un peu saillantes. *Epistome* tronqué ou obsolètement subéchancré au sommet, séparé du front par un sillon droit et bien marqué. *Labre* obscur, légèrement cilié à son bord antérieur. *Mandibules* pilosellées, rugueuses, ferrugineuses, avec l'extrémité lisse et à peine rembrunie. *Palpes* d'un testacé pâle. *Menton* ferrugineux. *Yeux* assez grands, irréguliers, sensiblement sinués ou subéchancrés à leur bord inféro-interne, un peu saillants, noirs.

Antennes assez allongées, un peu plus courtes que la moitié du corps, très-finement pubescentes; d'un roux ferrugineux; à 1er article très-grand, très épaissi, intérieurement dilaté à la base en forme d'oreillette: le 2e plus grêle, un peu oblong, obtusément angulé en dedans: le 3e petit, aussi long que large: les 4e à 7e très-courts et contigus: le 4e souvent sensiblement: le 6e faiblement prolongé intérieurement en pointe spiniforme: les trois derniers très-grands, fortement comprimés: les 8e et 9e plus (♂) ou moins (♀) prolongés en dedans: le dernier un peu plus long que le précédent, obtusément acuminé au sommet.

Prothorax fortement transversal, plus d'une fois moins long que large, à peine aussi large à sa base que les élytres; une fois plus étroit en avant qu'en arrière; paraissant, vu de dessus, subrectiligne ou très-faiblement arrondi latéralement; obliquement tronqué ou à peine arrondi au milieu de son bord apical qui ne forme nullement le capuchon; à côtés tranchants, très-étroitement rebordés, subrectilignes, très-déclives d'arrière en avant, convergeant fortement antérieurement; avec les angles antérieurs aigus, très-infléchis ou même un peu réfléchis en dessous, les postérieurs un peu obtus, à peine émoussés et un peu relevés; largement bissinué à la base, avec le lobe médian beaucoup plus prolongé en arrière que les lobes latéraux; latéralement subcomprimé en dessus des yeux; assez fortement convexe, égal et sensiblement déclive en avant; d'un noir brillant; finement et densement pointillé; revêtu d'une fine et courte pubescence, d'un blond cendré, médiocrement serrée et tout-à-fait couchée.

Ecusson légèrement transversal, subarrondi postérieurement, à peine pubescent, ruguleux, d'un noir peu brillant.

Elytres ovale-oblongues, trois fois plus longues que le prothorax, subparallèles jusqu'aux deux tiers de leur longueur, subsinuées sur les côtés vers leur tiers antérieur, largement arrondies au sommet ; assez fortement convexes ; d'un noir brillant avec le bord apical finement rugueux, subopaque et souvent d'un roux ferrugineux ; revêtues d'une fine et courte pubescence d'un blond cendré, médiocrement serrée, tout-à-fait couchée et dirigée en arrière ; couvertes d'une ponctuation bien distincte, un peu plus forte et un peu moins serrée que celle du prothorax ; creusées chacune sur les côtés de deux stries bien marquées, canaliculées, flexueuses à leur milieu, subparallèles au rebord latéral, obsolètement et finement ponctuées à leur base, graduellement plus fortement et plus grossièrement vers leur extrémité où elles sont plus écartées et où souvent elles se réunissent ; notées en outre vers le milieu de la longueur, près de la strie interne, d'un rudiment de strie très-courte mais bien distincte, et en arrière, le long de la suture, d'un ou de deux ou même de trois points enfoncés, accidentels. *Epaules* à calus très-saillant, gibbeux, légèrement arrondi, à *lobe inférieur* faiblement prononcé et largement arrondi.

Dessous du corps assez convexe ; finement pubescent ; d'un noir brillant ; assez finement et assez densement ponctué, avec le milieu de la poitrine un peu plus lisse. *Métasternum* fortement sillonné à son milieu, avec le sillon profondément fovéolé à sa partie antérieure. 2e, 3e *et* 4e *Segments ventraux* sensiblement sinués au milieu de leur bord apical : le 5e obtusément arrondi au sommet.

Pieds peu allongés, assez grêles ; finement pubescents ; d'un roux ferrugineux, avec les *Cuisses intermédiaires* et *postérieures* légèrement rembrunies. *Cuisses* non renflées. *Tibias* assez grêles. *Tarses* courts, assez épais, à 1er article suboblong : les *antérieurs* paraissant un peu plus développés que les autres.

Patrie : On trouve cette espèce, en juin, dans les bolets des arbres, dans les troncs pourris attaqués par les plantes cryptogamiques. Elle préfère les parties boisées et montueuses de la France. (Montagnes du Lyonnais, Bourgogne, Alpes.)

Obs. La couleur passe quelquefois au rouge brun.

bb. *Elytres* très-finement pointillées, sans rudiment sensible de 3e strie. 2e *Segment ventral,* seul distinctement sinué au milieu de son bord apical.

2. Dorcatoma punctulata.

Subovalaire, revêtue d'une fine pubescence longitudinale et d'un blond cendré ; très-finement pointillée; brillante, d'un noir de poix, avec les palpes testacés, les antennes et les pieds d'un roux ferrugineux. Front médiocrement large, légèrement convexe. Prothorax fortement transversal, beaucoup plus étroit en avant ; à côtés droits et très-étroitement rebordés, avec les angles antérieurs très-aigus, les postérieurs subobtus, subarrondis et subélevés ; largement bissinué à la base ; assez fortement convexe, égal. Ecusson subsémicirculaire. Élytres ovale-oblongues, assez fortement convexes, assez largement arrondies au sommet, bistriées sur les côtés. Tarses courts, assez épais.

Long. 0m,0033 (1 l. 1/2). — Larg. 0m,0017 (3/4).

♂ Nous est inconnu.

♀ 8e *Article des Antennes* fortement dilaté intérieurement en dent de scie large, subtransversale et un peu émoussée; le 9e légèrement dilaté intérieurement en dent de scie moins large et plus oblique; le *dernier* subelliptique, sensiblement arrondi à sa tranche interne.

Corps subovalaire, épais, fortement convexe, très-finement et densement pointillé, d'un noir de poix brillant, revêtu d'une fine et courte pubescence, d'un blond cendré, médiocrement serrée, couchée et dirigée en arrière.

Tête médiocrement large, subtransversale, infléchie, fortement engagée dans le prothorax, une fois plus étroite que celui-ci, finement pubescente, très-finement et densement pointillée, d'un noir de poix brillant. *Front* à peine aussi large que deux fois le diamètre de l'œil, légèrement convexe. *Arêtes génales* fines et peu saillantes. *Epistome* largement tronqué au sommet, séparé du front par un sillon subrectiligne et bien marqué. *Labre* obscur, à peine cilié à son bord antérieur. *Mandibules* rugueuses, un peu ferrugineuses, avec l'extrémité lisse et un peu rembrunie. *Palpes* d'un testacé pâle. *Menton* d'un roux ferrugineux. *Yeux* grands, irréguliers, sensiblement sinués ou subéchancrés à leur bord inféro-interne, assez saillants; noirs.

Antennes assez allongées, un peu plus courtes que la moitié du corps; très-finement pubescentes; d'un roux ferrugineux ; à 1er article très-grand, très-épaissi, intérieurement dilaté à la base en forme d'oreillette : le 2e beaucoup plus grêle, un peu oblong, obtusément angulé en dedans : le 3e petit, obconique : les 4 à 7e très courts et fortement contigus : les trois derniers très-grands, fortement comprimés : les 8e et 9e prolongés en dedans en dent de scie assez large : le dernier assez obtus au sommet.

Prothorax fortement transversal, une fois moins long que large, à peine aussi large à sa base que les élytres, près d'une fois plus étroit en avant qu'en arrière ; paraissant, vu de dessus, subrectiligne ou très-faiblement arrondi latéralement ; obliquement tronqué ou à peine arrondi au milieu de son bord apical qui ne forme nullement le capuchon ; à côtés tranchants, très-étroitement rebordés, subrectilignes, très-déclives d'arrière en avant et convergeant fortement antérieurement, avec les angles antérieurs très-aigus, très-infléchis ou même un peu réfléchis en dessous : les postérieurs un peu obtus, légèrement arrondis et un peu relevés; largement bissinué à la base, avec le lobe médian beaucoup plus prolongé en arrière que les lobes latéraux ; assez fortement convexe, égal, sensiblement déclive en avant; d'un noir de poix brillant ; très-finement, légèrement et densement pointillé ; revêtu d'une fine et courte pubescence d'un blond cendré, assez serrée et couchée.

Ecusson subsémicirculaire, déprimé; légèrement pubescent; très-finement rugueux; d'un noir peu brillant.

Elytres ovale-oblongues, trois fois plus longues que le prothorax, subparallèles jusqu'aux deux tiers de leur longueur, faiblement subsinuées sur les côtés avant leur milieu, assez largement arrondies au sommet; assez fortement convexes; d'un noir de poix brillant, avec le bord apical très-finement rugueux, subopaque et souvent d'un roux ferrugineux plus ou moins obscur; revêtues d'une fine et courte pubescence d'un blond cendré, médiocrement serrée, tout-à-fait couchée et dirigée en arrière; couvertes d'une ponctuation très-fine, aussi légère et aussi serrée que celle du prothorax; creusées chacune sur les côtés de deux stries bien marquées, canaliculées, flexueuses à leur milieu, obsolètement et finement ponctuées à leur base, graduellement un peu plus fortement vers leur extrémité; offrant près du milieu de la strie interne une trace à peine visible de points rangés en série, quelquefois un semblable vestige vers le sommet, et un ou deux points obsolètes en arrière le long de la suture. *Epaules* à *calus* très-saillant, gibbeux et légèrement arrondi, à *lobe inférieur* faiblement prononcé et à peine arrondi à sa tranche externe.

Dessous du corps assez convexe; finement et densement pubescent; d'un noir assez brillant; finement et densement pointillé. *Métasternum* fortement sillonné sur son milieu, avec le sillon plus profond mais à peine fovéolé antérieurement. 2e *Segment ventral* distinctement : les 3e et 4e à peine sinués au milieu de leur bord apical : le 5e obtusément arrondi au sommet.

Pieds peu allongés, assez grèles; finement pubescents; d'un roux ferrugineux. *Cuisses* non renflées. *Tibias* assez grèles. *Tarses* courts, assez épais, à 1er article oblong : les *antérieurs* un peu plus développés que les autres.

Patrie : La Grande-Chartreuse. Juillet. Dans les bolets des sapins.

Obs. Cette espèce est très-voisine de la précédente dont on pourrait la croire une variété. Mais la forme est un peu plus oblongue, la pubescence un peu plus serrée, la ponctuation des élytres et du ventre plus fine et plus serrée. Le front est un peu moins large et un peu plus convexe; les yeux sont un peu plus grands et un peu plus saillants; les angles antérieurs du prothorax sont plus aigus et les postérieurs un peu plus arrondis; les stries latérales des élytres sont moins fortement et moins grossièrement ponctuées vers leur extrémité; l'espace compris entre la strie externe et le bord est plus finement rugueux; le rudiment d'une 3e strie est nul ou à peine indiqué; les 3e et 4e segments ventraux sont moins ou à peine sinués au milieu de leur bord apical. Enfin les sujets que nous avons sous les yeux, et qui sont des ♀, ne présentent aucun relief à la base du 5e segment ventral.

aa. *Elytres* à pubescence courte, légèrement couchée en long et en **travers**. *Corps* ovalaire.

3. **Dorcatoma serra**; PANZER.

Ovalaire, revêtue d'une fine pubescence d'un blond cendré longitudinale et transversale; finement et densement pointillée; brillante, noire, avec les palpes testacés, les antennes et les pieds d'un roux ferrugineux. Front médiocrement large, légèrement convexe. Prothorax fortement transversal, beaucoup plus étroit en avant; à côtés droits, très-étroitement rebordés, avec les angles antérieurs très-aigus, les postérieurs subobtus et subélevés; largement bissinué à la base; assez convexe, égal. Ecusson subsémicirculaire. Elytres ovale-suboblongues, assez fortement convexes, fortement arrondies au sommet, bistriées sur les côtés. Tarses courts, assez épais.

Dorcatoma serra. PANZ., Faun. Germ. fasc. 26. fig. 10.

Var. a. *Corps* entièrement rougeâtre.

Long. 0m,0022 (1 l.). — Larg. 0m,0012 (1/2)

♂ 8e *Article des Antennes* fortement prolongé intérieurement en dent large, subtransversale, subcornue et un peu émoussée au sommet: le 9e fortement dilaté intérieurement en dent large, oblique et assez aiguë: le dernier allongé, subrectiligne ou assez faiblement subsinué à sa tranche interne.

♀ 8e *Article des Antennes* fortement dilaté intérieurement en forme de dent de scie subtransversale et un peu émoussée au sommet: le 9e légèrement dilaté intérieurement en dent de scie oblique: le dernier subelliptique, légèrement arrondi à sa tranche interne.

Corps ovalaire, épais, assez fortement convexe; finement et densément pointillé; d'un noir brillant; revêtu d'une fine et courte pubescence d'un blond cendré, assez serrée, un peu couchée, dirigée soit en long, soit en travers.

Tête médiocrement large, subtransversale, infléchie, fortement engagée dans le prothorax, plus d'une fois plus étroit que celui-ci; finement pubescente; finement et densement pointillée; d'un noir brillant. *Front* pas plus large que deux fois le diamètre de l'œil, légèrement convexe. *Arêtes génales* assez fines, un peu saillantes. *Epistome* d'un brun ferrugineux; tronqué au sommet, séparé du front par un sillon droit et bien marqué. *Labre* ferrugineux; légèrement cilié à son bord antérieur. *Mandibules* légèrement pubescentes; rugueuses; ferrugineuses, avec l'extrémité lisse et à peine rembrunie. *Palpes* d'un testacé pâle. *Menton* d'un roux ferrugineux. *Yeux* assez grands, irréguliers, sensiblement sinués ou subéchancrés à leur bord inféro-interne, peu saillants; brunâtres et souvent à effets micacés.

Antennes assez allongées, atteignant presque le milieu du corps; très-finement pubescentes; d'un roux ferrugineux; à 1er article très-grand, très-épaissi, intérieurement dilaté à la base en forme d'oreillette: le 2e beaucoup plus grêle, un peu oblong, assez renflé, obtusément anguleux en dedans: les 3e à 7e très-petits et contigus: le 3e un peu plus long que les suivants: les 4e à 7e très-courts: les trois derniers très-grands, fortement comprimés: les 8e et 9e plus (♂) ou moins (♀) prolongés en dedans: le dernier obtus au sommet, un peu plus long que le précédent.

Prothorax fortement transversal, une fois moins long que large, un peu plus étroit à sa base que les élytres, une fois plus étroit en avant qu'en arrière; paraissant, vu de dessus, subrectiligne ou faiblement arrondi latéralement; obliquement tronqué ou à peine arrondi au milieu de son bord apical qui ne forme nullement le capuchon; à côtés tranchants, très-finement rebordés, subrectilignes, très-déclives d'arrière en avant et convergeant fortement antérieurement, avec les angles antérieurs très-aigus, très-infléchis ou même un peu réfléchis en dessous, les postérieurs un peu obtus, à peine émoussés et un peu relevés; largement bissinué à la base avec le lobe médian beaucoup plus prolongé en arrière que les lobes latéraux; assez convexe, égal, assez fortement déclive en avant; d'un noir brillant, avec le bord apical souvent un peu roussâtre; finement et densement pointillé; revêtu d'une fine et courte pubescence d'un blond cendré, assez serrée et couchée.

Ecusson subsémicirculaire, à peine pubescent; ruguleux; d'un noir assez brillant.

Elytres ovale-suboblongues, trois fois plus longues que le prothorax, subparallèles jusqu'aux deux tiers de leur longueur, fortement arrondies au sommet; assez fortement convexes; d'un noir brillant, avec la partie comprise entre le repli latéral et la strie externe souvent d'un roux ferrugineux, surtout en arrière; revêtues d'une fine et courte pubescence d'un blond cendré, couchée légèrement en arrière et entremêlée de poils transversalement dirigés; finement et densement pointillées; creusées chacune sur les côtés de deux stries bien marquées, canaliculées, presque droites à leur milieu: l'externe graduellement plus profonde et obsolètement ponctuée postérieurement: l'interne un peu divergente et souvent obsolète vers son extrémité où elle montre une tendance à se réunir avec la précédente. *Epaules* à calus très-saillant, gibbeux et légèrement arrondi, à *lobe inférieur* faiblement prononcé, subrectiligne à sa tranche externe.

Dessous du corps assez convexe; finement et densement pubescent; d'un noir assez brillant, avec les *Hanches postérieures* quelquefois un peu roussâtres; très-finement et très-densement pointillé. *Métasternum* assez fortement canaliculé sur son milieu, avec le canal plus profond ou subfovéolé antérieurement. 2e *et* 3e *Segments ventraux* à peine sinués au milieu de leur bord apical: le 5e obtusément arrondi au sommet.

Pieds peu allongés, assez grêles; finement pubescents; d'un roux ferrugineux. *Cuisses* non ou à peine renflées. *Tibias* assez grêles: les *antérieurs* légèrement comprimés, un peu élargis vers le milieu et un peu recourbés en dessous vers leur extrémité. *Tarses* courts, assez épais, à 1er article oblong: les *antérieurs* un peu moins courts que les autres.

Patrie: Cette espèce se trouve dans les mêmes conditions que la

D. dresdensis, mais elle est plus répandue et se plaît même dans nos petites collines.

Obs. Elle ressemble infiniment pour le facies à la *D. dresdensis*: mais elle est d'une taille bien moindre et proportionnellement un peu plus courte. La ponctuation des élytres est plus fine ; les stries latérales sont plus droites, moins fortement ponctuées en arrière; l'intervalle compris entre le repli latéral et la strie externe est moins rugueux et plus brillant. La pubescence est mêlée de poils longitudinaux et de poils transversaux. Le dessous du corps est aussi plus finement pointillé; les 8e et 9e articles des antennes des ♂ sont moins fortement prolongés en dedans; enfin le dernier segment ventral des ♀ n'est jamais muni à sa base de relief subtransversal.

Quelques auteurs font de la *D. serra* de Panzer un synonyme de la (*D. subalpina*, Bon.) *bovistae*, E. H. et d'autres, de la *D. dresdensis*, Herbst. Mais, d'après la taille et la figure des antennes indiquées par l'auteur allemand, nous croyons devoir rapporter sa *D. serra* à l'espèce ici en question.

aaa. *Elytres* à pubescence hérissée, plus ou moins redressée.

c. *Tête* et *Prothorax* rougeâtres. *Corps* courtement ovalaire. *Elytres* à pubescence confuse.

4. **Dorcatoma Dommeri**; Rosenhauer.

Courtement ovalaire, revêtue d'une fine pubescence blanchâtre; très-finement et densement pointillée ; brillante, noire, avec la tête et le prothorax rougeâtres, les palpes testacés, les antennes et les pieds roux. Front médiocrement large, légèrement convexe. Yeux fortement entaillés à leur bord inféro-interne. Prothorax fortement transversal, beaucoup plus étroit en avant ; à côtés presque droits et très-étroitement rebordés, avec les angles antérieurs très-aigus, les postérieurs subobtus et à peine élevés ; largement bissinué à la base ; assez convexe, égal. Écusson subsémicirculaire. Elytres ovales, assez fortement convexes, largement arrondies au som-

ment, bistriées sur les côtés, à pubescence confuse. Tarses courts, assez épais.

Dorcatoma Dommeri. Rosenh., Faun. And. p. 171.
Dorcatoma dichroa. Boield., Ann. Soc. ent. (1859), p. 141. 9.

Long. 0m,0024 (1 l. 1/8). — Larg. 0m,0014 (2/3).

♂ 8e *Article des Antennes* fortement dilaté intérieurement en forme de dent large, subtransversale et obtuse au sommet : le 9e médiocrement dilaté intérieurement en dent de scie large et oblique : le *dernier* allongé, subparallèle sur ses tranches.

♀ 8e *et* 9e *Articles des Antennes* moins fortement dilatés intérieurement que dans le ♂ : le *dernier* subelliptique, légèrement arrondi sur sa tranche interne.

Corps courtement ovalaire épais, assez fortement convexe; très-finement et assez densement ponctué; d'un noir brillant avec la tête et le prothorax rougeâtres; hérissée d'un fine pubescence blanchâtre, un peu redressée et dirigée soit en long, soit en travers, un peu plus longue que dans les espèces précédentes.

Tête médiocrement large, subtransversale, infléchie, fortement engagée dans le prothorax, plus d'une fois plus étroite que celui-ci; finement pubescente, avec les poils sensiblement couchés et dirigés en avant; presque lisse, ou très-obsolètement ponctuée; d'un rouge plus ou moins foncé et brillant. *Front* un peu plus large que deux fois le diamètre de l'œil; légèrement convexe. *Arêtes génales* très-fines et non saillantes. *Epistome* largement tronqué au sommet; distinctement pointillé; séparé du front par un sillon subrectiligne bien marqué. *Labre* un peu obscur, à peine cilié à son bord antérieur. *Mandibules* légèrement pubescentes, rugueuses; d'un ferrugineux obscur, avec l'extrémité lisse et à peine rembrunie. *Palpes* testacés. *Yeux* assez grands, irréguliers, fortement entaillés à leur côté inféro-interne presque jusqu'à la moitié de leur surface, peu saillants; noirs.

Antennes assez allongées, un peu plus courtes que la moitié du corps; très-finement pubescentes; d'un rouge ferrugineux avec le 1er article un peu plus foncé : celui-ci très-grand, très-épaissi, intérieurement dilaté à la base en forme d'oreillette : le 2e petit, beaucoup plus grêle, un peu oblong, obtusément angulé en dedans vers son extrémité : les 3e à 7e très-petits et fortement contigus : le 3e un peu moins court que les suivants; les 4e à 7e très-courts, plus ou moins dentés intérieurement : les trois derniers très-grands, fortement comprimés : les 8e et 9e plus (♂) ou moins (♀) fortement dilatés en dedans : le dernier obtus au sommet, un peu plus long que le précédent.

Prothorax fortement transversal, une fois moins long que large, un peu plus étroit à sa base que les élytres, une fois plus étroit en avant qu'en arrière; paraissant, vu de dessus, subrectiligne ou faiblement arrondi latéralement; obliquement tronqué ou à peine arrondi au milieu de son bord apical qui ne forme aucunement le capuchon et qui est à peine sinué en dessus des yeux; à côtés tranchants, subrectilignes, très-finement rebordés, très-déclives d'arrière en avant et convergent fortement antérieurement, avec les angles antérieurs très-aigus, très-infléchis ou même un peu réfléchis en dessous, les postérieurs un peu obtus, à peine émoussés et à peine relevés; largement bissinué à la base, avec le lobe médian beaucoup plus prolongé en arrière que les lobes latéraux; assez convexe, égal, assez fortement déclive en avant; très-finement et obsolètement pointillé, un peu plus distinctement et assez densement sur les côtés vers les angles antérieurs; d'un rouge plus ou moins foncé et brillant; revêtu d'une fine et courte pubescence blanchâtre, légèrement couchée et dirigée en avant.

Ecusson subsémicirculaire, déprimé, glabre où à peine pubescent; obsolètement pointillé; d'un noir brillant.

Elytres ovales, deux fois et demie plus longues que le prothorax, légèrement arrondies sur les côtés, largement arrondies au sommet; assez fortement convexes; d'un noir brillant; hérissées d'une fine pubescence d'un cendré blanchâtre, assez courte, un peu redressée, dirigée soit en arrière, soit en travers, et assez confuse; légèrement, assez densement mais un peu plus distinctement pointillées que la tête et le prothorax; creusées chacune sur les côtés de deux stries très-fines, subimponctuées, presque droites à leur milieu, l'externe oblitérée dans presque tout son dernier tiers. *Epaules* à *calus* très-saillant, gibbeux, légèrement arrondi, à *lobe inférieur* sensiblement prononcé, subrectiligne à sa tranche externe.

Dessous du corps assez convexe; finement pubescent; d'un noir brillant; couvert d'une ponctuation assez forte et peu serrée, avec le milieu de la poitrine plus lisse et plus éparsement ponctué. *Métasternum* finement et légèrement sillonné à son milieu sur ses deux tiers postérieurs. 2e *Segment ventral* très-légèrement : le 3e non ou à peine sinués au milieu de leur bord apical : le 5e largement et obtusément arrondi au sommet.

Pieds peu allongés, assez grèles; finement pubescents; d'un rouge ferrugineux, avec les *Cuisses intermédiaires* et *postérieures* quelquefois un peu plus foncées. *Cuisses* non renflées. *Tibias* assez grèles : les *antérieurs* légèrement comprimés, un peu élargis à leur milieu et un peu recourbés en dessous vers leur extrémité. *Tarses* courts, assez épais, à 1er article oblong : les *antérieurs* un peu moins courts que les autres.

Patrie : Nous avons récolté cette espèce, en juin, aux environs d'Hyères, sur les bolets du peuplier. Nous l'avons aussi reçue de Marseille de M. Wachanru. Elle se prend, mais rarement, à Saint-Genis, près Lyon, sur le bois mort du poirier.

Obs. Il n'est pas besoin de discuter les caractères de cette espèce si distincte par sa forme courte, par sa couleur et par l'entaille profonde des yeux. Nous dirons seulement que c'est à la *D. setosella* qu'elle ressemble le plus. Mais la pubescence confuse des élytres, l'entaille plus profonde des yeux, la finesse des stries dont l'externe est toujours raccourcie en arrière, suffisent, outre la forme et la couleur, à la faire reconnaître.

Il est à regretter que le nom imposé par M. Boieldieu n'ait pas l'antériorité, car il conviendrait bien mieux à cette espèce remarquable.

cc. *Tête* et *Prothorax* concolores. *Corps* ovalaire. *Elytres* à pubescence entremêlée de poils disposés en séries régulières.

5. **Dorcatoma setosella** (GUILLEBEAU).

Ovalaire, hérissée d'une fine pubescence blanchâtre; très-finement et obsolètement pointillée; brillante, noire, avec les palpes testacés, les antennes et les pieds d'un roux ferrugineux. Front médiocrement large, légèrement convexe. Yeux légèrement entaillés à leur bord inféro-interne. Prothorax fortement transversal, beaucoup plus étroit en avant; à côtés droits et très-étroitement rebordés, avec les angles antérieurs très-aigus, les postérieurs subobtus, subarrondis et subélevés; largement bissinué à la base; assez convexe, égal. Ecusson subsémicirculaire. Elytres ovale-oblongues, assez fortement convexes, fortement et assez largement arrondies au sommet, bistriées sur les côtés, parées outre la pubescence de poils sérialement disposés. Tarses courts, assez épais.

Dorcatoma setosella (GUILLEBEAU).

Var. a : *Tout le corps* passant du rouge brun au roux testacé.

Long. 0m,0022 (1 l.). — Larg. 0m,0013 (3/5).

♂ 8e *Article des Antennes* fortement dilaté antérieurement en dent large, subtransversale et très-obtuse: le 9e assez fortement dilaté intérieurement en dent de scie large, oblique et un peu moins obtuse: le *dernier* légèrement arrondi à sa tranche interne, obtus au sommet.

♀ 8e *et* 9e *Articles des Antennes* moins fortement dilatés intérieurement que dans le (♂); le *dernier* sensiblement arrondi à sa tranche interne, obtusément acuminé au sommet.

Corps ovalaire, épais, assez fortement convexe; très-finement et obsolètement ponctué; d'un noir brillant; hérissé d'une fine pubescence blanchâtre, un peu redressée, bien apparente et médiocrement courte.

Tête médiocrement large, subtransversale, infléchie, fortement engagée dans le prothorax, plus d'une fois plus étroite que celui-ci; finement pubescente; presque lisse ou très-finement et très-obsolètement ponctuée; d'un noir très-brillant, avec la partie antérieure passant quelquefois au rouge brun. *Front* pas plus large que deux fois le diamètre de l'œil, légèrement convexe. *Arêtes génales* fines et peu saillantes. *Epistome* tronqué au sommet; souvent d'un rouge brun; séparé du front par un sillon subrectiligne bien marqué. *Labre* d'un ferrugineux plus ou moins obscur; légèrement cilié à son bord antérieur. *Mandibules* légèrement pubescentes, rugueuses; d'un rouge ferrugineux, avec l'extrémité lisse et à peine rembrunie. *Palpes* testacés. *Menton* roux. *Yeux* assez grands, irréguliers, sensiblement sinués ou légèrement entaillés à leur côté inféro-interne, peu saillants; brunâtres et souvent à reflets micacés.

Antennes assez allongées, un peu plus courtes que la moitié du corps; très-finement pubescentes; d'un roux ferrugineux, avec le 1er article un peu plus foncé : celui-ci très-grand, très-épaissi, intérieurement dilaté à la base en forme d'oreillette : le 2e petit, plus grêle, un peu oblong, obtusément dilaté en dedans : les 3e à 7e très-petits et contigus : le 3e un peu moins court que les suivants; ceux-ci très-courts : le 4e sensiblement, le 6e plus faiblement prolongé intérieurement en appendice spiniforme : les 3 derniers très-grands, fortement comprimés : les 8e et 9e plus (♂) ou moins (♀) fortement dilatés intérieurement : le dernier allongé, presque en massue (♂) ou subelliptique (♀).

Prothorax fortement transversal, une fois moins long que large, un peu plus étroit à sa base que les élytres, une fois plus étroit en avant qu'en arrière; paraissant, vu de dessus, subrectiligne ou très-faiblement arrondi latéralement; obliquement tronqué ou à peine arrondi au milieu de son bord apical qui ne forme aucunement le capuchon et qui est à peine sinué au dessus des yeux; à côtés tranchants, subrectilignes, très-déclives d'arrière en avant, convergeant fortement antérieurement, très-finement rebordés avec le rebord s'élargissant en arrière vers les angles et se continuant un peu sur la base; avec les angles antérieurs très-aigus, très-infléchis ou même un peu réfléchis en dessous, les postérieurs un peu obtus, légèrement arrondis et un peu relevés ; largement bissinué à la base, avec le lobe médian beaucoup plus prolongé en arrière que les lobes latéraux; assez convexe, égal, assez fortement déclive en avant; très-finement et obsolètement pointillé; d'un noir très-brillant, avec le bord antérieur souvent un peu roussâtre ; hérissé d'une fine pubescence d'un cendré blanchâtre, assez courte, assez serrée et redressée.

Ecusson subsémicirculaire, déprimé; à peine pubescent; ruguleux; d'un noir brillant.

Elytres ovale-oblongues, trois fois plus longues que le prothorax; subparallèles sur les deux tiers de leur longueur, fortement et assez largement arrondies au sommet ; assez fortement convexes; d'un noir très-brillant, avec le bord apical souvent plus ou moins ferrugineux; hérissées d'une fine pubescence blanchâtre, assez courte et redressée; parées en outre de poils de même couleur, un peu couchés, subfasciculés et disposés en séries longitudinales, réunies et s'enclosant en arrière à la manière de certaines stries; creusées chacune sur les côtés de deux stries bien marquées, canaliculées, presque droites à leur milieu: l'externe plus profonde et subponctuée postérieurement : l'interne un peu divergente, obsolète ou réduite à des points vers son extrémité où elle montre une tendance à se réunir avec la précédente. *Epaules* à calus très-saillant, gibbeux, légèrement arrondi, à *lobe inférieur* faiblement prononcé, subrectiligne à sa tranche externe.

Dessous du corps assez convexe; finement pubescent; d'un noir brillant; finement et densement ponctué, avec le milieu de la poitrine plus lisse et plus éparsement ponctué. *Métasternum* finement sillonné sur son milieu, avec le sillon plus profond ou subfovéolé antérieurement. *Lames des Hanches postérieures* quelquefois un peu roussâtre en dehors. 2e et 3e *Segments ventraux* très-faiblement sinués au milieu de leur bord apical : le 5e largement et obtusément arrondi au sommet.

Pieds peu allongés, assez grêles, finement pubescents; d'un roux ferrugineux, avec l'extrémité des tarses un peu plus claire. *Cuisses* non renflées. *Tibias* assez grêles: les *antérieurs* subcomprimés, un peu élargis vers le milieu et un peu recourbés en dessous vers leur sommet. *Tarses* courts, assez épais, à 1er article oblong : les *antérieurs* un peu moins courts que les autres.

Patrie : Collines des environs de Lyon, du Beaujolais et de la Bourgogne, dans les bolets et sur les branches mortes, infectées de substances cryptogamiques.

Obs. Cette espèce, facile à confondre avec la *D. serra*, s'en distingue néanmoins par sa pubescence moins couchée, plus blanchâtre, sérialement disposée sur les élytres ; par sa couleur encore plus brillante; par la ponctuation du dessus du corps fine, et plus obsolète et par celle du ventre et du milieu de la poitrine un peu plus forte et moins serrée. La forme paraît aussi un peu plus courte ; les 8e et 9e articles des antennes sont moins fortement dilatés en dedans chez les (♂).

La couleur varie. Le pourtour des élytres est souvent plus ou moins d'un roux ferrugineux ; d'autres fois tout le dessus du corps est châtain ou d'un roux testacé.

GROUPE DEUXIÈME.

Dessous du corps à ponctuation très-fine, entremêlée de points grossiers à fond plat. *Elytres* assez grossièrement ponctuées, distinctement tristriées sur les côtés.

d. 2e à 4e *Segments ventraux* libres, non soudés à leur milieu. *Elytres* assez densement et légèrement ponctuées, à pubescence un peu redressée, disposée en long et en travers. *Corps* subovalaire.

6. **Dorcatoma chrysomelina**; Sturm.

Subovalaire, hérissée d'une pubescence d'un blond cendré longitudinale et transversale ; brillante, noire, avec les palpes testacés, les antennes d'un roux testacé, le 1er article de celle-ci et les pieds d'un roux ferrugineux, le bord externe des élytres d'un roux brun. Tête et prothorax finement, élytres assez grossièrement ponctués. Front graduellement un peu rétréci en avant, médiocrement convexe. Pro-

thorax fortement transversal, beaucoup plus étroit en avant; à côtés presque droits et très-étroitement rebordés, avec les angles antérieurs aigus, les postérieurs subobtus et à peine élevés, largement bissinué à la base; assez convexe, égal. Ecusson subsémicirculaire. Elytres ovale-oblongues, assez convexes, fortement et assez largement arrondies au sommet, tristriées sur les côtés. Segments ventraux libres. Tarses courts, assez épais.

Dorcatoma chrysomelina STURM., Deuts. Faun. t. XII. p. 7. 2. pl. CCXLIV. fig. A. B. — REDTENB., Faun. austr. 2e éd. p. 562.
Dorcatoma dresdensis FABR., Syst. El. t. I p. 330 1.

Variété a. *Tout le corps* passant du rouge brun au roux testacé.

Long. 0m,0018 à 0m,0025 (4/5 à 1 l. 2/8). — Larg. 0m,001 à 0m,0015 (1/2 à 3/4).

♂ 8e *Article des Antennes* fortement prolongé intérieurement en dent large, subtransversale et très-obtuse: le 9e assez fortement prolongé intérieurement en dent de scie oblique et assez aiguë: le dernier allongé, faiblement arrondi à sa tranche interne, obtus au sommet.

♀ 8e *Article des Antennes* assez fortement dilaté intérieurement en dent large, subtransversale et assez obtuse: le 9e légèrement dilaté intérieurement en dent de scie un peu émoussée: le dernier sensiblement arrondi à sa tranche interne, subelliptique, obtusément acuminé au sommet.

Corps subovalaire, épais; d'un noir de poix brillant; hérissé d'une fine pubescence d'un blond cendré, courte, un peu redressée et dirigée en long et en travers.

Tête médiocrement large, subtransversale, infléchie, fortement engagée dans le prothorax, une fois plus étroite que celui-ci; finement pubescente; finement et obsolètement pointillée; d'un noir brillant, avec la partie antérieure quelquefois un peu roussâtre. *Front* à peine aussi large que deux fois le diamètre de l'œil, graduellement un peu rétréci en avant, passablement convexe. *Arêtes génales* fines et non saillantes.

Epistome tronqué au sommet; d'un rouge brun; séparé du front par un sillon subrectiligne bien marqué. *Labre* d'un ferrugineux plus ou moins obscur; légèrement cilié à son bord antérieur. *Mandibules* légèrement pubescentes, rugueuses; d'un rouge brun, avec l'extrémité lisse et à peine rembrunie. *Palpes* d'un testacé pâle. *Menton* roux. *Yeux* grands, irréguliers, sensiblement sinués ou subentaillés à leur côté inféro-interne, assez saillants; noirs.

Antennes assez allongées, un peu plus courtes que la moitié du corps; très-finement pubescentes; d'un roux testacé, avec le 1er article un peu plus foncé: celui-ci très-grand, très-épaissi, intérieurement dilaté à sa base en forme d'oreillette: le 2e petit, beaucoup plus grêle, un peu oblong, obtusément angulé en dedans: les 3e à 7e très-petits et fortement contigus: le 3e un peu moins court que les suivants: les 4e à 7e très-courts: les trois derniers très-grands, fortement comprimés: les 8e et 9e plus (♂) ou moins (♀) fortement dilatés intérieurement: le dernier presque en massue comprimée (♂) ou subelliptique (♀).

Prothorax fortement transversal, une fois moins long que large, à peine aussi large à sa base que les élytres, une fois plus étroit en avant qu'en arrière; paraissant, vu de dessus, subrectiligne latéralement; obliquement tronqué ou à peine arrondi au milieu de son bord apical qui ne forme nullement le capuchon et qui est à peine sinué au dessus des yeux; à côtés tranchants, subrectilignes et très-étroitement rebordés, très-déclives d'arrière en avant et convergeant fortement antérieurement, avec les angles antérieurs aigus, très-infléchis ou même un peu réfléchis en dessous, les postérieurs un peu obtus, à peine émoussés et à peine relevés; largement bissinué à la base, avec le lobe médian un peu plus prolongé en arrière que les lobes latéraux; assez convexe, égal et assez fortement déclive en avant: finement, très-légèrement et assez densement pointillé, avec les côtés un peu plus grossièrement; d'un noir de poix brillant, avec le bord antérieur et les côtés quelquefois plus ou moins roussâtres; revêtu d'une fine pubescence, courte, assez serrée, légèrement couchée, d'un blond cendré.

Ecusson subsémicirculaire, déprimé; glabre, presque lisse; d'un noir de poix brillant.

Elytres ovale-oblongues, trois fois plus longues que le prothorax, subparallèles sur les deux tiers de leur longueur, fortement et assez largement arrondies au sommet; assez convexes; d'un noir de poix brillant, avec le bord apical et souvent tout le pourtour compris entre la strie externe et le repli latéral d'un rouge brun plus ou moins ferrugineux; hérissées d'une fine et courte pubescence d'un blond cendré, un peu redressée ou bien légèrement inclinée soit en arrière, soit en travers: creusées chacune sur les côtés de trois stries: les deux externes bien marquées, canaliculées, obsolètement ponctuées: la 1re, à partir du bord latéral, un peu plus profonde vers l'extrémité: la 2e subflexueuse à son milieu, obsolète ou même oblitérée postérieurement, où elle offre quelquefois une tendance à se réunir avec la précédente: la 3e bien moins marquée mais toujours distincte, seulement prolongée jusqu'au milieu de la longueur et souvent réduite à des points rangés en série régulière. *Epaules* à *calus* très-saillant, gibbeux et légèrement arrondi, à *lobe inférieur* assez prononcé, largement et obtusément arrondi à sa tranche externe.

Dessous du corps assez convexe; finement pubescent; d'un noir assez brillant; couvert d'une ponctuation très-fine et très-serrée, très-légère et comme chagrinée, entremêlée de point grossiers mais assez légers, à fond plat, beaucoup moins serrés. *Mésosternum* plus lisse à son milieu, finement sillonné sur celui-ci avec le sillon antérieurement fovéolé. *Lame des Hanches postérieures* quelquefois un peu roussâtre. 2e à 4e *Segments ventraux* légèrement sinués au milieu de leur bord apical : le 5e largement et obtusément arrondi au sommet.

Pieds peu allongés, assez grêles; très-finement pubescents; d'un roux ferrugineux avec les tarses un peu plus clairs. *Cuisses* non renflées. *Tibias* assez grêles: les *antérieurs* subcomprimés, un peu élargis vers le milieu et un peu recourbés en dessous vers l'extrémité. *Tarses* courts, assez épais, à 1er article oblong: les *antérieurs* à peine moins courts que les autres.

Patrie: Cette espèce, une des plus communes en France, vit dans les bolets secs des noyers.

Comme elle a le lobe médian du prothorax moins fortement prolongé en arrière, elle paraît avoir la base des élytres moins obliquement coupée que les espèces précédentes. La présence de la 3e strie, la ponctuation du dessous du corps la distinguent suffisamment des *D. serra* et *setosella*.

Elle varie du rouge brun au rouge testacé. Quelquefois les côtés du prothorax, le pourtour des élytres et le calus huméral sont seuls d'une couleur plus claire.

dd. 2e à 4e *Segments ventraux* plus ou moins soudés à leur milieu. *Elytres* densement et rugueusement ponctuées, à pubescence très-courte, couchée seulement en long. *Corps* ovalaire.

7. **Dorcatoma flavicornis**; Fabricius.

Ovalaire, revêtue d'une courte pubescence d'un blond cendré, longitudinale; brillante, noire, avec les palpes et les antennes d'un roux testacé, le 1er article de celle-ci et les pieds d'un roux ferrugineux. Tête et prothorax finement, élytres densement et beaucoup plus grossièrement ponctués. Front large, assez convexe. Prothorax fortement transversal, beaucoup plus étroit en avant; à côtés presque droits et très-étroitement rebordés, avec les angles antérieurs aigus, les postérieurs subobtus et subélevés; largement bissinué à la base; assez fortement convexe, égal. Ecusson subtransversal. Elytres ovale-suboblongues, assez convexes, fortement et largement arrondies au sommet, tristriées sur les côtés. 2e à 4e Segments ventraux presque soudés à leur milieu. Tarses courts, assez épais.

Bruchus flavicornis. Fabr., Syst. El. t. II p. 401. 38.
Dorcatoma flavicornis. Sturm., Deuts. Faun. t. XII p. 10. 3. pl. CCXLV. fig. A. — Redtenb., Faun. austr. 2e éd. p. 561.

Var. a. *Tête et Prothorax* noirs, *élytres* d'un rouge brun.

Var. b. *Tout le corps* passant du rouge brun au roux testacé clair.

Long. 0m,0015 à 0m,0022 (3/4 à 1 l.). — Larg. 0m,0010 à 0m,0012 (2/5 à 3/5).

♂ 1er *Article de la massue des Antennes* assez fortement dilaté intérieurement en dent large, très-obtuse et subtransversale : le 2e sensiblement dilaté intérieurement en dent de scie obtuse et oblique.

♀ 1er *Article des massues des Antennes* sensiblement dilaté intérieurement en dent large, obtuse et oblique : le 2e légèrement dilaté intérieurement en dent de scie obtuse et oblique.

Corps ovalaire, épaissi ; d'un noir brillant ; revêtu d'une fine pubescence d'un blond cendré, très-courte, brillante et tout-à-fait couchée.

Tête médiocrement large, subtransversale, infléchie, fortement engagée dans le prothorax, une fois plus étroit que celui-ci ; finement pubescente, avec les poils dirigés en avant ; finement et densement pointillée ; d'un d'un noir brillant. *Front* plus large que trois fois le diamètre de l'œil, assez convexe, souvent longitudinalement subimpressionné à sa partie supérieure. *Arêtes génales* fines et non saillantes. *Epistome* largement tronqué au sommet, séparé du front par un sillon subrectiligne, assez large et profond. *Labre* obscur. *Mandibules* légèrement pubescentes, rugueuses ; d'un ferrugineux obscur, avec l'extrémité lisse et à peine rembrunie. *Palpes* d'un roux testacé assez clair. *Yeux* médiocrement grands, irréguliers, légèrement sinués à leur côté inféro-interne, assez saillants ; noirs.

Antennes peu allongées, sensiblement plus courtes que la moitié du corps ; très-finement pubescentes ; d'un roux testacé, avec le 1er article un peu plus foncé : celui-ci très-grand, très-épaissi, intérieurement dilaté à la base en forme d'oreillette : le 2e petit, beaucoup plus grêle, un peu oblong, obtusément subangulé en dedans : les 3 à 7e très-petits et fortement contigus, souvent soudés et à intersections indistinctes (1) ;

(1) Dans cette espèce, les antennes ne semblent composées que de 9 articles, les intermédiaires étant plus ou moins soudés et difficiles à nombrer. Néanmoins tous les autres caractères concourent à nous la faire conserver dans ce genre, surtout celui du prosternum bifurqué. Ici, les dents de la fourche sont fines, ciliées et recourbées en dessous : dans les *D. dresdensis*, *chrysomelina*, *setosella*, elles sont un peu moins prolongées, un peu plus épaissies à leur extrémité et ciliées seulement à celle-ci. Ce caractère, que nous avons négligé quant à la description des espèces, devient sans importance, attendu qu'il ne peut être aperçu qu'en désarticulant la tête et le prothorax.

le 3e un peu oblong, sensiblement plus long que les suivants: ceux-ci très-courts: les trois derniers très-grands, fortement comprimés: les 8e et 9e plus (♂) ou moins (♀) dilatés en dedans: le dernier courtement subelliptique, plus ou moins obtus au sommet.

Prothorax fortement transversal, une fois moins long que large, un peu plus étroit à sa base que les élytres, une fois plus étroit en avant qu'en arrière; paraissant, vu de dessus, faiblement arrondi latéralement; obliquement tronqué ou à peine arrondi au milieu de son bord apical qui ne forme aucunement le capuchon, et qui n'est pas ou presque indistinctement sinué au dessus des yeux; à côtés tranchants, subrectilignes, très-finement rebordés, très-déclives d'arrière en avant et convergeant fortement antérieurement; avec les angles antérieurs aigus, très-infléchis et un peu réfléchis en dessous, les postérieurs un peu obtus, à peine émoussés et un peu relevés; largement bissinué à la base avec le lobe médian sensiblement plus prolongé en arrière que les lobes latéraux; assez fortement convexe, égal, sensiblement déclive en avant, surtout à partir du milieu; finement et densement ponctué; d'un noir assez brillant; revêtu d'une fine pubescence très-courte, assez serrée, couchée en avant.

Ecusson subtransversal, courtement subsémicirculaire, à peine pubescent; finement ponctué; d'un noir brillant.

Elytres ovale-suboblongues, trois fois plus longues que le prothorax, subparallèles sur les deux tiers de leur longueur ou faiblement subsinuées vers leur tiers antérieur, fortement et largement arrondies au sommet; assez convexes et quelquefois mais accidentellement subdéprimées un peu derrière l'écusson; d'un noir brillant, avec le bord apical à peine roussâtre; revêtues d'une très-courte pubescence d'un blond cendré, assez fine, tout-à-fait couchée et dirigée en arrière; couvertes d'une ponctuation assez grossière, serrée, rugueuse, à fond plat; creusées chacune sur les côtés de trois stries fines, canaliculées, subimponctuées ou très-obsolètement ponctuées: l'externe un peu plus profonde postérieurement: la 2e un peu flexueuse à son milieu, sensiblement divergente vers son extrémité où elle s'affaiblit et semble se réunir à la précédente: l'interne fine et bien marquée, seulement prolongée jusqu'au milieu de la longueur, parfois réduite en arrière à des points rangés en série régulière. *Epaules* à *calus* très-saillant, gibbeux et légèrement arrondi, à *lobe inférieur* faiblement prononcé, à peine arrondi sur sa tranche externe.

Dessous du corps assez convexe ; finement pubescent ; d'un noir assez brillant, couvert d'une ponctuation très-fine et très-serrée, entremêlée de points plus grossiers, épars, à fond plat. *Métasternum* finement sillonné sur son milieu, avec le sillon plus profond et subfovéolé antérieurement. *Lame des Hanches postérieures* quelquefois d'un roux brun. *Ventre* souvent longitudinalement subimpressionné, avec les 2e, 3e et 4e *segments* plus ou moins soudés à leur milieu : le 5e largement et obtusément arrondi au sommet.

Pieds peu allongés, assez robustes ; très-finement pubescents ; d'un roux ferrugineux, avec le sommet des tarses un peu plus clair. *Cuisses* non renflées. *Tibias* assez forts, subsinués à leur tranche externe vers l'extrémité : les *antérieurs* subcomprimés, un peu élargis vers le milieu et un peu recourbés en dessous vers le sommet. *Tarses* courts, assez épais, à 1er article oblong ; les *antérieurs* à peine moins courts que les autres.

Patrie : Cette espèce se rencontre dans presque toute la France, où elle est moins commune que la précédente.

Obs. Cette espèce, ainsi que la *D. chrysomelina*, a les élytres moins convexes que toutes les autres.

Outre le front plus convexe et plus large, outre la conformation du ventre, outre la ponctuation plus rugueuse, plus forte et plus serrée des élytres, cette espèce diffère encore de la *D. chrysomelina* par sa pubescence toujours couchée, seulement dirigée en long et en arrière, plus courte et plus brillante.

Tantôt le prothorax est noir avec les élytres d'un rouge brun, tantôt tout le corps est de cette dernière couleur ou bien d'un roux testacé. C'est à la première de ces variétés que se raporte la figure donnée par Sturm (t. XII. pl. CCLXV. fig. A.) (1).

---

(1) On trouve parmi les denrées coloniales, et surtout dans les envois de Coche-

Genre *Enneatoma*, Mulsant et Rey.

(Etymologie : ἐννέα, neuf ; τομη, pièce).

Caractères : *Corps* subhémisphérique. *Front* médiocrement large, simple. *Yeux* profondément incisés à leur bord inféro-interne subbilobés. *Antennes* de 9 articles ; médiocres, à trois derniers articles très-grands, fortement comprimés, plus ou moins prolongés intérieurement. *Prothorax* profondément excavé en dessous, ainsi que la partie antérieure de la poitrine ; muni sur les côtés d'une tranche saillante ; convexe et non gibbeux sur son disque. *Elytres* ponctuées, striées sur les côtés, largement arrondies au sommet. *Prosternum* à lame médiane simple à son extrémité. *Mésosternum* profondément excavé, refoulé sous le bord antérieur du métasternum. *Métasternum* prolongé en avant à son milieu en une lame de la forme d'une enclume. *Hanches antérieures* assez, les intermédiaires plus fortement, les postérieures peu écartées l'une de l'autre : celles-ci à lame étroite et subparallèle en dedans, graduellement dilatée en dehors. *Epimères postérieures* apparentes, oblongues. *Segments ventraux* libres : le 1er nul en arrière des fossettes

---

illes, une espèce qui ne paraît pas s'être naturalisée en France, et dont nous donnerons ici une courte description :

Dorcatoma externa ; Mulsant et Rey.

Corps ovale-oblong, un peu atténué en arrière, très-finement et très-densement pointillé et comme chagriné ; d'un roux foncé très-brillant. *Tête* très-large, infléchie. *Prothorax* fortement transversal, largement bissinué à la base, très-déclive en avant, à côtés subrectilignes et très-finement rebordés, à angles antérieurs aigus et très-infléchis, les postérieurs obtus et sensiblement arrondis. *Elytres* légèrement déclives en arrière à partir du 5e de leur longueur, marquées sur leurs deux tiers postérieurs de points épars et assez grossiers ; creusées en arrière sur les côtés de 2 stries sulciformes, ne dépassant pas le milieu. *Calus huméral* gibbeux. *Antennes et pieds* rougeâtres.

Cet insecte, avec le facies des *Pseudochina*, semble faire le passage de ce genre au genre *Dorcatoma*.

transversales. *Tibias* à tranche externe simple. *Tarses* courts, latéralement comprimés, linéaires, à 1er article oblong.

Corps court, subhémisphérique.

Tête médiocre, engagée dans le prothorax sous lequel elle peut s'infléchir fortement, en venant s'appuyer contre le métasternum. *Front* médiocrement large. *Arêtes génales* assez développées, très-obliques, rapprochées et sinuées à leur sommet (1). *Epistome* bien distinct, fortement transversal, obtusément arrondi au sommet. *Labre* petit, transversal, tronqué à son bord antérieur. *Mandibules* robustes, très-saillantes, arrondies sur les côtés, brusquement coudées vers l'extrémité, séparées des fossettes génales par une arête angulée. *Palpes maxillaires* à dernier article oblong, comprimé, sécuriforme : celui des *labiaux* beaucoup plus court, proportionnellement plus large, sécuriforme. *Menton* plan, légèrement transversal, trapézoïdal. *Yeux* très-grands, irréguliers; profondément incisés ou partagés en deux lobes étroits par un aigu prolongement ou *canthus* des joues; très-peu saillants et en partie voilés en arrière par le bord antérieur du prothorax.

Antennes de 9 articles; assez longues; insérées assez loin des yeux; se repliant entièrement, à l'état de repos, dans la cavité sous prothoracique; à 1er article très-grand, subtétraédrique ou en forme d'oreillette; le 2e beaucoup moindre, petit, assez renflé, obtusément angulé en dedans : les 3e à 6e très-petits et très-serrés : les trois derniers très-grands, fortement comprimés, plus ou moins prolongés intérieurement, formant une massue lâche, très-tranchée et beaucoup plus longue que le reste de l'antenne.

Prothorax fortement transversal, fortement rétréci en avant; à ouverture antérieure transversale, subsémicirculaire; très-profondément excavé en dessous pour recevoir la tête à l'état d'inflexion; à bord antérieur prolongé inférieurement jusqu'aux hanches en arête très

---

(1) Ces sinus courts, mais bien visibles, étranglent la partie antérieure du front vers l'épistome, et sont remplis par une fraction des joues qui à cet endroit même sont lisses et se relèvent un peu pour former comme une sorte de tubercule antennifère.

saillante, mais refoulée dans la cavité sous-prothoracique; obliquement tronqué ou à peine arrondi au milieu de son bord apical qui ne forme nullement le capuchon; subrectiligne sur les côtés qui sont munis d'une tranche saillante, avec les angles postérieurs bien marqués; largement bissinué à la base; convexe et non gibbeux sur son disque.

Ecusson subsémicirculaire.

Elytres courtes, larges, ponctuées distinctement, tristriées sur les côtés, largement arrondies au sommet. *Epaules* à calus très-saillant, gibbeux; à lobe inférieur replié et rainuré en dessous à sa base, obliquement échancré en avant pour recevoir les genoux intermédiaires, et étroitement sinué en arrière pour loger les genoux postérieurs.

Poitrine très-profondément excavée à sa partie antérieure: les prosternum et mésosternum étant refoulés bien au dessous du niveau du métasternum. *Prosternum* déclive, à lame médiane simple, courte, largement tronquée au sommet (1). *Mésosternum* caché, fortement excavé à son milieu et refoulé sous le bord antérieur du métasternum, où il prend la position verticale. *Métasternum* court, à peine ou très-obsolètement sillonné à son milieu en arrière; prolongé en avant, entre les hanches intermédiaires en lame en forme d'enclume et contre laquelle vient s'appuyer le bord antérieur de la tête à l'état d'inflexion; terminé entre les hanches postérieures par deux expansions angulaires, accolées à leur base et séparées à leur extrême pointe par une courte et légère entaille. *Postépisternums* très-étroits, légèrement élargis en arrière, fortement dilatés en avant à leur partie déclive. *Epimères postérieures* bien apparentes, oblongues.

Hanches antérieures verticales, subconcaves à leur face antérieure, assez écartées l'une de l'autre: les intermédiaires verticales, fortement échancrées intérieurement en dessous, fortement écartées l'une de l'autre, relevées jusqu'au niveau du métasternum, où elles offrent une faible fraction de surface horizontale, irrégulière, échancrée en dehors

(1) Cette pièce, du reste peu visible, n'est nullement bifide ou fourchue.

pour l'insertion des trochanters : les *postérieures* peu écartées l'une de l'autre : celles-ci à *lame* étroite et subparallèle en dedans, graduellement un peu élargie en dehors.

Ventre à 1er segment nul sur les côtés derrière les fossettes transversales qui sont très-déclives d'arrière en avant, et réduit à son milieu, entre les hanches postérieures, à une faible lame un peu oblongue : le 2e un peu plus grand que le suivant : les 3e et 4e courts, subégaux : le 5e sémilunaire, aussi long que les deux précédents réunis.

Pieds peu allongés, assez grêles. *Cuisses* plus ou moins rainurées en dessous : les *postérieures* inférieurement rectangulaires à leur insertion avec les trochanters : les *antérieures* se contractent sous le prothorax laissant en dehors les tibias qui se logent, à l'état de repos, entre le bord latéral du prothorax et les *pieds intermédiaires* au même état : ceux-ci se repliant dans leur fossette respective, et les tarses venant se ranger dans l'échancrure qui se trouve en dessous des expansions latérales de la lame en forme d'enclume. *Tibias* à tranche externe simple. *Tarses* assez courts, comprimés latéralement, à 1er article oblong : les 2e à 4e très-courts : le dernier un peu plus long, épaissi.

Obs. Les espèces que renferme ce genre, se rencontrent dans les lycoperdons et dans les bois infectés de matières cryptogamiques.

La forme raccourcie et ramassée du corps, la conformation des yeux, celle des postépisternums et du prosternum, le développement du 5e segment ventral et le nombre différent des articles des antennes nous ont paru des caractères suffisants pour établir cette coupe nouvelle.

On peut grouper ainsi les trois espèces du genre *Enneatoma* :

a. *Stries des élytres* canaliculées.
- b. *Elytres* confusément ponctuées, à pubescence ordinaire et couchée. — *Sulbapina.*
- bb. *Elytres* subsérialement ponctuées, à pubescence en partie redressée et diposée en séries régulières. — *Affinis.*

aa. *Stries des élytres* sulciformes. *Elytres* subsérialement ponctuées, à pubescence en partie redressée et disposée en séries régulières. — *Subglobosa.*

a. Stries des *élytres* canaliculées.
b. *Elytres* confusément ponctuées, à pubescence ordinaire et couchée.

1. **Enneatoma subalpina**; Bonelli.

Subhémisphérique, revêtue d'une fine et courte pubescence cendrée; densement pointillée; brillante, noire, avec les palpes roux, les antennes et les pieds d'un ferrugineux obscur. Front assez large, légèrement convexe. Prothorax fortement transversal, beaucoup plus étroit en avant; à côtés droits et très-étroitement rebordés, avec les angles antérieurs très-aigus, les postérieurs subobtus; largement bissinué à la base; assez fortement convexe, égal. Ecusson subsémicirculaire. Elytres courtement ovales, assez convexes, largement et obtusément arrondies au sommet, tristriées sur les côtés, les stries canaliculées. Tarses courts, étroits.

Dorcatoma subalpina. Bonelli, Soc. di Agr. Tori. t. IX. p. 162. 7 (1812).
Dorcatoma bovistae. Ent. Heft. t. II. p. 100. 2. tab. 3. fig. 11. a. — Gyllen. Ins. suec. t. IV. p. 326. 2. — Sturm, Deuts. Faun. t. XII. p. 12. 4.—Redt., Faun. Austr. 2e éd. p. 562.

Var. a. *Elytres* d'un rouge brun. *Antennes* et *Pieds* roux.

Long. 0m,0012 à 0m,0020 (2/5 à 9/10). — Larg. 0m,0010 à 0m,0017 (1/2 à 3/4)

♂ *Massue des Antennes* deux fois et demie plus longue que le reste de l'antenne; à 1er *article* très-fortement et transversalement prolongé intérieurement en dent cornue, étroite et émoussée au sommet : le 2e oblong, sensiblement dilaté intérieurement en dent de scie obtuse : *le dernier* en massue subrectiligne à sa tranche interne.

♀ *Massue des Antennes* deux fois plus longue que le reste de l'antenne; à 1er *article* prolongé intérieurement en dent large et triangulaire, un peu émoussée au sommet : le 2e légèrement dilaté intérieurement en dent de scie très-obtuse : *le dernier* subelliptique, faiblement arrondi à sa tranche interne.

Corps épais, subhémisphérique; distinctement ponctué; d'un noir brillant; revêtu d'une fine et courte pubescence cendrée, couchée et médiocrement serrée.

Tête assez large, à peine transversale, infléchie, fortement engagée dans le prothorax, plus d'une fois plus étroite que celui-ci, à peine pubescente; assez densement et distinctement pointillée; d'un noir brillant. *Front* assez large, légèrement convexe. *Arêtes génales* très-fines et non saillantes. *Epistome* obtusément arrondi au sommet; distinctement pointillé; séparé du front par un sillon presque droit, fin et bien marqué. *Labre* petit, peu visible, obscur. *Mandibules* quelquefois d'un ferrugineux obscur; rugueusement ponctuées, avec les dents lisses. *Palpes* et autres *parties de la bouche* roussâtres. *Yeux* grands, irréguliers, bilobés, très-peu saillants; noirs.

Antennes assez allongées, aussi longues au moins que la moitié du corps très-finement pubescentes, d'un brun ferrugineux avec le funicule un peu plus clair; à 1er article très-grand, très-épaissi, intérieurement dilaté en forme d'oreillette : le 2e petit, beaucoup plus grêle, pas plus long que large, obtusément angulé en dedans : les 3e à 6e très-petits et fortement contigus : le 3e à peine moins court que les suivants : ceux-ci très-courts : les 3 derniers très-grands, fortement comprimés : le 7e plus (♂) ou moins (♀) fortement prolongé en dedans : le 8e en dent de scie obtuse : le dernier allongé, obtus au sommet.

Prothorax fortement transversal, une fois moins long que large, un peu plus étroit à sa base que les élytres, une fois plus étroit en avant qu'en arrière; paraissant, vu de dessus, subrectiligne ou très-faiblement arrondi latéralement; obliquement tronqué ou à peine arrondi au milieu de son bord apical qui ne forme aucunement le capuchon et qui est à peine sinué au-dessus des yeux; à côtés tranchants, subrectilignes, très-étroitement rebordés, très-déclives d'arrière en avant et convergeant fortement antérieurement; avec les angles antérieurs très-aigus, très-infléchis et même un peu réfléchis en dessous, les postérieurs un peu obtus, à peine émoussés et non relevés ; largement bissinué à la base, avec le lobe médian sensiblement déclive en avant surtout à partir du milieu ; densement et distinctement pointillé ; d'un noir très-brillant ; revêtu d'une fine et courte pubescence cendrée, couchée et dirigée en avant, médiocrement serrée sur les côtés, souvent obsolète au milieu du disque.

Ecusson subsémicirculaire, déprimé ; glabre, presque lisse ou avec deux ou trois points obsolètes ; d'un noir brillant.

Elytres courtement ovalaires, deux fois et demie plus longues que le prothorax, faiblement arrondies sur les côtés, largement, obtusément arrondies au sommet ; assez convexes ; d'un noir brillant avec le rebord apical à peine ou très-étroitement roussâtre ; revêtues d'une fine et courte pubescence cendrée, médiocrement serrée, couchée et dirigée en arrière ; parées en outre sur les côtés de quelques poils un peu redressés et transversalement dirigés ; couvertes d'une ponctuation bien distincte, un peu plus forte que celle du prothorax, serrée, mais laissant entre elles, surtout vers la base, des linéoles longitudinales, lisses et très-étroites ; creusées chacune sur les côtés de trois stries canaliculées, bien marquées, imponctuées : les deux externes faiblement flexueuses avant leur milieu : la 2e non divergente et un peu raccourcie en arrière : l'interne à peine prolongée jusqu'au milieu de la longueur. *Epaules* à calus très-saillant, gibbeux et légèrement arrondi, à lobe inférieur sensiblement prononcé, obtusément arrondi à sa tranche externe.

Dessous du corps assez fortement convexe ; légèrement pubescent ; d'un noir brillant, couvert d'une ponctuation assez serrée et assez forte, un peu moins serrée et un peu plus forte sur la poitrine. *Métasternum* à peine sillonné à son milieu. *Segments ventraux* assez régulièrement arqués à leur bord apical, le dernier largement et obtusément arrondi au sommet.

Pieds peu allongés, assez grêles ; pubescents ; d'un brun ferrugineux, plus ou moins obscur. *Cuisses* non renflées, assez fortement ponctuées. *Tibias* assez grêles : les *antérieurs* sensiblement élargis à leur milieu. *Tarses* assez courts, étroits, à 1er article oblong : les *antérieurs* à peine plus longs que les autres.

Patrie : Cette espèce se trouve dans toute la France, sous les écorces et sur les branches mortes infectées de productions cryptogamiques. Elle est médiocrement commune.

Obs. Elle varie beaucoup quant à la couleur des pieds qui souvent sont entièrement obscurs, avec les tarses d'un testacé de poix ; plus rarement les tibias et les cuisses sont d'un ferrugineux plus ou moins obscur. Les antennes sont quelquefois entièrement roussâtres.

Les élytres passent aussi du noir au rouge-brun ou au ferrugineux. Mais nous ne croyons pas qu'on doive rapporter à cette variété le *D. méridionale* de Laporte (Hist. Nat. Col. t. I, p. 294, 4) qui ne mentionne que deux stries sur les côtés des élytres.

La description et la figure données par Bonelli, ne laissent aucun doute quant à l'identité des *D. subalpina* et *bosvistae*, Ent. Heft.

bb. Elytres subsérialement ponctuées, à pubescence en partie redressée et disposée en séries régulières.

2. Enneatoma affinis ; Sturm.

Subhémisphérique, hérissée d'une fine pubescence cendrée ; très-brillante, noire, avec les antennes et les pieds d'un roux ferrugineux, les tarses et les palpes plus clairs. Tête et prothorax finement et éparsement, les élytres plus distinctement et subsérialement ponctués. Front assez large, légèrement convexe. Prothorax fortement transversal, beaucoup plus étroit en avant ; à côtés droits et à peine rebordés, avec les angles antérieurs très-aigus, les postérieurs subobtus ; largement bissinué à la base ; assez fortement convexe, égal. Ecusson subsémicirculaire. Elytres courtement ovales, assez convexes, largement et obtusément arrondies au sommet, creusées sur les côtés de trois stries canaliculées, parées, outre la pubescence, de poils sérialement disposés. Tarses courts, étroits.

Dorcatoma affinis. Sturm, Deuts. Faun. t. XII. p. 15. 3. pl. CCXLV. fig. B. — Redtenb., Faun. Austr. 2e éd. p. 562.

Long. 0m,0018 (4/5). — Larg. 0m,0015 (3/4).

♂ *Massue des Antennes* à 1er article très-fortement et transversalement prolongé intérieurement en dent cornue, étroite et à peine émoussée au sommet : le 2e oblong, à peine plus dilaté que le suivant, obtus à son angle apical interne : le dernier allongé, subrectiligne ou faiblement subsinué à sa tranche interne.

♀ *Massue des Antennes* à 1er article assez fortement et subtransversalement prolongé intérieurement en triangle plus large que long et obtus au sommet : le 2e pas plus dilaté que le suivant, obtus à son angle apical interne : le dernier subelliptique, légèrement arrondi à sa tranche interne.

Corps épais, subhémisphérique ; légèrement et distinctement ponctué ; d'un noir très-brillant ; hérissé d'une fine pubescence cendrée, assez courte, redressée, peu serrée, disposée sur les élytres en séries longitudinales.

Tête assez large, à peine transversale, infléchie, fortement engagée dans le prothorax, plus d'une fois plus étroite que celui-ci ; finement pubescente ; distinctement et finement ponctuée ; d'un noir très-brillant. *Front* assez large, légèrement convexe. *Arêtes génales* très-fines, non saillantes. *Epistome* largement arrondi au sommet, fortement pointillé, séparé du front par un sillon presque droit et bien marqué. *Labre* très-petit, peu visible, plus ou moins obscur. *Mandibules* ciliées, souvent d'un ferrugineux obscur, rugueusement ponctuées, avec les dents lisses. *Palpes* d'un roux testacé. *Yeux* grands, irréguliers, bilobés, très-peu saillants, noirs.

Antennes assez allongées, aussi longues au moins que la moitié du corps, très-finement pubescentes, d'un roux ferrugineux avec le 1er article à peine plus foncé, celui-ci très-grand, très-épaissi, intérieurement dilaté en forme de large oreillette : le 2e petit, beaucoup plus grêle, pas plus long que large, obtusément dilaté en dedans : les 3e à 6e très-petits et fortement contigus : le 3e à peine moins court que les suivants, ceux-ci très-courts : les 3 derniers très-grands, fortement comprimés : le 7e plus (♂) ou moins (♀) fortement prolongé en dedans : le 8e oblong, à peine dilaté intérieurement : le dernier plus (♂) ou moins (♀) allongé, obtus au sommet.

Prothorax fortement transversal, une fois moins long que large, un peu plus étroit à sa base que les élytres, une fois plus étroit en avant qu'en arrière; paraissant, vu de dessus, subrectiligne ou très-faiblement arrondi latéralement; obliquement tronqué ou à peine arrondi au milieu de son bord apical qui ne forme nullement le capuchon et qui est à peine sinué au-dessus des yeux; à côtés tranchants, subrectilignes, très-finement ou à peine rebordés, très-déclives d'arrière en avant et convergeant fortement antérieurement; avec les angles antérieurs très-aigus, très-infléchis et même un peu réfléchis en dessous; les postérieurs un peu obtus, un peu émoussés ou légèrement arrondis, non relevés; largement bissinué à la base avec le lobe médian sensiblement plus prolongé en arrière que les lobes latéraux; assez fortement convexe, égal, sensiblement déclive en avant surtout à partir du milieu; distinctement ponctué sur les côtés, plus légèrement et subobsolètement sur le dos; d'un noir très-brillant; hérissé d'une fine pubescence cendrée, assez redressée, peu serrée, souvent épilée au milieu, dirigée en avant et sur les côtés.

Ecusson subsémicirculaire, déprimé; glabre; légèrement ponctué; d'un noir brillant.

Elytres courtement ovalaires, deux fois et demie plus longues que le prothorax, faiblement arrondies sur les côtés, largement et obtusément arrondies au sommet; assez convexes; d'un noir brillant; hérissées d'une fine pubescence cendrée, assez courte, légèrement couchée en arrière, peu serrée, entremêlée de poils un peu plus longs, plus redressés, transversalement inclinés et disposés en séries longitudinales et régulières; couvertes d'une ponctuation bien distincte, un peu plus forte que celle du prothorax, assez serrée et subsérialement disposée; creusées, chacune sur les côtés, de trois stries canaliculées, bien marquées, subimponctuées, presque droites à leur milieu : la 2e raccourcie un peu avant l'extrémité : l'interne à peine prolongée jusqu'au tiers de la longueur. *Epaules* à calus très-saillant, gibbeux et légèrement arrondi, à *lobe inférieur* sensiblement prononcé et largement arrondi à sa tranche externe.

Dessous du corps assez fortement convexe, légèrement pubescent, d'un noir assez brillant, couvert d'une ponctuation forte et assez serrée, encore un peu plus forte et un peu moins serrée sur la poitrine. *Métasternum* à peine sillonné en arrière. 2e *et* 3e *Segments ventraux* à peine et étroitement subsinués au milieu de leur bord apical, le dernier largement et obtusément arrondi au sommet.

Pieds peu allongés, assez grêles; pubescents; sensiblement ponctués; d'un roux ferrugineux, avec l'extrémité des tarses quelquefois un peu plus claire. *Cuisses* non renflées. *Tibias* assez grêles: les *antérieurs* un peu élargis à leur milieu. *Tarses* assez courts, étroits, à 1er article oblong: les *antérieurs* paraissant un peu moins courts que les autres.

Patrie: Cette espèce habite les parties orientales de la France, dans les vieux fagots infectés de substances cryptogamiques.

Obs. Elle est plus rare que la précédente, et lui ressemble beaucoup. Outre la pubescence un peu plus longue, plus redressée, sérialement disposée sur les élytres, elle en diffère par une ponctuation un peu moins serrée, moins confuse, plus régulière sur les élytres; par la tête et le prothorax plus obsolètement ponctués; par le lobe huméral moins développé en longueur, plus prononcé et plus sensiblement arrondi. La ponctuation du dessous du corps est un peu plus forte et plus grossière; la strie interne des élytres est moins prolongée; le 1er article de la massue des antennes des ♂ est en corne un peu moins longue et un peu plus pointue; enfin la taille est toujours moindre.

aa. *Stries des Elytres* sulciformes. *Elytres* subsérialement ponctuées, à pubescence en partie redressée et disposée en séries régulières.

3. **Enneatoma subglobosa**; Mulsant et Rey.

Subhémisphérique, hérissée d'une fine pubescence cendrée; très-brillante, d'un noir de poix, avec les élytres d'un rouge brun, les palpes, les tarses et les antennes d'un roux testacé, le 1er article de celles-ci, les cuisses et les tibias d'un roux ferrugineux. Tête et prothorax confusément, élytres subsérialement ponctués. Front assez large; légèrement convexe. Protho-

rax fortement convexe, beaucoup plus étroit en avant; à côtés presque droits et très-étroitement rebordés, avec les angles antérieurs très-aigus, les postérieurs subobtus et subélevés; largement bissinué à la base; assez fortement convexe, égal. Ecusson subsémicirculaire. Elytres courtement ovalaires, assez convexes, largement et obtusément arrondies au sommet, tristriées-sillonnées sur les côtés, parées, outre la pubescence, de poils sérialement disposés. Tarses courts, étroits.

Var. a. *Tout le corps* passant du rouge brun au roux ferrugineux.

Long. 0^{m},0012 (3/5). — Larg. 0^{m},0010 (2/5).

♂ *Massue des Antennes* à 1er article fortement et transversalement prolongé intérieurement en dent cornue, assez étroite et émoussée au sommet : le 2e oblong, à peine plus dilaté que le suivant, obtus à son angle apical interne : le dernier allongé, subrectiligne à sa tranche interne.

♀ *Massue des Antennes* à 1er article assez fortement et subtransversalement dilaté intérieurement en triangle obtus au sommet : le 2e pas plus dilaté que le suivant, obtus à l'angle apical interne: le dernier subelliptique, faiblement arrondi à sa tranche interne.

Corps épais, subhémisphérique, distinctement ponctué; d'un noir très-brillant, avec les élytres ordinairement moins sombres; hérissé d'une fine pubescence cendrée, assez courte, redressée, peu serrée, disposée sur les élytres en séries longitudinales.

Tête assez large, à peine transversale, infléchie, fortement engagée dans le prothorax, plus d'une fois plus étroite que celui-ci; finement pubescente; distinctement ponctuée; d'un noir brillant. *Front* assez large, légèrement convexe. *Arêtes génales* très-fines, non saillantes. *Epistome* largement arrondi au sommet, assez fortement ponctué, séparé du front par un sillon droit et profond. *Labre* très-petit, peu visible, plus ou moins obscur, quelquefois un peu roussâtre. *Mandibules* ciliées; d'un ferrugineux obscur; rugueusement pointillées, avec les dents lisses. *Palpes* d'un roux testacé. *Yeux* grands, irréguliers, bilobés, très-peu saillants, noirs.

Antennes assez allongées, aussi longues que la moitié du corps, très-finement pubescentes, d'un roux testacé, avec le 1er article plus foncé : celui-ci très-grand, très-épaissi, intérieurement dilaté en forme de large oreillette : le 2e petit, beaucoup plus grêle, pas plus long que large, obtusément angulé en dedans : les 3e à 6e très-petits et fortement contigus : le 3e à peine moins court que les suivants : ceux-ci très-courts : les 3 derniers très-grands, fortement comprimés : le 7e plus (♂) ou moins (♀) fortement prolongé en dedans : le 8e oblong, à peine dilaté intérieurement : le dernier plus (♂) ou moins (♀) allongé, obtus au sommet.

Prothorax fortement transversal, une fois moins long que large, un peu plus étroit à sa base que les élytres, une fois plus étroit en avant qu'en arrière; paraissant, vu de dessus, subrectiligne ou très-faiblement arrondi latéralement; obliquement tronqué ou à peine arrondi au milieu de son bord apical qui ne forme aucunement le capuchon et qui est à peine sinué au dessus des yeux; à côtés tranchants, subrectilignes, très-finement rebordés, très-déclives d'arrière en avant et convergeant fortement antérieurement; avec les angles antérieurs très-aigus, très-infléchis et même un peu réfléchis en dessous, les postérieurs un peu obtus, à peine émoussés et un peu relevés; largement bissinué à la base, avec le lobe médian sensiblement plus prolongé en arrière que les lobes latéraux; assez fortement convexe, égal, sensiblement déclive en avant, surtout à partir du milieu; distinctement et presque uniformément ponctué; d'un noir très-brillant; hérissé d'une fine et courte pubescence cendrée, un peu redressée, peu serrée, dirigée surtout en avant.

Ecusson subsémicirculaire, déprimé; glabre; légèrement ponctué; d'un noir brillant.

Elytres courtement ovalaires, deux fois et demie plus longues que le prothorax, faiblement arrondies sur les côtés, largement et obtusément arrondies au sommet; assez convexes et quelquefois subimpressionnées à la base près de la suture; d'un rouge brun brillant, avec la partie antérieure souvent plus rembrunie, d'autres fois entièrement d'un rouge ferrugineux plus ou moins obscur; hérissées d'une fine pubescence cendrée, assez courte, plus ou moins, mais légèrement couchée en arrière, entremêlée de poils un peu plus longs, plus redressés, transversalement inclinés en dehors et disposés en séries longitudinales et régulières; couvertes d'une ponctuation assez fine, mais bien distincte; disposée en séries subrégulières et subgéminées, avec les points des séries très-rapprochés et ceux des intervalles jetés sans ordre et très-écartés; creusées chacune sur les côtés de trois stries profondes, sulciformes, subimponctuées: les deux externes subflexueuses avant leur milieu : la 2e raccourcie un peu avant l'extrémité : l'interne moins fortement sulciforme, seulement prolongée un peu au delà du tiers de la longueur. *Epaules* à calus très-saillant, gibbeux et légèrement arrondi à sa tranche externe.

Dessous du corps assez fortement convexe; légèrement velu; d'un noir de poix très-brillant; couvert d'une ponctuation bien distincte, assez serrée, un peu plus forte et un peu moins serrée sur le 2e segment ventral et surtout sur la poitrine. *Métasternum* à peine subsillonné en arrière. 2e, 3e *et* 4e *Segments ventraux* assez régulièrement arqués à leur bord apical : le dernier largement et obtusément arrondi au sommet.

Pieds peu allongés, assez grêles; velus; sensiblement ponctués; d'un roux ferrugineux, avec les tarses plus clairs. *Cuisses* non renflées. *Tibias* assez grêles, les antérieurs très-faiblement élargis vers leur milieu, très-légèrement recourbés en dessous vers leur extrémité. *Tarses* assez courts, étroits, à 1er article oblong: les *antérieurs* à peine moins courts que les autres.

Patrie: Collines des environs de Lyon et du Beaujolais, où elle est assez rare, dans les lycoperdons et autres matières cryptogamiques.

Obs. Malgré la forme singulière des stries des élytres, cette espèce peut, au premier abord, se confondre avec la précédente. Outre le caractère sus-indiqué, elle est d'une taille bien moindre; la tête et le prothorax sont plus distinctement ponctués; les angles postérieurs de celui-ci sont un peu moins émoussés et un peu relevés; les élytres sont un peu plus finement ponctuées; les séries sont rapprochées deux à deux, et les points qui les composent sont beaucoup plus serrés; enfin le dessous du corps est garni d'une pubescence toute particulière.

beaucoup plus longue que dans les autres espèces du genre et même des genres précédents.

Tout le corps passe du rouge brun au rouge ferrugineux, le prothorax restant néanmoins toujours un peu plus obscur que les élytres.

Genre *Amblytoma*; MULSANT et REY.

(Étymologie : ἀμβλύς obtus, émoussé; τομή pièce.)

CARACTÈRES : *Corps* subsphérique. *Front* très-large, simple. *Yeux* subsinués à leur bord inféro-interne. *Antennes* de 8 articles; courtes, à 3 derniers articles grands, légèrement comprimés, obtusément prolongés intérieurement. *Prothorax* profondément excavé en dessous ainsi que la partie antérieure de la poitrine; muni sur les côtés d'une tranche saillante; convexe et non gibbeux sur son disque. *Elytres* ponctuées, striées sur les côtés, obtusément arrondies au sommet. *Prosternum* à lame médiane bifurquée à son extrémité. *Mésosternum* excavé, refoulé sous le bord antérieur du métasternum. *Métasternum* prolongé en avant à son milieu en une lame de la forme d'une enclume échancrée. *Hanches antérieures* assez, les *intermédiaires* un peu plus fortement, les *postérieures* médiocrement écartées l'une de l'autre : celles-ci à lame étroite, subparallèle. *Epimères postérieures* apparentes, suboblongues. *Segments ventraux* libres : le 1er nul en arrière des fossettes transversales. *Tibias* à tranche externe simple. *Tarses* courts, fortement comprimés latéralement, atténués vers leur extrémité, à 1er article assez court.

Corps court, très-épais, subsphérique.

Tête large, engagée dans le prothorax sous lequel elle peut s'infléchir fortement, en venant s'appuyer contre le métasternum. *Front* très-large. *Arêtes génales* peu développées, obliques. *Epistome* bien distinct, fortement transversal, obtusément tronqué au sommet. *Labre* petit, transversal. *Mandibules* robustes, saillantes, fortement arrondies sur les côtés. *Palpes maxillaires* à dernier article oblong, comprimé, subsécuriforme, celui des *labiaux* beaucoup plus court, plus large, sécuriforme. *Menton* subconcave, transversal. *Yeux* médiocres, irréguliers, subsinués à leur bord inféro-interne, très-peu saillants, un peu voilés en arrière par le bord antérieur du prothorax (1).

Antennes de 8 articles; très-courtes, robustes, insérées assez loin des yeux; se repliant entièrement, à l'état de repos, dans la cavité sous-prothoracique; à 1er article très-grand, subtétraédrique ou en forme de large oreillette obtuse : le 2e beaucoup moindre, court, subangulé en dedans : les 3e à 5e épais, obliques, très-courts et fortement contigus : les 3 derniers très-grands, légèrement comprimés, obtusément prolongés intérieurement, formant une massue lâche, très-tranchée et aussi longue que le reste de l'antenne.

Prothorax fortement transversal, un peu rétréci en avant; à ouverture antérieure transversale, subsémicirculaire; profondément excavé en dessous pour recevoir la tête à l'état d'inflexion; à bord antérieur prolongé inférieurement jusqu'aux hanches en arête saillante, limitant latéralement la cavité sous-prothoracique; largement subéchancré et nullement capuchonné à son bord apical; faiblement arrondi sur les côtés qui sont munis d'une tranche saillante, avec les angles postérieurs peu marqués; très-largement arrondi à la base; convexe et non gibbeux sur son disque.

Ecusson court, transversal.

Elytres courtes, larges, subarrondies; ponctuées, distinctement tristriées sur les côtés, obtusément arrondies au sommet, à suture en gouttière et un peu déhiscente à la base. *Epaules* à calus peu saillant, à lobe inférieur bien prononcé, replié en dessous à sa base, obliquement tronqué en avant pour recevoir les genoux intermédiaires, et à peine sinué en arrière pour loger les genoux postérieurs.

Poitrine profondément excavée à sa partie antérieure, les *Prosternum* et *Mésosternum* étant refoulés bien au-dessous du niveau du métasternum. *Prosternum* peu visible, déclive, à lame médiane assez large, terminée par deux lanières recourbées, assez rapprochées

(1) Ordinairement, à cette partie voilée, les yeux sont lisses et sans facettes apparentes.

l'une de l'autre. *Mésosternum* caché, légèrement excavé à son milieu, à lame médiane verticale et refoulée sous le bord antérieur du métasternum. *Métasternum* très-court, assez fortement sillonné sur son milieu, prolongé en avant, entre les hanches intermédiaires, en lame en forme d'enclume, antérieurement échancrée, à tige très courte et large; terminé entre les hanches postérieures par deux expansions angulées, courtes et séparées par une large entaille angulaire. *Postépisternums* étroits, subparallèles, intérieurement un peu élargis en arrière, assez fortement dilatés en avant à leur partie déclive. *Epimères postérieures* bien apparentes, un peu oblongues.

Hanches antérieures verticales, peu saillantes, assez écartées l'une de l'autre : les *intermédiaires* verticales, fortement échancrées intérieurement en dessous, fortement écartées l'une de l'autre, relevées jusqu'au niveau du métasternum, où elles offrent une très-faible fraction de surface, échancrée en dehors pour embrasser les trochanters : les *postérieures* médiocrement écartées l'une de l'autre, à *lame* assez étroite et subparallèle.

Ventre à 1er segment nul sur les côtés derrière les fossettes transversales qui sont assez subitement profondes, et réduit sur son milieu, entre les hanches postérieures, à une faible lame transversale et largement tronquée en avant : le 2e grand : les 3e et 4e courts, subégaux : 5e semilunaire, assez développé.

Pieds assez courts, robustes. *Cuisses* plus ou moins rainurées en dessous : les *postérieures* inférieurement rectangulaires à leur insertion sur les trochanters : les *antérieures* se contractant entièrement sous le prothorax, laissant en dehors les tibias qui se logent, à l'état de repos, contre le bord latéral du prothorax et les *pieds intermédiaires* au même état : ceux-ci se repliant dans leur fossette respective qui est insuffisante et peu développée, et les tarses venant se ranger sous les branches de la lame en forme d'enclume. *Tibias* à tranche externe simple. *Tarses* courts et épais, fortement comprimés latéralement, graduellement rétrécis de la base à l'extrémité : les 1er à 4e articles courts, graduellement plus raccourcis : le dernier plus long, étroit à sa base et un peu renflé au sommet.

Obs. Les espèces de ce genre sont essentiellement xylophages, et se plaisent dans la vermoulure des vieux chênes.

Cinq caractères importants signalent cette coupe nouvelle et la distinguent de la précédente, savoir : la brièveté des antennes et le nombre différent de leurs articles, la forme des yeux, la structure du prosternum, le peu de développement de la fossette métasternale, et l'épaisseur des pieds.

Ajoutez à cela que la suture est en gouttière et déhiscente à sa base, que le prothorax est un peu arrondi sur les côtés, que le métasternum est très-court, que sa lame antérieure est échancrée en avant, etc.

Le genre Amblytome se réduit aux deux espèces suivantes :

a *Elytres* offrant en arrière une trace de strie suturale. *Tibias postérieurs* plus courts que la cuisse et le trochanter réunis. . *Rubens*.

b. *Elytres* sans trace de strie suturale. *Tibias postérieurs* aussi longs que la cuisse et le trochanter réunis. *Cognata*.

a. *Elytres* offrant en arrière une trace de strie suturale. *Tibias postérieurs* plus courts que la cuisse et le trochanter réunis.

1. **Amblytoma rubens**; Entom. Hefte.

Subsphérique, revêtue d'une courte pubescence d'un blond cendré ; finement pointillée, brillante, d'un rouge ferrugineux, avec les antennes et les palpes d'un roux testacé, le disque du prothorax un peu rembruni, les yeux seuls noirs. Front très-large, légèrement convexe. Prothorax fortement transversal, plus étroit en avant ; subarrondi sur les côtés, avec les angles antérieurs aigus, les postérieurs obtus et subarrondis ; largement et obtusément arrondi à la base ; assez fortement convexe, souvent subinégal. Ecusson court, transversal. Elytres très-courtement ovalaires, très-convexes, largement et obtusément arrondies au sommet, tristriées sur les côtés, unistriées en arrière vers la suture, obscurément substriées sur le dos. Tarses très-courts, très-épais.

Dorcatoma rubens. Ent. Hefte. t. II. p. 103. 3. pl. 3. fig. 12. 2. — GILLENHAL, Ins. suec. t. IV. p. 327. 3. — STURM, Deuts Faun. t. XII. p. 61. 6. — REDTENB., Faun. Austr. 2e éd. p. 561.

Var. a. *Tout le corps* d'un roux testacé.

Long. 0m,0022 (1 l.). — Larg. 0m,0020 (9/10).

♂ *Massue des Antennes* à 1er *et* 2e *articles* dilatés intérieurement en dent de scie obtuse, le 1er plus fortement.

♀ *Massue des Antennes* à 1er *et* 2e *articles* dilatés intérieurement en dent de scie très-obtuse et arrondie, le 1er plus fortement.

Corps très-épais, subsphérique ; finement et légèrement ponctué ; d'un rouge ferrugineux, quelquefois plus ou moins testacé, revêtu d'une fine pubescence d'un flave cendré, très-courte, couchée, peu serrée.

Tête large, transversale, infléchie, fortement engagée dans le prothorax, une fois plus étroite que celui-ci ; légèrement pubescente ; finement, légèrement et assez densement ponctuée sur les côtés, avec le milieu plus lisse ; d'un rouge ferrugineux brillant et plus ou moins obscur. *Front* très-large, légèrement convexe. *Arêtes génales* obsolètes. *Epistome* largement tronqué ou faiblement subsinué au sommet ; rugueusement pointillé ; séparé du front par un fort sillon presque droit. *Labre* petit, rugueusement pointillé, ferrugineux. *Mandibules* finement pubescentes ; rugueuses ; ferrugineuses, avec les dents lisses et un peu rembrunies. *Palpes* d'un roux testacé. *Yeux* médiocres, irréguliers ou subtriangulaires, subsinués à leur bord inféro-interne, très-peu saillants, noirs.

Antennes très-courtes, plus courtes que le prothorax, très-finement pubescentes ; d'un roux testacé, avec le 1er article à peine plus foncé : celui-ci très-grand, très-épaissi, intérieurement dilaté en lobe largement arrondi : le 2e court, beaucoup plus étroit, subtransversal, subangulé en dedans : les 3e à 5e petits et fortement contigus, souvent soudés entre eux : le 3 moins court que les suivants : ceux-ci très-courts, obliques : le 4e plus ou moins prolongé en dedans : les 3 derniers très-grands, comprimés, formant une massue lâche, aussi longue au moins que le reste de l'antenne : les 6e et 7e transversaux, obtusément dilatés en dedans : le 8e plus ou moins ovalaire, obtus au sommet.

Prothorax fortement transversal, plus d'une fois moins long que large, presque aussi large à sa base que les élytres, sensiblement et seulement d'un quart plus étroit en avant qu'en arrière; paraissant, vu de dessus, sensiblement arrondi latéralement; largement subéchancré et nullement capuchonné à son bord apical qui est légèrement sinué en dessus des yeux, et obtusément et angulairement subentaillé à son milieu; à côtés tranchants, légèrement arrondis, non rebordés, assez déclives d'arrière en avant et convergeant un peu antérieurement; avec les angles antérieurs aigus, infléchis et même un peu réfléchis en dessous, les postérieurs un peu obtus, sensiblement arrondis au sommet et à peine relevés; largement arrondi ou presque indistinctement bissinué à la base; assez fortement convexe, assez fortement déclive en avant surtout à partir du milieu; couvert sur les côtés d'une ponctuation fine et assez serrée, plus lâche et plus légère sur le milieu, qui offre une ligne longitudinale lisse, peu visible et semblant déterminer par sa rencontre l'entaille du bord apical; creusé vers les angles postérieurs d'une petite et légère impression qui les fait paraître à peine relevés, et quelquefois marqué plus intérieurement de chaque côté d'une impression assez large et d'une fossette ponctiforme accidentelle; d'un rouge ferrugineux très-brillant, avec le disque souvent un peu rembruni; revêtu d'une fine pubescence d'un flave cendré, très-courte, couchée et peu serrée.

Ecusson court, transversal, à peine pubescent; presque lisse ou indistinctement pointillé; d'un roux ferrugineux plus ou moins obscur et brillant.

Elytres très-courtement ovalaires, deux fois et un quart plus longues que le prothorax, finement rebordées dans tout leur pourtour, légèrement arrondies sur les côtés, largement et obtusément arrondies au sommet; très-convexes; d'un rouge ferrugineux brillant; revêtues d'une fine pubescence d'un flave cendré, très-courte, couchée et peu serrée; parfois plus ou moins bossuées à leur base; couvertes d'une ponctuation fine et assez serrée, entremêlée quelquefois de linéoles longitudinales lisses, très-étroites, souvent converties en lignes enfoncées, très-fines, simulant des stries dégénérées, visibles surtout en arrière et en avant et seulement à un certain jour; longitudinalement subimpressionnées en arrière le long de la suture où elles présentent une strie très-fine, toujours assez marquée, souvent réduite à des linéoles ou points allongés, quelquefois avancée jusqu'au milieu de la longueur, avec la même suture un peu déhiscente à la base et au sommet, et distinctement canaliculée dans le reste de sa longueur; creusées chacune sur les côtés de trois stries fines, canaliculées-subimponctuées, presque droites à leur milieu : l'intermédiaire un peu affaiblie et divergente à son extrémité où elle semble se réunir à l'externe : l'interne souvent raccourcie, d'autres fois prolongée jusqu'aux trois quarts de la longueur, et alors accompagnée d'une 4e assez distincte. *Epaules* à *calus* peu-saillant, à *lobe inférieur* assez prononcé, largement arrondi à sa tranche externe et réfléchi en avant.

Dessous du corps assez fortement convexe; finement pubescent; d'un roux ferrugineux, couvert d'une ponctuation fine et assez serrée, un peu plus forte et moins serrée sur le 2e segment ventral et sur la poitrine. *Métasternum* assez fortement sillonné ou subfovéolé à son milieu. 2e, 3e *et* 4e *Segments ventraux* fovéolés sur les côtés, à intersections enfoncées et subsinuées latéralement : le *dernier* plus ou moins impressionné au sommet, souvent subrelevé et refoulé au milieu de sa base, au point d'échancrer un peu le bord apical du 4e.

Pieds courts, très-robustes; légèrement pubescents; finement rugueux; d'un roux ferrugineux. *Cuisses* légèrement arquées en dessus. *Tibias* robustes, assez dilatés : les *antérieurs* et les *intermédiaires* sensiblement, les *postérieurs* faiblement recourbés en dehors à leur tranche externe; ceux-ci plus courts que la cuisse et le trochanter réunis. *Tarses* très-courts, très-épais vus latéralement : les 1er à 4e articles graduellement plus courts et plus étroits.

Patrie : Cette espèce, assez rare en France, se trouve, au mois de mai et de juin, dans la vermoulure des vieux chênes. Nous l'avons capturée dans les environs de Lyon et dans les collines du Beaujolais.

Sa couleur est assez souvent d'un roux testacé.

b. *Elytres* sans trace de strie suturale. *Tibias postérieurs* aussi longs que les cuisses et le trochanter réunis.

2. **Amblytoma cognata**; Mulsant et Rey.

Très-courtement ovalaire, ou subsphérique; revêtue d'une courte pubescence d'un flave cendré, finement pointillée; assez brillante, d'un roux testacé, avec les palpes et les antennes plus clairs, et les yeux seuls noirs. Front très-large, légèrement convexe. Prothorax fortement transversal, plus étroit en avant; subarrondi sur les côtés, avec les angles antérieurs aigus, les postérieurs obtus et sensiblement arrondis; largement arrondi à la base; assez fortement convexe, subinégal. Ecusson court, transversal. Elytres courtement ovalaires, assez convexes, largement et obtusément arrondies au sommet, tristriées sur les côtés, sans aucune trace de stries vers la suture et sur le dos. Tarses courts, assez épais.

Long. 0m,0020 (9/10). — Larg. 0m,0017 (4/5).

♂ *Massue des Antennes* à 1er *article* fortement, le 2e un peu moins fortement dilatés intérieurement en dent de scie un peu obtuse.

♀ Nous est inconnue.

Corps très-épais, très-courtement ovalaire ou subsphérique, finement et légèrement ponctué; d'un roux testacé; revêtu d'une fine pubescence d'un flave cendré, courte, couchée et médiocrement serrée.

Tête large, transversale, infléchie, fortement engagée dans le prothorax, une fois plus étroite que celui-ci, légèrement pubescente; finement, légèrement et assez densement ponctuée, d'un roux testacé brillant. *Front* très-large, légèrement convexe, avec un espace longitudinal lisse. *Arêtes génales* obsolètes. *Epistome* largement et obtusément tronqué au sommet, subrugueux, séparé du front par un sillon profond et presque droit. *Labre* petit, rugueusement pointillé; d'un roux ferrugineux; légèrement cilié à son bord antérieur. *Mandibules* pubescentes; rugueuses; d'un roux ferrugineux, avec les dents lisses et rembrunies. *Palpes* testacés. *Yeux* assez petits, irréguliers, à peine subsinués à leur bord inféro-interne, très-peu saillants, noirs (1).

Antennes très-courtes, plus courtes que le prothorax; très-finement pubescentes; d'un testacé assez pâle, avec le 1er article un peu plus foncé : celui-ci très-grand, très-épais, intérieurement dilaté en lobe largement arrondi : le 2e court, beaucoup plus étroit, subtransversal, obtusément angulé en dedans : les 3e à 5e petits, très-courts, fortement contigus et comme plus ou moins soudés entre eux : les trois derniers très-grands, comprimés, formant une massue lâche, un peu plus longue que le reste de l'antenne : les 6e et 7e obtusément dilatés en dedans : le 8e ovalaire, obtus au sommet.

Prothorax fortement transversal, plus d'une fois moins long que large, presque aussi large à sa base que les élytres, d'un tiers plus étroit en avant qu'en arrière; paraissant, vu de dessus, légèrement arrondi latéralement; largement subéchancré et nullement capuchonné à son bord apical qui est à peine sinué au dessus des yeux, et obsolètement et angulairement subentaillé à son milieu; à côtés tranchants, légèrement arrondis, non rebordés, assez déclives d'arrière en avant et convergeant un peu antérieurement; avec les angles antérieurs aigus, infléchis et même un peu réfléchis en dessous, les postérieurs obtus, sensiblement arrondis et à peine relevés; largement arrondi ou presque indistinctement bissinué à la base; assez fortement convexe, fortement déclive en avant, surtout à partir du tiers postérieur : finement, légèrement et assez densement pointillé, sans ligne longitudinale lisse apparente; marqué de chaque côté vers le milieu du disque d'une assez large impression accidentelle; d'un roux testacé assez brillant; revêtu d'une fine pubescence d'un flave cendré, courte, couchée et médiocrement serrée.

(1) Les yeux sont accidentellement échancrés en arrière, ou bien comme séparés, par un espace lisse faisant partie des tempes, en deux lobes : l'un supérieur, l'autre inférieur et beaucoup moindre. Du reste une semblable conformation nous paraît tout-à-fait anomale.

Ecusson court, transversal, glabre, presque lisse; d'un roux testacé brillant.

Elytres courtement ovalaires, deux fois et demie plus longues que le prothorax, très-finement rebordées dans tout leur pourtour, et très-obsolètement à la base, faiblement arrondies sur les côtés, largement et obtusément arrondies au sommet; assez convexes; d'un roux testacé assez brillant; revêtues d'une fine et courte pubescence d'un flave cendré, couchée et médiocrement serrée; accidentellement subimpressionnées à la base en dedans des épaules vers l'écusson; couvertes d'une ponctuation assez fine, assez serrée et confuse; longitudinalement subimpressionnées en arrière le long de la suture qui est un peu déhiscente à la base et au sommet, et distinctement rainurée dans le reste de sa longueur; creusées chacune sur les côtés de trois stries fines, canaliculées, obsolètement ponctuées : l'externe postérieure sulciforme, l'intermédiaire un peu divergente et affaiblie en arrière: l'interne réduite postérieurement à des points oblongs, et seulement prolongée jusqu'aux trois quarts de la longueur. *Epaules* à *calus* peu saillant, à *lobe inférieur* assez prononcé, largement arrondi à sa tranche externe, sensiblement réfléchi en avant.

Dessous du corps assez fortement convexe; finement pubescent; d'un roux ferrugineux; couvert d'une ponctuation fine, assez serrée et obsolète, un peu plus forte et subrugueuse sur la poitrine. *Métasternum* assez fortement sillonné à son milieu. *Segments ventraux* fovéolés sur les côtés, à intersections enfoncées et subsinuées latéralement: le 2e (1er apparent) (1) faiblement mais distinctement sinué au milieu de son bord apical: le dernier largement arrondi et subimpressionné au sommet.

Pieds courts, robustes, légèrement pubescents; très-finement rugueux. *Cuisses* légèrement arquées en dessus. *Tibias* assez robustes, à peine dilatés, à peine recourbés en dehors à leur tranche externe : les

(1) Toutes les fois que nous faisons mention, dans cette famille, du 2e segment ventral, nous entendons dire le 1er apparent: le premier réel étant, comme nous l'avons déjà dit, absorbé par les fossettes ventrales et réduit entre les expansions internes des hanches postérieures à une lame courte et peu développée.

postérieurs au moins aussi longs que la cuisse et le trochanter réunis. *Tarses* courts, assez épais vus latéralement : les 1er à 4e articles graduellement plus courts et plus étroits.

Patrie : Collines du Beaujolais. Très-rare. Dans les troncs cariés des chênes.

Obs. A ne considérer que la forme ou encore l'absence de la strie suturale, on pourrait prendre cette espèce pour une variété anormale de de l'*Amblytoma rubens*. Mais la taille est moindre, un peu plus ovalaire et moins raccourcie ; la pubescence est un peu plus serrée ; le prothorax est moins lisse au milieu ; les élytres sont un peu moins convexes, à stries latérales subponctuées ; le dessous du corps est plus obsolètement ponctué ; la lame médiane du 1er segment ventral est moins fortement transversale ; enfin les pieds sont moins épais dans toutes leurs parties ; les tibias, moins robustes, sont moins sensiblement recourbés au sommet de leur tranche externe, et les postérieurs sont proportionnellement plus développés.

TABLE ALPHABÉTIQUE

DES

TÉRÉDILES DE FRANCE

EXPLICATION

DES PLANCHES

PLANCHE I.

Figures 1. Tête, vue de face, d'un *Dryophilus* (*D. pusillus*).

2. Tête, vue de face, d'un *Priobium* (*P. castaneum*).
3. Prosternum et Mésosternum d'un *Dryophilus* (*D. pusillus*).
4. Prosternum et Mésosternum d'un *Priobium* (*P. castaneum*).
5. Ventre du *Dryophilus anobioïdes*.
6. Ventre du *Priobium tricolor*.
7. Lame des hanches postérieures du *Dryophilus anobioïdes*.
8. Lame des hanches postérieures du *Priobium tricolor*.
9. Tarse postérieur d'un *Dryophilus* (*D. pusillus*).
10. Tarse postérieur d'un *Priobium* (*P. castaneum*).
11. Antennes ♂ ♀ du *Dryophilus pusillus*.
12. Antennes ♂ ♀ du *Dryophilus anobioïdes*.
13. Antennes ♂ ♀ du *Dryophilus longicollis*.
14. Antennes ♂ ♀ du *Priobium tricolor*.

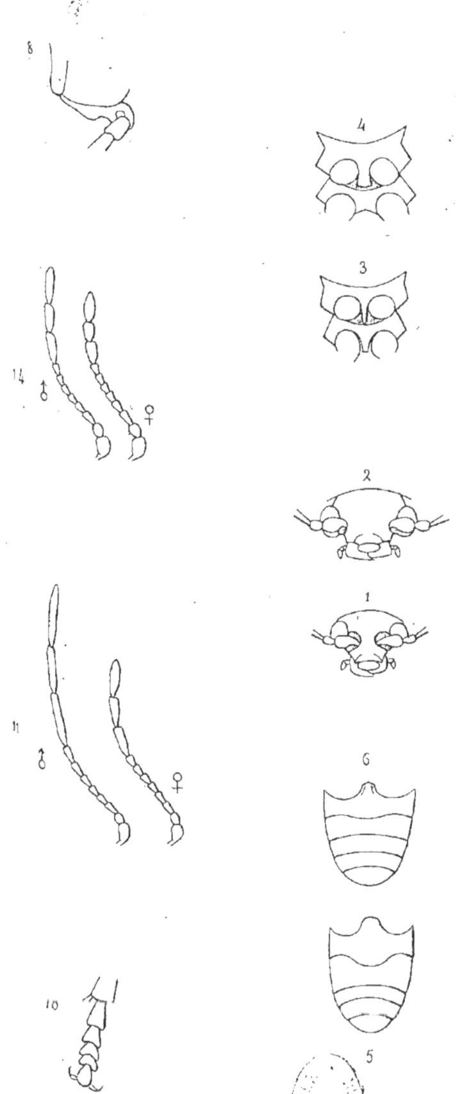

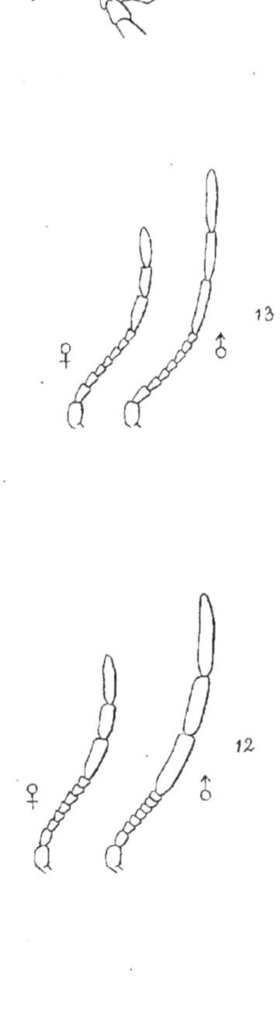

Cl. Rey del.